SALT FAT ACID HEAT

MASTERING THE ELEMENTS of GOOD COOKING

盐，脂，酸，热

制造美味的新科学

著/［美］萨明·诺斯拉特

SAMIN NOSRAT

绘/［美］温迪·麦克诺顿（Wendy MacNaughton） 译/靳婷婷 译审/许赓慢

中信出版集团｜北京

图书在版编目（CIP）数据

盐，脂，酸，热：制造美味的新科学 /（美）萨明·诺斯拉特著，靳婷婷译；（美）温迪·麦克诺顿绘. -- 北京：中信出版社, 2023.10

书名原文：Salt, Fat, Acid, Heat: Mastering the Elements of Good Cooking

ISBN 978-7-5217-5846-7

Ⅰ. ①盐… Ⅱ. ①萨… ②靳… ③温… Ⅲ. ①饮食－文化－世界－普及读物 Ⅳ. ① TS971.201-49

中国国家版本馆 CIP 数据核字 (2023) 第 119986 号

盐，脂，酸，热——制造美味的新科学
著者：［美］萨明·诺斯拉特
绘者：［美］温迪·麦克诺顿
译者：靳婷婷
译审：许廖慢
出版发行：中信出版集团股份有限公司
（北京市朝阳区东三环北路 27 号嘉铭中心　邮编　100020）
承印者：北京利丰雅高长城印刷有限公司

开本：787mm × 1092mm　1/16　　印张：28.5　　字数：483 千字
版次：2023 年 10 月第1 版　　印次：2023 年 10 月第 1 次印刷
京权图字：01–2019–3319　　书号：ISBN 978–7–5217–5846–7
定价：108.00 元

服务热线：400–600–8099
投稿邮箱：author@citicpub.com

名人推荐

“这本装帧精美、平易近人的书不仅教会我们烹饪的方法，也捕捉到了烹饪应有的感觉：充满了探索、欢乐与发自内心的念想。萨明是我认识的最棒的老师，她凭借满满溢出的热情和好奇心，说服大家用有机、应季、鲜活的食材烹饪。”

——爱丽丝·沃特斯（Alice Waters）

《纽约时报》畅销书《简单食物的艺术》（*The Art of Simple Food*）**作者**

“‘吃好，吃少，多吃植物。’当迈克尔·波伦将该吃什么这一庞大而复杂的主题总结为这八个字时，所有人都为之一振。如今，当萨明·诺斯拉特将我们该如何烹饪的宏大主题精简为‘盐，脂，酸，热’区区四字时，每个人都被深深打动。”

——尤塔·奥托伦吉（Yotam Ottolenghi）

《纽约时报》畅销书《耶路撒冷食谱》（*Jerusalem: A Cookbook*）**作者**

“这本书是任何一名想要成为更出色烹饪达人的读者必备的读物。在温迪·麦克诺顿妙趣横生的插画的衬托下，萨明·诺斯拉特向我们讲述了烹饪的要义，并深入探讨了为美食锦上添花的四大元素。所以，为了自己好，把这本书买回家吧。我保证你不会后悔。”

——阿普丽尔·布卢姆菲尔德（April Bloomfield）

詹姆斯·比尔德奖获奖大厨，《女孩和她的小猪》（*A Girl and Her Pig*）**作者**

“正如从萨明·诺斯拉特的厨房端出的美味佳肴一样，这本书也是顶级原料的完美结合：优美的叙事、清晰的原理、对食物极具感染力的热爱，以及温迪·麦克诺顿绘制的美妙插图。诺斯拉特的行文与麦克诺顿的插画相得益彰，完美地演绎了如何利用烹饪科学来最大限度地彰显食物的美味。”

——丽贝卡·思科鲁特（Rebecca Skloot）

《纽约时报》畅销书《永生的海拉》（*The Immortal Life of Henrietta Lacks*）**作者**

“这是一本非常有分量的书，不是因为书中包含许多精彩的食谱，也不是因为这本书出自潘尼斯之家（Chez Panisse）校友之手。之所以说这本书重要，是因为它为居家烹饪的读者提供了一枚能在自家厨房里指引方向的‘指南针’，同时也相信读者具有使用这枚指南针的能力。萨明那平易近人、跟着感觉走的烹饪方法丝毫不带优越感或精英主义的意味。有了这本书，你便向脱离食谱的烹饪方式以及在厨房中得心应手（且乐在其中）的状态迈进了一步。”

——约翰·贝克尔（John Becker）**与梅根·斯科特**（Megan Scott）

美国畅销烹饪教材《烹饪的乐趣》（*Joy of Cooking*）**第四代作者**

“这本书是一座涉猎广泛的新一代烹饪方法知识宝库。萨明·诺斯拉特将自己的丰富经验汇总于这本书，并将风趣、叙事、通俗、插图和灵感结合得天衣无缝。这本书能够满足烹饪新手和老手的所有需求，无论你在厨房里的段位如何，都能在这本书中找到适合你的内容。”

——海蒂·斯旺森（Heidi Swanson）

《纽约时报》畅销书《超自然烹饪》（*Super Natural Cooking*）**作者**

致爱丽丝·沃特斯，

感谢你赠予我一间厨房

致妈妈，

感谢你赠予我全世界

目　录

推荐序

在我写这篇推荐序时，这本书尚未付梓，但已然让人感觉这是一本不可多得之作了。

我知道，这样的说法听起来一定有些夸张，但我着实回忆不起上次读到一本如此有用且与众不同的烹饪书是什么时候的事了。我猜想，我之所以会有这种感觉，是因为阅读这本书的体验不太像是徜徉于一本烹饪书的书页之间，而是像置身于一所杰出的烹饪学校，穿着围裙站在案台砧板旁，聆听一位冰雪聪明、能言善辩、时而风趣幽默的主厨向你讲解如何让放干了的蛋黄酱起死回生。（先加入几滴水，然后再怀着“游泳者从鲨鱼口中逃命般的紧迫感”使劲搅拌。）然后，她便将这碗丝般顺滑、不再结块的乳状流质递到大家面前，让你用一把调味勺在碗里蘸取一些，放在舌尖细细品味。真是回味无穷。

在这本书中，萨明·诺斯拉特将带我们深入了解烹饪艺术的核心，这是一般的烹饪书难以实现的。这是因为这本书的内容要比单纯的食谱类书籍丰富得多，食谱虽然很实用，但也有其局限性。一本认真写就并经过严格检验的食谱或许会告诉你如何做出特定的菜肴，却不会在烹饪方法上给你启发。实话实说，食谱类书籍无异于把成人当成孩子对待。这种书会告诉我们：严格按照我说的去做，别提问题，也不要白费脑筋考虑原因。这类书籍坚持要求读者奉献忠诚和信赖，却拿不出足以赢得忠诚和信赖的内容，对原理也从不给出任何解释。

想想看吧，如果一位老师不仅能拆分、列举步骤，还会解释步骤背后的原理，那么我们将多学会并多记住多少知识啊！掌握了原理之后，我们便不会像抱住救生艇一样紧握食谱不放了，现在的我们不仅能够主动出击，还能即兴发挥。

这本书虽然包含许多精彩的食谱，重点还是落脚于原理。从烹饪这门庞杂、令人生畏且多文化融合的学科中，萨明·诺斯拉特大胆地提炼出四大基本元素——如果你将“品尝”这一核心原理也算进去，那么便有五种元素了。她向大家承诺，只要掌握了这些原理，你就能够烹制出任何文化中任何品种的美味佳肴，无论是沙拉酱、炖菜还是法式加丽特饼都不在话下。在恰当的时机取适量盐为食物调味，选择最理想的油脂作为媒介来传达食材的口味，用酸味调料来平衡或给食材提味，然后再在正确的时间里用大小和温度合适的火候加以烹饪。无论有没有参照食谱，只要做到这几点，你便能做出鲜活而美味的食物。这是个很有野心的承诺，只要你学习过她的课程（也就是读过这本书），你就会发现萨明是个说到做到的人。无论烹饪新手，还是对“穿着围裙”的工作有着几十年经验的行家，你都能学会如何在做任何一道菜中铺垫层层令人赞不绝口的新口味。

• • •

萨明，这位才华横溢的老练主厨，不仅在旧金山湾区顶尖的厨房里积攒了多年经验，她还是一位天生的导师：细致严格，循循善诱，且能言善辩。对此我有着切身体验，因为萨明曾经是我写作课的学生，又在我为拙作《烹：烹饪如何连接自然与文明》一书做调研时成了我的烹饪老师。

我们的相遇发生在十年前，那时，萨明给我写了一封信，询问能不能旁听我在伯克利大学的食品新闻研究生课程。让她加入我的课堂，是我作为写作教授和美食饕客做的最为明智的一个决定。萨明与班里的其他新闻系学生们齐头并进，展现了她在这本书中让人一览无余的自信口吻和稳健文风；不仅如此，在制作“小食”这门技艺上，她的表现真是让班里其他人望尘莫及。

这毕竟是一门关于食物的课程，因此我们自然要品尝。每周，我们会轮流带一份“有故事的小食”到班上来，即蕴含着某位同学背景、作业内容或兴趣爱好的一种食物或是一盘菜肴。我们啃过从垃圾桶里捡来的长棍面包，嚼过四处采集来的蘑菇和野菜，也品鉴过形形色色的少数民族美食。在听故事的同时，每个人通常只能品尝到一两口食物，而萨明却给我们呈上了一道完整的菜肴：一盘由她亲手制作的菠菜意式千层面，盛在正儿八经的盘子里，还配上了亚麻餐巾和镀银餐具。这可是从未出现在我们班的稀罕佳肴。就在我们品尝这辈子吃过的最美味的意式千层面时，萨明给我们讲述了她学习制作意大利面的故事。那时，她在佛罗伦萨做名厨贝妮黛塔·维塔利（Benedetta Vitali）的学徒。这是对她影响最深的导师，在那里，她学会了如何将面粉和鸡蛋混合在一起手工揉制意大利面。她的故事和厨艺深深吸引了我们每一个人。

因此，几年之后当我下定决心要认真研究烹饪时，大家都能猜出我想请来当老师的是谁了。萨明爽快地答应了。就这样，在一年多的时间里，她每月都会来我家一趟。她通常会选在周日下午来，我们会一起做出一桌包括三道菜的美食，每次都围绕一个不同的主题展开。萨明会拿着她的购物袋、围裙以及一组组刀具冲进我的厨房，大声宣布当天烹饪课的主题，这些主题也大多与这本书列出的提纲相符。“今天，我们来学学乳浊液的相关知识。”（她将乳浊液形容为“脂肪和水之间签订的临时和平条约”，真是让人难忘。）如果课程大纲涉及肉类，萨明便经常在前一晚来我家一趟，或是打来一通电话，确保烤肉或鸡肉已经加好了调料。也就是说，调料要加得够早、够足：至少提前 24 个小时，且用盐量大约是心脏病专家推荐用量的 5 倍才好。

刚开始时，我们的烹饪课以一对一形式展开，只有我和萨明两人在厨房岛台里边切菜边聊天，但时间一长，我的妻子朱迪思和儿子艾萨克也不自觉地被厨房中飘出的香气和不时爆发的笑声吸引。可我们做的美食没能让更多人品尝，这着实可惜。因此，我们开始邀请朋友来共进晚餐，一来二去，朋友来访的时间也越来越早，慢慢从晚上提前到了下午。这样一来，他们中开始有人帮忙在案台上擀派皮，或是在艾萨克把加了蛋的琥珀色面团放进意面机时帮忙拧开旋钮。

萨明的教学有一种感染人的魔力，不仅因为她在教学中融入了热情、幽默及耐心，更因为她有能力将最复杂的操作流程分解为让人一目了然的步骤，之所以能达到这种效果，是因为她总能将每一个步骤背后的原理解释给大家听。比如之所以要提前将肉盐腌，是为了让盐分渗入肌肉，将蛋白质分子链溶解成充盈着水分的胶质，从而使肉质湿润的同时让味道同时渗入肉中。每一个步骤背后都有一段小故事，因此，一旦领会到这些小故事，这些步骤也就一清二楚了。最终，这些操作便会转化成你的第二天性，渗入你在烹饪时的肌肉记忆中。

在传授烹饪技巧时，萨明有很强的逻辑性，甚至很有科学性，但归根结底，她仍然坚信我们应该依靠味觉和嗅觉做出与众不同的菜肴。也就是说，我们应当训练自己的感官并学会信赖它们。即便在我做煸炒洋葱这样简单且看似无聊的事情时，她也会嘱咐我：**"品尝，品尝，再品尝。"**煎锅中切成条的洋葱随着焦糖化反应由酸脆变得清甜，而后冒出淡淡的烟熏味，又在褐变反应的过程中染上了些许苦味，这无疑是一次微妙的演变过程。萨明让我看到，洋葱在这场演变的每一步都会散发独一无二的香气，而且这可以通过学习来掌控。因此，只要掌握了"热"这第四条原则，并明白如何调动你的感官，那么单从洋葱这一种朴实无华的食材中，便能衍生出六七种不同口味。想想看，什么样的食谱能让你获得如此洞见？借用萨明经常援引的一句名言，出自她另一位烹饪老师："让食物变得美味的不是食谱，而是人。"

这本书最让我刮目相看之处就在于，在温迪富有想象力的精彩插图的衬托下，萨明找到了一条令她的烹饪热忱与对美食的认识跃然纸上的道路，最后诞生了这本给人指引和乐趣的书（每一个篇章都生动有趣）。我猜这本书马上就会跻身你书架的精选烹饪书前列，成为你生活中不可缺少的一部分。赶快在书架上为这本书腾出一席之地吧！

——迈克尔·波伦

作者序

人人都能烹饪出五花八门的美味佳肴。

无论你是一名没怎么摸过厨刀的新手，还是一位技艺精湛的厨师，决定你的菜肴口味的基本要素只有以下四种：能提味的盐，增加风味、实现诱人口感的脂（油或动物脂肪），为食物增添色泽、调和百味的酸（酸味调料），还有最终决定食物质地的热（火候）。盐、脂、酸、热，这是烹饪的四大基本元素，而这本书则会告诉你如何凭借这四大元素在任何一间厨房里无往不胜。

没有食谱，你会不会觉得无从下手？从而羡慕那些能凭空（或凭借一台没什么储备的冰柜）就能变出一桌菜肴的厨师？这本书将会指导你选择什么样的食材以及如何烹饪，也会告诉你为何最后关头的调整能够确保菜肴的口味恰到好处。无论备受赞誉的大厨，摩洛哥的老奶奶，还是分子美食烹饪达人，这四大元素是确保每一位烹饪达人一如既往做出美味佳肴的法宝。只要下定决心掌握这四种元素，你也可以做到。

洞悉了书中的奥秘，你就会逐渐发现自己越来越能够在厨房中进行即兴创作了。你不仅能游刃有余地在农贸市场或肉铺柜台挑选最入眼的食材，也相信自己有能力将这些食材变成一道营养均衡的菜肴，不再被食谱和精确的购物清单束缚。你会越发信赖自己的味蕾，在食谱中做加减替换，用手边的现成原料来烹饪。这本书将改变你对烹饪和饮食的思考，也会帮助你在置身任何一间厨房、面对任何一种食材以及烹饪任何一道菜时找到自己的方向。你将会像专业厨师一样利用包括本书在内的食谱——探索这些食谱提供的灵感、背景信息以及大致方向，而不是逐字逐句地如法炮制。

我保证，你能够做到。你不仅会成为一位优秀的厨师，更能成为一名卓越的烹饪达人。之所以敢打包票，是因为我有亲身体验可以佐证。

• • •

我的整个人生可以说都花在了对味道的追求上。

小时候，妈妈每晚都会给我们做传统的波斯菜（伊朗菜），而只有当她把我和兄弟们唤进厨房，让我们剥生蚕豆或是采摘新鲜的香料植物时，我才会踏入厨房。在我出生的1979年之前不久，我的父母在伊朗革命前夜离开了德黑兰，来到了圣地亚哥。我在成长过程中一直都讲波斯语，年年庆祝伊朗新年诺鲁孜节，还在波斯语学校学习如何读写。但我们的文化中最得人心的仍是食物，是食物让大家团聚在一起。我们的姨妈、舅舅、祖父母鲜有不和我们共进晚餐的时候，而我们的晚餐桌上总是放着一碟碟堆得高高的调味菜、一盘盘藏红花米以及一罐罐令人垂涎三尺的炖菜（以陶罐装盛）。我每次都会抢着吃色泽最深、最香脆的波斯米花（tahdig），那是妈妈制作的波斯米饭底部结成的金黄色锅巴。

毋庸置疑，我对美食怀有深深的爱，但我做梦也没想到自己能成为一名厨师。高中毕业时，我的抱负是追求文学，于是便搬到北边，进入加州大学伯克利分校学习英语文学。记得在新生欢迎活动上，有人提到市里有一家著名的餐厅，但我从未产生过到那里就餐的念头。我唯一光顾过的餐厅，便是我和家人每周末都会徒步前往的位于橘子郡的波斯烤串店、附近的比萨小店，或是海滩上的鱼肉玉米卷饼小摊。圣地亚哥没有什么著名餐厅。

之后，我爱上了约翰尼，一位两颊绯红、眼睛明亮的诗人，他向我介绍了他家乡旧金山的美食，还带我到他最喜欢的墨西哥玉米卷快餐店，在那里教我如何在点菜时搭配出一份无可挑剔的麦西恩卷饼。我们在米切尔冰激凌店（Mitchell's Ice Cream）品尝过椰青和杧果口味的冰激凌，在半夜里偷偷爬上科伊特塔的楼梯，一边大嚼金童比萨（Golden Boy Pizza）的比萨饼，一边欣赏塔下的城市灯火。约翰尼一直都想去潘尼斯之家餐厅[1]就餐，却苦于找不到机会。原来，这家我早有耳闻的餐厅竟然也是一家烹饪学院。我们攒了七个月的钱，通过这家餐厅迷宫般的预约系统，终于订到了一张桌位。

那天终于到来了，我们俩来到银行，将一鞋盒的零钱换成了两张崭新的100美元钞票和两张20美元钞票，穿上我们俩最高级的衣服，坐上约翰尼的经典款大众甲壳虫敞篷车，朝着餐厅疾驰而去。

1　潘尼斯之家餐厅，由美国名厨和美食作家爱丽丝·沃特斯创办于1971年，曾培养出多位享誉世界的名厨。——编者注

不消说，这顿饭吃得让人心满意足。我们点了法式培根沙拉、汤汁大比目鱼以及珍珠鸡配鸡油菌。这都是我从来没有吃过的菜肴。

甜点是巧克力蛋奶酥。侍者端来甜点时，向我们演示了如何在甜点的顶端用甜品勺戳一个洞，然后将搭配的覆盆子酱倒进去。她看着我咬下第一口，我欣喜若狂地告诉她，口感就像一团热乎乎的巧克力云朵。我想到的唯一能为这种体验锦上添花的，就是一杯冰牛奶了。

由于当时我对高级餐厅的菜品不熟悉，因此并不了解，对许多美食家来说，在早餐后饮用牛奶的做法往好了说是不成熟，往坏了说甚至让人倒胃口。

当时的我尚且天真(尽管我时至今日仍然认为，无论早晚，一杯冰牛奶搭配一块热乎乎的布朗尼是天作之合)，那位侍者则从我的天真中看到了一丝可爱。几分钟之后，侍者端着一杯冰牛奶和两杯餐后酒走了回来，餐后酒才是蛋奶酥的经典搭配。

就这样，我的正式烹饪培训拉开了帷幕。

在那之后不久，我便给潘尼斯之家的传奇店主兼大厨爱丽丝·沃特斯写了一封信，详细描述了那顿梦幻般的晚餐。我突发奇想，想要得到一份打杂的工作。此前从未考虑过在餐厅工作的我，却想要为那晚在潘尼斯之家的奇妙体验贡献一份力量，哪怕只是绵薄之力。

我带着那封信和简历来到餐厅，被领到办公室与大堂经理见面。我们一下子便认出了彼此：她就是那位为我们端来牛奶和餐后酒的女士。读完我的信之后，她当场聘用了我，并问我能不能在翌日回餐厅参加一轮培训。

在培训班期间，有人领着我穿过厨房来到楼下的餐室接受第一项任务：为地板吸尘。厨房里堆满了一篮篮成熟无花果，四周是闪着光的铜质墙壁，一切都美得令人窒息，将我深深吸引。而那些穿着一尘不染的厨师服、行动优雅而高效的主厨，则看得我目不转睛。

才过了几周，我便开始恳求主厨让我来厨房免费帮忙。

当我让主厨们相信我对烹饪的热情并非儿戏，我便得到了一个厨房实习生的职位，随之放弃了勤杂工作。我在白天努力工作，夜幕降临时则读着食谱入眠，在睡梦里与意大利烹饪作家玛塞拉·哈赞（Marcella Hazan）的肉酱和美国美食作家葆拉·沃尔菲特（Paula Wolfert）的手卷古斯米（蒸粗麦粉）相会。

潘尼斯之家的菜单每日一变，因此，每次在后厨开工之前，都会召开一次菜单大会。厨师与主厨坐在一起，主厨详细讲述对每道菜的设想，大家则边听边剥豆子或大蒜。有的主厨会聊一聊这套菜的灵感来源——或许是在西班牙海边的一次旅游，或许是几年前在《纽约客》上读到的一篇故事。有的主厨甚至可能会详细阐述具体菜品的做法细节——比如要用到哪种特殊调料，该用哪种特殊的方法切胡萝卜，或是在纸片背面画出这道菜的草图。

作为一名实习生，旁听菜单大会既让我灵感四溢，也让我诚惶诚恐。《美食》杂志刚刚将潘尼斯之家评为“全美最佳餐厅”，我身边又聚集着一批世界顶尖厨师。单是听他们讨论食物，已经让我受益匪浅了。普罗旺斯牛肉炖菜、摩洛哥塔吉锅、烤大葱配红椒杏仁酱、法国什锦砂锅、罗马式春日香烤羊肉、奶香烤猪颈：这些菜名都是用英语之外的语言报出的。只是这些菜名，就足以让我晕头转向了，厨师却很少会参考食谱，他们怎么能立马想到如何把主厨头脑中的菜肴做出来呢?

我感觉自己永远也跟不上趟儿了。我怎么也想象不到，自己有一天竟能一个不落地认出后厨所有不带标签的罐装调料。当时，我连莳萝籽和茴香籽都分不清。因此，我做梦也想不到，未来自己居然可以学会辨识普罗旺斯马赛鱼汤和托斯卡纳炖鱼（两道表面看没什么区别的地中海鱼肉炖菜）的微妙不同。

我无时无刻不在向所有人提问。我开始读书、烹饪、品尝并撰写关于食物的文章，这一切都是为了加深自己对烹饪的理解。我会拜访农庄，逛农贸市场，并把厨师用的器具摸得清清楚楚。渐渐地，主厨开始给我布置任务了，从把色泽鲜亮的头道菜凤尾鱼下锅油煎，到为第二道菜捏出完美的意大利小方饺，再到为第三道菜分切牛肉。诸如此类的乐事支撑着我，让我在犯错无数时坚持下来。这些错误有的很小，比如分不出芫荽和欧芹的我在采芫荽叶时采回了欧芹叶；有的则比较严重，比如我曾在招待总统夫人的晚餐上将浓汁牛肉酱做煳了。

随着我的进步，我也逐渐认识到了美味与珍馐之间的细微差别。我开始认出一道菜中的各种原料，也能判断何时该往意面水而非酱料里加盐，还能领悟到为何要往香草萨尔萨酱里多加些醋来平衡浓厚香甜的羊肉炖菜的风味。每日一变的应季菜单看似一座无从攻克的迷宫，我却渐渐在其中摸索出一些基本规律：厚切肉片要在前一晚加盐腌制，而薄薄的鱼片则要在烹饪时再加调料；炸制食物的油温必须要高，否则炸出的食物会发潮回软；挞皮面团用的黄油必须保持低温，好让挞边缘起酥，形成层层脆皮；几滴柠檬汁或食醋就能给几乎任何一道沙拉、汤品以及炖菜提味；用一种方式切成的肉通常适合烤制，而另一种方式切成的肉则适合炖制。

盐、脂、酸、热，这四大元素指导了每一道菜的基本决策。剩下的因素就只是文化、季节或是技术细节的结合与拼凑了。这些细节，我们可以通过参考食谱、请教专家、借鉴历史或是查询地图来获取。这个认识，真是让我豁然开朗。

持续不断地制作美味菜肴仿佛是个不可能完成的任务，但如今每次踏入厨房，我的心里都装着一份小小的清单：盐、脂、酸、热。我对共事的一位主厨提到过这个理论，他向我微微一笑，好像在说："那还用问吗？这谁都知道。"

但是，这个理论并非人人都懂。我从没在任何地方听过或读过，也没有人向我直接传达过。然而，这个原理不仅被我认同，且得到了一位专业主厨的证实。那么，从未有人以此为出发点，来为有兴趣学习烹饪的朋友们指明道路，这让我感到不可思议。当时我便下定决心，我要写一本书，向非职业烹饪爱好者们阐明这个理念。

我买了一本美式拍簿，开始提笔写作。那是距今已经 17 年前的事情了。当年，20 岁的我只有一年的烹饪经验。我很快就意识到，在有资格给别人指点迷津前，关于美食和写作我要学的东西还有很多。于是，我暂且搁置了写书的计划。在读书、写作以及烹饪的过程中，我通过对于盐、脂、酸、热的新认识，将自学到的点点滴滴加以过滤，提炼出一套简洁的认识烹饪的方法。

就像一位沉迷于追本溯源的学者，一个品尝让我朝思暮想的潘尼斯之家原版菜肴的愿望，将我带到了意大利。在佛罗伦萨，我自告奋勇地成了不落俗套的托斯卡纳大厨贝妮黛塔·维塔利的学徒，在她的餐厅 Zibibbo 帮厨。在一个语言不通、气温用摄氏度计量、长度以米测算的国度的厨房工作，这在刚开始时的确是个挑战。但是，对盐、脂、酸、热的理解很快让我找到了方向。我或许还没有把一切细节摸清楚，但是，贝妮黛塔教我为意大利肉酱面烹煮肉品的方式，在炒菜时加热橄榄油的方式，为意面水加调料的方式，以及用柠檬汁将浓郁口感包裹其中的方式，都与我在加州学到的相差无几。

在不上班的时候，我便和达里奥·切基尼（Dario Cecchini）一起在基昂蒂山中度过，他是家族中的第十八代屠夫。他个性开朗而心胸宽广，对我照顾有加，不仅严格地教会了我如何切割一只完整的动物，也一丝不苟地向我传授托斯卡纳的美食文化遗产。他带我将周边逛了个遍，拜访农夫、酿酒人、面包师以及奶酪匠。从他们身上，我学到了地理位置、季节以及历史因素如何在几个世纪的时间里塑造了托斯卡纳的烹饪哲学：只要用心加工，再朴实无华的新鲜食材也能散发最沁人心脾的味道。

对味道的追求将我带到了世界的不同角落。在好奇心的驱使下，我在中国的老字号酱菜铺品尝过腌菜，在巴基斯坦观察过不同地区小扁豆炖菜的微妙差别，在古巴的后厨里体验到复杂的政治历史背景对食材的限制如何让菜品变得寡淡无味，也在墨西哥对比了不同玉米卷中使用的土品种玉米。在不能旅行时，我便会大量阅读，采访移民美国的奶奶们，品尝她们的传统手艺。无论身处何种环境，盐、脂、酸、热这四大元素都像指南针上的方向刻度，让我在每次下厨时都能踏上通往美食之路。

• • •

回到伯克利之后，我就去了潘尼斯之家的导师克里斯托弗·李（Christopher Lee）新开张的意大利餐厅 Eccolo 工作。很快，我就担任起餐厅厨师长的角色。先对某种食材或食物的“脾性”了如指掌，然后顺着撒在烹饪科学道路上的面包糠摸清其中原理，我视之为己任。我并非单纯地嘱咐手下厨师**“品尝，品尝，再品尝”**，而是能够真正地教他们如何做出更明智的选择。在第一次得出盐、脂、酸、热理论十年后，我已掌握了足够的知识来将这套体系传授给年轻的厨师了。

我的新闻学老师迈克尔·波伦在写作《烹》这本关于烹饪自然历史的书时，雇用我教他烹饪。在目睹了盐、脂、酸、热理论对专业厨师的补益后，我便将这套理论奉为教学时的圭臬。迈克尔很快便发现了我对优质烹饪四大元素的痴迷，并鼓励我把这门课正式化，教授给更多人。恭敬不如从命。迄今为止，我在烹饪学校、老年活动中心、中学以及社区活动中心都传授过这套体系。无论我们一起制作的菜肴吸收的精髓来自墨西哥、意大利、法国、伊朗、印度还是日本，我都无一例外地看到，学生们的自信得到了提升，对味道更加敏感，并学会了在厨房里做出更明智的决定。所有这些，让他们做的每一道菜都上了一个台阶。

在这本书的创意涌现 15 年之后，我开始了真挚的写作之旅。我先是让自己的思维接受了这四大元素的洗礼，然后又花了多年时间向别人传授相关知识，沉淀之后，我已经把优质烹饪的精髓提炼了出来。掌握了操控盐、脂、酸、热的方法，你便能做出美味的食物。继续读下去，让我来为你引路。

如何阅读本书

大家可能已经感觉到了，这不是一本寻常的烹饪书。

我推荐大家从头到尾读一遍。注意烹饪技巧、烹饪科学以及背后的故事，不要急于把一切都记在脑海中。一段时间之后，回过头来重读那些与你关系紧密的概念和信息。那些作为厨房新手的读者很快就能掌握基本要义，因为每种元素所对应的章节都是按照味道及其背后的科学知识编排的，能够指引读者了解优质烹饪背后的原理和方法。更有经验的厨师则可以找到隐匿在本书中让人眼前一亮的宝石，甚至能够以全新的视角看待已知的烹饪技巧。

在每一章中，我都会向大家提供几个厨房小实验，也就是一些能够让大家更加全面地理解重要理论，并能将理论付诸实践的食谱。在本书的后半部分，我整理出了一系列食谱，让大家看到掌握这四大元素能够给你带来多大的创造空间。假以时日，你便会渐渐习惯在脱离食谱的条件下进行日常的烹饪。但在学习凭直觉烹饪的过程中，食谱就像是初学自行车的辅助轮一样不可或缺，还能给你带来慰藉。

为了凸显一切优质烹饪技术遵循的规律，我没有按一顿饭中每道菜品的制作顺序组织食谱，而是以菜肴的种类来加以整理。在才华横溢又风趣幽默的插画家温迪·麦克诺顿的帮助下，我为读者打造了丰富的视觉导览，在单凭文字不足以完整传达理念的情况下，便于大家理解。之所以选择用插画而非照片来为本书润色，是有意而为的。希望这本书让你敞开心扉，不要认为每道菜只有一个完美的版本。希望这本书鼓励你自由发挥，以自己的标准来判断美味佳肴应该是什么样的。

要是觉得通读一遍就开始下厨，照着食谱做菜有些强人所难，那就读一读 **“烹饪秘籍”** 部分，它将引导你学习食谱，帮助你磨炼特定的技能，掌握特定的技术。如果你不确定该如何将菜肴创建组合为一份菜单，不妨选用本书 **“推荐食谱”** 中的列表做参考吧。最后要记住，开心最重要！别忘了享受为所爱的人做菜，以及与所爱的人共享美食带来的大大小小的乐趣！

第一部分

优质烹饪四大元素

SALT

第一章

盐

在成长的过程中，我一直以为盐应该乖乖待在餐桌的盐瓶里。我从来没有往任何食物里加过盐，也没见过妈妈往食物里加盐。但要说到姨妈齐巴对盐的喜爱，证据比比皆是——她每晚都会在餐桌上给藏红花米饭撒盐，引得我和兄弟们咯咯直笑。我们觉得这是世界上最奇怪和好笑的事了。我暗自思忖："盐到底能对食物起到什么作用呀？"

想到盐，我便会联想到海滩，因为我在那里度过了我的童年。太平洋承载了我数不清的日日夜夜，因为误判了海浪的势头，我不知呛过多少口海水。每当日头西沉，我和小伙伴们在潮汐池里戳海葵玩时，经常被咸水雾喷得满脸都是。我的兄弟们则会拿着巨大的海带在海滩上追着我跑，一旦追上我，他们便会用海带那外星生物般的湿咸带状物来胳肢我、吓唬我。

妈妈总会把我们的泳衣装在我家那辆蓝色沃尔沃旅行车的后备厢里，因为我们无论何时想去，海滩总是近在咫尺。她会很利落地一边架起遮阳伞、铺好毯子，一边催促我们三个快去海里玩。

我们一直泡在海里，直到肚子饿得咕咕叫。这时，我们便会在海滩上搜寻那把被日头晒得褪了色的珊瑚色与白色相间的遮阳伞，这是唯一能把我们召唤回妈妈身边的地标。抹去眼睛里的盐水之后，我们便径直向她跑去。

不知为什么，妈妈总能知道对刚从海里出来的我们来说，最美味的是什么：那就是波斯黄瓜配菲达羊奶酪，用大张脆薄饼卷成饼。吃完卷饼之后，我们又会吃下几把冰凉沁脾的葡萄或是几块西瓜来润喉解渴。

我的卷发仍在往下滴着海水，皮肤上也结出了片片盐霜，而那款小食总能让我回味无穷。毋庸置疑，海滩带来的乐趣也为美食体验加了分，但直到多年之后来到潘尼斯之家工作时，我才从烹饪学的角度理解了为何这款小吃会如此无可挑剔。

在潘尼斯之家工作的第一年，还是勤杂工的我与美食最亲密的接触往往是在试尝会上。厨师会在试尝会上把每一道菜品做出来，在为顾客上菜之前让主厨给出评价。由于菜单每日都有变化，因此主厨必须通过试尝会来确认菜品是否符合自己的构想。一切细节都必须恰到好处。厨师会根据反馈完善并调整菜品，直到主厨满意，他们便会将菜品交给楼面员工品尝。这时，我们十几个人便会围绕着杯杯盘盘，在狭小的门廊中聚在一起，把菜传到每个人手中，让每个人把每道菜都尝上一口。在那里，我第一次尝到了香脆油炸鹌鹑，无花果叶裹鲜嫩烤鲑鱼，以及意式奶冻配浓香野草莓。这些给味蕾带来强大冲击的美食，常常会在一整个轮班期间都萦绕舌尖。

当我确立了自己的烹饪抱负之后，对我照顾有加的主厨克里斯·李便向我建议，少关注试尝会期间门廊中发生了什么，多关注厨房事务：主厨使用的语言，如何把时机和用量拿捏得恰到好处等，这些都是如何成为一名更优秀厨师的线索。如果一道菜出了问题，答案往往在于对盐的调整上。有时候，问题出在盐晶的性状上；有时候，问题则可以通过加入一点儿奶酪粉、一些碾碎的凤尾鱼酱、几粒橄榄或是一点儿刺山柑粉末来解决。我开始发现，在厨房里没有比静心品尝更为准确的指南针了，而最需要静心品尝的原料，则非盐莫属。

在潘尼斯之家工作的第二年，作为预备厨房里的年轻厨师，某天我被分配了烹煮波伦塔玉米糊（意式玉米粥）的任务。在来到潘尼斯之家之前，我只尝过一次波伦塔玉米糊，对这道菜的味道不大能接受。我之前尝的那份波伦塔玉米糊是预先做好的，像面团一样被裹在塑料纸里，毫无滋味。即便如此，我仍然暗下决心要把潘尼斯之家的每道菜都尝一遍。第二次品尝波伦塔玉米糊时，我真是无法相信，如此浓郁而层次丰富的一道菜竟会和某种乏味的“宇航员食品”同名。潘尼斯之家的玉米糊原料由原生品种研磨而来，每喝一口，都有一股清甜和质朴的醇香。我已迫不及待想要自己动手做了。

主厨卡尔·彼得内尔（Cal Peternell）向我讲述了制作波伦塔玉米糊的所有步骤，我便开始动手了。我曾经看到其他厨师因为火候不均而把玉米糊给做煳了，因为生怕把面前一大锅玉米糊毁了，我没命地不停翻搅。

一个半小时之后，我按照卡尔的指示，往锅里加入黄油和帕玛森干酪，并舀起一勺浓汤让他品尝。身高 1.93 米的卡尔是一位拥有沙滩色头发、性情温和的大高个儿，最擅长冷幽默。我满脸期待地抬头看着他，既敬畏又胆怯。他用他那标志性的扑克脸对我说：“还得再加点儿盐。”我顺从地回到锅旁，往里撒了几粒盐，那种吝惜和谨慎就好像在往锅里撒金箔这种奢侈品一般。我觉得加过盐的玉米糊味道估计差不多了，于是便重新舀了一勺拿给卡尔品尝。

卡尔再次思索了一下，觉察出玉米糊的调味仍然不到位。大概是为了节省时间和精力，这一次他大步把我引回锅旁，往里加了不是一把，而是整整三大把犹太粗盐。

我体内的那个完美主义者开始惊慌失措。我多想把这锅波伦塔玉米糊给做好呀！没想到我对盐的把控竟然差了这么多。整整三大把！

卡尔抓起两把勺子，我们又一起尝了尝。毋庸置疑，味道彻底改变了：不知怎的，玉米尝起来更香甜了，而黄油也更浓郁了。所有的口味都越发地凸显。我原本以为卡尔“毁”了一整锅波伦塔玉米糊，把它变成了一洼盐渍地，但不管我怎么品尝，舌尖尝到的滋味却无论如何也无法与咸这个字沾边。每尝一口，我能感受到的就只有“一激灵”的惊艳和满足。

我就像是被闪电击中了一般。我从来没有想过，除了做胡椒的副手，盐还能扮演什么别的角色。但是现在，在亲口品尝了盐带来的奇妙风味后，我也很想学会在每次下厨时都能制造那种“一激灵”的满足感。我想起了自己从小到大所有爱吃的食物，尤其是在海滩上吃的那口黄瓜配菲达羊奶酪卷饼。我在那时才幡然意识到，这款小食如此美味的原因是盐，答案就在于搭配得恰到好处的盐。

“盐”的定义：咸味调料与咸味食材

让人“一激灵”的秘诀，可以用基础化学知识来解释。盐是一种矿物质，即氯化钠。这是人体必需的几十种基本营养素中的一种。人体无法储存很多盐分，因此我们需要通过不断摄取盐分来维持基本的生理过程，比如保持体内的正常血压和水分的平衡，向细胞输送营养物质，促进神经传导以及肌肉活动等。实际上，我们的身体机制决定我们必然渴望盐分，以此确保人体摄取充分。幸运的是，盐能够让几乎所有菜品变得更可口，因此往食物里加盐并不是件麻烦事。实际上，通过提升味道，盐能让我们在摄取食物时的体验更加美好。

所有的盐都来自海洋，无论是大西洋，还是像全球最大盐沼所在地——玻利维亚史前巨湖明钦湖这样被世人长期遗忘的古老湖泊。海水蒸发后留下的是海盐，而岩盐则是从古老的湖泊与海洋中开采出来的，有的岩盐更是深深沉积于地底。

盐在烹饪中最主要的功效便是增添风味。虽然盐同时也会起到影响口感和平衡其他味道的作用，但我们做出的几乎每一个关于盐的决定，都是围绕着增强和提升食物味道展开的。

这是不是意味着我们只要硬着头皮多加盐就行了？答案是否定的。你应该做的，是学会更好地使用盐。在合适的时间，加入恰当用量及类型的盐。在烹饪时放少量盐，往往要比菜肴上桌后大量加盐更能提味。只要你的医生没有特地嘱咐你限制盐的摄取，你在居家烹饪时大可不必担心自己的钠摄入量。当学生们惊诧于我居然在煮菜的锅中加入几大把盐时，我只是淡然地告诉他们，其中的绝大部分盐都会随着煮菜水倒入下水道里。几乎所有自己在家下厨烹饪的食品，都要比加工食品、预制菜以及餐馆里的食物更有营养，含盐量更低。

盐与风味

美国现代烹饪之父詹姆斯·比尔德曾经提出这样一个问题："离开盐，我们的生活会怎样？"我知道答案：我们会在一片寡淡无味的汪洋中漂泊无依。如果你只想从这本书中记住一条经验，那就牢记这一条吧：盐对于食物风味的影响要比其他一切食材都大。学会用盐，你便能做出美味佳肴。

盐与风味的关系要分几个层次：盐有着自己特殊的味道，同时也能烘托其他食材的味道。若能用得恰到好处，盐不仅能减少苦味，平衡甜味，增加香味，还能提升我们进食的体验。想象咬下一口撒着粒粒海盐的浓郁咖啡布朗尼的感觉吧。这细小的盐片在舌尖上嘎吱作响的感觉带给人一种愉悦的体验，同时平衡了咖啡的苦味，凸显了巧克力的浓香，并与糖的甜味形成了鲜明的对比，令人唇齿留香。

盐的味道

盐应该给人一种干净的味道，不掺杂任何令人不快的口味。从单独品尝盐开始。把手指伸进你的盐罐里蘸一蘸，让几粒盐在你的舌尖融化。这些盐粒的味道是怎样的？希望你品尝到了夏日里大海的味道。

盐的种类

每位主厨都有自己钟爱的盐，对于某种盐为何会优于其他类型，每位主厨都能发表慷慨激昂的长篇大论。但

说到底，最重要的还是看你是否习惯你用的盐。你用的盐是粗还是细？在一锅沸水中需要多久能化开？想让一只烤鸡咸淡适宜，需要的用量是多少？如果将你用的盐加入饼干面团，这些盐是会化开，还是会通过那令人愉悦的脆粒嘎吱声彰显自己的存在呢？

所有盐晶都是通过蒸发盐水中的水分制成的，但水分蒸发的速度决定了所制盐晶的形状。岩盐是通过向盐矿床注水，然后迅速将盐水中的水分蒸发掉而开采出来的。精制海盐的制作方法与之类似，也是通过海水的迅速蒸发产生的。在封闭容器中通过迅速蒸发而形成的盐晶，会变成细小而高密度的颗粒状盐。与此不同的是，在开放的容器表层通过日晒缓慢形成的盐，则会结晶为质轻而中空的片盐。如果片盐被舀起之前，水就溅到了其中空部分，那么片盐便会沉入盐水，转化为高密度的大块结晶。这就是非精制或经过最低限度加工的海盐。

这些不同形状和大小的盐会为你的烹饪带来截然不同的影响。一汤匙（约 15 毫升）精盐密度较大，要比一汤匙粗盐咸两三倍。正因如此，我们在判断盐的用量时应依据质量，而不是体积。当然，若是能学会通过品尝来判断用盐量，那就更好了。

精制食盐

精制食盐（精盐）或是粗盐的身影，在全球各地的盐罐里都能看到。往手掌心里倒出一点儿盐，这些盐在封闭的真空环境下结晶而成的特殊立方形状便可一目了然。一般的盐粒度小、密度高，因此味道非常咸。如果没有特别标注，其中都含碘。

我并不推荐使用碘盐，因为碘盐会给所有菜品带来一种淡淡的金属味。1924 年，当缺碘成为普遍存在的健康问题时，美国的莫顿盐业便开始往盐里加碘以推动预防甲状腺肿大，促进了公共卫生领域的长足发展。时至今日，我们已经能从自然资源中摄取足量碘了。只要你的饮食结构多样化，经常吃海鲜和乳制品这样富含碘的食物，你就没必要强迫自己咽下带金属味的食物了。

精制食盐中往往也含有防止盐粒结块的抗结剂，或是用来稳定碘的葡萄糖。虽然这两种添加剂都没有什么害处，但也没必要往你的食物里加这些东西。给食物加盐时，你唯一应该添加的东西就是盐分！这是我在本书中少有的几点坚持之一：如果你家里只有精制食盐，那就马上去置办些犹太盐或海盐吧。

不同结构的盐

盐花

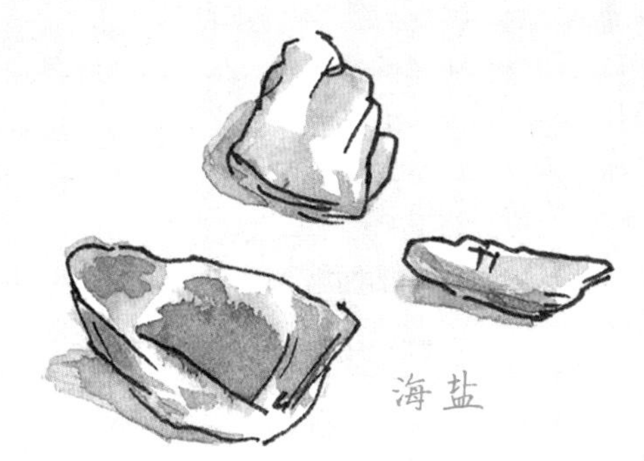

海盐

马尔登海盐

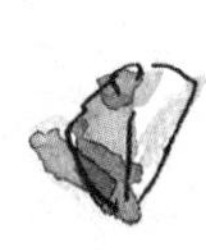

灰盐

犹太盐

精制食盐

犹太盐

传统上，犹太盐（不含碘的粗盐）常被用于“洁食”过程，也就是犹太教传统饮食中将血从肉中清除的过程。犹太盐中没有添加剂，因此味道纯正。犹太盐的主要制造商有两家：一家是钻石水晶盐业，这家公司的盐是通过将盐水置于开放容器中结晶而制成的，得出的产物是质轻而中空的盐片；另外一家是莫顿盐业，这家公司的方法是将真空蒸发的立方盐晶体碾成高密度的薄片。两种不同的制作方法，产出了两种截然不同的盐。钻石水晶犹太盐很容易附着于食物之上且很轻松就能弄碎，而莫顿犹太盐的密度则要大出很多，同体积的盐能够产生近两倍咸味。本书后面的食谱中如果要使用犹太盐，请务必使用指定品牌，因为这两种盐是不能相互替代的！我在测试本书食谱时，使用的一律是红盒包装的钻石水晶犹太盐。

钻石水晶犹太盐在水中的溶解速度大约是密度较大的颗粒状盐的 2 倍，因此很适合用于需要快速烹饪的食物之中。盐的溶解速度越快，放盐过度的概率也就越小。因为这样一来，你就不会在等盐溶解时错以为菜品还需加入更多盐了。由于钻石水晶犹太盐的表面积较大，因此这种盐对于食物的黏附力也较好，不容易从菜品上弹落或掉下来。

犹太盐不但价格适中，而且简单好用，因此非常适合在日常的烹饪中使用。我曾经因为沉浸于谈话，太享受朋友的陪伴，或饮酒太尽兴而不小心往菜里加了两次钻石水晶犹太盐，但所幸菜品口味并未被毁掉。因此，我偏爱使用这款犹太盐。

莫顿犹太盐

钻石水晶犹太盐

海盐

海水蒸发后，便会形成海盐。像盐花、灰盐以及马尔登海盐这类天然海盐，通常是自然蒸发状态下形成的不太精细的产物。有监测数据表明，这种蒸发过程可长达五年。盐花一词从法语 fleur de sel 直译而来，这种盐是从法国西部的特殊海盐床表面采集而来的，盐片形状精致且含有特殊香气。纯白的盐花在落入水面后，便会吸收氯化镁、硫酸钙等各种海洋矿物质，从而染上一层灰色，变成灰盐（法语为 sel gris）。马尔登盐晶的形成原理与盐花很相近，这种盐呈中空的金字塔形状，普遍被称为“片状盐”。

由于日晒盐使用的是低产量和劳动密集型的生产方式，因此这种盐往往比精制海盐价钱更高。增加的成本大多体现为这种盐的优异质地，因此在使用时，可以尽量将其特质发挥出来。用盐花为煮意面水调味，或使用马尔登海盐制作番茄酱，这些都是在用牛刀杀鸡。应该将这种盐撒在精美的田园生菜和浓郁的焦糖酱上，或是在往烤炉里放巧克力曲奇面团时撒上一些。这样一来，你就能享受到这种盐在嘴里发出清脆声响的乐趣了。

那些食品店里常见的大罐散装的颗粒状精制海盐就有所不同了，这种盐是通过在封闭的真空环境下迅速沸煮海水制成的。这种细小到中等大小的结晶海盐非常适合日常烹饪。不妨将这种海盐加入食物起到调味作用，比如撒在煮菜或煮意面的水里，撒在烤肉或炖肉上，拌入蔬菜，或是放在面团或面糊之中。

你的手边可以常备两种盐：一种是大罐海盐或犹太盐这样的平价盐，用于日常烹饪；一种则是像马尔登海盐或盐花这样拥有宜人质地的特质盐，用在上菜前最后一刻为食物锦上添花。掌握这些，便可以玩转你厨房中各式各样的盐：熟悉这些盐的咸度和味道、口感以及对菜品口味的影响。

盐对味道的影响

想要了解盐对味道有何影响，我们必须首先理解味道是什么。一方面，我们的味蕾能够感知五种味道：咸味、酸味、苦味、甜味，以及鲜味。从另一方面来说，香味则涉及我们的鼻子对成千上万种不同化合物的感知。如泥土香、果香以及花香这些通常被用来描述葡萄酒气味的形容词，其实指的就是芳香味化合物。

一道菜的风味会综合味觉、香味以及感官元素（包括口感、声音、外观、温度在内）。由于香味是风味的一个关键因素，因此你能感知的香味越多，用餐体验也就越丰富多彩。正因如此，在鼻塞或感冒时，你从饮食中收获的乐趣也会减少。

值得注意的是，盐对于口感和味道都有影响。我们的味蕾能够分辨食物中是否有盐，以及盐分的多少。但同时，盐也能释放食物中的许多芳香味化合物，让我们在进食时更容易感知这些香味。想要体会这一点，最简单的方法就是尝一尝不加盐的清汤或高汤。下次做鸡汤时，你就可以体验一下。没加盐的鸡汤尝起来淡而无味，但如果加了盐，你便能发现之前未曾尝出的新香味。不断地加盐并尝味，这样一来，你就会逐渐尝出咸味和其他更复杂可口的味道：鸡肉的鲜味，鸡肉脂肪的浓厚，芹菜和百里香带来的泥土清香。继续放盐，接着品尝，直到你收获那种“一激灵”的满足感。这就意味着你学会了按口味加盐的方法。当食谱要求你“按口味加盐”时，就加入足量盐，直到菜品尝起来对味为止。

专业厨师之所以喜欢将番茄先切片加盐放置几分钟再上桌，其中一个原因，就是盐能够“解锁”其他味道。由于盐能释放藏在番茄蛋白质中的味道分子，因此，每咬一口这样处理过的番茄，都能品尝到更鲜美的番茄味。

另外，盐还能降低我们对苦味的感知，从而也就实现了凸显苦味菜品中其他味道的附加效果。对于苦甜的巧克力、咖啡冰激凌、炙烤焦糖这类苦甜参半的食物，盐能够在降低其苦味的同时起到增甜的效果。

在抵消酱料或汤汁中的苦味时，我们通常会用到糖，但实际上，盐在遮盖苦味上要有效得多。不妨用一点儿奎宁水、金巴利酒或西柚汁来亲自试验一下，这些都是亦苦亦甜的饮料。先品尝一勺，然后往里加入一小撮盐，再品尝一次。你会惊讶地发现，苦味轻了许多。

调味

任何能够提升菜品味道的材料都是调味品，但这个词一般指的是盐，因为盐对味道的提升和调和是最有效的。如果食物没有掌握好盐量，无论怎样纯熟的厨艺或精美的装点都无法挽救味道的失衡。少了盐，让人难以接受的味道就会越发凸显，而诱人的味道却不易被人尝出。总体来说，食物不加盐是一大缺憾，但盐放多了也同样让人不能接受：食物中理应加盐，但打翻盐罐式地放盐就不对了。

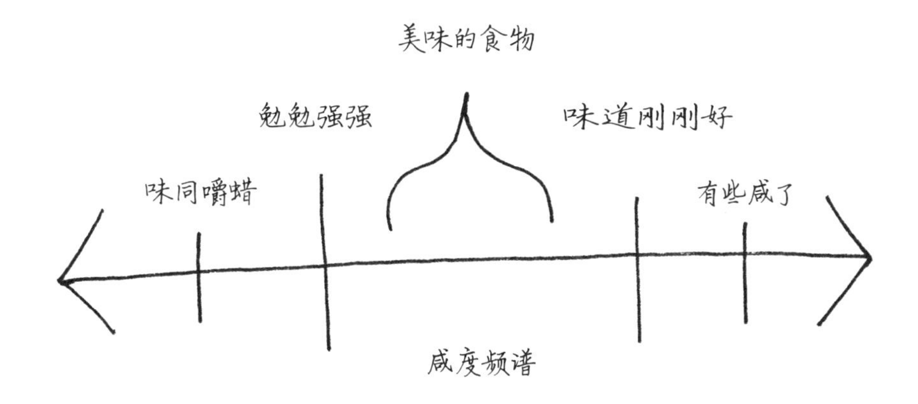

加盐可不是只做一次就能从任务清单上划掉的：你应该在一道菜的烹饪过程中不断关注其味道的变化，也要时刻牢记你希望这道菜在上桌时应该呈现的味道。在旧金山传奇的祖尼餐厅（Zuni Café），主厨朱迪·罗杰斯（Judy Rodgers）经常会嘱咐她的厨师，某道菜可能还需要加“七粒盐”。有的时候，盐的用量就是如此精准，区区七粒盐就可能意味着“令人满意”和“使人惊叹”之间的差别。而在另一些情况下，你的波伦塔玉米糊或许需要一下子加一把盐。想要把握用量，唯一的方法就是品尝和调整。

在加入食材和食材变化的整个烹饪过程中不断品尝和调味，这会让你做出最可口的食物。想要将用盐量掌握得恰到好处，就得让食物各方面都无懈可击：无论是每一口食物，每一种食材，每一道菜，还是对一整顿饭而言。这就是由内而外调味的意思。

在全世界的盐用量频谱图上，合适的用量都是一个区间，而不是单一的点。有的饮食文化习惯用盐较少，有的饮食文化则相对较多。托斯卡纳的人们不会往面包里加盐，却矫枉过正般地往其他菜品中加了大把的盐。法国人把法棍和发酵面包的盐分掌握得分毫不差，反而在为其他菜品加盐时稍嫌保守。

日本人在蒸米饭时不会加盐，而是将米饭用于衬托口味丰富的鱼、肉、咖喱和咸菜等菜肴。在印度，印度香饭这种浇盖了蔬菜、肉类、香料以及鸡蛋的可口米饭里却从来不会不放盐。在烹饪过程的各个环节都必须仔细掂量盐的用量外，再没有什么放之四海而皆准的原则了。这就是按口味加盐的意思。

当菜品尝起来淡而无味时，追本溯源往往是没有放够盐。如果你不确定盐能否解决问题，那就往一勺或一口菜品上撒点儿盐，然后再尝尝看。如果你有种眼前一亮、“一激灵”的感觉，那就赶紧往整道菜里加盐吧。通过这种用心的烹饪和品尝，你的味蕾会变得越来越敏感，像爵士乐手的耳朵一样，你的感官会越用越敏锐，越用越精准，你也会越来越善于即兴发挥。

盐的作用

烹饪是艺术灵感和化学反应的结合体。理解了盐的作用，你就能更好地判断该如何以及何时用盐来提升食物的口感和风味。有的食材和烹饪方法需要留出足够的时间，让盐分渗入食物并扩散开来。而在其他情况下，用盐的关键则在于打造一个有充足盐分的烹饪环境，好让食物在烹饪中吸收适量盐分。

盐在食物中的分散运动可以用渗透与扩散来解释，其本质是渗透和扩散寻求自然平衡的化学过程，也就是自然中可溶性矿物质或糖分等溶质在半透膜（多孔细胞壁）两侧达到浓度平衡的倾向。对食物来说，水分从盐度较低的细胞转移至盐度较高的细胞，其中的细胞壁间运动称为渗透。

从另一方面来说，扩散指的是盐分从盐度较高的环境中缓慢迁移到盐度较低的环境里，直到两边达到盐度平衡的过程，这一过程的速度往往比渗透更缓慢。往一块鸡肉上撒盐，隔 20 分钟再回来观察。这时，颗粒分明的盐不见了：这些盐粒已经溶解，而盐分则已开始向内扩散，以便在整块肉中创造一种化学平衡。我们可以尝出这种扩散作用带来的结果：虽然我们只在肉的表面撒上了盐，但随着时间流逝，扩散随之展开，最终使整块肉吃起来咸味均匀，而非外咸里淡。

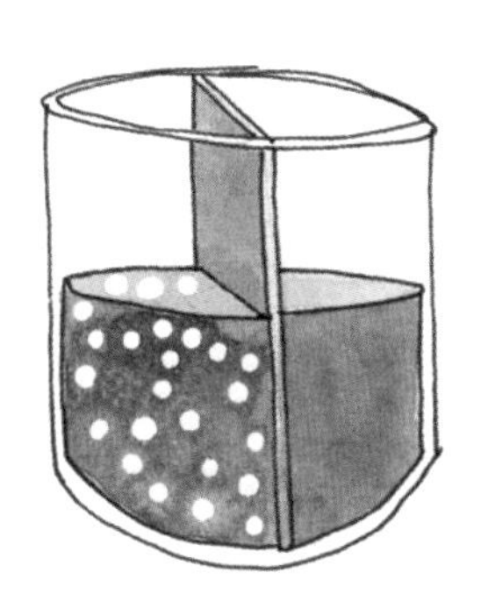

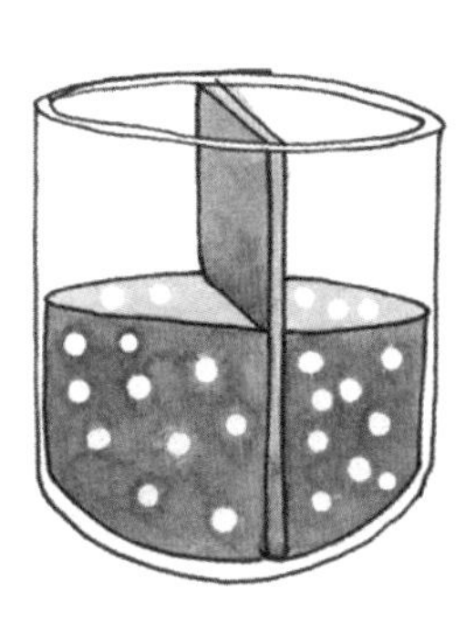

扩散
盐分穿过细胞壁的运动，
直到达到分布平均

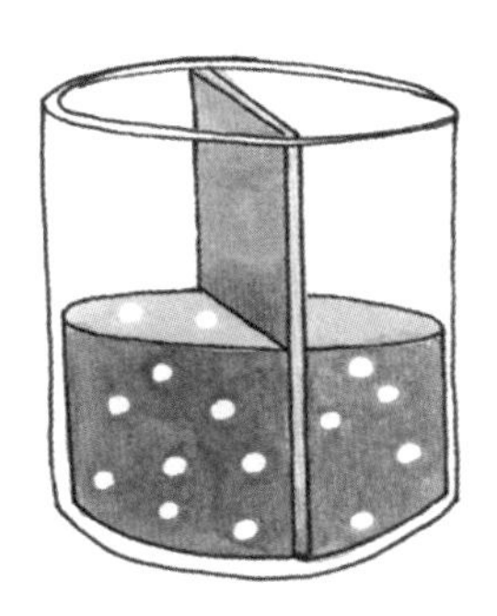

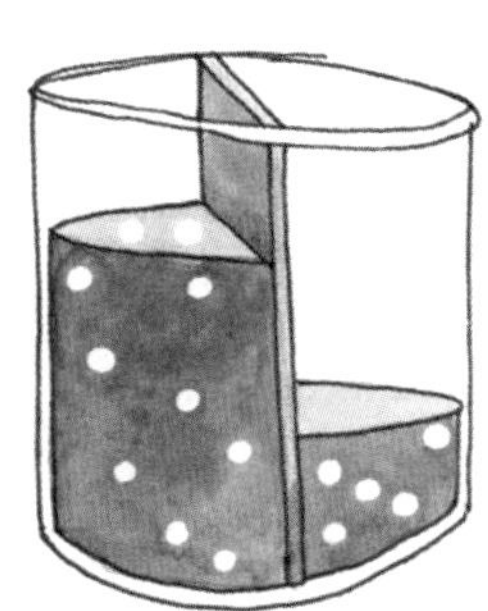

渗透
水分在细胞间迁移的运动

另外，作为渗透的结果，你也会在撒盐的鸡肉表面看到水分。在盐分往内扩散的同时，水分也会往外析出，二者目的一致：在整块肉中达到化学平衡。只要条件允许，盐总会自动扩散，以便均匀渗入食物。但是，盐对不同质地的食物起到的影响是不同的。

盐如何影响

肉类

我到潘尼斯之家上班时，这家餐厅的后厨已经像一台上好了油的机器一样顺利运转了数十载。这家餐厅的成功仰赖每位厨师对翌日和之后菜单的提前思考。我们每天都要无一例外地分切肉品并加盐调味，以便第二天烹制。这个任务通常是为了确保厨房的高效运转，因此我并没有想过提前放盐与味道之间的联系。我之所以没有意识到这一点，是因为我当时未能理解盐在一夜之间默默完成了如此重要的工作。

由于盐分扩散是一个缓慢的过程，提前放盐就能预留充足时间，让其均匀扩散到整块肉中。这就是让盐渗入肉品的方法。提前放入少量盐起到的作用，要比临上菜前大量加盐有效得多。换言之，关键变量是时长，而不是用量。

盐也能引发渗透作用，且能让任何食材中的水分析出，因此许多人都以为盐会使食物变得干硬。但在充分时间内，盐能够将蛋白质分子链溶解为凝胶，使其在烹饪中更好地吸收和保持水分。水分的保湿作用能让肉质变得鲜嫩多汁。

把一条蛋白质分子链想象成一条表面黏附着水分的松散螺旋线圈。未加盐的蛋白质在加热时会出现变性：线圈收紧，将水分子从蛋白质框架中挤出去，使过度烹饪的肉品变得又干又硬。盐则可以通过颠覆蛋白质结构来预防线圈在加热情况下凝聚或结块，因此使更多水分子保持依附状态。这样一来，这块肉便能保持湿润，而你就有了更大的容错空间，即便烹饪过火也不必太在意了。

这个化学过程同时也是将肉腌制入味的秘诀，即将肉品浸泡在加了盐、糖和香料的卤水中。在这种加入了混合调料的调味汁（卤水）中，盐分能够溶解一部分蛋白质，而糖分和香料则能提供大量香味分子供肉品吸收。正因如此，腌制法被视为烹饪容易脱水或味道寡淡的瘦肉和禽肉的绝佳方法。做一道辣味盐卤火鸡胸，你就能意识到，通过在咸辣的卤水中浸泡一夜，一块干涩无味得让人无计可施的肉能出现怎样的变化。

我已经想不起第一次（在清醒的状态下）品尝提前腌制好的肉是什么时候的事了。但是现在，只要是没有提前放盐的肉我都能尝得出。多年以来，我已经烹制过成千上万块鸡肉——其中有些是提前加了盐的，有些没有提前放盐。虽然我的推论还没有得到科学证实，但我可以通过经验告诉大家：与没有盐腌入味的肉相比，提前加盐调味的肉不仅风味更足，而且肉质更嫩。想要亲口品尝提前调味的肉品的奇妙滋味，最好的方法就是做一个对比实验：下次当你准备做烤鸡时，将鸡切成两半，也可以让肉店的屠夫帮你对半切开。提前一天用盐给其中一半调味，另一半等到烤制前再放盐——不必等第一口肉触到舌尖，你就能清楚感受到提前放盐的作用了。提前放盐的鸡肉在你开始切割时便会从骨架上脱落，而另一半的鸡肉虽然湿润，但在肉质柔嫩程度上则完全不能同日而语。

若是为准备烹饪的肉加盐，留出充足时间要比匆匆赶制更理想，哪怕提前一分钟都比不提前好。在条件允许的情况下，尽量提前一天给肉加盐。如果做不到，在当天早晨甚至下午加盐也可以。或者，你也可以把加盐作为准备晚餐食材的第一步。我喜欢一从超市回家就给肉加盐腌入味，这样一来，我就不用再惦记这件事了。

一块肉体积越大、密度越大、肌肉含量越高，就越要提前早加盐。牛尾、牛腱和牛小排应提前一两天加盐调味，以便让盐分有足够时间充分发挥作用。烤制用的整鸡应该提前一天加盐，而感恩节火鸡则应该提前两到三天加盐。肉以及周围环境的温度越低，盐起效所需的时间也就越长，因此在时间有限的情况下，你应在放盐（但不要超 2 小时）后把肉留在案板上，而不要把肉放回冰柜里。

提前放盐对肉的风味和口感都大有帮助，但人们也容易陷入放盐过早的误区。几千年来，盐一直被人们用来保存肉类。如果用量过多、耗时过长，盐便会使肉脱水并起到腌制效果。如果晚餐计划在最后一刻变卦，将加盐的鸡肉或几磅小牛排放上一两天再烤或焖也可以。但若放置的时间超过两天，这些肉品便会开始脱水，并呈现一种皮革般的质地，以及一种腌渍的而非新鲜的味道。如果你已给肉加好了盐，却发现几天之内都没机会烹饪，那就在做好烹饪准备之前先把肉冷藏起来吧。密封之后，这些肉能够保存长达两个月的时间。这样在下一次解冻之后，你就能继续烹饪了。

海鲜

与肉类不同，如果加盐过早，绝大多数鱼类和贝类所含纤弱蛋白质便会开始分解，使食材肉质变得坚硬、干燥，或不易嚼烂。提前大约15分钟进行简单盐浸，就足以给鱼片增加风味并保持水分了。像金枪鱼以及剑鱼这种肉较厚的鱼若被切成2.5厘米厚的鱼块，提前30分钟加盐就足够了。除此之外，其他的海鲜都应在烹饪时加盐，以保证其肉质和口感不受毁坏。

油脂

盐需要水才能溶解，因此，盐是不会在纯油脂中溶解的。好在我们在厨房里用的绝大多数油脂制品中都至少含有一点儿水分，比如黄油中的少量水分、蛋黄酱中的柠檬汁或沙拉调味汁中的醋，都给盐提供了缓慢溶解的条件。提前给这些油脂制品加盐，注意拿捏用量，等待盐分溶解，先品尝再决定是否追加。如果想让盐立刻均匀地扩散开来，你也可以先让盐在水或柠檬汁中溶解，然后再加入油脂制品之中。与较肥的肉块相比，瘦肉之中的水分（以及蛋白质）含量较高，因此，像猪里脊或肋眼牛排这种脂肪含量高的肉是不会均匀吸收盐分的。这一点，我们拿一块帕尔玛火腿做测试便可一目了然：油脂含量较少的瘦肉（嫩粉色部分）含有较多的水分，因此很容易在腌制过程中吸收盐分。可是，油脂部分（纯白色部分）的水分含量则要少许多，因此不能以同样的速度吸收盐分。分开品尝这两个部分，你会发现，低油脂的肌肉部分咸得齁人，而高脂肪的肥肉部分吃起来则几乎没有味道。但是，如果将二者搭配食用，那么脂肪与盐分之间的搭配效果便得到了彰显。在为一块脂肪含量高的肉加盐时，不要因这种吸收不均而受影响。当菜已上桌，你准备继续加盐时，不妨分别品尝肥瘦两个部分，然后在上菜时追加放盐就行了。

蛋类

蛋类很容易吸收盐分。对盐分的吸收能够帮助其中的蛋白质分子在较低温度下聚合在一起，从而减少烹饪用时。蛋白质稳定得越快，所含水分排出的概率也就越小。在烹饪过程中，蛋类含的水分越多，烹饪后的质地也就越湿润和柔软。无论是炒蛋、煎蛋卷、蛋挞还是意式烘蛋，都可以在烹饪前往蛋里加入一小撮盐。在煮鸡蛋时，也可以往水里加入少量盐。连壳烹饪或在煎锅里煎的蛋也应在临上桌时放盐。

蔬菜、水果及菌类

大多数蔬菜和水果的细胞中都含有一种叫果胶的难以吸收的碳水化合物。等待蔬果成熟或通过为蔬果加热来软化果胶，这样能让蔬果变得更加柔软、吃起来往往更可口。盐可以加速果胶的软化。如果拿不准，就在烹饪蔬菜之前先往里加盐吧。在慢烤蔬菜时，可将蔬菜、盐与橄榄油拌在一起。煮菜之前，先往水里加大把的盐，再将蔬菜投入热水里。在炒菜时，将盐与蔬菜一起倒入平底锅中。在慢烤或是烧烤番茄、西葫芦以及茄子等细胞体积大和含水量高的蔬菜时，你应提前加盐，以便给盐留出足够的生效时间。在这段时间里，渗透作用亦会导致一定程度的水分析出，因此应在烹饪前将蔬菜甩干。盐会持续让果蔬水分析出，使果蔬的质地最后变得跟胶皮一般，因此，要警惕不应过早加盐，通常来说，在烹饪前 15 分钟放盐就足够了。虽然菌类不含果胶，但其成分中约 80% 都是水分，这些水分会在加盐之后开始流失。为了保持菌菇的口感，你应等到菌菇在平底锅中开始呈焦黄色时再往里加盐。

豆类和谷物

由于人们在烹饪豆类时走了太多弯路，英语中衍生出“嚼不烂的豆子”（tough beans）这个形容一个人难以对付的俗语。若想让食客们对豆类大倒胃口，那就上一道半生不熟、寡淡无味、令人难以下咽的豆子吧。与人们的普遍认知相反，盐是不能软化干豆子的。实际上，盐软化豆类的方式与软化蔬菜的方式相同，即促进豆类细胞壁中所含果胶的软化。因此，想让盐味渗入干豆里，如果先浸泡后烹饪，那就在开始浸泡时加入盐；反之，则在开始烹饪时加盐。

豆类和谷物都是经过干燥处理的种子，而种子则是植物的一部分，确保植物的生命能从一季延续到下一季。为了维持生命的延续，种子进化出了坚硬的防护外壳，因而需要在水中慢慢烹煮，以吸收足够水分，进而变软。因此，豆类和谷物之所以不容易嚼烂，根本原因在于烹饪时火候不够。最常见的解决方法是用文火持续煨煮！（其他可能导致豆子嚼不烂的原因包括：使用的豆子太老或是没有合理保存，用了较硬水质的水煮豆子，以及烹饪环境呈酸性等。）由于长时间烹饪能让盐分有机会均匀而彻底地扩散，因此，用来煮大米、法老小麦或藜麦等谷物的水要比煮菜的水少加盐。由于谷物会在烹饪过程中将所有水分吸收，因此所有的盐分也都会被吸收。这时，请特别注意不要过度放盐。

面团和面糊

我在潘尼斯之家的第一份带薪工作名为“意面与生菜专员”。我花了大约一年的时间洗生菜，并把我能想到的每一种意面面团都做了个遍。除此之外，我每天早上还要制作比萨底，我会往一大台搅拌机容器中倒入酵母、水和面粉，并在一天中频繁查看。水和面粉将休眠的酵母唤醒后，我便会加入更多面粉和盐。经过揉捏和彻底发酵，我会在收尾阶段往比萨底加入些许橄榄油。有一次，在该加面粉和盐的时候，我突然意识到盐罐是空的。当时，我没有时间立马去储藏室取一包盐，因此我决定等收尾时将橄榄油和盐一起加入。在揉面时，我发现面团很快就成形了，但我当时并没有多想。几个小时后，当我回过头来制作面团的最后一步时，一件不可思议的事情发生了：我像往常一样打开搅拌机为面团敞开透气，并不断用手揉捏，然后往里加盐。在盐溶入面团的过程中，我亲眼看到搅拌机搅拌得越来越困难了。原来，是盐让面团变得越来越硬——效果显而易见！彼时完全摸不着头脑的我，还担心自己犯了什么天大的错误。

其实，这并不是什么大事。后来我发现，面团之所以迅速变得紧实，是因为盐会导致让面团变得弹牙、有嚼劲的麸质蛋白变硬。将面团静置之后，麸质也松软了下来，当天晚上出炉的比萨，与往常一样美味可口。

在含水量低的食物中，盐需要一段时间才能溶解。因此，做面包的面团里要提早加盐。意面面团之中完全不需要加盐，让盐水在烹煮过程中完成调味任务即可。用来做拉面和乌冬面的面团则要提早加盐来强化麸质的作用，使最终做出的面条具备理想的韧性。而针对蛋糕、烙饼和其他精致甜点的面糊，加盐时间应往后推，以便让面糊保持柔软质地，但请务必在加盐后充分搅拌面糊，以便在下锅前让盐分均匀扩散。

在盐水中烹饪食物

在加入了适量盐的水中烹饪，有助于保持食物营养不流失。想象自己正在用一锅水煮青豆，如果这锅水中没有加盐或只加了少量的盐，那么水中的盐（盐是一种矿物质）浓度就会低于青豆中固有的矿物质浓度。为了在青豆的内部环境与烹饪用水的外部环境之间建立起平衡，青豆便会在烹饪过程中释放一些自身所含的矿物质和天然糖分。这会导致青豆变得无味、发灰且营养流失。

反过来说，如果水中的盐分浓度（矿物质含量）比青豆的矿物质浓度高，那么，情况便会与上文所述相反。为了建立平衡，青豆便会在烹饪过程中从水里吸收一些盐分，让盐分自动渗入内里。另外，青豆也会呈现更鲜亮的色泽，因为内外的盐分平衡可以避免青豆叶绿素分子中镁的流失。另外，盐分也会削弱果胶，并软化青豆的细胞壁，使青豆能够更快烹熟。这个效果还有一个附带的好处：由于青豆在锅里的烹饪时间缩短，因此营养流失的概率也会相应减少。

加了盐的豆豆

才是

开心的豆豆

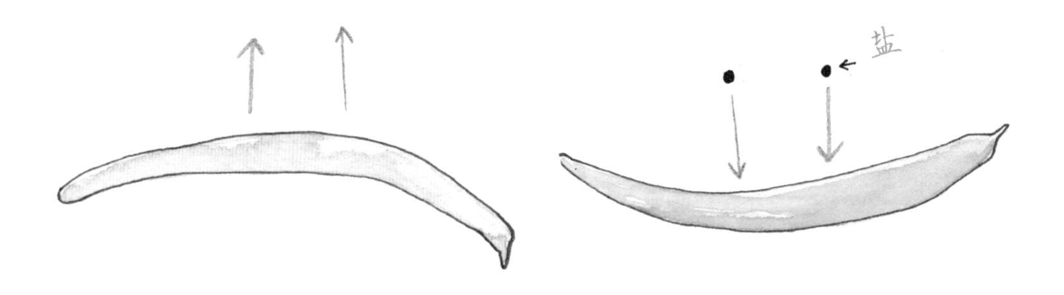

我无法给大家具体规定该往水中加多少盐，其原因有如下几条：我不知道你用的锅有多大，用的水有多少，你煮的食材有多少，或是你会使用什么种类的盐。盐的用量是由以上所有因素共同决定的，且这些因素说不定也会随着每次烹饪而产生变化。你只需往水中加盐，直到水的咸度与海水相似为止（更准确的说法应该是，直到意面水的咸度尝起来与你记忆中海水的咸度相似为止。海水的盐度足有 3.5%，这可比任何人烹饪用水的盐度高多了）。单是看到加入水中的盐量，你估计就要大吃一惊，但是请记住，绝大多数盐最终都会被倒入下水道中。你的目的，是营造一个拥有盐度充盈的环境，好让溶于水的盐分充分扩散到食材的各个部分。

无论你是在烧水之前还是之后加盐，都没有关系，但盐在热水中的溶解速度较快，因此扩散速度也较快。在加入任何食材之前，务必要给盐留出一个溶解的机会，并通过品尝来确定水的咸度已经足够高。但如果加热水的时间太长，那么水分就会蒸发，而剩下的水咸度会变得过高，不适宜烹饪。解决这个问题的方法也很简单：通过品尝来判断咸度是否合适。如果不理想，那就通过加水或加盐来平衡。

在加了盐的水中烹制食物，是让盐分渗入食物的一种最简单的方法。在放入烤炉前，尝一口放了盐的马铃薯，你会发现马铃薯的表面虽然有咸味，较内里的部分却没有咸味。再尝一尝烤制前先用小火在盐水里炖了一会儿的马铃薯，二者之间的差别会让你大吃一惊：盐分已经完全扩散至内里，让马铃薯由内而外充分调味。

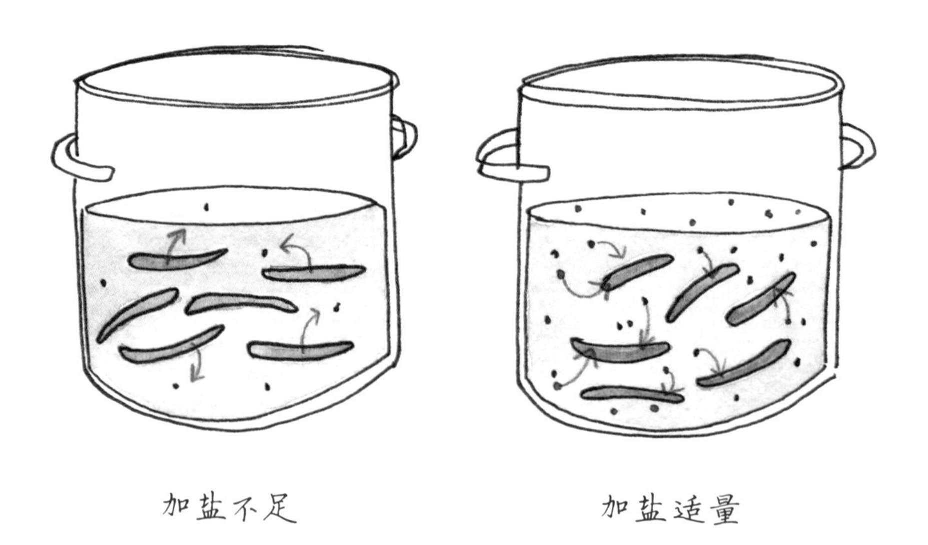

对于煮意面、煮马铃薯以及煮谷物和豆类用水，都要尽早往里加盐，从而让盐分溶解并均匀渗入食材内部。对做菜用水来说，加盐的时间要选合适，这样一来，你就不必在上菜之前再往里加盐了。对使用任何煮熟的菜调配的沙拉而言，无论是煮马铃薯、芦笋、花椰菜、青豆还是其他菜，如果在烹煮过程中加入适量盐，那么沙拉便能呈现最理想的味道。若是等到上菜时才撒盐，盐虽然能够给沙拉带来一种清脆的口感，但对于口味起到的效果就相对平平了。

所有要在水中烹饪的肉类都应提前放盐，但在炖、焖及煮制肉品的水里加盐，则是为了保守行事，不要忘了，所有加在水里的盐都是要咽下肚子的。虽然会有一部分盐从肉品中渗到盐度较小的肉汤中，但这些盐分已经完成了让肉质变得松软的重要任务了。在上菜前，要做到预见加了盐的肉与烹饪用水之间必然出现“味道互换”，在此基础上多多品尝，对汤汁和肉品的咸淡加以调整。

继续读下去，大家会在**“热”**一章学到更多有关焯、焖、炖以及沸煮的知识。

我该如何给鸡肉加盐？

让你加盐加得
人人满意的有效指南

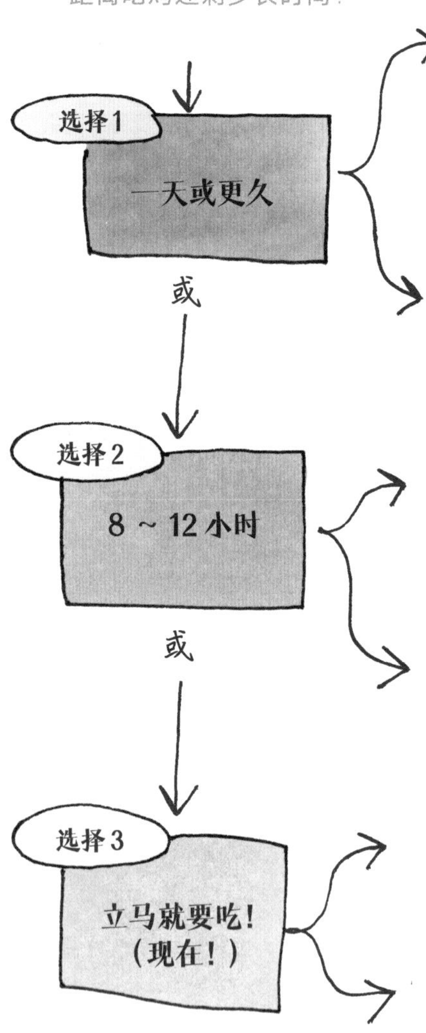

选择1（A）

保持鸡身完整，加盐，泡在酪乳之中用来制作酪乳浸烤鸡（第340页）。然后，把鸡放入冰柜过夜。这会是你吃过的肉质最嫩的鸡哦。

选择1（B）

拆分鸡身（第318页），加盐。放入冰柜过夜，然后加入鸡肉扁豆米饭（第334页）。

选择2（A）

拆除鸡后脊，在鸡身两面放上充足的盐，然后放入冰柜。一边预热炉子，一边等待鸡身回复室温，然后，你就可以制作香脆去骨烤全鸡（第316页）了。

选择2（B）

将鸡身拆分成四块，加盐，计划做一道法式醋鸡（第336页）。用加了少许盐的酒慢炖鸡肉，这一招有助于促进盐渗入鸡骨中。

选择3（A）

做一道鸡肉大蒜汤（第332页）。将鸡肉放在口味浓厚的汤汁中烹饪，这会更入味哦。

选择3（B）

将鸡大小腿的骨头剔除，做一道传送带鸡腿（第325页）。鸡胸脯也可以用同样的方式烹制！

盐分扩散推演

时间、温度和水是三个最有助于促进盐分扩散的法宝。在动手选择食材或是烹饪方法之前，先问问自己："我该怎么让盐分渗入食材呢？"然后参考这三个因素，计划好应提前多久往你的食材或是烹饪用水中加盐，并考虑该加多少盐。

时间

盐的扩散速度很慢。如果你要烹饪体积很大或是密度很高的食材，那就尽量早加盐，好让盐分有时间渗入食材的中心。

温度

高温能够刺激盐分的扩散。与置于冰柜里的盐相比，室温之下盐分的扩散速度必然更快。在忘记提前把鸡肉或牛排腌入味的情况下，这条经验就能派上用场了。不妨在一回到家时就把肉从冰柜里拿出来，加好盐，一边等炉子或烤箱预热，一边让肉充分吸收盐分。

水

水也有助于盐分的扩散。使用水煮法来促进盐渗入浓稠、干燥、坚硬的食材，这一招在你没有时间提前为食材加盐调味时尤为好用。

加盐时间表

一份告诉你何时为食材加盐的暖心小提示

提前3年

帕尔玛火腿

肉干

世界末日来临时的灾粮

提前3周

盐水腌牛肉

腌鳕鱼

提前5～7天

全牛

提前3天

夏威夷式生日宴上的烤全猪

一般节庆烤肉席上的烤全羔羊或烤全羊

提前2天

感恩节的火鸡，圣诞节烤鹅

以及任何重大节庆中要吃的大型禽类

烤牛肋肉

羊腿

提前1天

鸡肉

厚切牛排

鹌鹑

鸭肉

一锅泡豆子

当天

烹饪前几小时

任何本应该提前更长时间加盐却忘了，但这也比临阵磨枪好！

烹饪前15～20分钟

茄子和西葫芦(然后再挤出水分)、用于沙拉的卷心菜、厚片金枪鱼、剑鱼鱼排

临烹饪前

薄鱼片或柔嫩的贝类、慢烤或烧烤用的蔬菜、煮食材用的水、美式炒蛋

烹饪过程中

菌类、正在炉子上烹饪的蔬菜、微沸的酱料

上菜前几分钟

沙拉中用的番茄

临上菜前

沙拉

上菜

开动吧

但愿你不会落到边吃边加盐的境地，如果真这么惨，只能为你哀叹了！

盐的使用

英国美食作家伊丽莎白·戴维（Elizabeth David）曾经说过："我才不会花精力用什么控盐勺呢。我不觉得把手指伸进盐里面有什么粗鲁或是不妥之处。"我同意这种说法。把盐罐扔掉，把盐倒进一个碗里，开始学着用手指来为食物加盐吧！你应该很容易就能把五根手指插进盐罐，再抓出一把盐来。专业厨师对这条优质烹饪的重要规则虽然很少提及，却熟如家常便饭。在来到一间不熟悉的厨房时，我们便会下意识地寻找能够用作盐碗的容器。在被逼无奈的情况下，我甚至使用椰子壳盛过盐。我曾经在古巴的一所国立烹饪学校教过一门课：国营的厨房简朴至极，让我不得不把装水的塑料瓶切成两半来装盐和其他调料。但我终归还是完成了任务。

盐的称量

放弃使用精确的工具来测量盐量，在最初也是需要放手一搏的勇气的。刚开始学习烹饪时，我总在琢磨要如何判断自己加够了盐，同时不禁好奇如何避免加盐过量。这真是搞得我一头雾水。想要知道该用多少盐，唯一的方式就是逐量加入，每加一些盐都随即品尝一下。我必须学习了解盐。随着时间积累，我逐渐明白一大锅意面水至少要撒三把盐；也逐步意识到，在为铁串烤鸡放盐时，切肉台上应该是被小型"盐雪风暴"袭击过的景象。只有经历反复练习，才能找到这些指点迷津的标志。另外，我也摸索出几种例外：对于甜点、卤水、火腿的食谱而言，所有材料都经过准确称量，材料用量无须频繁调整。即便如此，我仍然会每做两道菜就按口味加一次盐。

下次为烤猪里脊加盐时，请注意你用了多少盐，然后在品尝第一口时慢慢感受你是否用对了量。如果用量合适，那就把盐撒在猪肉表面上的样子印在脑子里。如果用量有偏差，那就用心记住下次要对用盐量做增减。事实上，你已经拥有了判断加盐量的最佳工具，也就是你的舌头。因为我们不能每次都使用相同的锅碗、等量水、同样质量鸡肉或同样数量的胡萝卜，因此，想要称量固定用量并不容易。那么，何不转而依靠你的舌头呢？在烹饪过程的每一个节点都试尝一下。随着时间的累积，你也会学会使用其他感官来测算盐量——有的时候，触觉、视觉、常识与味觉具有相等的重要性。《经典意大利烹饪精髓》（*Essentials of Classic Italian Cooking*）这本无可替代的著作的作者、已故意式美食教母玛塞拉·哈赞仅靠嗅觉就能判断一道菜是否需要加盐！

我用来评估用盐量的大致标准很简单：对肉类、蔬菜和谷物来说，加盐的重量应是总重的 1%；对于煮菜和煮意面的水来说，加盐重量则是总重的 2%。想要知道这些数字对应不同种类的盐时，分别能换算成多大的体积，那就看一看下一页的表格。如果我指定的盐量让你不敢下手，那就做个小实验尝试一下：准备好两锅水，然后按你平常的用量为其中一锅加盐，另一锅则采用 2% 的比例，注意使用这么多的盐让你品尝的感觉如何，看到的又是什么样子。将青豆、西蓝花、芦笋或意面分成两半，分别在两锅水中沸煮，然后在品尝时对比二者的味道。我觉得这个实验足以说服大家相信我的观点。

把这些比例作为一个基点。或许你仅仅需要沸煮一两锅意面就能很快判断多少用盐量是恰到好处的。你要做的，仅仅是放心依靠盐粒从手指间掉落的感觉，或是靠舌尖来判断是否自己已然“置身于海水之中”。

基础放盐指南*

盐的种类	1汤匙盐的质量（克）	1磅去骨肉加盐量	1磅带骨肉加盐量（如烤鸡）	1磅蔬菜和谷物加盐量	1夸脱煮意面水加盐量	1量杯面团和面糊用面粉加盐量
总体数据	—	总重的1.25%	总重的1.5%	总重的1%	2%含盐量	总重的2.5%
精致海盐	14.6	1⅛茶匙	1⅓茶匙	不满1茶匙	1汤匙，外加不满1茶匙	¾茶匙
马尔登海盐	8.4	2茶匙	2½茶匙	1⅔茶匙	2汤匙，外加¾茶匙	1⅓茶匙
灰盐	13	1¼茶匙	1¼茶匙	1茶匙	1汤匙，外加⅜茶匙	不满1茶匙
精制食盐	18.6	⅔茶匙	1⅛茶匙	¾茶匙	1汤匙	⅔茶匙
莫顿犹太盐	14.75	1⅛茶匙	1⅓茶匙	不满1茶匙	1汤匙，外加不满1茶匙	¾茶匙
钻石水晶犹太盐	9.75	1¾茶匙	2⅛茶匙	1⅓茶匙	不满2茶匙	1⅛茶匙

* 切记，你的味蕾才是最终裁决者，而这个指南只是帮你标注一个基点而已。

注：1汤匙≈15毫升≈15克，1茶匙≈5毫升≈5克，1量杯（后文简称“杯”）≈250毫升≈130克，1磅≈454克，1湿量夸脱（美制单位）≈946毫升。

如何加盐

一旦意识到适当的调味需要多少盐，你可能会逐渐开始觉得，放多少盐都不为过。我就对此颇有同感。记得有一次，一位我非常景仰的主厨来到了楼下的切肉室，而我也被派到那里为第二天晚宴要用的烤猪肉调味。那时候我刚刚意识到盐的威力，为了让烤猪肉均匀蘸上盐，我决定要把这些猪肉放进一大锅盐里滚一遍，以确保每一面都满满蘸上盐。这位主厨下楼看到这个情景，惊得挑起了眉毛。我用的盐，足以把猪肉腌制三年了！这样一来，猪肉到了第二天晚上是绝对没法吃的。我用了 20 分钟把猪肉上的盐冲洗干净。之后，那位主厨向我展示了想在较大肉品表面均匀撒盐时应怎样抓取盐分。

直到我开始注意到厨师在不同情况下用盐的方法也有所不同，我才知道，加盐的不同动作之间竟然蕴含着如此微妙的差别。往装着煮菜或意面的锅里加盐时，我们几乎是怀着一种随心所欲的心态，将盐大把大把地往里撒，随后用一根手指轻轻划过翻滚的沸水表面，细细品咂之后，我们通常会继续往里加盐。

在为蔬菜拼盘，整齐码放、准备油焖的鸭腿，切块较大的肉品，或将要放进烤箱的香草橄榄油面包加盐的时候，我们使用的又是另一种**摇腕加盐法**。五指弯曲，轻轻抓起盐，手掌略微朝上，然后摇动手腕，让盐纷纷撒落。不同于我们习惯的手指捏着一小撮盐

大把加盐法

摇腕加盐法

悬停在食物上的加盐法（**小撮加盐法**），这种抓握方法适用于在表面积较大的食材上均匀而有效地撒上盐、面粉及所有其他颗粒状的东西。

找一张烤盘纸或是烤曲奇垫纸，在自家厨房就能精进你的摇腕加盐法。要习惯盐从手中滑落的感觉，去感受那种肆意的挥洒，大量取用我们向来都被教育要谨慎对待的盐，由此带来一种“干坏事的快感”。

首先，把双手弄干，以防盐粘在皮肤上。抓上一把盐，然后放松下来（如果手的动作太急促或太机械，都会导致放盐不均匀）。观察盐是如何落下的。如果盐掉落得不均匀，那么这就意味着你加盐不均匀。把盐倒回碗里，然后再试一次。你的手腕动作越是轻巧流畅，盐撒得也就越均匀。

这并不是说小撮加盐法完全没有用武之地，这种方法就像使用一瓶指甲油大小的修饰车漆来掩盖挡泥板上的划痕一样，虽然不大可能弥补重大失误，但若是拿捏精准，手法考究，也能够将口味调配得恰到好处。如果你希望每一口食物只沾染少许咸味，那就使用小撮加盐法：一片烤面包上的牛油果切片，切成两半的白水煮蛋，还有美味的小粒焦糖都可适用。但是，如果你想用小撮加盐法来攻克一只整鸡或是一盘南瓜切片，那你的手腕肯定早在加完盐之前就要累得罢工了。

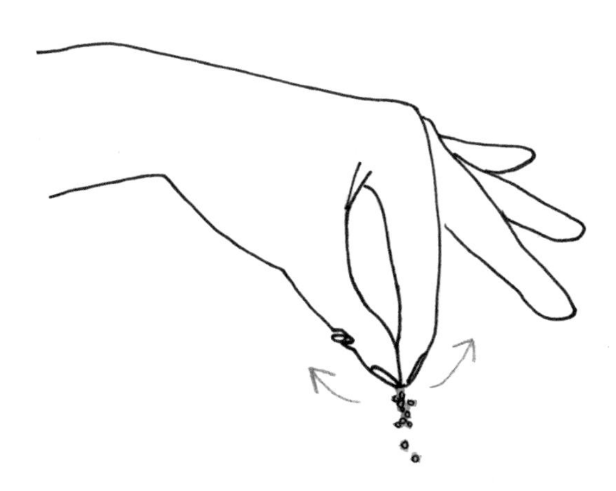

盐和胡椒

虽说“有胡椒的地方几乎总会有盐”这话没错，但是，有盐的地方就不一定非要有胡椒相伴了。请记住，盐是一种矿物质，也是一种人体必需的营养素。食物在加盐后会经历一系列化学反应，从而让其口感和味道由内而外产生变化。

不同于矿物质的盐，胡椒是一种香料。想要恰到好处地使用香料，要先看地理和习俗等因素。先想一想胡椒与菜品是否相宜，然后再决定要不要放。虽然法国和意大利厨师会大量使用黑胡椒，但放眼全球并非每个地方都如此。在摩洛哥人的餐桌上，孜然调料罐通常跟盐罐放在一起。在土耳其，盐罐旁通常放着某种研磨辣椒粉。在包括黎巴嫩和叙利亚在内的许多中东国家，盐罐旁放的是一种名叫“扎塔”（za'atar）的干百里香、牛至和芝麻的混合物。在泰国，辣椒酱会跟糖放在一起，而在老挝，主人则常为客人送上新鲜辣椒和青柠。往你做的每一道菜里清一色地加入孜然或扎塔，这自然不合逻辑。同样地，不假思索地往所有菜里倒胡椒粉，这也毫无道理可循。（想对世界各地使用的香料有更多了解，请参考第 194 页的**“世界风味轮”**。）

如果确定要使用黑胡椒，可以选择印度代利杰里黑胡椒粒。这种黑胡椒粒在藤上的成熟时间要比其他品种更长，因此能酝酿出更丰富的味道。你可以在上菜前最后一刻将胡椒研磨碎，撒在沙拉、抹了细腻布拉塔奶酪并滴了橄榄油的面包片、熟番茄片、经典胡椒芝士意面或烹饪得恰到好处的牛排上。也可以在盐水、炖菜、酱料、清汤、高汤或是一锅豆子放在炉子上或塞进烤箱时，往里加几粒完整的胡椒籽。对于有汤水的菜来说，提早加入的整粒香料能够带来一场味道的交互：香料在吸收汤汁的同时，也会将自身易挥发的芳香化合物释放出来，这种对液体“潜移默化”的调味效果，是在收尾阶段才撒上些许香料无法比拟的。

有盐的地方

香料与咖啡一样，在使用前加以研磨，总会使之变得更加可口。香料的味道以芳香油的形态蕴含其中，而研磨和加热，都能让味道释放。时间的流逝会导致提前研磨好的香料风味流失。因此，想要体验芬芳油那强大的爆发力，请尽可能购买完整的香料，使用时再用研钵、杵或香料研磨机碾碎。此举为你的烹饪带来的极大作用，会让你大吃一惊。

盐与糖

在制作甜点时，不要把你学到的一切有关盐的知识都抛到脑后。我们的固有认知让我们将盐和糖看作两种对立的存在，而非相辅相成：食物要么是甜的，要么是咸的。但是不要忘了，盐对食物最主要的作用就是提味，即便是甜味，也能因盐的烘托而得到凸显。就像焦糖洋葱、香醋沙拉或是搭配猪排的一勺苹果酱一样，些许的甜味能够让一道咸味菜的味道得到放大，同理，盐也能够让甜点的风味得到凸显。如果你想要体验一下盐对甜品起的作用，那就在下一次做曲奇时将面团分成两半，其中一半不要加盐。把这两半面团分别做出来的曲奇放到一起品尝。在放了盐的曲奇中，盐起到了增强香气和味道的作用，因此，你会惊讶于这批曲奇中坚果、焦糖及黄油的香味竟会如此浓郁。

做甜品使用的基础食材，要数厨房中最为稀松平常的了。然而，就像在做咸味菜时，你绝对不会漏掉在面粉、黄油、鸡蛋或是奶油里加盐，同理，在做甜品时，你也不应该忽视给这些食材加盐。通常来说，往面团、面糊或是甜点坯中拌入一两撮盐，就足以让做出的派、曲奇面团、蛋糕面糊、果挞馅料以及蛋奶冻的口味上一个台阶了。

考虑一下不同甜品的具体吃法，这会让你更好地选择应该使用哪（几）种盐。举例来说，在巧克力曲奇的面团中使用能够均匀溶解的精盐，然后再在表面撒上像马尔登海盐这样的颗粒更大的盐，以便给曲奇带来一种令人愉快的酥脆口感。

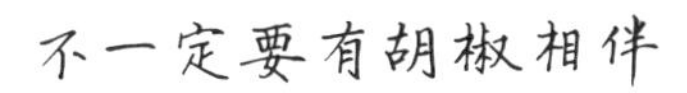

如何制作凯撒沙拉

"多重加盐法"的技术练习

1 首先，把你所有的咸味食材或者咸味调料都准备好

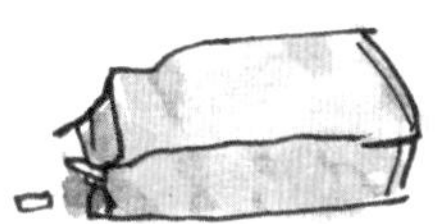
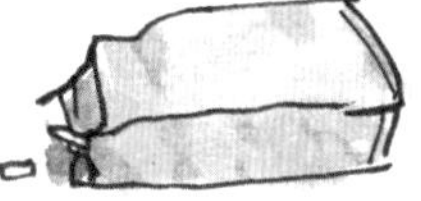

帕玛森干酪
（磨碎）

凤尾鱼
（碾碎）

大蒜
（加一撮盐碾碎）

盐
（倒出）

辣酱油
（拧开瓶盖）

2 制作不加盐的硬质蛋黄酱

（蛋黄酱制作方法，参见本书第86—87页）

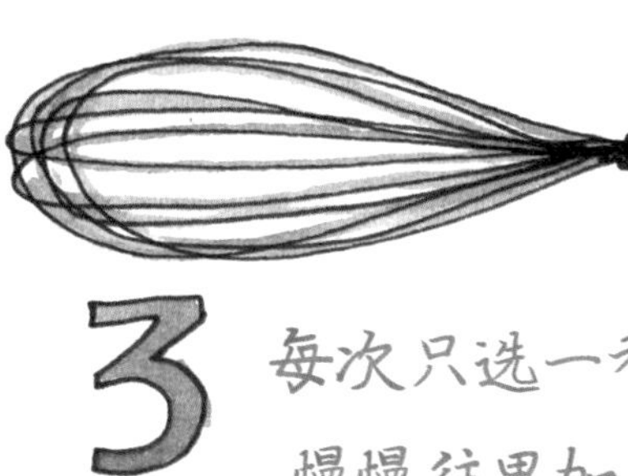

把碗在一块湿洗碗布上放稳

3 每次只选一种咸味食材，慢慢往里加，然后加入柠檬汁和醋

接下来，尝尝味道吧！

现在，停下来，看看是不是还要继续加盐？

除此之外，看看还差点儿什么风味？

是凤尾鱼，还是帕玛森干酪？那就继续加料吧……

现在，再尝一次

可能得再加些辣酱油！

再尝一次

重复这个流程，直到咸淡合适，如果觉得淡了，加盐调味就好！一旦搞定咸淡，拿几片菜叶蘸一蘸沙拉酱

试尝一下味道

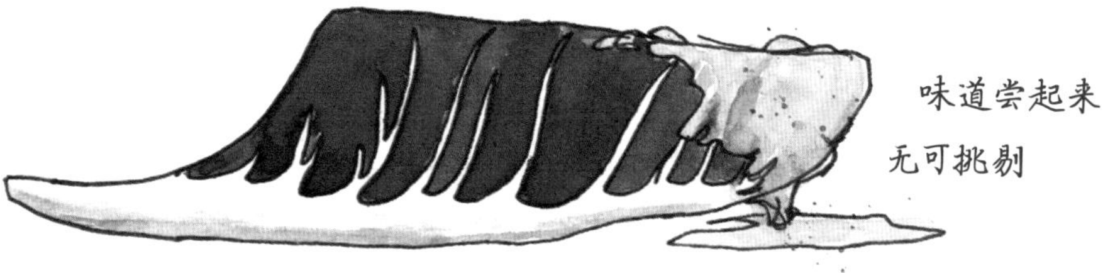

味道尝起来无可挑剔

拌入脆口生菜和手撕油炸面包丁，并在沙拉表层撒上一些帕玛森干酪和胡椒粉

现在，你可以开动了！

多重加盐法

除了我们直接加入食物中的盐粒之外，一道菜中的盐还有许许多多来源，从刺山柑到培根，再到味噌、奶酪，都包括在其中。在一道菜中使用超过一种形式的盐，我将这种方式称为**多重加盐法**，这种方法对味道的层层铺垫非常有效。

在使用多重加盐法时，要将一道菜看成一个整体，并在开始做菜之前考虑好你会用到的所有盐的种类。如果忽略了某种稍晚加入的重要咸味食材，这会导致含盐量过高。下次制作凯撒沙拉酱的时候，你可以考虑使用多重加盐法，使用凤尾鱼、帕玛森干酪、辣酱油（Worcestershire sauce，也称为伍斯特郡酱）以及盐等多种咸味食材。至于大蒜，我喜欢加入一小撮盐，将蒜放在研磨机里，然后碾成丝滑的大蒜酱。这就是我们会用到的第五种咸味料。想要做出美味而口感均衡的沙拉酱，你对以上每种咸味料以及其他不加盐食材的用量都要选取得不多不少。在确定所有食材用量都恰到好处之前，切记先不要加盐粒。

所有的食材准备好以后，首先，我们来制作一份不加盐的浓稠蛋黄酱——将油一滴滴加入蛋黄液中，同时加以搅拌（关于手制蛋黄酱更加详细的说明，请见第86—87页）。接下来，将第一批碾碎的凤尾鱼、大蒜、研磨过的干酪以及辣酱油加进去。品尝一下。肯定还要再加盐。但是，除了盐之外，是否还需加入更多凤尾鱼、奶酪、大蒜或是辣酱油呢？如果答案是肯定的，那就将这五种咸味料中用量不够的加进去。慢慢放，不时停下来品尝一下，并按需加入酸味调料来调整。想要将口味调妥，你或许要品尝和微调好几次。等到你对其他所有口味的食材搭配满意之后，再往里加盐粒。想要确定酱料的口味恰到好处，不妨拿一两片生菜叶蘸取做好的沙拉酱，入口品尝，看看二者的搭配能不能给你带来那种“一激灵”的快感。

即便是照搬食谱做菜，如果你觉得一道菜需要加更多盐，也可以花点儿时间考虑一下这些盐分和咸味应当来自何处。

咸味的来源

1. 盐分满满的小鱼（凤尾鱼和沙丁鱼等） 2. 盐腌或加盐水的意式酸豆

3. 腌制和发酵的蔬菜，比如莳萝泡菜、醋渍小黄瓜、德国酸菜以及韩国泡菜

4. 鱼露 5. 酱油和味噌酱 6. 奶酪 7. 绝大多数作料，比如芥末酱、番茄酱、萨尔萨酱、辣酱 8. 腌肉，比如帕尔玛火腿、意大利烟肉、熏制培根

9. 日式海苔、昆布和其他海藻 10. 腌橄榄 11. 加盐黄油

咸味的平衡

无论在烹饪时多么小心翼翼，总有那么几次，直到坐下来吃饭，你才发现菜调味不够。当咸味不够时，有的食物要比其他食物更好弥补。对沙拉来说，在上桌前加一小撮盐就能轻松补救。想让一碗汤变得更有味道，你可以往里搅拌一点儿研磨好的帕玛森干酪。其他的食物就没有这么好补救了：无论加入多少咸味酱料、奶酪或酱肉，都不能让寡淡无味的意面回春——因为我们的舌头总能尝出意面水的咸度与海水相差甚远。而烤肉和炖肉，也很难弥补调味不足的过错。

自从在潘尼斯之家目睹了一系列因放盐过少导致的灾难后，我便执意要杜绝此类事件。有一天，一位厨师完全忘记了在比萨底里加盐，直到试尝会举行时，大家才发现。事已至此，我们唯有把比萨从菜单上删掉了。还有一次，我使用标注了“已加盐”却明显没有加盐腌入味的鸡腿做炖鸡，直到我把鸡腿从烤箱里取出来放到嘴里品尝之后，才发现完全搞错了。在烹熟的肉的表面撒盐，对淡而无味的内里几乎没有什么帮助，我们唯一能做的就是把鸡肉剁碎、加盐，然后做成搭配意面的肉酱。然而，让我印象最深的调味过淡的失败案例，要数一位非常资深的厨师在做意式千层面时的失误了。意识到问题的时候，他已经把宽面条切分成了100份，准备当晚使用，在表面撒盐对“内部工作”的失误来说收效甚微。当时还是实习生的我接到了任务，谨慎地将100份意式千层面的12层一层层抬起，往每层小心撒上几粒盐。在经历了这件事之后，我一次也没有重蹈覆辙。

放盐过多是不可避免的，这是每个人都会犯的错误。这种情况可能发生在你的思想刚刚转变之后，也就是刚开始领悟到盐的魔力时。就像年轻时的我如何对待那次的烤猪肉一样，你或许会因一时激动而大把大把地放盐，把你一段时间里做的所有菜都搞得难以下咽。也或者，盐放多了只是因为你没有用心罢了。这不是什么大问题。我们都会有偶尔犯错的时候。时至今日，我仍会犯错。

盐放多了的补救方法有很多，但是，拿一道清淡无味的菜与一道咸得齁人的菜搭配，这绝不是办法。刻意而为的淡而无味，是永远也无法抵消过重的咸味的。

稀释

添加一些无须放盐的食材，让一道菜增量以稀释咸度。任何不加盐的食材都能平衡菜的口味，淀粉含量大以及脂肪含量高的清淡食材尤为有效。只需加入少量这类食材就有助于稀释量较大菜肴的重口味。可以往太咸的汤里加入无味的米饭或马铃薯，也可以往太咸的蛋黄酱中加橄榄油。水分会因清汤、高汤或酱汁的沸腾而蒸发，盐分却不会，这会导致剩下的食材咸度爆表。解决方法很简单：加入更多水或汤汁。如果一道多种食材的菜里盐放多了，那就多放一些主要食材，再调整其他食材的比例，直到口味平衡得恰到好处。

分半

如果菜已经做好，而稀释法会让菜量超标，那就把太咸的菜分两拨，只调整一拨就可以了。根据具体食材的不同，或许可以先把剩下一半菜冷藏或冷冻，等到有机会调整和使用了再说。否则，你就要面对残酷的事实：忍痛把菜倒掉。即便如此，也总比用价值30美元的橄榄油来调制一大份蛋黄酱，到头来只吃掉四分之一要强。

平衡

有时，食物吃起来咸了并不是因为盐放多了，只需些许酸味调料或油就能平衡口味。舀一勺菜，往里加几滴柠檬汁或者醋，再加一点儿橄榄油。如果味道变好了，那就对整份菜做调整吧！

取舍

对于豆子或是炖菜这样需要在水里烹制的食物，如果把过咸的煮菜水倒掉，就还有补救的余地。如果豆子太咸，那就换一锅水。或者可以制作咸煎豆泥，也可以撇开水，加入没放盐的高汤和蔬菜，把豆子做成豆子汤。如果炖肉有些咸了，那就不加汤汁地把肉端上桌，并尝试用法式鲜奶油这样浓郁、偏酸的调料来调和。另外，还可以在一旁配上一盘只含少许盐的淀粉类食物或是淀粉含量较高的蔬菜，以起到衬托和平衡风味的作用。

变身

将一块盐分过多的肉剁碎，这些肉糜也可以作为一道由多种食材组成的新菜的用料之一，比如炖菜、墨西哥辣肉酱、汤品、马铃薯饼，或者作为意大利小方饺的馅料。你也可以往放多了盐的生白鱼片里加入更多盐，做成咸鱼干或是腌鳕鱼。

认输

有的时候，你能采取的最明智的行动就是宣布失败，从头再来。或者干脆订几份比萨外卖吧。没关系的，只是一顿晚餐而已，等到明天，你就又有机会重整旗鼓了。永远也不要绝望，将失误看作学习的机会。

那次因为做波伦塔玉米糊并顿悟了盐的用法后不久，我就接到了一个为餐厅的素食主义客人制作玉米蛋奶糊的任务。这可是我第一次被委派一整道菜的烹饪。我简直不敢相信，那些掏钱就餐的客人竟然要吃到我做的东西了！我既兴奋又惶恐。在制作这款蛋奶糊时，我遵循了之前学到的老方法：先把洋葱烹至软烂，然后将从玉米棒上剥下的玉米粒加到洋葱里，再将玉米棒浸泡在奶油中，好让香甜的玉米味沁入其中。之后，我用这份奶油加上鸡蛋做出简单的蛋奶糊底料，然后又掺入其他原料，用小火在隔水炖锅里加热至将要成形的状态。看到做出的蛋奶糊如此丝滑，我满心欢喜。晚上的工作即将结束的时候，主厨过来尝了一口我的蛋奶糊。看到我满眼的期望，他先是贴心地表扬我做得不错，然后又小心地补充说，我应该再多加些盐。作为一名主厨，他提出批评的方式已经是最温和的了，但即便如此，我还是被搞得措手不及、赧颜汗下。我是如此一丝不苟地遵守着制作蛋奶糊的每一个要点，却把厨房里最重要的一条原则抛到了九霄云外：一切食物都要品尝，每一步都要品尝。我本以为自己已将这条原则熟谙于心，但显然我并未做到。我完全没有品尝洋葱、玉米或是蛋奶糊的混合物。一次也没有。

那次的经历之后，尝味作为我用来自我检查的一种方法，展现出前所未有的威力。不出几个月，我便能不断烹制出我做过的最美味的食物了。所有这些，都是因为我在烹饪方法中一个小小的调整。由此，我掌握了加盐的诀窍。不断品尝你做的每一道菜，从而尽早培养出对盐量的感知。遵循“**搅拌、品尝、调整**”这一口诀。在品尝时，将盐作为你感知的第一种原料；在临上菜时，将盐作为你调整的最后一种原料。当不断试尝的习惯融入直觉之后，你便能逐渐开始即兴创作了。

用盐的即兴发挥

烹饪和爵士乐有异曲同工之妙。最顶尖的爵士音乐家能游刃有余地即兴发挥，既能美化标准曲目，也能化繁为简。路易斯·阿姆斯特朗能用他的小号将一段复杂的曲调提炼成一个音符，而艾拉·菲茨杰拉德却能用她那天籁之音在一段极简的小调上做无限的修饰。然而，为了进行完美的即兴表演，他们必须学会音乐的基本语言，即音符，并要与标准曲目培养亲密的关系。烹饪也是如此。虽然一位伟大的主厨能够让即兴发挥看上去不费吹灰之力，但要想达到此种境界，基础知识构成的坚实地基是必不可少的。

盐、脂、酸、热就是这个地基的建筑材料。利用这些材料，能构筑出一套让你随时随地烹饪的菜品。最终，就像路易斯和艾拉一样，你也能驾轻就熟地让你的烹饪作品可简亦可繁。无论是家常便饭中的意式烘蛋，还是节日里的烧烤宴席，你可以把对盐的认识运用到你做的每一道菜中，由此迈出成为大厨的第一步。

关于盐的三个最重要的决策包括：什么时候放盐？加多少盐？选哪种盐？每次准备做饭时，都要问问自己这三个问题。问题的答案会逐渐形成一张即兴发挥的路线图。不久后的一天，你的厨艺会让你自己都大吃一惊。或许，当时你正站在几乎空无一物的冰柜前，满心认为自己没有任何可以吃的东西。突然，你发现了一小块帕玛森干酪。20分钟之后，你已经捧着一碗你尝过味道最完美的黑胡椒芝士意面在大快朵颐了。又或者，你与朋友心血来潮地到农贸市场疯狂购物。满载而归后，你把战利品一件件摆在案台上，从冰柜里取出昨晚加过盐的鸡肉，动作纯熟而流畅地预热烤箱。你为朋友斟上酒，给他们拿出一份撒了片状盐的黄瓜片和小红萝卜片做成的小吃。你毫不迟疑地往炉子上沸腾的水中撒入一把盐，加以品尝和微调之后，你将带着绿叶的芜菁扔进去焯水。朋友咬下第一口后，便已开始让你分享烹饪秘诀了。实话告诉他们吧：你其实掌握了优质烹饪最重要法则——盐的使用秘诀。

FAT

第二章

脂

我进入潘尼斯之家工作不久后，主厨们举办了一场比赛，看看哪位员工能够想出最棒的番茄酱食谱。比赛规则只有一条：必须用餐厅里的既有原料。奖励是500美元奖金，另外，只要这份食谱被录用，获奖者就会在菜单上得到署名……而且永远有效！

作为一名彻头彻尾的新手，我没有勇气参赛，但除我之外，餐厅里的每一个人仿佛都想一试身手。无论侍者总管还是勤杂工、搬运工都跃跃欲试，厨师就更不必说了。几十名参赛者呈上了各自做的番茄酱，供几位“公正无私的裁判”（也就是主厨和爱丽丝）盲品。其中一些番茄酱加入了干牛至调味，其他的则佐以墨角兰；有的参赛者亲手将罐装番茄榨成汁，有的则不厌其烦地将番茄去籽、切丁；其他人有的往里加入辣椒丁，有的则追溯体内流淌的意大利血统，效仿经典意式番茄酱，将番茄酱做成果泥状。这简直是一场番茄酱盛会，每个人都迫不及待地想要知道冠军是谁。

比赛期间，一位主厨来到厨房里喝水。我们问他比赛情况如何，他的回答让我永生难忘。

“有很多很棒的参赛作品。太多了，多到从中筛选都很难。但是爱丽丝的味蕾很敏锐，她注意到，其中一部分最棒的番茄酱竟然是用放久了的橄榄油做的。”

爱丽丝搞不懂，大家为何不用餐厅的高质量橄榄油来烹饪，尤其员工可以按成本价买到。

我大为吃惊。我从未想过橄榄油会对一道菜的味道有什么重大影响，更别说是番茄酱这样的开胃酱料了。这是我第一次意识到，作为一种基本原料，包括橄榄油在内的每一种烹饪用油的味道，都能使我们对整道菜的感受产生戏剧性的转变。就像用黄油烹制的洋葱与橄榄油烹制的洋葱味道不同，用优质橄榄油做的洋葱与劣质橄榄油做的洋葱相比也要更美味。

最终，另一位年轻同为厨师的朋友迈克赢得了比赛的冠军。他的食谱非常复杂，这么多年过去了，我仍然背不下来。但是，我永远也忘不了那天学到的一课：烹饪食物的油脂有多美味，食物才能有多美味。

• • •

我在潘尼斯之家学到了品鉴各种橄榄油的方法。即便如此，直到去了意大利工作之后，我才将油脂看作一种不可或缺且用途多样的烹饪元素，而不仅仅是一种烹饪媒介。

在橄榄采摘丰收季，我来到了卡佩扎纳（Capezzana）庄园，即我品尝过最细腻的橄榄油的产地。站在橄榄油厂弗兰托（Frantoio），我入迷地看着当天收获的橄榄变成黄绿色的琼浆玉液，那光亮的色泽仿佛照亮了托斯卡纳黑漆漆的夜空。这种橄榄油的风味与其色泽一样迷人：带着一股辛辣的味道，几乎有些发酸。橄榄油竟能拥有这样的味道，这是我从未料到的。

第二年秋天的橄榄收获季，我来到沿海的利古里亚省。地中海沿岸产的新鲜橄榄油性状与其他品种大不相同：这种油像黄油一般，酸性较弱，浓醇得让我真想拿起勺子大喝几口。我发现，橄榄油的产地对于其风味有着很强的影响：产自炎热干燥的山区的橄榄油是辛辣的，而产自气候温和的沿海地带的橄榄油味道则要柔和一些。在品尝完各种油之后，我意识到带有辛辣味的油会盖过如鞑靼生鱼这样口味精致的菜肴，而一些味道较柔和的沿海橄榄油却无法撑起搭配苦味蔬菜的意式丁骨牛排那较为浓重的口味。

在名厨贝妮黛塔·维塔利开在佛罗伦萨的Zibibbo餐馆里，我们最常使用的是辛辣的托斯卡纳特级初榨橄榄油。我们会用这种橄榄油做沙拉配酱；我们用它来浸润面团，做成每天早上的佛卡恰面包（一种扁平面包）；我们用它来褐化洋葱、胡萝卜、芹菜做成的索夫利特酱汁底料，这是所有长时间烹饪食物的基础；我们还会用它来焦炸各种食材，包括墨鱼、笋瓜花以及我每周六早上大快朵颐的意大利炸弹甜甜圈。托斯卡纳橄榄油成了我们烹饪口味的基调。Zibibbo餐厅的食物之所以美味，正因为这里的橄榄油令人垂涎。

在游览意大利各地期间，我发现了油脂如何决定了不同地区菜肴的独特风味。在意大利北部，草场广阔，草原上牛羊成群，这让厨师习惯在波伦塔玉米糊、肉酱面以及意大利调味饭中加入黄油、奶油以及浓郁的奶酪。在意大利南部和沿海地区，橄榄树枝繁叶茂，橄榄油也被用在了海鲜菜肴、意面，甚至橄榄油意式冰激凌这样的甜品中。不过由于猪在任何气候都能养殖，猪油也就成了意大利各区美食中一种通用原料。

将自己沉浸在意大利文化与美食之中，我开始逐渐领悟：意大利人与油脂之间“剪不断理还乱”的情愫，是意大利美食不可或缺的元素。然后我意识到，油脂就是优质烹饪的第二大元素。

“脂”的定义：动物及植物油脂

想要理解油脂在烹饪中的价值，最好的方法就是想象不用油脂来烹饪是怎样一番情形：不加橄榄油的沙拉调味汁，不含猪油的香肠，不加酸奶油的烤马铃薯，不带黄油的可颂面包，没有油脂会变成什么样呢？一言以蔽之，就是平淡乏味。没有了油脂赋予的风味和质感，进食的乐趣便会大打折扣。换句话说，想要彰显优质烹饪中的口味和质感，油脂是必不可缺的。

除了作为优质烹饪四大基本元素之一，脂肪还与水、蛋白质、碳水化合物并列构成所有食物的四大组成元素。一般而言，在很多人看来，脂肪和盐都是不健康的。但实际上，这两种元素都是人类生存必不可少的。脂肪是一种备用的能量来源，是可以储存能量以备未来之用的形式，对于营养吸收以及大脑发育等基本代谢都有促进作用。如果医生没有要求严格限制脂肪摄入量，你就不必担心，用适量油脂烹饪对于健康是没有任何侵害的（如果你偏爱植物油和鱼油，那就更健康了）。就像用盐一样，我的目的并不是让大家用更多油烹饪，而是教大家如何更明智地使用油脂。

与盐相反，油脂有许多形式，而且可从不同来源中获得（见第 63 页**“油脂的来源”**）。盐是一种矿物质，主要用来增加口味，而油脂在烹饪中却扮演着三种各不相同的角色：一是作为主要原料，二是作为烹饪介质，三是像盐一样用于调味。如果使用方法不同，同种油脂可以在烹饪中扮演不同角色。想要挑选合适的油脂，第一个步骤就是确认油脂在一道菜中扮演的主要角色。

在作为主要原料使用时，油脂会对一道菜产生重大影响。油脂往往既能够提供浓郁的风味，也能够打造宜人的质地。比如，汉堡中涂抹的油脂就会在烹饪过程中起到效用，油脂由内而外渗入肉馅，为汉堡带来多汁的口感。黄油能够抑制面粉中的蛋白质膨胀，使甜点拥有软糯而酥脆的口感。橄榄油则既能够为香蒜酱带来淡淡的青草香，又能够为其赋予一种浓郁的口感。冰激凌中放的奶油和蛋黄液的多少，也能决定冰激凌有多么丝滑和“罪恶”（温馨提示：奶油和鸡蛋越多，冰激凌的奶香就越浓郁）。

油脂在作为烹饪介质时起到的作用或许是最为显著而独特的。烹饪用油可以加热到极高的温度，使得食物的表面温度随之高得惊人。在此过程中，这些食物会呈现金褐色，并炸出让人食欲大振的脆边。任何用来加热食物的油都是烹饪介质，无论是炸鸡用的花生油，炒春季蔬菜用的黄油，还是油封金枪鱼用的橄榄油。

一些油脂也能兼作调味料，在临上菜前调整口味或是改善口感。几滴烤芝麻油就能让一碗米饭味道更喷香，一团酸奶油就能赋予一碗汤丝滑的浓郁感，一点儿蛋黄酱就能让培根生菜番茄三明治更鲜美多汁，而在一片松脆的面包上稍稍涂抹一点儿发酵的黄油，便能带来不可言喻的厚重感。

想要确定油脂在一道菜中扮演的角色，那就问问自己这些问题：

- 这种油脂能不能糅合各种食材的口味？如果答案是肯定的，那么这种油脂便是主要原料。
- 这种油脂是否能影响食物的性状？对于酥脆质地、奶油质地以及松厚轻质的食物，油脂是一种主要原料；而对于干脆的食物，油脂是一种烹饪媒介；对于柔软的食物，油脂既可以是主要原料，也可以是烹饪介质。
- 这种油脂是否被加热并用于烹饪食物？如果是，那么这种油脂便是一种烹饪介质。
- 这种油脂对于味道有没有起作用？一开始加入的油脂是一种主要食材。在一道菜烹饪收尾时用来装点并调整口味或性状的油脂，则是一种调料。

一旦判断出脂肪在一道菜中扮演的角色，你就能够明智地选择该使用哪一种油脂，也能更好地判断何种烹饪方法才能打造你想要的口味和口感。

油脂的来源

1. 黄油、澄清黄油、印度酥油　2. 油：橄榄油、种子油、坚果油

3. 动物脂肪：猪油、鸭油、鸡油

4. 熏制及腌制肉品，比如培根、帕尔玛火腿、意大利烟肉等　5. 坚果和椰子

6. 奶油、酸奶油和法式鲜奶油　7. 可可脂和巧克力　8. 奶酪　9. 全脂酸奶

10. 整蛋　11. 油性鱼类，比如沙丁鱼、鲑鱼、鲭鱼和鲱鱼　12. 牛油果

油脂与风味

油脂对于风味的影响

简单来说，油脂能够传递风味。虽然只有特定油脂才有自己独特的味道，但任何油脂都能够传递气味和增加风味，从而让我们感知在一般情况下味蕾尝不出的味道。油脂能包裹舌头，使不同的芳香化合物与味蕾接触较长时间，加深并延长我们对于各种口味的感知。剥开两瓣大蒜并切片，把其中一瓣中加几汤匙水慢煮，另一瓣放在等量橄榄油中慢煎。然后，从两边各取几滴汁液品尝。橄榄油中的大蒜味会有更强烈的冲击，想要利用油脂的这种增强和传递味道的功能，你可以在烹饪用油中直接加入香料混合物。在烘焙的过程中，你可以直接将香草提取物和其他调料加入黄油或蛋黄液中，从而达到同样的效果。

除此之外，油脂还有一种增强风味的独特方法。由于烹饪油脂的沸点比水的沸点（标准大气压下 100 摄氏度）高出很多，因此，油脂拥有一项水不具备的重要功能——促进食物表面发生褐变反应，在一般情况下，褐变反应是不会在低于 110 摄氏度的环境中发生的。对于某些食物来说，褐变能够为之赋予全新的风味，包括坚果味、甜味、肉味、泥土味以及鲜味。想象一块水煮鸡胸肉和一块加了些许橄榄油、在炉上烤得焦黄的鸡胸肉的味道的区别，油脂的这一特性带来的价值也就不言而喻了。

油脂的味道

不同的油脂有不同的风味。想要挑选出合适的油脂，你就要知道每种油脂有什么味道以及常用于哪种美食。

橄榄油

橄榄油是地中海地区的一种重要烹饪原料，因此，在制作意大利、西班牙、希腊、土耳其、北非以及中东美食风味的菜肴时，应首选橄榄油。对于清汤、意面、炖菜、烤肉以及蔬菜，作为烹饪介质的橄榄油大放异彩。你可以将橄榄油作为主要材料，制作蛋黄酱、沙拉调味汁以及包括香草萨尔萨酱和辣椒油在内的各种作料。你也可以将橄榄油滴在生牛肉片或里科塔奶酪（美国常见的芝士奶酪）上，作为调料使用。

如果一开始就选用了美味的橄榄油，那么你的菜肴也会让人食指大动，但选取合适的橄榄油并不简单。单在我家附近的市场里，摆在货架上的特级初榨橄榄油就有二三十个品牌。除此之外，还有一大堆初榨橄榄油、纯橄榄油、调和橄榄油。在厨师生涯的初期，徘徊在货架过道中的我常常会因选择太多而头昏脑涨：是选初榨，还是特级初榨呢？要选意大利产，还是法国产呢？要不要选有机的？那些搞特价的橄榄油到底品质如何？为什么这种品牌的橄榄油每 750 毫升要卖 30 美元，而那种牌子 1 升才卖 10 美元？

就像挑选红酒一样，在挑选橄榄油时，最准确的路标是口味，而不是价格。这可能需要你在一开始就勇于尝试，但想要学习有关橄榄油的品鉴用语，唯一的方法就是品尝加留心。像果香、刺激、辛或清澈这样的形容词，乍一看或许让人摸不着头脑，不过好的橄榄油如美酒一样都是有很多层次的。如果你品尝了昂贵的橄榄油却并不喜欢，那么这款橄榄油就不适合你。如果你偏偏对一瓶 10 美元的橄榄油倾心，你就捡到大便宜了！

虽然准确形容优质橄榄油的口感是一大挑战，形容劣质橄榄油却很简单：苦涩、过于辛辣、混浊、陈腐，这些都是致命的缺点。

橄榄油的色泽与品质几乎没有关系，也无法从色泽看出橄榄油是否已经变质。所以不要依赖色泽，而要靠你的鼻子和味蕾来判断：你的橄榄油闻起来像不像蜡笔或蜡烛？有没有一股放久的花生酱表层漂浮的油脂味？如果答案是肯定的，那么你的橄榄油已经变质了。可叹的是，大多数美国人已然习惯了陈腐橄榄油味道，偏偏喜欢这股味儿。因此，几乎所有大型橄榄油制造商干脆将挑剔买主拒绝购买的产品卖给了美国消费者。

橄榄油是按季生产的，橄榄油的生产日期通常在 11 月，购买时请看看标签上的生产日期，以确保你买到的是当季压榨的产品。橄榄油会在压榨后 12 至 14 个月内变质。因此，千万不要以为橄榄油会越放越醇香而留到特殊场合再用！（在这方面，橄榄油和酒截然不同。）

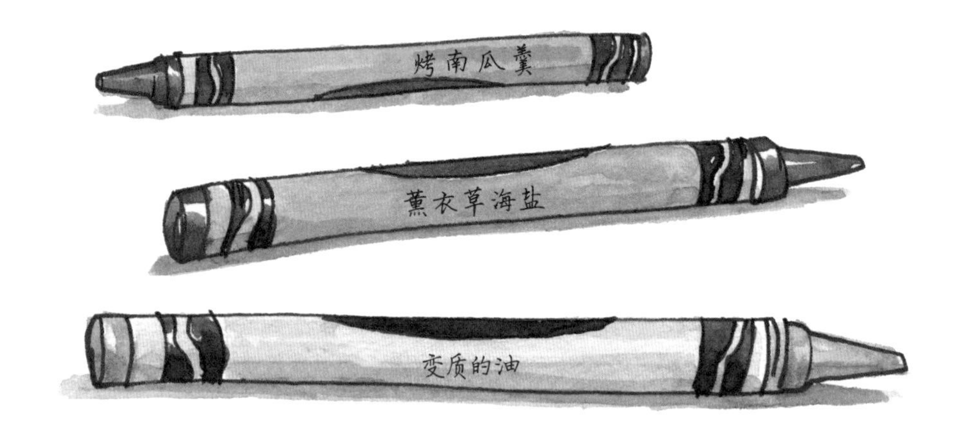

就像盐一样，橄榄油也有许多种类，包括日常用橄榄油、精制橄榄油以及调和橄榄油等等。在平日烹饪时使用日常用的普通橄榄油，在希望凸显橄榄油风味的情况下，可以使用精制橄榄油，比如用于沙拉调料、鞑靼生鱼上的浇油、香草萨尔萨酱或橄榄油蛋糕。在购买和使用调和橄榄油时，则要多加小心。添加的味道常常会遮盖劣质橄榄油的味道，一般我会建议大家不要购买调和橄榄油。但标注着 agrumato 字样的橄榄油例外，这种橄榄油是在第一道压榨时，用传统工艺将整个柑橘类水果与橄榄一起磨碎制成的。在加州的双重礼遇乳品（Bi-Rite Creamery）冰激凌店，人气最旺的圣代就是把这种方法制成的柠檬味橄榄油浇在巧克力冰激凌上。简直是人间美味！

想在食品店找到一款物美价廉的日常用橄榄油可能并非易事。我的推荐包括塞卡山丘（Seka Hills）、卡茨（Katz）以及加州橄榄园（California Olive Ranch）牌特级初榨橄榄油。

另一款常用优质橄榄油是仓储批发卖场开市客售卖的柯克兰(Kirkland)经典有机特级初榨橄榄油。这款油经常在独立品质排分榜上夺得高分。买不到这几款橄榄油时，可以用纯加州或纯意大利橄榄制成的油(而非标签上只写着“意大利制造”“意大利包装”“意大利装瓶”的油，这类标签暗示了使用来源无法追溯或没有保障的橄榄在意大利压榨制成)。另外，生产日期永远都应该在标签上清楚标识。

如果你找不到优质而价廉的日常用橄榄油，那么也不要使用差油，可以自己用优质橄榄油与中性口味的冷榨葡萄籽油或是菜籽油调配。节省纯橄榄油，做成沙拉和作料用的精制橄榄油。

一旦买到心仪的橄榄油，请小心保存。灶台炉火温度的频繁变化或是阳光辐照都会让橄榄油加速变质，因此，请将橄榄油贮存在温度较低的遮光处。如果没法把橄榄油放在黑暗的地方，那就把油倒在一个暗色玻璃瓶之中，另外，金属瓶也能抵挡阳光。

黄油

在美国、加拿大、英国、爱尔兰、斯堪的纳维亚半岛、西欧，以及意大利北部、俄罗斯、摩洛哥以及印度，气候条件有助于饲养牧牛的牧草生长，在这些国家和地区，黄油就成了一种常用烹饪油脂。

黄油是一种用途最为多样的油脂，可以调配为几种形式，作为烹饪介质、主要原料或调味料来使用。自然状态下的黄油包括有盐黄油、无盐黄油以及发酵黄油几类。加盐而味道浓郁的发酵黄油单吃便是美味，也可以涂抹在温热的面包片上，或是配以小胡萝卜和海盐作为开胃菜。特定牌子的有盐黄油中，具体有多少盐是无从考证的。因此，请使用无盐黄油烹饪和烘焙，然后再按照口味自行加盐。

冷冻或常温无盐黄油可作为主要原料加入面团和面糊之中，将其浓郁的奶香味融入烘焙食品之中，产生或酥脆，或柔软，或膨松的口感。黄油与食用油不同，除了脂肪之外同时还含有水、牛奶蛋白以及乳清固体。黄油的主要风味都是这些成分赋予的。用慢火加热无盐黄油，直到乳清固体呈现棕色，这样你就做出了带有坚果味和甜味的褐化黄油。褐化黄油的风味是法国和意大利北部烹饪中的经典风味，尤其适宜搭配榛子、冬笋以及鼠尾草，我很喜欢在做秋季意大利面包沙拉时使用这一搭配，然后再佐以褐化黄油沙拉调味汁。

持续用小火慢慢来融化无盐黄油，由此来达到澄清的效果。乳清蛋白会浮至澄清黄油的表层，其他的牛奶蛋白则会沉到底部。水分蒸发以后，就会剩下100%的纯脂肪。将乳清蛋白撇去，留下的用于与意大利宽面条调拌，这种浓郁的黄油味与加蛋面条搭配得相得益彰，在表层撒上研磨碎的帕玛森干酪和现磨黑胡椒粉，那就更是画龙点睛了。由于蛋白质即便是经历了最细密的包干酪布的过滤，蛋白质也有可能漏网而逃，因此，请小心让这些蛋白质沉于锅底，不要去搅拌。将剩余黄油包在布里小心过滤，制成澄清黄油。我很喜欢使用澄清黄油来炸马铃薯饼——将固体去除后，澄清黄油不会被烧焦，而且马铃薯饼还能将黄油的美味尽收其中。从本质上来说，印度酥油其实就是用较高温加热制作而成的澄清黄油，这种方法可以使乳固体呈现焦黄色，为制成的黄油赋予成品一种更为清甜的口感。用来搅拌摩洛哥古斯米的有盐发酵黄油，就是一种澄清黄油，这种黄油要在地下埋藏长达7年之久的时间，以便发酵出一股奶酪味来。

种子油和坚果油

几乎每一种饮食文化都离不开某种无味的种子或坚果油，因为厨师并不总希望油脂为菜肴调味。花生油、压榨菜籽油以及葡萄籽油，这些都是烹饪用油的明智选择，因为这些油没有特殊味道。由于这些油的烟点很高，因此能承受让食物变脆和变得焦黄必需的高温。

无论用于哪一道菜，椰子油总能带来一种热带风味。椰子油配格兰诺拉麦片（由烤谷粒、坚果和水果干制成）尤为美味，也可以作为烤根茎类蔬菜的烹饪油。另外，椰子油也是为数不多的在室温下呈固态的植物油。在接下来的内容中，你会读到怎样利用固态脂类来做酥脆的甜点；你也会学到，下次你叫乳糖不耐受的友人来家里吃晚餐时，该如何使用椰子油做出酥脆的派皮。（小妙招：椰子油很容易被皮肤和头发吸收。因此，如果觉得身体缺水，随时都可以用椰子油打造一次美妙的奢华护理！）

一些味道浓郁的特制种子油和坚果油可以用来调味。将吃剩的米饭搭配鸡蛋和泡菜，在烤芝麻油中翻炒，做成一款带有韩国风味的小吃；往沙拉调味汁里加

上一点儿烤榛子油，可以为一份简单的芝麻菜和榛子沙拉带来一丝坚果香，从而让味道更有层次；用一款添加了烤南瓜子和几滴南瓜子油的香草萨尔萨酱来为南瓜汤做点缀，则可以将单种食材的风味融合在一道菜中。

动物脂肪

所有食肉文化的烹饪都会用到动物脂肪，不同形式的动物脂肪可以作为主要食材、烹饪介质或调味品用于食物中。芳香分子会被水排斥，因此在肉品中，这种分子大多存在于动物脂肪中。由此可以解释，为什么与瘦肉部分相比，所有肉品较肥部分的味道都要浓郁得多——肥牛肉要比牛排更有牛肉味，肥猪肉要比瘦猪肉更有猪肉味，肥鸡肉也要比瘦鸡肉更有鸡肉味，以此类推。

牛肉

牛肉脂肪在固态下被称为牛脂，在液态下则被称为牛油。牛肉脂肪是汉堡和热狗的关键原料，不仅能赋予食物浓浓的牛肉香，还能让食物美味多汁。少了牛板油或其他脂肪的助力，汉堡就会变得干硬、易碎而无味。牛油常常被用来炸薯条和烹饪约克郡布丁——一款人们习惯搭配上等烤牛排一同上桌的空壳酥饼。

猪肉

猪肉脂肪在固态下被称为猪脂肪，在液态下则被称为猪油。猪肉脂肪是制作香肠和肉糜的重要材料，既能丰富味道，又能增加浓郁的口感。固态猪肉脂肪可以用来进行包油（barding）和穿油（larding），这两个听起来有些滑稽的名词是指在瘦肉上覆盖固态脂

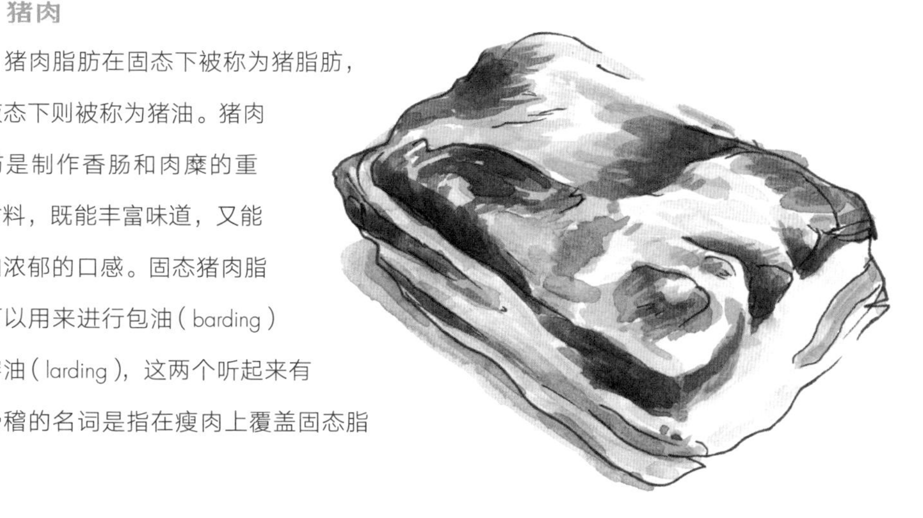

五花肉

肪，以防瘦肉变干。包油指的是在瘦肉上覆盖一片片的五花肉——无论是培根这种熏制的五花肉，还是意大利烟肉这种腌制的五花肉，抑或未经任何加工的五花肉都行，以此来保护瘦肉在烤制过程中不受干燥热气的影响。穿油则指的是用一根又长又粗的针将一块块脂肪从瘦肉中穿过。两种方法都能给瘦肉增添厚重的口感和浓郁的味道。

猪油的烟点很高，因此堪称绝佳的烹饪介质，在墨西哥、美国南部、意大利南部以及菲律宾北部被广泛使用。另外，猪油还可以作为一种原料加入面团中。但是，在使用时请谨慎考虑。这是因为，虽然猪油很适合放在南美肉馅卷饼的饼底中，但其突出的猪肉味掺在蓝莓派中可不一定合适！

鸡肉、鸭肉及鹅肉

这些禽类脂肪只能在液态时作为烹饪介质使用。熬出的鸡油便是犹太人厨房中的一味传统原料。我很喜欢用鸡油炒米饭，以便让饭裹上一些鸡肉香。将烤制禽类融化的鸭油或鹅油保存下来加以过滤，也可以用来煎马铃薯或根茎类蔬菜——很少有什么能比用鸭油炸出来的马铃薯更令人垂涎了。

羊肉

羊肉脂肪也被称为羊脂，这种脂肪通常不会被广泛熬制。但在不食用猪肉的国家里，羊肉脂肪是制作羊肉香肠的重要原材料，比如北非香辣香肠（merguez）。

• • •

世界各地的油脂

油脂 = 风味

利用这个风味轮，帮你找到烹饪世界各地美食时该用的油脂。

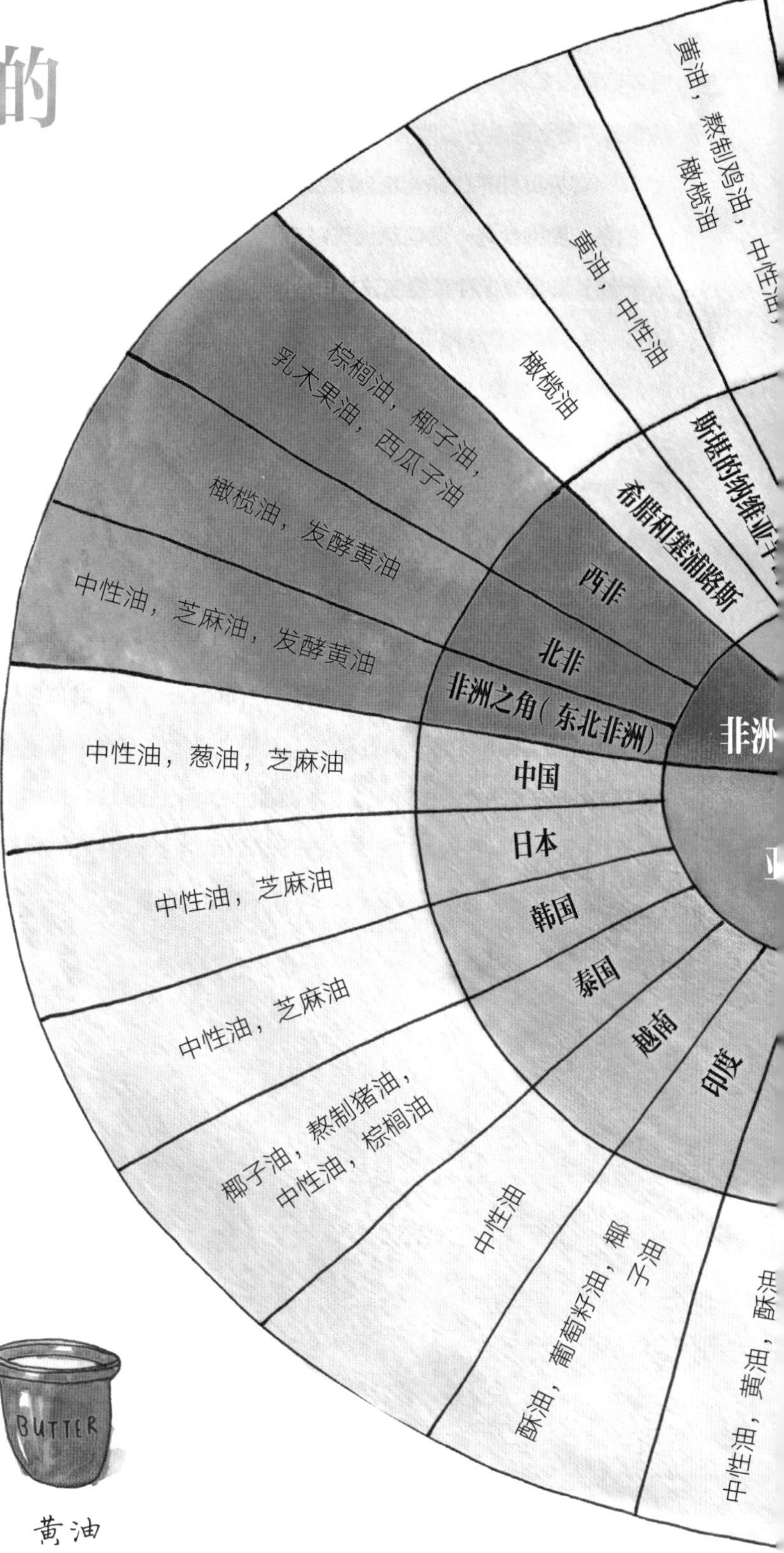

橄榄油　芝麻油　黄油

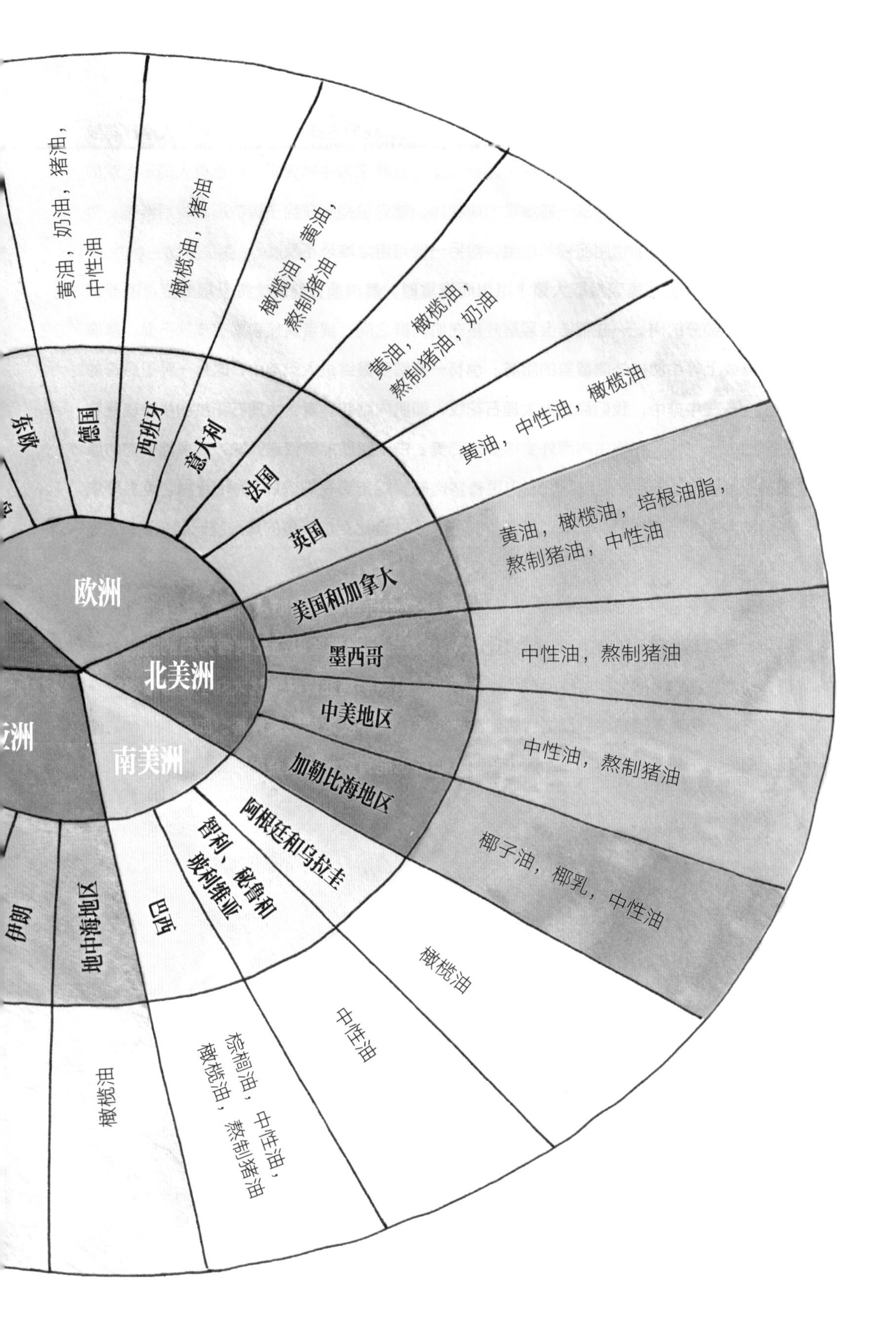

欧洲
北美洲
南美洲
东欧
德国
西班牙
意大利
法国
英国
美国和加拿大
墨西哥
中美地区
加勒比海地区
阿根廷和乌拉圭
智利、秘鲁和玻利维亚
巴西
地中海地区
伊朗
黄油，奶油，猪油，中性油
橄榄油，猪油
橄榄油，黄油，熬制猪油
黄油，橄榄油，熬制猪油，奶油
黄油，中性油，橄榄油
黄油，橄榄油，培根油脂，熬制猪油，中性油
中性油，熬制猪油
中性油，熬制猪油
椰子油，椰乳，中性油
橄榄油
中性油
棕榈油，中性油，橄榄油，熬制猪油
橄榄油

世界各地的油脂

就像我在意大利发现的一样，世界各地的菜肴都因用油脂的不同而各具特色。由于油脂是诸多菜肴的基础原料，因此请选择适合不同文化的油脂来从“内部”给食物调味。如果用错了油脂，那么无论在其他调味料的使用上如何用心，你的菜也别想对味。

不要在烹制越南菜时使用橄榄油，也不要在做印度菜时使用烟熏培根用的油脂。蒜香长豆角若用黄油炒制，便可作为法餐中的一道菜；若用印度酥油炒制，就和印度香米与小扁豆一起端上桌；或者，你也可以往里加入几滴芝麻油，与五香浇汁烤鸡搭配。请将本书的风味轮作为做选择时的指南，这样就能在烹饪世界各地风味菜肴时都有依可循。

油脂的作用

使用何种油脂，会对食物的口味产生极大的影响；但如何使用油脂，则能够决定食物的质地。在优质烹饪中，质地的重要性是与口味不相上下的。各色质地在挑逗我们的味蕾。通过让柔软湿润的食物变得酥脆，我们不仅能感受全新的口感，对饮食的体验也变得更有趣、更惊喜。根据油脂使用方法的不同，我们能将以下五种质地中的任意一种赋予菜肴：干脆、细腻、酥脆、柔软以及膨松。

平底锅的锅面

（不大精确的放大版）

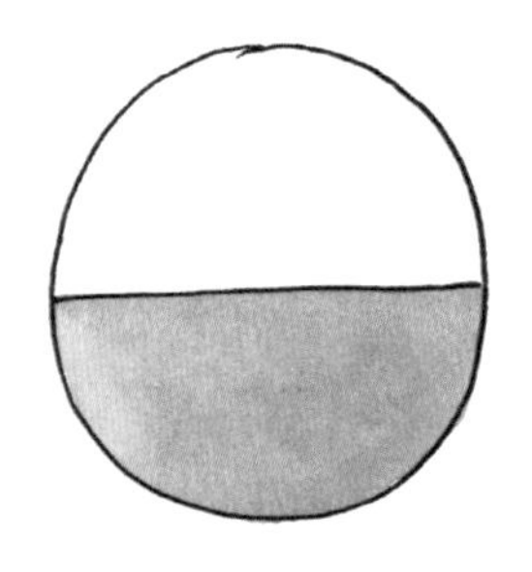

不粘锅，
或是经过精心养护的
铸铁锅

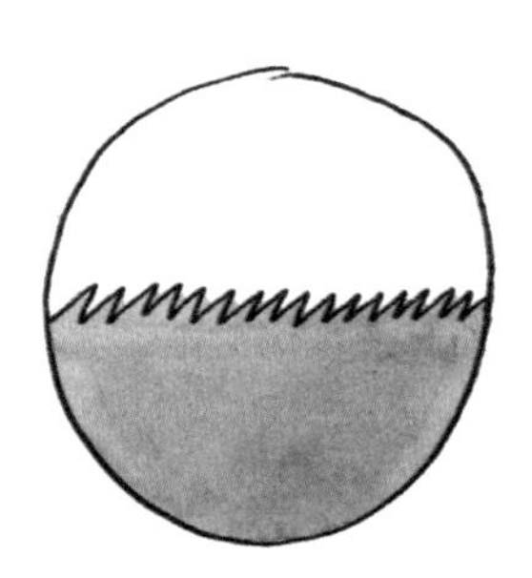

不锈钢

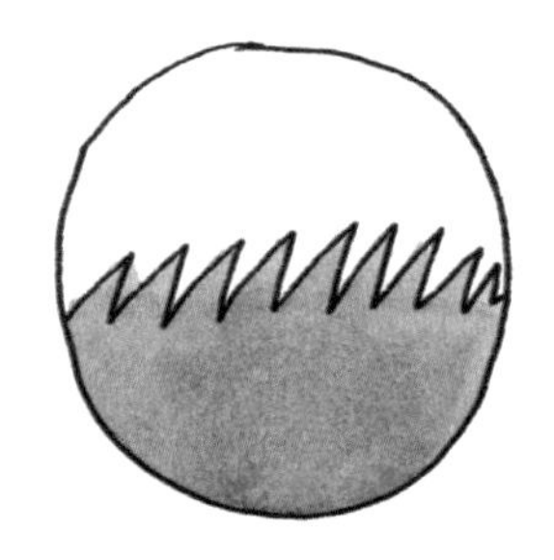

未经养护的铸铁锅

干脆

人类爱极了松脆、有嚼劲的食物。主厨马里奥·巴塔利（Mario Batali）认为，几乎没有哪个形容词能像松脆这个词一样吸引众多食客。干脆的食物能够通过令人愉悦的香气、口味以及声音来深化我们对食物的体验，从而激发我们的食欲。想一想炸鸡吧，无论身处任何国家，你几乎都会遇到不同形式的炸鸡。回想第一口咬下炸鸡的感觉，在你的牙齿嵌入鸡肉的同时，那被炸得恰到好处的脆皮瞬时裂开，很少有哪种饮食体验能与此媲美。干脆的表皮散发的令人垂涎的香味，炸鸡冒出的香气，那一声撩动心弦的咯吱脆响与炸鸡那股令人回味的味道结合在一起，将美味的体验传到了千家万户。

想让食物变得干脆，食物细胞中贮存的水分必须被蒸发掉。水分随着沸煮而蒸发，因此食材的表面温度必须达到100摄氏度以上才行。

若想让食物的整个表面达到这种高温效果，必须让食物直接均匀地接触热源，比如一口温度比水的沸点高出很多的平底锅。然而，没有哪种食物是完全平滑的，且从微观来看，绝大多数平底锅也不平滑。想让食物和平底锅均匀接触，我们就需要使用一种媒介——油脂。在达到烟点之前，烹饪油脂可以加热到超过177摄氏度，因此，这种油脂是用来制作让我们的味蕾欲罢不能的金黄脆皮的理想媒介。利用加热油脂来打造干脆口感的烹饪方法包括烧、炒、平底锅煎、少油煎炸以及深度油炸。（还有一个额外的好处：足量的油脂除了让食物与锅均匀接触，还可以防止食物粘锅。）

就像讲用盐方法时一样，我也鼓励大家摒除一切对油脂的恐惧，因为理解了使用油脂的方法，你对油脂的用量也能相应减少。想知道该用多少油，你就应该对感官线索多加留心。比如茄子和蘑菇这样的食材就像海绵一样，吸收油脂的速度很快，而在热金属烹具上烹饪时也会很快变干。如果平底锅里放入的油量太少，或在油脂被吸收后没有及时续加，这就会在食物的表面留下色黑而味苦的胀泡；而像猪排或是鸡腿这样的食材，则会在烹饪过程中释放自身的油脂，如果你在煎培根时从锅边走开几分钟，那么回来时，你就会发现一条条培根几乎要淹没在自己的油脂中了。

让你的双眼、双耳以及味蕾来引导你该使用多少油脂。食谱在刚开始时的确有用，但每个厨房里可用的工具不同，因此具体情况也不尽相同。比如，一份食谱要求你用两汤匙橄榄油烹饪两个切成丁的洋葱。若在一口小的平底锅里，这些油或许足够覆盖锅底，但是在一口较大的平底锅里就不一定了。不要一味只是遵照食谱，也要运用你的常识。比如，炒菜时要确保平底锅的锅底全部被油覆盖，在少油煎炸时则要确保油没过食物的一半。

在烹饪中，加入了过多油的食物并不比加油过少的食物可口。几乎没有什么东西能比空盘子中残留的一小洼油更能破坏用餐体验了。在端上油炸食品——即便只是锅煎或少油煎炸的食品，都要用干净的洗碗布或是纸巾快速轻拍一下。使用篦式漏勺或是夹具来抓取炒制的食品，而不要倾倒在盘子里，以免将多余的油滤在锅里。

在烹饪的时候，如果你发现油脂用量超过了预期，你可以将多余的油脂倒出锅，并留意把锅外缘油滴下的地方擦干净，以防火苗蹿大。小心不要烧到自己。如果平底锅太重或是太烫手，那就开动脑筋：把菜从锅里取出，夹到盘子里，然后把一部分油脂倒出来，把菜放回去，再继续烹饪即可。不要嫌麻烦，如果为了避免多洗一个盘子而把自己烫伤或是把油溅到身上，那就得不偿失了。

正确加热油脂

通过预热平底锅来缩短油脂直接接触热金属的时间，以此减少油脂变质的机会。油脂会随着加热而分解，导致变味并释放有毒的化学物质。另外，食物更容易粘在冷的锅底上，这也是预热的另一个原因。但是，也存在不用预热的例外食材——那就是黄油和大蒜。如果温度太高，这两种食材都可能被烧煳，因此必须用小火加热。烹饪其他食材的时候，你都应先预热平底锅再加入油脂，待油脂随锅烧热，再往里放其他食材。

平底锅应该加热到让油一倒进去便嗞嗞冒泡的程度。不同金属的导热速度也不尽相同，因此，我无法推荐一个固定的加热时长。你可以滴一滴水来检查平底锅的温度：如果这滴水先是发出唑唑声，而后蒸发——声音并不一定要很剧烈，那么平底锅就够热了。一般来说，当加入平底锅的食物发出细微的唑唑声时，就表明平底锅和油脂的温度已足够高了。如果食物加入得太早而没有发出唑唑声，那就只需把食物取出来，将平底锅充分加热，然后再把食物放回去，以确保食物在褐变之前不要粘锅，也不要烧过头。

熬油

肌间和皮下脂肪分别指肌肉之间以及皮下脂肪层之间的那些块状脂肪，这种脂肪可以被切成小块，放在一口只加了少量水的平底锅中熬炼，或者直接用小火烹饪到水分全部蒸发为止。这个过程可以将固体脂肪转化为能够作为烹饪介质使用的液体。你在下次制作烤鸭的时候，可以在烤制之前先把多余的脂肪割下，用来熬炼，熬好后可将这些油脂滤到玻璃罐中，然后放进冰柜储藏。这种油能保存 6 个月之久，可以保存起来用作油封鸡的原料。

肉品中的油脂能为口味加分不少，但同时也会防止肉品变脆。虽然我们熬油不是为了将油用作烹饪介质，熬炼也仍是转变食物质地的一道关键工序。香脆的培根就是油脂溶出恰到好处带来的惊喜。如果煎培根的油温太高，培根外层便会烧焦，而内里却仍软趴趴的。煎培根的关键窍门就在于，速度要够慢，正好能让脂肪溶出的速度与培根煎熟变色的速度对等。

由于动物脂肪在 177 摄氏度时会开始烧煳，所以可以尝试将培根切片后摆在烤盘纸上，然后塞进 177 摄氏度的烤箱里。比起炉具，烤箱里的热气要更温和，加热也更均匀，从而为熬油提供了环境。或者，在炉具上烹饪少量培根或意大利烟肉的时候，可以先在平底锅里加少量水来调节温度，在脂肪褐变之前留出一段时间来使之溶出。

对一般烤鸡或火鸡来说，只要烹饪时间足够使油脂溶出，表皮便会自然而然地变脆。但是，鸭子需要较厚的皮下脂肪来帮助飞行以及冬季保暖，因此想让鸭皮变脆需要下一番功夫。使用一根非常尖锐的针或金属叉，将整个鸭身的表皮扎透，尤其留意鸭胸和鸭腿这些脂肪多的地方。这些小孔可以让熬出的油脂溢出，在溶出的过程中裹住鸭皮，让鸭皮变得油亮而脆口。如果现在的你还不敢尝试烤制整鸭，那就从烤鸭胸开始。在开始烹饪之前，先用一把锋利的削皮刀顺着两条对角线将表皮一道道划开，留下菱形的图案，虽然只是局部的肉，但令油脂溶出的整体流程还是一样的，这样一来，鸭胸表皮就能变得鲜脆可口了。

对于猪排和牛肋排的熬油，我可是个非常讲究的人。我很讨厌碰到那种烹制得恰到好处，边上却挂着一条几乎没做熟的松垂肥肉的牛排，因此，你应在开始或是结束烹饪时，将猪肋排或牛排的一面铺在平底锅或烤架上，把脂肪熬出来。这可能需要掌握一些平衡的技巧，你可以用夹子把肉铺好，或试着巧妙地将肉靠在一把摆放好的木勺上或平底锅的锅边上。无论怎样，这一步都不能省略！下点儿功夫把那条肥肉变成金黄焦脆而可口的美味吧，你绝不会后悔！

烟点

油脂的烟点是指油脂分解转化为一股肉眼可见的有毒气体的温度。你有没有往炒菜锅里加油之后就转头去接电话的经历？如果回来时发现炉子上冒出了一股刺鼻的烟雾，那么说明你的油已经超过烟点了。有一次，我正在试着为一名实习生展示预热锅的重要性，另一位厨师来找我问一个紧急问题。跟他说完话回头看锅的时候，锅已经变得炙热，一倒进橄榄油，油温就达到了烟点，不但把平底锅烤黑，也把近旁的所有人呛得直咳嗽。想要死撑面子的我使劲暗示大家自己是有意犯错的，说这堂课从一开始就是围绕烟点展开的。但是面对其他厨师，我不由满脸通红，忍不住笑出声来。很快，大家也都大笑起来。

油脂的烟点越高，就越能在持续加热时不破坏食物口味。葡萄籽油、菜籽油以及花生油等精炼纯正的植物油从大约 204 摄氏度开始冒烟，因此很适合用于油炸或是爆炒等高温烹饪法。含杂质的油脂对超高温的承受力就没有那么强了，温度达到约 177 摄氏度的时候，未经过滤的橄榄油中的沉积物以及黄油中的牛奶固态物质会逐渐达到烟点或开始燃烧，因此，这类油脂适合采用无须达到过高温度的烹饪方法彰显食材的美味，比如油煮、清炒或是锅煎鱼或肉。此外，这些油脂也可以用在无须加温就能做成的菜中，比如蛋黄酱和沙拉调味汁。

打造松脆口感

松脆的口感是因食物接触高温表面导致细胞里的水分蒸发而形成的。因此，想要打造金黄的脆边，就要不遗余力地保持锅和油脂的高温。先预热锅，再预热油脂。铺在锅里的食物不要超过一层，这会导致温度大幅下降和蒸汽凝结，从而让食物变潮。

精致的食物尤其会因这种情况而受影响。在没有充分加热的油脂中烹饪，很可能会导致食物吸油，比如这样做出来的鱼排会有着让人食欲全无的苍白和油腻感，虽然熟了，却不带金黄色泽。烧制冷油里的牛排和猪排也需要很长时间才能上色，等到表面熟透的时候，里面的肉已是全熟，而不是三分熟了。

这并不意味着一下子将温度调得很高就万事大吉了。如果油脂过热，那么食物表面就会在里面还没做熟之前就褐变变脆。脆炸洋葱圈第一口咬下去洋葱丝便脱落下来，表皮烧焦但中间又生又湿的那道鸡胸肉，都是过高油温烹饪的“受害者”。

任何烹饪的目的，都是让食材内部和外部同时达到你期望的状态。具体到松脆的口感而言，你期望的状态便是外焦里嫩。在实际操作中，你要做的就是在热油中加入茄子片或是鸡大腿这些需要一定时间才能做熟的食材，等待脆皮形成，然后再降低温度，以防烧煳，让食材由里到外都做熟。我会在“**热的运用**”一节进一步解释如何把控不同的烹饪温度。

一旦做出了脆皮，那就尽全力把脆皮留住：不要在松脆的食物尚热时盖上盖子，或把食物堆叠在一起。这些食物还在继续散发热气，而盖子会罩住热气，让热气凝结成水并重新覆在食物表面使食物变潮。将热气腾腾的松脆食物铺成一层以待冷却来防止这种情况。如果你想要为炸鸡这类松脆食物保温，那就把它放在炉子后部等厨房高温区域，直到准备上菜。或者，你也可以把炸鸡放在烤架上冷却，等到上菜前再把炸鸡塞进烤箱里重新加热几分钟。

细腻

作为厨房里最伟大的“炼金奇观”之一，乳化发生在两种一般互不相溶的液体不再矜持并相互结合之时。在厨房中发生的乳化，就像是脂肪与水之间签订了临时和平条约。由此而生的结果，便是一种液体以微小液滴状态分散于另一种液体而形成的既不似水又不似油的细腻混合物。无论是黄油、冰激凌、蛋黄酱还是巧克力，只要质地细腻浓郁，就很可能是一种乳浊液。

以油醋汁为例：这种调料就是油和醋的混合物。将这两种液体倒在一起，密度较小的油便会浮在醋上。但是，如果将两种液体搅拌在一起，将二者打散成数以十亿计的水和油的细小液滴，醋便会分散进入油中，打造一种更为浓稠的均匀液体。这就是一种乳浊液。

乳浊液

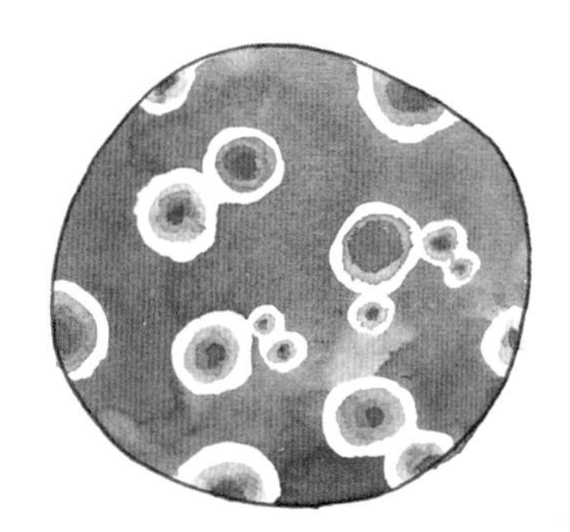

受到摇晃、
马上要分离开来的油醋汁

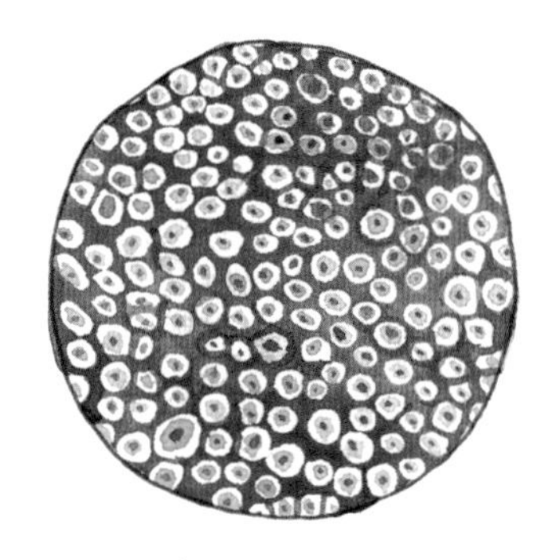

搅拌过的蛋黄酱，
非常稳定

但是，这种看似简单易得的油醋汁只是暂时被“摇晕”了，在此之后，几乎没有什么力量能够维持两种液体的相融状态。放置几分钟后，油和醋便会开始分层，或是出现分离。如果使用这种分离后的调味料来浇淋生菜，那么油和醋便会不均匀地包裹菜叶，一口吃起来太酸，一口吃起来又太油。相比之下，经过乳化的油醋汁则能够为每一口食物均匀地注入味道。

乳浊液一旦分离，脂肪和水分子便开始与自家分子重新结合。想让乳浊液更加稳定，那就使用一种乳化剂来将油包裹，使之安安心心地与醋滴和平共处下去。乳化剂就像是一根链条上的第三道环，也像是一位将互不待见的两方势力召集和团结在一起的调停者。芥末就常在油醋汁中扮演着乳化剂的角色，而对于蛋黄酱来说，蛋黄液本身就具备一定的乳化功能。

乳浊液的使用

乳浊液是能为淡而无味的食物增色的利器：在最后起锅时搅拌在意面里的一块黄油，在干口而起渣的鸡蛋沙拉中加入的一勺蛋黄酱，淋在不加其他调味料的黄瓜和番茄上、制成一款质朴夏日沙拉的浓郁调味料，都是这类乳浊液。

有时，一些菜肴需要你亲手制作乳浊液；而在其他的情况下，你可以利用一款现成的乳浊液，只需防止出现分离就行了。尽可能熟悉厨房中常见的乳浊液，以便小心呵护这种一触即破的“合作关系”吧。

一些常用的乳浊液：

- 蛋黄液和蛋黄奶油酸辣椒酱（荷兰酱）
- 油醋汁（其中一些很不稳定）
- 黄油、奶油和牛奶
- （搅进油的）花生酱和芝麻酱
- 巧克力
- 意式浓缩咖啡表层那昙花一现的致密气泡

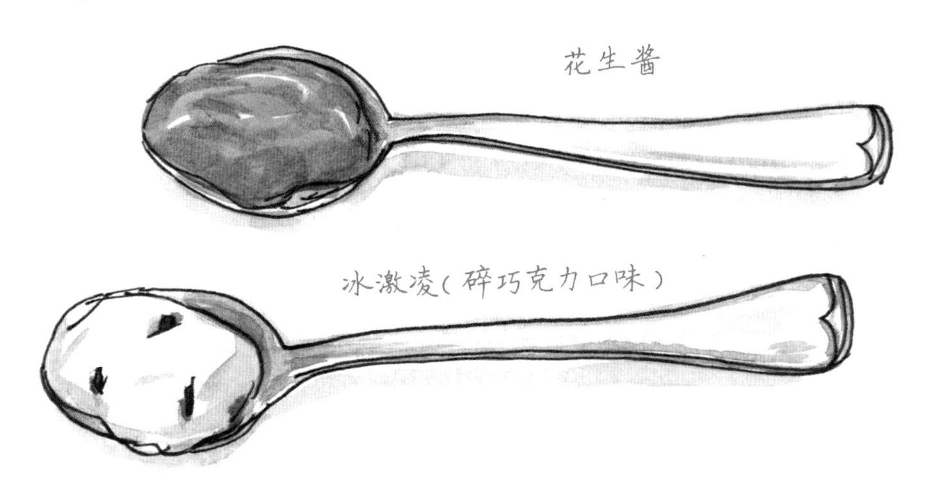

打造细腻口感：蛋黄酱

蛋黄酱是一种水包油乳浊液，可以通过将细小油滴缓慢搅入蛋黄中制成，而蛋黄本身也是一种脂肪和水混合成的天然乳浊液。好在，蛋黄中含有卵磷脂这种左拥脂肪、右抱水的乳化剂，能为乳浊液的稳定提供一些保障。通过用力搅拌，卵磷脂能够将蛋黄中本身含有的少量的水与油滴相连，并将小气泡包裹，使这两种互不相同的原料融合为浓郁而稳定的酱料。

但是，就像所有的乳浊液一样，蛋黄酱也在不断寻找契机，意欲再次分离为互不相容的水油两军。

制作基础蛋黄酱时，在动手前要先算好油的用量，或者至少要目测一下。要根据蛋黄酱的计划用途来选择用油：对于抹在培根生菜番茄三明治或越式三明治上的蛋黄酱，应使用葡萄籽油或菜籽油这样的无味油脂。制作搭配尼古拉斯沙拉中油封金枪鱼的蒜泥蛋黄酱时，应该选用橄榄油。在稳定的乳浊液中，每只蛋黄能够轻松容纳 ¾ 杯油。此外，虽然任何没吃完的蛋黄酱都能在冰柜里储存几天时间，但由于自制蛋黄酱只有在刚做出来时最鲜美，因此，每次制作时请尽量与实际用量匹配。

水包油乳浊液在原料不太凉又不太热时更易形成。因此，如果你使用的是直接从冰柜里拿出来的鸡蛋，那就在动手前先让鸡蛋恢复到室温状态。如果你赶时间，那就将鸡蛋在热水中浸泡几分钟，以此加快制作速度。

把一块厨房用毛巾稍稍沾湿，铺进一口小平底锅里，然后把做蛋黄酱的碗放进去。湿毛巾能够提供足够的摩擦力，以保持碗的平衡，防止液体洒出。将一个或多个蛋黄放在碗中，然后开始搅拌，并使用调羹或是勺子一滴滴地往里加油。一旦加入了一半的油，打造了一个比较稳定的基底，你就可以将剩下的油更快地加进去了。如果蛋黄酱变得太浓稠而难以搅拌，那就加入几滴水或是几滴柠檬汁来加以稀释，以防蛋黄酱出现分离。所有的油都加入之后，你就可以集中精力按口味加盐了。

遵循这些规则，你便会发现，蛋黄酱很难（但并非不可能）出现油水分离的状况了。跟我学习烹饪时，迈克尔·波伦让我在课堂上解释一下乳浊液背后的科学原理。当时尚不知答案的我回答说："是魔法让乳浊液稳定下来的。"时至今日，我虽已理解了背后的科学原理，却仍然相信其中一定蕴含着什么魔法。

打造细腻口感：黄油

我最喜爱的一位诗人谢默斯·希尼曾经将黄油比作“凝固的阳光”，这可能是对黄油特殊制作工艺最优雅、简洁的形容了。首先，黄油是唯一一种不需屠杀动物就能制作的动物脂肪。牛、山羊以及绵羊摄取草这种阳光和光合作用的产物，为我们产出奶。人类将奶表层最浓郁的一层刮掉，将之搅拌直至形成黄油。这个过程如此简单易行，就连孩子也能通过摇晃一个装着冷奶油的玻璃瓶做出黄油来。

但不要忘了，黄油不像油一样是纯粹的脂肪，而是脂肪、水、奶的固体在乳化状态下结合在一起的产物。虽然绝大多数乳浊液只有在一小段温度区间（只有几度）内才能保持稳定状态，但黄油从冷冻温度（0 摄氏度）一直到融化温度（32 ～ 35 摄氏度）都能保持固态。与一受热就会迅速分离的蛋黄酱相比，黄油的魔力就显而易见了。

热天放在厨房案台上的黄油之所以会流水，也是出于这个原因——黄油超过融化温度后，水分会随着油脂的融化而分离。在热炉上的平底锅或是微波炉这样温度更高的环境里，黄油的油和水会以更快的速度分离。所以说，融化的黄油是一种分离了的乳浊液，虽然也会随着冷却而变硬，但永远也回不到之前那种美妙的状态了。

如果能小心保持黄油的乳化状态，那么黄油便能赋予各种各样的菜肴细腻的口感，无论是经典巴黎火腿黄油法棍还是巧克力松露，都是如此。食谱之所以对黄油的温度规定得如此具体，背后是有讲究的：处于室温下的黄油更加柔韧，可以使空气进入，让蛋糕更加膨松；可以更好地与面粉、糖、鸡蛋相结合，做出柔软的蛋糕和曲奇；还可以被均匀涂抹在法棍上，只需铺上火腿就可以开动了。此外，正如我在后文中即将具体阐述的一样，保持黄油的低温也很重要，因为低温可以维持黄油的乳化状态，也能在制作全黄油派皮面团这样的酥皮甜点原材料时，防止黄油与面粉里的蛋白质产生反应。

美国名厨兼美食作家朱莉娅·查尔德（Julia Child）曾经说过：“只要放了足够的黄油，任何菜肴都能变得美味。”想要把她的建议付诸实践，我们还可以使用黄油来制作另一种乳浊液：黄油酱。适宜的温度是制作这种黄油与水混成的乳浊液的重要因素。关键在于在开始制作黄油酱时，使用温热的平底锅和凉黄油。想要用平底锅制作黄油酱，那就在将牛排、鱼排或猪排取出平底锅后，将所有剩余油脂倒出。把平底锅重新放回炉子上，加入刚好能覆盖锅底的水、高汤或葡萄酒等液体。用一把木勺将美味的黄油一层层刮到酱汁里，然后将液体煮开。之后，以每份黄油酱配两勺黄油的用量，将冷黄油放入锅中，在中高温下软化，直至黄油融化在酱汁中。不要将锅加热到酱汁哗哗响的程度，只要黄油酱里有足够水分，你就不必担心。一旦发现黄油酱变得浓稠，就将火关掉、让黄油在余热下完全融化，但不要停止搅拌。尝尝盐量如何，如果需要，就挤入几滴柠檬汁或是浇入一些葡萄酒。用勺子将黄油酱抹在食物上，然后立马上菜。

制作淋在面条或蔬菜上的掺水黄油酱时也可使用这种方法。只要锅够热、黄油够冷，就可以直接在意面锅里烹制。保证锅里有足量水，然后进行搅拌和翻动，一边制作酱料一边将酱料淋在意面上。再往里加入佩克利诺罗马羊奶酪和黑胡椒，一道黑胡椒奶酪意面就做好了，这款经典的意餐比奶酪通心粉还美味。

乳浊液的分离和复原

有些乳浊液会随着时间的推移自然而然地分离，其他乳浊液则会在水油结合速度过快的情况下分离，想要破坏乳浊液，最常用的一种方法就是让气温上下浮动。一些乳浊液必须保持低温，一些必须处于高温，还有一些则必须置于室温。油醋汁会在加热后出现分离，而白黄油酱则会在降温后出现分离。每种难伺候的乳浊液都有特定的舒适区。

有的时候，我们会有意分离某种乳浊液，比如融开黄油并使之澄清。有的时候，乳浊液的分离无异于一场灾难。如果加热得太快，巧克力酱便会分离成一堆倒人胃口的油腻腻的浑浊物，即便累了一整天，我也不愿把这东西浇在冰激凌上。虽然乳浊液需要小心处理，但即便出现分离，也并非世界末日。一般来说，你总能找到一些补救措施。

如果保持蛋黄酱稳定结合的魔咒失了效，出现了分离，那也不必担心！想要学会如何将分离了的蛋黄酱复原，最好的方法就是将蛋黄酱刻意打散一次，以便理解该如何补救。

以下是一种简单得让人难以置信的解决方法：拿一个新碗，但使用同一把打蛋器。如果你只有一个碗，那就把分离了的蛋黄酱刮到一个插着漏斗的量杯里，如果找不到量杯，就刮到咖啡杯里，然后把碗清洗干净。

把干净的碗放到水池边，然后将大约半茶匙（约 2.5 毫升）水龙头里能接到的最温热的水浇入碗里。

用那把蘸着蛋液的油乎乎的打蛋器疯狂搅拌碗里的水，直到起泡为止。然后，将分离的蛋黄酱像油一样一滴滴加入水中，与此同时，使出从鲨鱼口中逃命般的劲头，可劲儿搅拌。加入一半分离的蛋黄酱后，混合物便会逐渐呈现正常蛋黄酱的样子，非常适合涂抹在龙虾三明治上。如果这招也不管用，那就取一个新的蛋黄，在新蛋黄的“保驾护航”下将刚才的过程重复一遍，然后一滴滴将分离的蛋黄酱加进去。

以后，只要在搅拌任何乳浊液时发现有什么不对劲，就想想这些方法。一旦发现什么差错，第一步就是停止加入油脂。如果乳浊液没有变得浓稠起来，打蛋器搅拌没有留下明显的痕迹，那就看在老天的分儿上，别再往里加油了！到了这个程度，有时只需要仔细而用力地搅拌，就能让水和油重新结合。

初生疑窦时，你也可以加入几块冰。如果没有现成的冰块，浇入一些水龙头里的凉水，也可以平衡温度，“稳定大局”。

如何自制蛋黄酱

油脂和乳浊液小教程

1 重要的事情提前说！

称出适量的油和鸡蛋

蛋黄酱黄金配比：

1个蛋黄　1/3 杯油

确保鸡蛋和油的温度相当。

想要做到这一点，可以先把鸡蛋从

冰柜里拿出来放置一会儿，或是放在温水下稍加冲洗

2 将蛋黄放在碗里进行充分搅拌，

一次只往碗里加入一滴油

稍稍沾湿一块厨房毛巾，摆成环形，将你的碗置于环的中心，这样就不会将蛋液洒出来了

加入一半油后，等混合物已变得比较稳定时，将剩下的油快速加入。如果觉得混合物太浓稠、难以搅拌，可以加入几滴水或柠檬汁。等加入所有油后，

尝下味道！

需要加盐？那就加些盐，

然后再尝一尝

怎样拯救水油分离的
蛋黄酱

1 停下来，深吸一口气，放松身体

2 去拿只新碗，加入半茶匙手边能找到的

3 使用刚才用过的打蛋器，

使出吃奶的劲儿搅拌。然后，

用你刚才加油的方式，将水油分离的

蛋黄酱一滴滴加进去，

别停止搅拌！

先见之明：一旦发现分离的蛋黄酱没有像预想的那样结合在一起，那就先不加油，好好搅拌一番。你也可以加入几块冰，或浇入一些冰水

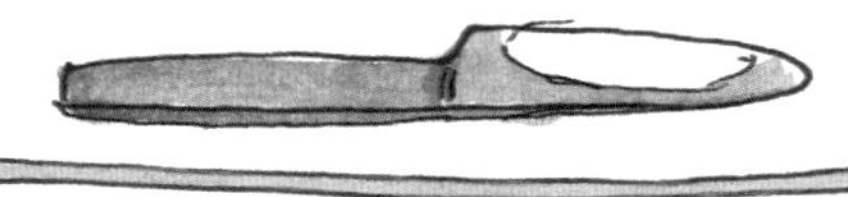

加入大约一半混合物后，

问问自己："这招有用吗？"

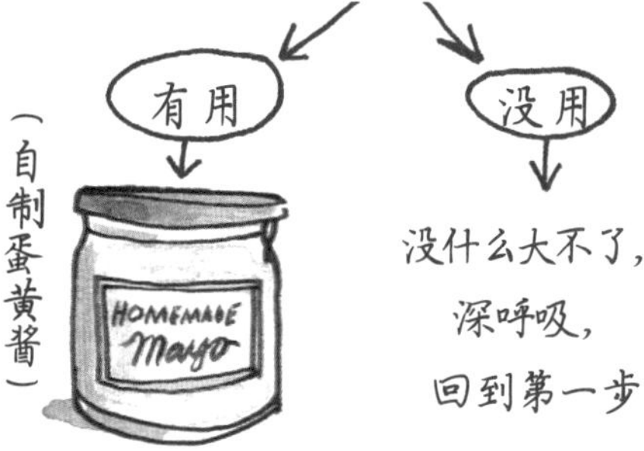

自制蛋黄酱做好了！

酥软兼具

小麦中的谷蛋白和醇溶蛋白这两种蛋白质构成了麸质（面筋蛋白）。在制作面团或面糊时，将小麦粉和液体混合在一起，这些蛋白质便会扩展成长链形式。在揉捏面团或是搅拌面糊的过程中，麸质蛋白质分子链会扩展成坚韧的网状结构，或者叫作麸质网状结构。这些结构的扩张过程也是让面团变得有嚼劲和有弹性的原因。

随着麸质的结合，面团也会变得越来越有韧性。面包师之所以会在打造硬脆而有嚼劲的乡村面包时使用蛋白质含量相对较高的面粉，并花很长时间用力揉面，也正是出于这个原因。除此之外，盐也能维护麸质网状结构的韧性。（我还是潘尼斯之家的新手厨师的时候，当我给比萨底加盐加得太迟，揉面师总会累得气喘吁吁。）但是，大多数甜点师都会追求柔软、酥脆而湿润的质地，因此会尽全力限制或是控制麸质的扩展，比如使用低蛋白面粉以及避免揉面过度。酪乳或是酸奶这样的糖类和酸味调料也能抑制麸质的扩展，因此，提早加入这些原料也能使甜点变得柔软。

大量脂肪集团的形成也能抑制麸质蛋白网状结构的形成。脂肪可以裹住每一条麸质链，防止这些分子链因彼此结合而变得更长。这也就是英文中“酥油”（酥油英文为shortening，直译是“缩短”的意思）这个词的来源，意即让麸质链维持短小的状态，而不会越变越长。

任何烘焙品（也包括一些非烘焙品，比如意面）的质地都是由四个重要的变量决定的：油脂、水、酵母，以及面团或面糊的揉搓或加工程度（请见下页的图示）。油脂和面粉结合在一起的具体方式和紧密程度，以及面粉的种类和油脂的种类、温度，同时也会影响甜点的质地。

酥油面团可谓松软的代名词，一口咬下去便嘎吱迸开，入口即化。在酥点中，面粉和油脂紧紧结合在一起，打造口感滑腻的均匀的面团。在曲奇等最为酥脆的点心食谱中需要用到柔软甚至融化了的黄油，是为了让处于液态的油脂尽快将面粉颗粒包裹起来，防止麸质网的形成。这样的面团大多都非常柔软，可以按压进平底锅里。

咬一口起酥的面团，与其说面团碎成了粉末，不如说是迸裂成了碎片。回想一下经典的美国派和法国格雷派饼，这些甜点的脆边硬得足以支撑高如小山的苹果或多汁的夏日

面团与面糊

决定质地的因素

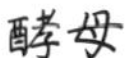
酵母

油脂

水

揉捏力度

浓郁、有嚼劲

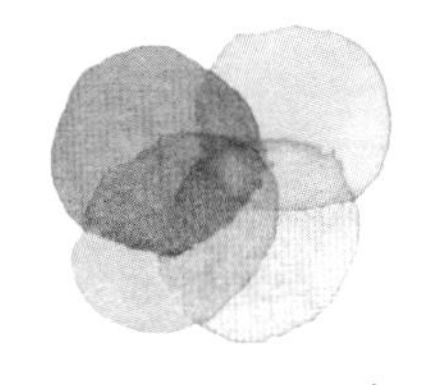

布里欧修、甜甜圈、丹麦起酥包

有嚼劲

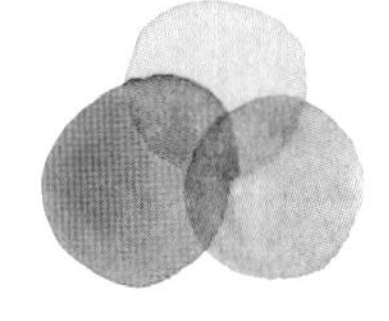

酸酵面包、巴伐利亚碱水面包、
面包圈、比萨底和法棍

松脆

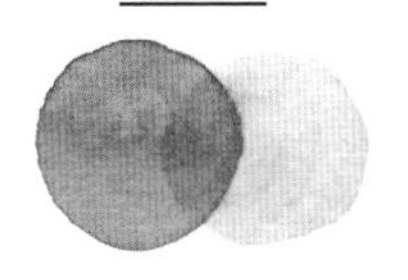

酥油面包、
墨西哥婚礼曲奇和
俄罗斯茶饼

层次分明

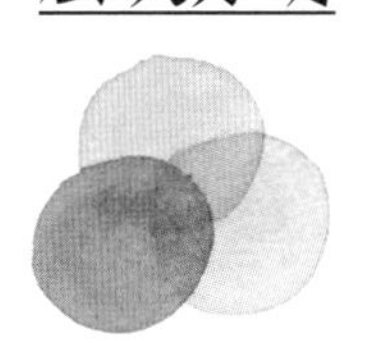

法式泡芙类点心：闪电泡芙、
奶油泡芙、法式苹果卷和
法式千层酥

柔软

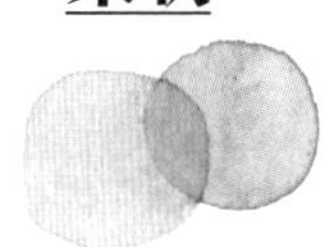

午夜蛋糕、派皮、
格雷派饼面团、饼干、
巧克力片曲奇和布朗尼

（另一种感觉的）有嚼劲

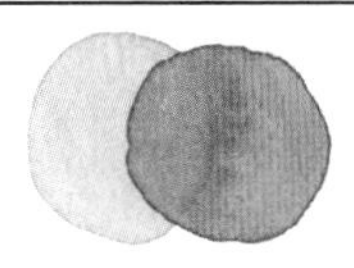

意面

酥脆

千层酥面皮（只含少量水）、
芝士脆条、蝴蝶酥

水果，却也脆得会在切片时落下纤薄、大小不均的碎片。为了打造这样的质地，人们在面团中混入了一定量的油脂，最大限度地减少了麸质的扩展。想要打造软硬适口的美国派或格雷派饼外皮中标志性的酥渣，油脂就必须处于很低的温度，以此确保其中一部分的油脂是成块的。将一块做工标准的派面团擀开，你就会发现里面有一层层的黄油。将派放进热烤箱里时，一片片的冷黄油、面团里夹杂的空气以及黄油中释放的蒸汽都会将面团层层推开，形成酥渣。

最为酥脆的甜点，是利用千层酥皮面团做成的。想象吃完一块经典千层酥后，掉落在盘子里（或是衬衣上）的酥皮，比如芝士脆条、蝴蝶酥或薄酥卷饼。一片狼藉，对吧！好一堆透薄美丽的碎片！形成这样的质地，需要用一大块黄油包裹在重酥油面团之上。将这款由黄油和面团做成的“油夹面”擀开，然后重新对折起来。这道工序，叫作对叠。传统的千层酥点经对叠之后会不多不少地形成 730 层面，由 729 层黄油逐层隔开！放进热烤箱中后，这一层层彼此分开的黄油便会变成蒸汽，打造 730 层酥皮。关键在于制作千层酥皮时，油脂本身和工作环境都要保持低温，以防止黄油融化。但同时，黄油也必须软化到能够揉成一块的程度。

经过揉捏的发酵面团，其中的麸质网络得到延展，又经过以上处理，做出的酥皮质地位于干硬和酥脆间不稳定的交会点上。这样做出的糕点包括可颂面包、丹麦面包和一款法国布列塔尼传统奶油酥饼（kouign amann）。

打造柔软质地：黄油曲奇和奶油饼干

黄油曲奇应当质地松软，起细小的沙粒状的碎渣。想要打造这种质地，就应在制作面团的过程中尽早将油脂混入面粉中。我最爱的黄油曲奇食谱要求使用柔软得“像蛋黄酱那样容易涂抹”的黄油，以便让油脂易于包裹住面粉颗粒，以防麸质链的结合。

你可以使用奶油、法式鲜奶油、软化奶油奶酪或油脂来包裹面粉，从而达到柔软的材质。在传统的奶油饼干食谱中，凉的打发鲜奶油既是一种油脂，也是液态的黏合剂，能够很快地包裹住面粉，省却了为延展麸质网而额外加水的需求。

小派，大力量
微观黄油面粉面团

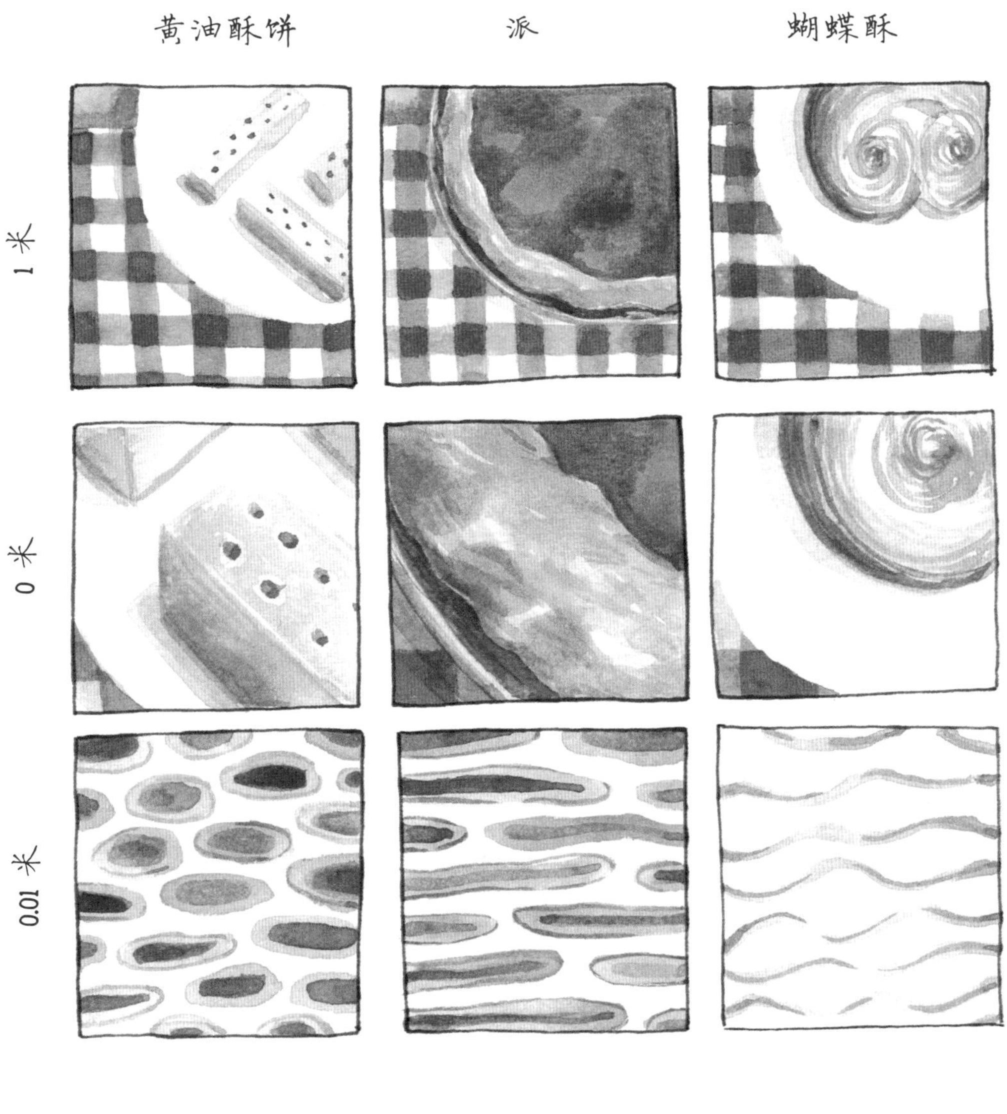

黄油酥饼　派　蝴蝶酥

1 米

0 米

0.01 米

打造酥脆质地：油酥派皮面团

我那颗受奇闻逸事吸引的心之所以被制作酥点的法则吸引，不仅是因为其中的科学原理，也是因为背后的奇闻逸事。甜点师因为双手冰凉而被雇用的传说已是尽人皆知，保持酥点面团中的油脂处于低温状态是非常重要的。能够证明这个传言的证据虽然少之又少，甜点师保持一切食材处于低温的坚持却是有目共睹的：他们在冰冷的大理石台面上工作，还会把搅拌碗和金属工具冷藏起来。一位与我共事了几年的甜点师，甚至坚持要在一间冷得刺骨的厨房里做糕点面团。她在厨师服外罩了一件毛衣和一件臃肿的夹克，比任何人都要提前 2 小时来上班，还要赶在其他人来厨房之前和好面并点燃烤箱火炉和烤架。她在做每一个决策时都会将温度考虑在内，她的努力并没有白费，因为她做出来的糕点全都酥松得如空气一般。

无论你的双手是凉还是温热，要让夹杂着层层油脂的麸质层拥有酥脆质地，就要考虑温度的因素。黄油温度越高，质地就会越柔软，进而更容易与面粉结合。由于脂肪会妨碍麸质网络的延展，这两种食材的结合越是紧密，面团也就越来越柔软，而不是越来越酥脆。

想要阻止麸质网络延展，就要保持黄油低温。这能够在你和面和擀面的时候保护黄油乳化液形成的脆弱的联结不受破坏。黄油总重中约 15% 到 20% 都是水分，如果黄油在揉入面团时软化或是融化，那么其中的乳浊液便会分离，将水分释放出来。水滴与面粉相结合，形成长条的麸质链条，使一层层薄薄的面黏合在一起。一旦黏合在一起，这些层次便不会在烘焙过程中被蒸汽撑开，也就无法形成酥皮了。如此出炉的点心，会变得既有嚼劲又有弹性。

比起黄油来说，植物起酥油（比如美国科瑞起酥油）对于温度的要求不那么苛刻，即便在温暖的厨房里也能保持固态。但是，这种起酥油的味道总是赶不上黄油。黄油在达到人体体温之后便会开始融化，将馥郁浓香的味道留给舌头做纪念品。相比之下，使起酥油在较高温度下较为稳定的化学特性，也会防止起酥油在人体温度下融化，在舌头上留下令人不快的黏腻残留物。

我不喜欢为了起酥油对于温度的包容性而牺牲口味。有得就必有失：想要达到被叉子轻触便会碎成渣子的黄油味浓郁的派皮，你就必须采取一定的措施。在家里制作时，在动手前先将切成丁的黄油、面粉和所用工具放在冰柜里冷藏，使黄油在被搅拌入面团时仍然能够保持块块分明的状态。提高速度，以此来抑制黄油的软化，减少由此而来的不便，但不要搅拌得过了头。最后，请确保让面团在搅拌、擀制、塑形以及烘焙这几个步骤之间有足够的时间在冰柜里降温。将甜点面团提前做好，密封包裹好之后放进冰柜，最长可以放置两个月的时间，我发现，这种做法是最省事的。因为这样一来，最费时的步骤便被省去，从而也就让我能够在心血来潮的时候制作派了。

将冷藏并塑好形的派直接放入经过预热的烤箱里，这是很重要的。在热烤箱里，黄油里含的水分会快速地蒸发，蒸汽会在遇热膨胀的过程中将一层层的面皮推开，打造我们心心念念的酥皮。如果烤箱的热度不够，那么在馅料烤透之前，水分不会蒸发、脆皮不会成形，从烤箱里取出的派也会软趴趴的，让人提不起食欲。

打造既酥又软的质地：挞皮面团

我时常会在农贸市场里买得停不下来，回过神来时，我总会发现自己又买了一堆用也用不完的食材。（面对总赶上同一天应季上市的熟透的圣罗莎李子、酸甜适口的油桃，还有美味多汁的桑葚，你自己试试看能不能拒绝！）带着对脂肪背后的科学原理的理解，我的朋友阿伦·海曼（Aaron Hyman）致力要研发出一款层次分明而美味可口的挞皮面团。他理想中的面团既要柔韧得足以支撑堆积如山的夏日核果，同时也要酥脆得一口咬下去就脆渣四溅。他想要的是一款既酥又软的脆皮，而我想要的，则是一款在发现手边有余存的水果时能够随时烘焙的脆皮。

阿伦首先想到的，是怎样打造酥脆的口感。他决定对所有食材保持低温，使用大块的黄油与面团稍加搅拌，不多不少地打造少量酥层所需的麸质。为了打造柔软的质地，他选择使用奶油和法式鲜奶油这样的液态油脂来黏合面团，同时，这些油脂也会将剩余零散面粉包裹起来，防止麸质进一步延展。

阿伦的方法万无一失。虽然我老是在酥点面团上出错，他的食谱却能让我每次出手都大获成功。冰柜里有了阿伦挞皮面团，一顿有皇家范儿的晚餐就永远近在咫尺。想邀请朋友来做客，却发现食品柜里只有一篮放老了的洋葱、一卷帕玛森干酪外皮、一罐凤尾鱼；突然意识到自己已经承诺要带甜点参加派对，却担心没有足够时间做出拿得出手的东西；又或者发现自己在农贸市场购买过度，为了这样的突发情况，预先储存好几块这样的面团吧。挞皮面团可谓“无中生有”做美食的法宝呢。

柔软的蛋糕

多年以来，我尝过的几乎每一块亲手烘焙的点心，或者从餐厅和面包店里订购的蛋糕，都没能达到我的期望。我理想中的蛋糕要既湿润，又美味可口。然而，很多蛋糕只具备一种特色：商店里买来的蛋糕预拌粉虽能打造我追求的质地，在口味上却稍嫌平淡，而高档法式蛋糕店里的蛋糕虽然口味浓郁，往往不是太干就是太紧实。我本以为这是一个不可兼顾的难题，便无奈地接受了这个事实。

后来，我尝到了一款巧克力生日蛋糕，这款蛋糕水分充足、厚重浓郁，差点儿让我因幸福而昏厥过去。那块蛋糕萦绕在我心头数日，于是，我便恳求朋友把食谱分享给我。由于这款蛋糕如暗夜般深邃浓郁，因此我的朋友洛里便为之起名为午夜巧克力蛋糕。她把食谱交给我的时候，我发现这款蛋糕并没有用黄油，而是用了油和水。几个月后，在潘尼斯之家第一次尝到新鲜生姜糖蜜蛋糕时，我也因这款蛋糕无可挑剔的湿润质地，以及浓重、辛辣的味道大吃一惊。我又一次索要了食谱，并发现竟与洛里的食谱异常相似。

这两款用油做的蛋糕一定有什么特别之处。在脑中的食谱库里翻箱倒柜地搜索后，我发现，包括经典的胡萝卜蛋糕和橄榄油蛋糕在内的许多我最爱的蛋糕，都是使用油，而不是黄油做成的。就连我一直努力模仿的理想质地蛋糕的预拌粉说明，也引导使用者加油。油到底有什么神通，竟能打造如此湿润的蛋糕？

答案就在科学之中。就如软黄油在黄油酥饼里的作用一样，油脂能够有效地包裹住面粉的蛋白质，防止稳固麸质网的形成。麸质的延展需要水，因此，这道由脂肪筑起的高墙便有效阻碍了麸质的形成，打造柔软而缺少韧性的质地。除此之外还有一个好处：麸质的减少意味着面糊中的水分增多，最终便能够打造水分充足的蛋糕了。

发现了油蛋糕的秘诀之后，即便不遵照食谱，我也能够对某些蛋糕的质地有十拿九稳的把握了。如果食材中有油这一项，我就知道这款食谱定能打造我牵肠挂肚的标志性的湿润质地了。但是，我不时也会对黄油蛋糕蠢蠢欲动。对于那些午后搭配一杯茶或是与友人共进早午餐时享用的蛋糕，我更偏向于浓重的口味，而不是湿润的质地。有了对质地的新发现壮胆，我开始考虑能不能打造一款更棒的黄油蛋糕出来。答案不在于融化黄油或是将黄油当油用，而在于将黄油那不可思议的轻柔质地凸显出来。

打造膨松感

提到油脂，膨松感或许并非第一个会让人联想到的特质。但油脂在打发后产生的惊人的包裹空气能力，却能使之作为膨松剂或膨发剂在蛋糕制作中发挥作用。打发以后，液态奶油就会变成膨胀的云朵。

一些经典款蛋糕并不会使用苏打粉或泡打粉这些化学发酵剂，而是完全依靠打发的油脂来打造其膨松的质地。在重油蛋糕中，发酵完全由打发的黄油和鸡蛋来完成。在叫作“杰诺瓦士”（génoise）的海绵蛋糕中，打发的鸡蛋中富含脂肪的蛋黄会大量吸附空气，而富含蛋白质的蛋清则会包裹这些气泡，使蛋糕膨胀起来。这就是这种蛋糕唯一使用的发酵剂。在蛋糕的膨发过程中，没有借力于泡打粉、苏打粉或酵母，甚至连搅打的黄油也没有用到！真是神奇。

打造膨松质地：黄油蛋糕和打发鲜奶油

如果想要打造浓郁的口感和丝绒般细腻的蛋糕底，那就做一款黄油蛋糕（或是巧克力曲奇）吧。但是，请通过糖油拌合法来为黄油注入空气，也就是将黄油与糖搅打在一起，使之充分包裹气泡以起到膨发作用。一般来说，你可以将低温到室温之间的黄油与糖在一起搅拌 4 到 7 分钟，直到二者的混合物变得轻盈而膨松。如果方法得当，黄油能像一张网一样，将混合物中数百万个微小的气泡包裹起来。

关键在于要将空气缓慢地混入，从而打造均匀的小气泡，不至于因为摩擦而产生过多热能。你或许想要把搅拌器功率开大，好早点儿把蛋糕放进烤箱里去，但是请相信我，这样做是不能让你快速拥有满意收效的。这是我的经验之谈。通往这一章的道路，是由一块块过于密实的失败蛋糕铺垫的。

在搅拌的过程中，请注意监测黄油的温度。切记，黄油是一种乳浊液，一旦过热便会融化，如此一来，乳浊液要么出现分离，要么就因不够稳固而无法继续包裹空气了。这样，你辛辛苦苦捕捉住的空气便会消失得无影无踪。如果黄油过凉，空气就无法进入其中或至少无法均匀进入，而蛋糕也就没法均匀地膨胀起来。

如果油脂里没有均匀混入空气，那么化学膨松剂也无力回天。苏打粉和泡打粉无法让新的气泡进入面糊之中，它们只能通过释放二氧化碳气体来使既已存在的气泡膨胀起来。

之所以要小心加入食材，也是出于同一个原因。如果你辛辛苦苦地将空气搅入奶油中，却又大手大脚地将做蛋糕的干湿食材一股脑儿地掺在一起，那么那些打出来的气泡就会尽失了。出于这个原因，翻拌这个技巧才如此重要。所谓翻拌，就是轻轻将注入了空气的食材与未注入空气的食材掺和在一起。试着手握橡胶铲、动作轻柔地翻拌，同时用另一个手转动放食材的碗。

虽然打发奶油背后的化学原理与打发黄油稍有不同——首先，打发奶油必须处于很低的温度，但在这部分内容中，二者涉及的概念却是一样的，即脂肪会包裹气泡。随着奶油的打发，液体中的固态脂肪粒会破开又组合在一起（别忘了，奶油可是一种天然的乳浊液）。如果打发过度，奶油的脂肪粒便会升温并继续彼此黏合，从而让奶油起块、对口感造成负面影响。如果继续打发，奶油的乳浊液便会出现分离，形成水状酪乳以及黄油这种固态脂肪。

油脂的使用

除了重大节庆，波斯菜的正餐很少以甜品收尾，因此我们几乎没有在自己家烘焙过什么点心。另外，对健康十分讲究的妈妈也无时无刻不在控制不让我们摄取过多的糖（但这反而让我和我的兄弟们对甜食产生了极大兴趣）。因此，当我们想吃曲奇或是蛋糕时就得自己动手做，而妈妈也竭尽所能地为整个过程铺设障碍。她既没有为厨房添置立式搅拌机，也没有购买能够软化黄油的微波炉，还偏偏把所有用剩的黄油都储藏在冰柜里。

对于曲奇或蛋糕的渴望只要一来，势头便总如洪水猛兽。虽然所有食谱都要求将冻黄油恢复室温，但我无论如何也没有这种耐心。即便我真的拿出了等候黄油变软的自律，没有一台电动搅拌器来帮助我把黄油搅成奶油状，做出来的曲奇面团也总是一团糟——虽然揉得过了头，不知为何却搅拌得不够充分，其中还夹杂着大块没有混合进去的黄油。当时十几岁的我是一个典型的不懂装懂的孩子，总觉得自己要比食谱的作者更聪明。因此我想，只要把烘焙用的黄油放在炉子上融化，这样就能把软化和搅拌的步骤完全省去了。融化了的黄油不费吹灰之力就能用木勺搅拌进曲奇面团里，也无疑能让蛋糕面糊变得更加顺滑，这不是明摆着的事嘛。

当时我不知道的是，融化黄油把一切往里掺入空气的可能性都给毁掉了。从烤箱里取出的曲奇和蛋糕无一例外都又扁又密实，让人十分失望。在当时的年纪，我对于烘焙的首要目标便是吃到甜的东西——任何甜品都行，因此，这个问题微不足道：无论从烤箱里取出什么，我和哥哥、弟弟都会狼吞虎咽地吃下肚。而作为一位味蕾比之前稍微敏感一些的成年人，现在的我不再满足于单纯吃到甜食的快感。我希望我做出的甜点一律可口，且质地和风味都要无可挑剔——老实说，我对我做出的所有菜肴都抱着这样的希冀。大家或许也一样。只需事先做一些筹划，这个目标就能实现。

多重加油法

脂肪对于口味有着不可小觑的影响，因此，绝大多数菜肴都会因添加多种油脂而受益。我将此称为多重加油法。除了考虑到某种油脂的使用是否符合风俗习惯之外，也要想想这种油脂能否与一道菜中的其他食材和谐搭配。举例来说，如果你计划在起锅时往一道鱼肉菜里加入黄油酱，那就使用澄清的黄油来烹饪鱼肉，以便让两种油脂相得益彰。在做沙拉时，用血橙来搭配浓郁的牛油果，然后再在整道沙拉上滴上 agrumato 橄榄油，以便增强柑橘属水果的酸味。想要做出松脆适口的华夫饼，那就往面糊里加入融化了的黄油，同时往高温锅底涂抹早餐培根炼出来的猪油。

有时，你需要在一道菜中加入多种油脂以打造不同质地。在葡萄籽油中将鱼块炸脆，然后再使用橄榄油做一碟厚重的蒜泥蛋黄酱作为作料。使用油来做出水分饱满的巧克力蛋糕，然后在上面大量涂抹奶油糖霜或是膨松的打发生奶油。

油脂的调整

就像对盐的使用一样，想要对油脂过多的菜肴做补救，最好的方法就是重新调整整道菜。因此，你可以用与对付放盐过多相似的方法来解决这个问题：添加更多食材来增加整体的体积，再加入更多酸味调料来稀释菜肴，或是加入淀粉含量高或是密度大的食材。如果条件允许，那就将菜肴冷藏，让脂肪浮到表面凝成固体，然后再将之刮去。或者，你也可以把食物从油腻的平底锅里夹出来，在一张干净的纸巾上擦拭，将油脂除去。

菜尝起来过干或需要增加一些浓郁口感时，都可以用少许橄榄油（或其他合适的油）或者如酸奶油、法式鲜奶油、蛋黄或山羊奶奶酪等其他奶味浓厚的食材来改善质地和调整口味。使用油醋汁、蛋黄酱、柔软而易于涂抹的奶酪或浓郁的牛油果，以此来平衡夹满了低脂食材的干硬三明治，或是搭配在干脆的厚片面包上。

“随心”使用盐与油脂

按照我在**“油脂的使用”**一节中列出的原则来打造你想要的质地，再参照**“世界各地的油脂”**（第72页）来指引你打造源于不同地方的风味。比如，你可以使用澄清黄油来用锅煎炸吮指锅煎鸡肉，赋予这道菜一股地道的法国风味。如果你想要吃一顿受印度菜启发的大餐，又正好想让冰柜拉门上的那罐杧果酸辣椒酱派上用场，那就将烹饪油换为印度酥油。如果你想要做日式炸鸡排，那就使用加了几滴烤芝麻油的无味油脂。对于以上这些菜，油温必须足够高，以便很快达到褐变效果、打造脆口的外皮。

动手为你的恋人烘焙生日蛋糕之前，先铺垫一点儿“事先侦察”。恋人偏爱的是奶油蛋糕那湿润而柔软的蛋糕底，还是黄油蛋糕那厚实而细腻的蛋糕底呢？即便是我，也并不建议大家在烘焙时随心所欲，因此，推荐大家还是按照食谱选择合适的油脂来取悦你的心肝宝贝吧。

有了对于油脂和盐的认识，你会发现，你与即兴发挥之间的距离或许比所想的更近。油脂能够对质地产生惊人的影响，而盐与油脂又都能提升食物的风味。因此，你可以在每次烹饪时练习用盐和油脂来改善味道和质地。如果你打算在制作沙拉最后一步时撒上一层浓郁的加盐里科塔奶酪，那就不要把盐加完，先尝一口加了这款咸味调料的沙拉，然后再考虑要不要续加料调味。同理，准备用切丁免熏培根为番茄猪肉干酪意面增加浓郁口感时，在酱料将培根中的盐分充分吸收之前，先不要往里加盐。如果一款比萨底的食谱要求在橄榄油揉入面团后再加盐，那就不要照本宣科，要动脑子想想。粗制滥造的食谱会为你布下由虚假和错误信息构成的巨大丛林，遵循你确信的那些知识，以此指引你在丛林中摸清方向。

即兴演奏要以一个个音符为基础，现在，你已经拥有了两个音符，可以谱写一曲《盐与脂之歌》了。掌握了第三个音符，你就能体验到《盐、脂、酸之歌》那天籁般的和弦了。

ACID

第三章

酸

与我对盐和脂的顿悟体验不同，我对酸的价值的认识是逐渐积累起来的。这种认识始于我的家族，始于我的母亲、祖母、外祖母以及姨妈每晚烹饪的菜肴。

在童年常把柠檬和青柠当作下午茶点心的妈妈看来，如果一道菜不酸得让她龇牙，味道就一定有问题。她总会往菜里加入酸味的食材，以此来中和甜味、咸味、淀粉或油脂。有的时候，她会在烤串和米饭上撒一把干盐肤木果。对于库库杂菜鸡蛋饼这种加满了蔬菜和香草的鸡蛋烘饼，她会加上几勺带有帕尔文外祖母风格的伊朗腌菜（torshi），也就是一种混合腌菜。到了伊朗新年诺鲁孜节，我的父亲便会开车到墨西哥去购买酸味橘子，让我们郑重其事地把橘子汁挤在炸鱼和草药米饭上。对于其他传统的菜肴，妈妈则会分层加上伊朗酸青葡萄汁（ghooreh）以及酸味的小粒伏牛花果干（zereshk）。但在打造理想的酸味时，我们用得最多的还是酸奶。无论是鸡蛋、汤品、炖品还是米饭，我们都会抹上一层酸奶，就连意大利肉酱面也不放过，现在想想真是赧颜。

我与学校里的其他孩子有所不同。看看同班同学的花生酱三明治，再看看旁边我的午餐盒里妈妈摆好的库库杂菜鸡蛋饼、黄瓜以及羊奶奶酪，很明显，我的家庭生活与其他同学的有着天壤之别。我成长在一个语言、习俗和食物都来自另一个时代和另一方水土的家庭。每年，我都会期待着伊朗的帕尔文外祖母的到来。她取出行李后，屋里一下子就充满异域风情的香气，没有什么比得上这些带给我的满足感：藏红花、小豆蔻以及香气四溢的玫瑰水，其中还夹杂着几年来钻进她布包里衬的潮湿而稍带霉味的里海空气。她将好吃的点心一样一样从包里拿出来：藏红花和青柠汁烤制的开心果、酸樱桃蜜饯，还有酸得让我两腮发痛的自制片状李子果丹皮（lavashak）。在成长过程中，我从家人那里学会了如何享受酸味食物的美味，也让味蕾成了自己全身最具“波斯特质”的一部分。但直到离开家时，我才意识到酸味调料的魅力远不止于让人酸得龇牙的刺激。

●●●

为了让我们被美国社会同化的那一天尽可能晚些到来，我的父母一直都在努力，因此，我们家从来都没有庆祝过感恩节。我是在大学与一位朋友和她的家人第一次庆祝感恩节的。我很享受准备大餐和为大餐团聚一堂的热闹过程，但实际享用感恩节大餐的部分让我有些失望。大家在一张堆满食物的餐桌前坐下：一整只精心摆盘、很有节日气氛的烤火鸡，用火鸡油做成的棕色肉汁，搅入黄油和奶油的马铃薯泥，佐以肉豆蔻的奶油菠菜，软烂得连牙齿几乎掉光的祖母也能轻松嚼烂的球芽甘蓝，还有那塞满了香肠、培根以及栗子的火鸡填料。我真的很爱品尝美食，但几口下去，我的味蕾便对这些柔软又口味平淡的食物感到厌倦了。每当蔓越莓酱传到我手中时，我都会往盘子里多舀几勺。我不停地吃，希望能够尝到一道让我满足的菜，但这道菜始终没有出现。像所有人一样，每年11月的第四个星期四，我都会胡吃海喝到微微反胃的程度。

在潘尼斯之家掌勺之后，我便开始与餐厅的朋友们共度感恩节了。在与其他厨师共度的第一个感恩节，我的味蕾一刻也没闲着。我完全不觉得吃东西是在完成任务，在饭后也完全没有不适的感觉。而这，绝不是因为我们烹饪的菜肴更加健康或是更加洁净。那么，原因究竟是什么呢？

我发现，我与其他厨师一起享用的感恩节晚餐与小时候吃到的传统波斯菜很相似。每一道菜中都有酸味调料的身影，整顿饭也因此充满生命力。酸奶油为马铃薯泥赋予了一股清爽，在上桌前加入的几滴白葡萄酒则减轻了马铃薯泥的厚重感。在那一大堆美味的火鸡填料中，撕碎的酸酵面包丁、绿叶菜以及火腿碎之间，白葡萄酒浸泡过的西梅脯若隐若现——真像是一个充满惊喜的酸味调料秘密藏身所。烤笋瓜和球芽甘蓝中，搅入了意大利的酸甜酱，也就是一种由糖、辣椒以及醋制成的酱料。加入了炸鼠尾草的绿萨尔萨酱，与我为了致敬母亲越冬必做的波斯榅桲果酱而做的蔓越莓榅桲酱搭配得恰到好处。即便是甜点，无论是浇注了少许深色焦糖的派，还是掺入了少许法式酸奶油的打发奶油，也都带有一丝清新的酸甜。我豁然意识到，在感恩节晚餐时，大家之所以往所有菜上洒那么多的蔓越莓酱，是因为这是绝大多数餐桌上唯一的一款酸味调料。

我开始发现，酸味调料真正的价值不在于酸味带来的刺激，而在于平衡味道。

酸味调料能给味蕾带来一种慰藉，通过反衬让菜肴显得更美味。

很快，我便认识到了酸味调料的另一个秘密。那是发生在潘尼斯之家的事情，上午10点左右，我正在努力赶制一锅胡萝卜汤，以便准时在午餐时上菜。和餐厅里提供的绝大多数汤品一样，这款胡萝卜汤很简单。我将洋葱在橄榄油和黄油中慢炖，将胡萝卜削皮、切片，待洋葱变软后加入锅里，又将蔬菜浸入汤中，加盐调味，然后用慢火煲到所有食材都变软。之后，我将锅里的所有食材搅和成软泥状，并对盐量做了调整。做出的汤的味道无可挑剔。我舀了一勺汤给我们永远孩子气十足的主厨拉斯品尝，当时他正要赶到楼上和服务员一起开菜单大会。他尝了一口，没有停下脚步，头也不回地对我说："往锅里加点儿醋，再端上楼！"

醋？谁听说过汤里要放醋的？拉斯是不是昏了头？我是不是听错了？我不想把整锅汤搅浑，于是便从我的得意之作里舀了一勺，往里加了一滴红酒醋。品尝了一口后，我简直惊呆了。我本以为醋会将汤品变得又甜又酸、难以下咽，谁知这红酒醋却像一块棱镜一样，将汤品中各种微妙的味道折射了出来，我能感受到黄油和油的味道、洋葱和高汤的味道，甚至连胡萝卜中的糖和矿物质的味道都品了出来。如果戴着眼罩来品尝这道汤品，我打死也尝不出来汤里竟有醋这样的原料。但是如今，只要在烹饪和调味时发现菜肴淡而无味，我立马就知道缺什么食材了。

就如我认识到应通过频繁品尝来估计一道菜的盐量，现在我也认识到，菜肴的酸度也是需要品尝的。我终于悟到，酸就是盐的分身。盐能够提升口味，而酸则能平衡口味。就如包裹在盐、脂肪、糖以及淀粉外面的一层锡纸，酸味调料成了所有菜肴不可或缺的一部分。

酸味的来源

1. 醋和未成熟的酸葡萄汁　2. 柠檬汁和青柠汁　3. 葡萄酒和强化酒（强化葡萄酒）

4. 调料：芥末、番茄酱、萨尔萨酱、蛋黄酱、酸辣酱、辣椒酱等　5. 水果和干果　6. 巧克力和可可粉

7. 腌肉　8. 发酵乳制品：奶酪、酸奶、酪乳、法式酸奶油、酸奶油、马斯卡彭奶酪

9. 腌渍发酵的泡菜和泡菜水　10. 咖啡和茶　11. 罐装番茄和新鲜番茄　12. 啤酒

13. 酸酵面包菌和酸酵面包　14. 蜂蜜、蜜糖、深色焦糖

“酸”的定义：酸味调料与酸味食材

严格来说，任何在酸碱计上小于7的物质都是酸性物质。我的厨房里没有可用的酸碱计——为了第108到110页的酸碱表，我把厨房里所有食材量了个遍，酸碱计也弄坏了。我猜大家的厨房里也没有这东西，但是没关系，我们都有一个比这好用许多的酸度测量仪，也就是我们的舌头。任何尝起来有酸味的东西都是酸味的来源。在烹饪中，酸味调料通常以柠檬汁、醋或葡萄酒的形式出现。但是，就像油脂一样，酸味调料的来源也是五花八门的。任何经过发酵的东西，无论是奶酪、酸酵面包、咖啡还是巧克力，都会为你的食物带来一丝沁人心脾的清新。绝大多数水果也具备这种功效，包括乔装成蔬菜的“变色龙”——番茄。

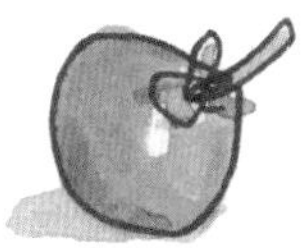

酸与味道

酸味调料对味道的影响

从很久以前开始，令人垂涎这个词就被人作为“美味可口”的近义词来使用。可以为味蕾带来最大享受的食物能够让我们垂涎欲滴，也就是分泌唾液。在五种基本味道之中，酸味是最能让我们垂涎欲滴的一种。在吃到任何酸的食物时，我们的嘴巴都会分泌大量的唾液来平衡酸味，因为，酸味对我们的牙齿是有损害的。食物越酸，我们分泌的唾液就越多。因此，在许多我们最享受的饮食体验中，酸味调料都扮演了不可或缺的重要角色。

然而，酸味调料自身并不能给我们带来很大的满足感。酸味调料对其他口味的反衬，才是提升我们对食物的体验的关键。和盐一样，酸味调料也能够凸显其他的口味，但是其效果稍有不同：盐的阈值是绝对的，酸的平衡作用却是相对的。

想象一下往一锅清汤中加盐的场景。当盐的浓度过高时，汤便会咸得令人难以下咽。要想挽救这锅汤，唯一的方法就是加入更多未加盐的汤来降低咸度，使汤的体积大幅增加。

酸的平衡则有所不同。想象一下调制柠檬水的过程。称量出一定量的柠檬汁、水以及糖，只将柠檬汁和水掺在一起。啜一小口，你会发现二者的混合物酸得令人难以接受。然后，往里加入糖，再尝一次。味道一定不错。但是，这时柠檬水的酸度并没有降低：在加糖之后，柠檬水的 pH 值（氢离子深度指数、酸碱值）或酸碱度仍然没有变化，酸度只是受到了甜味的中和罢了。然而，糖并不是唯一能与酸味调料产生反差的东西：盐、脂肪、苦味品和淀粉也一律能因酸味的反衬而大放异彩。

酸味调料的味道

纯粹的酸味调料是酸味的——酸得不偏不倚，不多也不少。酸味并不一定要用好吃或难吃来界定。尝一滴蒸馏白醋，也就是各家常备、用于疏通下水道和清洁炉子的那款，你会发现，白醋尝起来几乎没什么味道，只有酸味而已。

无论是葡萄酒里的果酸味还是奶酪中的奶臭味，我们将其与酸味食材联系起来的许多美味，都是食材的制作方法的结果。无论是制造醋所用的葡萄酒的种类，还是制作奶酪所用的奶品种或菌种，都会影响这些酸味食材的口味。即便是同类的奶酪，如果经过不同时间的陈化，也会呈现不同的酸味和不同的层次感。正因如此，我们才会用柔和形容未成熟的切达干酪，而用浓郁来形容老陈的切达干酪。

不同食材制成的酸味调料不仅味道不同，酸度也不同。并非所有的醋都一样酸，而青柠汁的酸度也有所不同。在1966年的著作《柑橘》中，非虚构作家约翰·麦克菲（John McPhee）向我们展示了自然因素如何对味道产生影响。他首先向我们解释，果园离赤道越近，柑橘类水果的酸度就越小。有一种巴西甜橙，竟然几乎没有酸味！在这本书中，他又条分缕析地向读者介绍，影响甜橙口味的不仅是树的位置，还包括果实在树上生长的位置：

> **接近地面的果实，即站在地上就能够到并采摘的果实，并不像生长在树顶的那么甜。靠外的果实则比靠里的更甜。长在树南侧的甜橙比长在东侧或西侧的更甜，长在树北边的果实的甜度是最低的……除了这些，在单独的一个甜橙中，品质也不能一概而论。每个部分所含的酸度和甜度各不相同……（采摘的人）吃甜橙的时候……会吃开花那一侧的（较甜的）半个甜橙，将剩下的一半扔掉。**

这些自然变化意味着，我们无从知晓自己现在吃的橘子，其酸度、成熟度或甜度是否和食谱试吃员在某个遥远的厨房里吃到的橘子一样。我曾经花了一整个夏季的时间用朋友农场里的“早熟女孩”（Early Girl）番茄制作罐装番茄酱。我做出的每一批番茄酱都与之前的有所不同：有的番茄水分较多，有的番茄则更有味道；有的比较甜，其他则较酸。任何一份在一年夏季的第一周写出的番茄酱食谱，到了夏季结尾时都必定失准，即便我用的是来自同一个农场的同一种番茄！之所以在做饭时不能一味依靠食谱上的信息，这也是原因之一。你应当在烹饪过程中随时品尝，培养出对酸度的感知力，并相信自己的直觉。

世界各地的酸味调料

许多标志性的菜肴都因其中特殊的酸味调料而与众不同：比如，花生酱三明治若是没有了果酱带来的清新酸甜，便会失色许多。一盘不加麦芽醋的炸鱼薯条，是任何一个地道的英国人都不会想要放进嘴里的。想象一下完全不加萨尔萨酱的墨西哥猪肉玉米饼，或是用中国黑醋之外的作料搭配的上海传统小笼包。酸味调料像烹饪用油一样，能够改变一道菜的风味，因此，让地理和风俗因素来指引你选择使用哪一种酸味调料吧。

醋

总体来说，一个区域的醋可以反映这个地区的农业环境。意大利、法国、德国以及西班牙这些酿酒业闻名于世的国家，在烹饪中都会充分利用红酒醋。在红椒杏仁酱这种用

萨明的厨房中几乎所有 * 东西的酸碱值 **

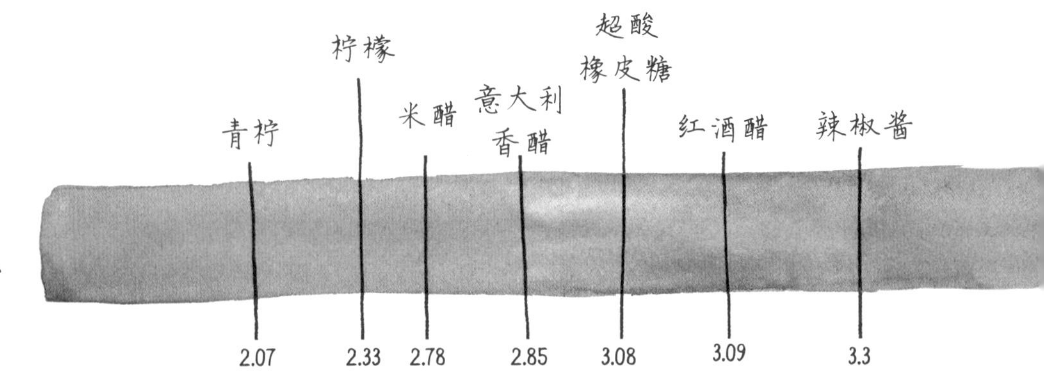

世界各地的酸味调料

在烹饪世界各地的菜肴时，利用这个轮状表盘帮助你选择使用哪款烹饪用酸味调料（靠里的一圈）以及提味用酸味调料（靠外的一圈）。

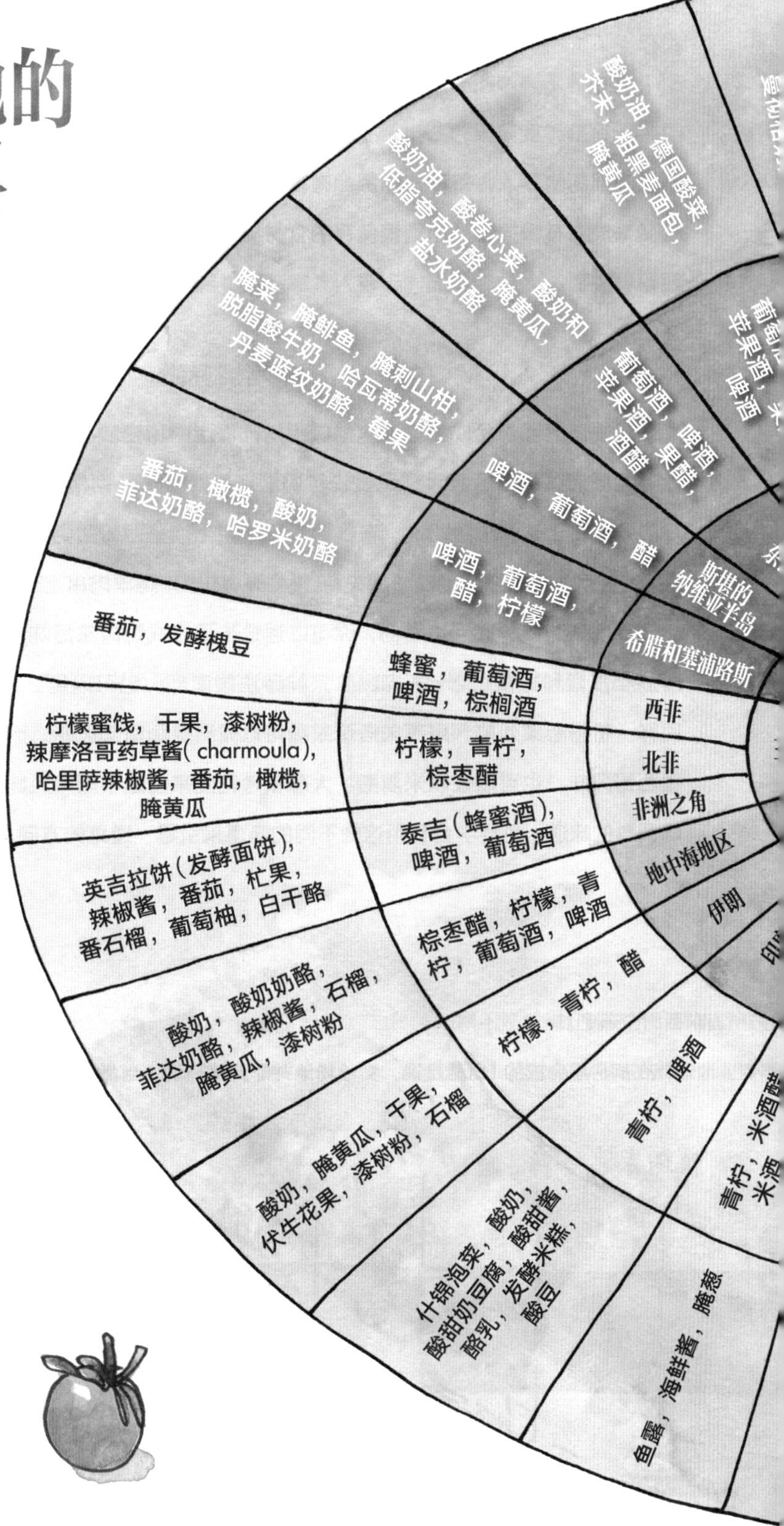

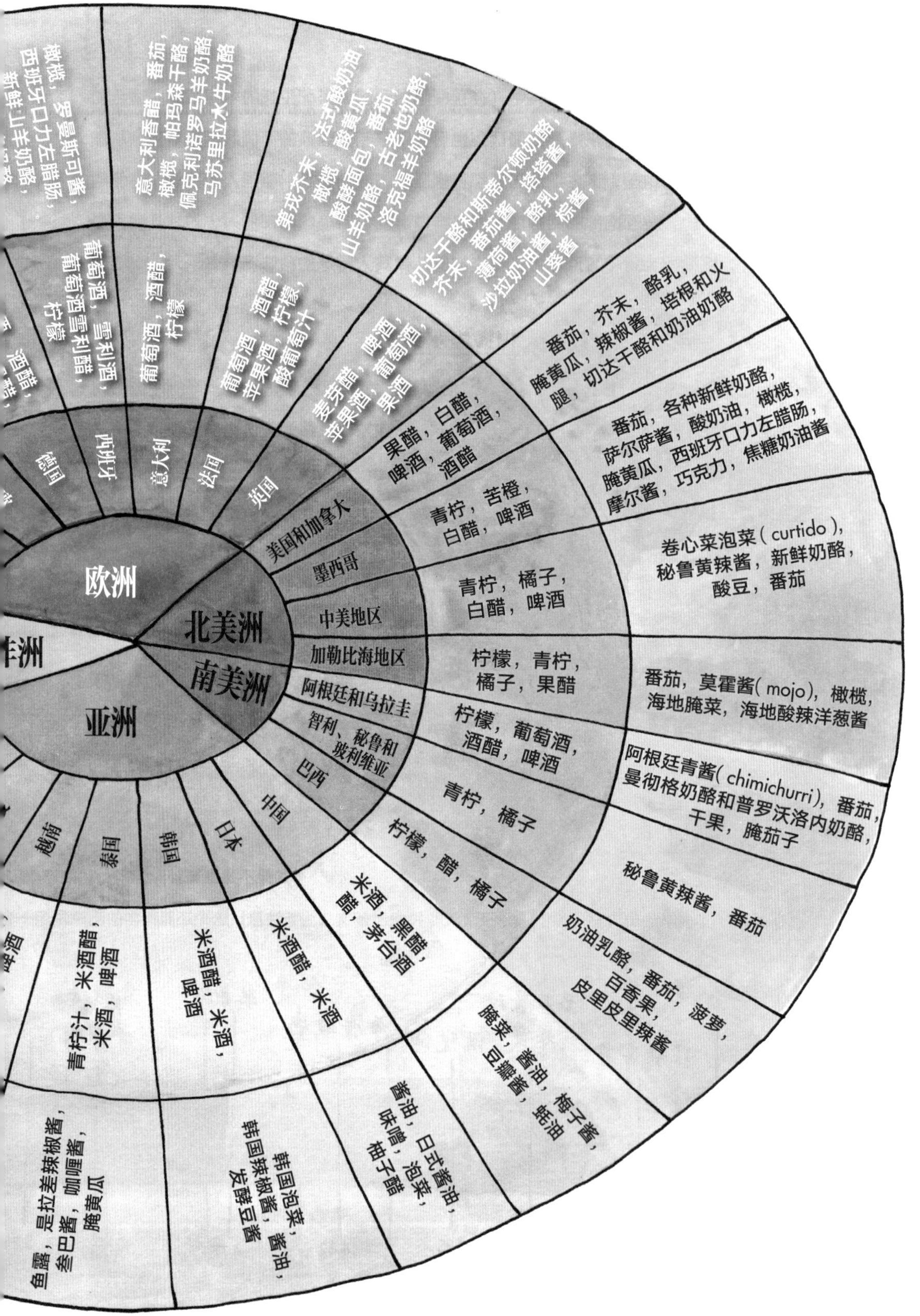

欧洲

德国
……酒醋，……

西班牙
葡萄酒，雪利酒，葡萄酒雪利醋，柠檬
橄榄，罗曼斯可酱，西班牙口力左腊肠，新鲜山羊奶酪

意大利
葡萄酒，酒醋，柠檬
意大利香醋，番茄，橄榄，帕玛森干酪，佩克利诺罗马羊奶酪，马苏里拉水牛奶酪

法国
葡萄酒，酒醋，苹果酒，柠檬，酸葡萄汁
第戎芥末，法式酸奶油，橄榄，酸黄瓜，番茄，酸酵面包，山羊奶酪，古老也奶酪，洛克福羊奶酪

英国
麦芽醋，啤酒，苹果酒，葡萄酒，果酒
切达干酪和斯蒂尔顿奶酪，芥末，番茄酱，酪乳，薄荷酱，塔塔酱，沙拉奶油酱，棕酱，山葵酱

北美洲

美国和加拿大
果醋，白醋，啤酒，葡萄酒，酒醋
番茄，芥末，酪乳，腌黄瓜，辣椒酱，培根和火腿，切达干酪和奶油奶酪

墨西哥
青柠，苦橙，白醋，啤酒
番茄，各种新鲜奶酪，萨尔萨酱，酸奶油，橄榄，腌黄瓜，西班牙口力左腊肠，摩尔酱，巧克力，焦糖奶油酱

中美地区
青柠，橘子，白醋，啤酒
卷心菜泡菜（curtido），秘鲁黄辣酱，新鲜奶酪，酸豆，番茄

南美洲

加勒比海地区
柠檬，青柠，橘子，果醋
番茄，莫霍酱（mojo），橄榄，海地腌菜，海地酸辣洋葱酱

阿根廷和乌拉圭
柠檬，葡萄酒，酒醋，啤酒
阿根廷青酱（chimichurri），番茄，曼彻格奶酪和普罗沃洛内奶酪，干果，腌茄子

智利、秘鲁和玻利维亚
青柠，橘子
秘鲁黄辣酱，番茄

巴西
柠檬，醋，橘子
奶油乳酪，番茄，菠萝，百香果，皮里皮里辣酱

亚洲

中国
米酒，黑醋，醋，茅台酒
腌菜，酱油，梅子酱，豆瓣酱，蚝油

日本
米酒醋，米酒
酱油，日式酱油，味噌，泡菜，柚子醋

韩国
米酒醋，米酒，烧酒
韩国泡菜，酱油，韩国辣椒酱，发酵豆酱

泰国
青柠汁，米酒醋，米酒，啤酒
鱼露，是拉差辣椒酱，咖喱酱，叁巴酱，腌黄瓜

越南
……啤酒

非洲

酸的作用

酸味调料虽然主要用来影响口味，但也可以引发一系列能够改变食物的颜色和质地的化学反应。学会预见这些影响，以便更好地判断该以何种方式在何时加入酸味调料。

酸味调料和颜色

酸味调料会让新鲜的绿色植物变得色泽暗淡，因此，无论是往沙拉里加沙拉酱，往香草萨尔萨酱里淋醋，还是往菠菜等绿叶菜上挤柠檬汁，请尽量等到最后一刻。

但不同的是，酸味调料可以帮助红色蔬菜和紫色蔬菜保鲜。紫甘蓝、瑞士甜菜根或甜菜根，在与苹果、柠檬或醋这些带酸味的食材一起烹饪时，都能最好地保持色泽。

未经烹煮的水果和蔬菜都易受氧化影响，因暴露于氧气中而产生酶促褐变的切片苹果、洋蓟、香蕉以及牛油果，若是在烹饪或食用之前涂上些许酸味调料或者保存在加了几滴柠檬汁或醋的水里，便能保持自然的色泽。

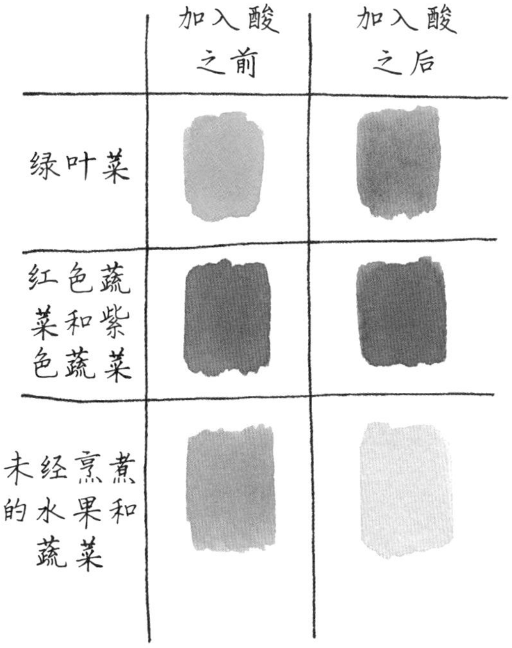

	加入酸之前	加入酸之后
绿叶菜		
红色蔬菜和紫色蔬菜		
未经烹煮的水果和蔬菜		

酸味调料与质地

酸味调料能够让蔬菜和豆类变得更坚硬、保存时间更长。无论是豆类、水果还是蔬菜，只要是含有纤维素或果胶的食材，在酸味调料中所需的烹饪时间都会长很多。要想把胡萝卜做成像婴儿食品一样绵软的菜肴，只需在水中煮 10 ～ 15 分钟即可，但是，放进红酒的胡萝卜炖上一个小时之后仍然有些硬邦邦的。即便烹饪了几个小时，那些烦人的洋葱也还会安逸地浮在一锅酱料或一锅汤的表面，丝毫没有变软的迹象，原因就出在番茄中的酸性物质上。要想预防这种硬邦邦的灾难出现，就先把洋葱煮软，再往锅里加入番茄、葡萄酒或醋。

在烹饪菜豆或鹰嘴豆等豆类时，一小撮小苏打可以温柔地将煮豆的水从酸性变为碱性，以确保豆子煮软。就像烹饪洋葱一样，在加入任何酸性物质之前，要先将豆子完全煮软。一位伟大的墨西哥主厨曾经告诉我，往煮好的豆子上浇醋或油醋汁会让豆子的外皮变紧变硬，等于让豆子“由熟变生”。在烹饪制作沙拉的豆子时要记得醋的这种紧实作用，把煮豆子的时间稍稍延长。

在考虑蔬菜的烹饪方法时，你可以将这一化学反应利用起来。水煮的方法会稀释蔬菜细胞中相对酸性的液体，因此，水煮的蔬菜比烤制的蔬菜更柔软。精美的花椰菜或宝塔花椰菜的切片可以用烤制的方式来保持形态。用水将马铃薯或欧防风煮成软泥状，用来做浓汤或菜泥再适合不过了。

酸味调料同时也能促进果胶物质（也就是水果中起黏合作用的介质）的黏合，以便保存水分，利于果酱或果冻的成形。苹果和蓝莓这样的部分水果中不含足够的酸性物质，因此无法独立地将果胶黏合起来，我们可以往果酱罐、水果派以及英国脆皮派的内馅里挤入一些新鲜的柠檬汁，以此来帮助果胶黏合。

在使用小苏打或泡打粉这样的化学膨松剂时，也一定要用到酸性物质。回想一下你在小学科学课业中做过的小苏打和醋混合后形成“火山爆发”的实验，酸性物质和小苏打起反应的方式很相似，但规模小很多，释放的二氧化碳气泡可对烘焙品起膨松作用。用小苏打作为膨松剂的面团和面糊也含有一种酸性食材，比如天然可可粉、黄糖、蜂蜜或酪乳。而与此不同的是，由于泡打粉本身就含有粉状酒石酸，因此不用再添加酸性物质就可以起化学反应了。

酸性物质能够促进蛋白质更快地聚合（或凝结）在一起，但这种情况下凝结的蛋白质的密度比通常做熟后的密度小。在一般情况下，鸡蛋蛋白质的肽链会在加热时分解并变得紧密，在这个过程中，蛋白质会将水分排出，导致鸡蛋变硬变干。酸性物质则能在鸡蛋蛋白质分解之前将其连接在一起，防止其连接得过于紧密。用几滴柠檬汁作为秘密武器，你就能做出更浓郁、更柔软的美式炒蛋了。要想做出口感丝滑的水波蛋，就往沸水中加一瓶盖醋，以促进蛋白质的凝结，加固外层蛋白的质地，同时还能让蛋黄保持溏心状态。

酸味调料能够产生更多细密的气泡，促使蛋白形成的泡沫体积增大，从而使打好的蛋白更加稳定。在将蛋白打发来制作蛋白脆饼、蛋糕和蛋奶酥时，人们习惯将葡萄酒酿制的副产品塔塔粉加入蛋白，但在蛋白中加入几滴醋或柠檬汁也有相同效果。

在加入酸性物质后，叫作酪蛋白的乳蛋白也会凝固或凝结。除了蛋白质含量很低的黄油和重奶油之外，所有乳制品都应在最后一刻被加入酸味菜肴。意外凝结的新鲜乳制品通常是不能食用的，但同样的化学反应能给我们带来酸奶、法式酸奶油、奶酪这些发酵乳制品，让这种全新的美味酸味食材成为我们饮食中的一部分。试着制作属于你自己的法式酸奶油吧，这简直易如反掌。你只需在两勺法式酸奶油或发酵的酪乳中加入两勺重奶油就行了，将混合物倒入一个干净的玻璃罐，松松盖上或是不要加盖，然后在温暖的室温下放置两天或等到混合物变稠。这就大功告成了。将完成品加入蓝纹奶酪沙拉酱、法式醋鸡或辛香鲜奶油中。剩余酸奶油密封后，可在冰箱中存放 2 周之久。利用同样的方式，用最后几勺制作下一批酸奶油。

酸味调料在加入面团和面糊时，会像脂肪一样使之软化。无论是发酵乳制品、天然（未碱化）的可可粉还是醋，加入面团或面糊中的各种酸味调料都会打破麸质网，使面团和面糊变得更加柔软。如果你想要打造有嚼劲的口感，那就在做面团时尽量把加入酸味食材的时机往后推。

对于肉类和鱼类中的蛋白质，酸味调料先是会起软化作用，然后又会使之变得坚韧。你可以将蛋白质想象为卷曲折叠的链条，当酸味调料接触蛋白质时，蛋白质分子就会从原来有序的卷曲紧密结构变为无序的、松散的伸展结构。这个过程叫作变性。之后，变性的蛋白质便开始彼此碰撞、凝结，重新连接成一个紧密的网络。蛋白质在加热的时候也会出

蛋白质的反应

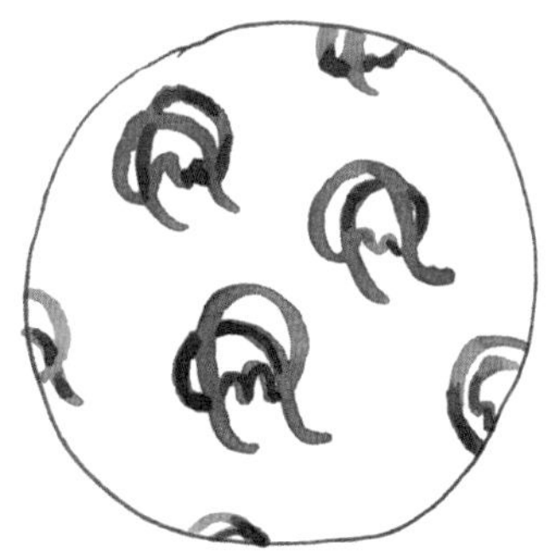

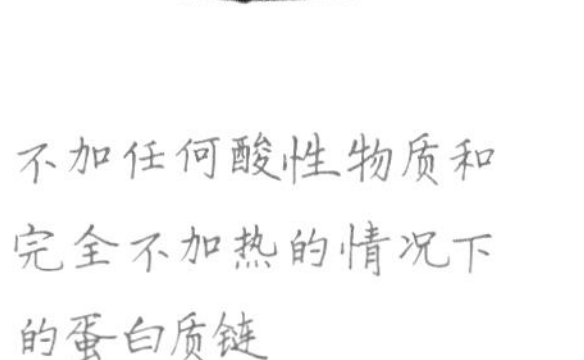

不加任何酸性物质和完全不加热的情况下的蛋白质链

加入了一些酸性物质后，正在伸展和散开的蛋白质链

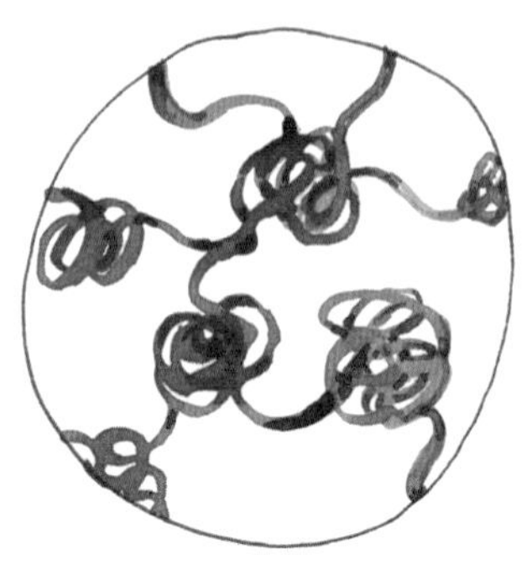

重新结合的蛋白质链，也就是凝结的蛋白质链

现同样的反应，正因如此，一些人认为酸味调料可以用来将肉类和鱼类烹熟。

刚开始的时候，紧密结合的蛋白质网会将之前锁在肌肉纤维中的水分存储下来，使食物变得湿润而柔软。但如果导致变性的条件继续，也就是说，如果食物持续置于酸中，那么蛋白质网络便会持续缩紧而将其中的水分全部挤出去，导致食物像过度烹饪的牛排一样变得又干又硬。

要了解这一过程，不妨想象一下，一片刺身在加入酸味调料后会变成柔软而口味清爽的嫩鱼肉，但放置时间一久，便会变成有嚼劲的酸橘汁腌鱼。用于烹饪的鱼肉在酸味调料中的腌泡时间不应超过几分钟，但若是在炸制任何白肉鱼片前先蘸取酪乳和面粉，或是在穿串炉烤之前先将海鲈与柠檬汁和咖喱粉搅拌一下，那么你就能在享受柔软质地的同时得到酸爽的惊喜一击了。

酸味调料同时还能促进胶原蛋白——硬质肉片中的主要结构蛋白的分解。在开始做焖菜和炖菜时可往里加入葡萄酒或番茄，因为胶原蛋白分解得越快，肉质变得多汁而柔软的速度也就越快。

打造酸味调料

在食物中加入盐和油脂时，这两种食材都有其固定形态，但酸味调料可以通过两种简单的方法在烹饪过程中制造出来。其中一种方法用时很短，另一种则用时较长。

快速的方法是什么？答案就是褐变。在**“盐”**和**“脂”**两章里，我解释说食物的表面温度一旦大幅超过沸点便会发生褐变反应。烤面包机中的面包片，烤箱中的曲奇和蛋糕，烤架上的肉、鱼和蔬菜，或是平底锅中的焦糖都会发生褐变。糖的褐变过程所涉及的化学反应叫作焦糖化反应。除此之外，肉、海鲜、蔬菜、烘焙品等几乎所有食材的褐变所涉及的化学反应则叫作美拉德反应，该反应以发现它的科学家路易–卡米耶·美拉德（Louis-Camille Maillard）的名字命名。在**“热”**一章，我们会更详细地探索这些美味而神奇的化学反应。

焦糖化反应和美拉德反应是两种截然不同的过程，但是二者有一些相同的特点。两种化学反应的副产品都包括酸性化合物以及其他许多美味的分子。单糖在焦糖化反应中会催生成百上千种新的不同的化合物，其中也包括一些酸性物质。也就是说，同等质量的白糖以及焦糖的甜度是不同的，实际上，焦糖其实是酸性的！通过美拉德反应，碳水化合物与蛋白质也能够产生类似的酸性化合物。

虽然褐变食物很少是为了催生酸味，但了解褐变反应能够产生酸味等一系列新口味则不啻拥有一件利器。比方说，我们品尝了两款加入等量糖的冰激凌。在其中一款中，糖是直接加入奶中的。在另一款中，一部分糖在混合进来之前先被制成了深色焦糖。相比之下，用焦糖制作的冰激凌不仅甜度较低，而且因为其中酸性化合物显著的反衬效果而有着更复杂的风味。

另一种在厨房里制造酸味调料的方法则慢许多，这便是发酵。发酵的过程会产生一系列不同的风味。另外，碳水化合物还会利用酵母、细菌或二者的混合物转变为二氧化碳、酸或酒精。毋庸赘言，葡萄酒、啤酒以及苹果酒都是发酵而来的，除此之外，天然发酵的面包、各种各样的泡菜或腌菜、腌肉、发酵乳制品，甚至咖啡和巧克力也都是发酵而来的。

我品尝过的一些最美味的面包都是天然发酵而来的，其膨胀（发酵）的过程也很缓慢。

旧金山Tartine面包店的查德·罗伯森（Chad Robertson）就会让面团充分发酵30多个小时，他表示，缓慢的发酵过程“能够增进口感，很大程度上是因为更多糖分可以在烘焙过程中焦糖化。这样一来，面包就能更快褐变，而脆边的颜色也能变得更深”。查德的面包带有微微的酸味，也混合着各种各样的味道；每次吃到他的面包，我都会兴奋地大呼，这是世界上的极品面包！在时间允许的情况下，不妨烤一块天然发酵的面包，结果说不定会让你惊喜不已呢。如果你遵循查德的方法，让面包脆边中的原料经历焦糖化反应和美拉德反应的双重试炼，那么甜味和酸味便会在面包中层层叠加，收效就更赞了。

酸的使用

与所有优质烹饪的法则一样，要想巧妙利用酸味调料，方法就是一次次地品尝。使用酸味调料的方式和使用盐的方式很相似：如果一道菜尝起来太酸，那是因为酸味调料加得太多了。而如果一道菜尝起来既鲜又爽口，那么其中的酸碱均衡应该是恰到好处的。

多重加酸法

在考虑酸味调料时，想一想该使用哪一种或哪几种酸味调料的混合物，再考虑一下何时加在菜里更合适。就像盐和油脂一样，一盘菜往往可因数种酸味调料的加入而增味不少：你可以把这看作烹饪中的多重加酸法。

烹饪用酸味调料

学会像用盐一样让酸味调料的味道渗入食材。无论是在最后一刻挤入柠檬汁，还是撒上山羊奶酪碎末儿和腌黄瓜碎，酸味调料为我们提供了许多在最后关头调整菜肴口味的机会，但有些酸味调料应当一开始就放入菜肴。我将这些酸味调料称为烹饪用酸味调料。其中包括意式肉酱中的番茄，禽肉意式肉酱中的白葡萄酒，辣椒酱中的啤酒，法式醋鸡中的醋，以及五香浇汁烤鸡中的味醂（米酒）。

烹饪用酸味调料大多口味芳醇，需要花时间慢慢转化与其一同烹饪的食材的味道。这些酸味调料可能非常不明显，虽然其存在有时不会被人察觉，少了它们却能让人一下就感觉到。这个沉痛的教训，是我在葡萄酒并不常见的伊朗学到的。应一位远房亲戚的请求，我试着在不用勃艮第葡萄酒的情况下烹饪勃艮第红酒炖牛肉。我使出了浑身解数，但少了这关键的食材，我无论如何也没法儿把菜肴的味道捕捉得恰到好处。

在用腌渍法烹饪红葱和洋葱时，给酸味调料留出足够的时间，让其慢慢起效。腌渍源于拉丁语中的"软化"一词，指的是食材在醋或柑橘类果汁等酸味调料中浸泡，从而由硬变软的过程。你只需在红葱或洋葱上涂抹一层酸味调料就行，并不需要将其全部浸泡在酸味调料中。如果你打算用几勺醋制成沙拉酱，那就先在红葱上涂抹一层醋，等待15 ~ 20分钟再加入油脂，在同一个杯子或同一个碗中混合作料即可。这样，你就不会酸得鼻孔喷气了。

在刚开始焖菜或炖菜时就加入酸味调料，能带来其他方法力不能及的效果，任何菜肴的锋芒都会被时间和火候的神奇炼金术磨平。在做辣椒炖猪肉时，若是不放番茄和啤酒，那么洋葱和大蒜的芳香基底的甜味便会喧宾夺主。另外，食物褐变所产生的清甜味也需要酸味调料的包裹。无论是做意大利调味饭、猪排还是鱼排，都可以用葡萄酒或一款更为复杂的酱汁来给锅底去渣，预防菜的口味过分偏甜。

提味用酸味调料

与此不同的是，提味用酸味调料是在烹饪的最后一步使用的。对于放盐不够的食物，无论上桌后加多少盐，都无法让咸味从外部均匀渗入内里。但在最后关头加入的酸味调料往往能为食物锦上添花，正因如此，提味用的酸味调料才如此关键。时间一长，易挥发的芳香分子会四处扩散，而新鲜柑橘类果汁的味道亦会随之变化，失去一部分清新的味道。因此，鲜榨果汁是首选。柑橘类果汁和醋的味道都会因加热产生变化，前者会变得淡而无味，而后者的味道也会变得不那么突出，因此，如果想要最有效地凸显二者的味道，那就在菜马上就要上桌时再加入。

你可以在一道菜中混入不同种类的提味用酸味调料，以此来提升风味。单独作为沙拉作料时，意大利香醋不一定够酸，因此，可以往里加入红酒醋来提味。或者，你也可以在醋里混搭口味更为酸爽的柑橘类果汁，或是用白葡萄酒醋和血橙汁制作橘油醋汁，淋在牛油果沙拉上。醋的浓烈酸味平衡了牛油果的浓郁口感，而口味鲜亮的橙汁则凸显了牛油果的味道。

在条件允许的情况下，请使用同样的酸味调料烹饪和提味。比如，在用番茄焖煮的猪肉上浇几勺番茄萨尔萨酱；在意大利调味饭起锅时，打开刚才用于锅底去渣的同一瓶葡萄酒，浇一些进去。这样的搭配使用，能够呈现同一种调料的不同味道。

然而，也有单一酸味调料不足以挑起大梁的情况。希腊沙拉中的菲达奶酪、番茄、橄榄以及红酒醋这四种酸调料的形式各不相同。要想奏出明亮而欢快的音符，那就在我在上文中提到的猪肉中加入各种各样的酸味作料，包括未成熟的白奶酪、酸奶油以及与醋和青柠汁搅拌的爽口卷心菜沙拉。

让我们回想一下那道凯撒沙拉，在这道菜中，酸味来自帕玛森干酪和辣酱油，二者为沙拉酱铺垫了一层酸味、咸味以及鲜味。在这款浓郁的咸味沙拉酱中加入葡萄酒醋和柠檬汁来加以平衡，慢慢品尝和微调，调整这四款酸味调料，直到配出理想的口味。

如何制作蛤蜊意大利面

“多重加酸法”的技术练习

1

将适量橄榄油倒入平底锅加热，放入洋葱根和欧芹，铺上满满一层**短颈蛤**，倒入能覆盖锅底的

白葡萄酒，

把火开大，然后盖上锅盖，让蛤蜊在蒸汽中张开口。煮好后，将蛤蜊肉从壳中挑出来，

给锅里的蛤蜊煮汁收汁，

然后盛好，以备后用……

2

记得要用咸水来煮 ～意大利面～

（让咸度与海水相当）

3 现在，我们来做白葡萄酒蛤蜊酱汁吧！

在锅里预热橄榄油，放入剁碎的洋葱和一撮盐香煎，直到洋葱软化，然后加入一两瓣切片的大蒜和红辣椒碎

接着加入一些**花蛤**，洒入之前存好备用的蛤蜊煮汁，盖上盖子焖煮，等花蛤开口后，用有孔汤勺加入之前煮好的短颈蛤肉，再烹煮一分钟，

白葡萄酒蛤蜊酱汁就做好了

4 在酱汁中加入煮好的意面，尝尝味道吧！

（白葡萄酒）

加入些酸味调料，如白葡萄酒或者柠檬汁，然后**再尝尝味道！**

最后，还可以撒上烤酸面包糠和帕玛森干酪。

尝起来不错？接下来就可以开动了！

通过烹饪蛤蜊意大利面来练习酸味调料的搭配使用。我喜欢用两种蛤蜊来做蛤蜊面：一种是能赋予整道菜浓重的咸味的短颈蛤，另一种是小得能够整个扔进面里，直接剥壳并搭配面一起吃的花蛤。

首先，在火上煮一锅水，往里加入盐。将短颈蛤洗净，洋葱切丁，将洋葱根留下备用。将一口大煎锅放在中火上，往里洒入一些橄榄油。放入洋葱根和几根欧芹，满满地铺上一层短颈蛤，再倒入足够覆盖锅底的葡萄酒。把火开大，然后将平底锅盖上。让短颈蛤在蒸汽中张开口，这个过程应该会花费两三分钟。用夹子将逐渐张开的短颈蛤从平底锅中夹出，放入碗中。有些“掉队”的短颈蛤可能需要一点儿协助，因此，可以用你的夹子敲一敲那些过了很久都不张开的短颈蛤。

用同样的方法将剩余的短颈蛤烹熟，如有需要，就倒入更多葡萄酒，覆盖锅底。将所有短颈蛤从平底锅中夹出后，用密网过滤器或奶酪布将煮汁滤出，短颈蛤的煮汁可是无价之宝。另外，这煮汁也是整道菜的主要酸味调料。当短颈蛤放凉到足以用手触摸时，将短颈蛤肉从壳中挑出来，然后用刀把肉切开，再放回刚才的煮汁里。

将煎锅清洗干净，然后放在中火上。加入刚好足够覆盖锅底的油，待油烧热，加入切成丁的洋葱和一撮盐。不时地搅拌，待洋葱变软。洋葱稍稍出现一点儿褐色没有大碍，只是不要把洋葱烧煳了，如有需要，可以浇入一点儿水。品尝一下煮意面的水，确保咸度与海水无异，然后加入意大利扁面条，煮 6 ～ 7 分钟，使面的质地变得筋道弹牙。

在洋葱里放入一两瓣切片的大蒜和一些红辣椒碎，将洋葱烧软，也就是在不褐变的情况下稍微烧得嗞嗞作响，然后加入花蛤，将火调大。取足量短颈蛤煮汁浇进去，然后将平底锅盖上。待这些花蛤张开之后，用一把有孔汤勺将切开的短颈蛤肉放入平底锅。将所有蛤蜊一起烹饪大约一分钟，然后品尝一下，加入更多白葡萄酒或挤入几滴柠檬汁来调整酸度。

在意面还没有煮到弹牙的程度时，将意面滤干，保留一杯煮意面的水。将意面直接放入平底锅中与蛤蜊一起烹饪，一边转动平底锅一边继续烹饪，直到面条质地变得筋道。通过这种方法做出的意面，会在起锅时将蛤蜊的所有咸鲜味吸收进去。再品尝一次，调整盐、酸以及香料的用量。如果面条有些干，那就加入一些刚才留下的意面水。

现在就到了作料（以及油脂）大放异彩的时候了。你可以扔进一块黄油，从而让意面更加浓郁鲜香。接下来，放入剁碎的欧芹和一些现磨的帕玛森干酪。有些人或许对往海鲜意面里加奶酪有所顾虑，但这一招是我从一位人气颇高的托斯卡纳海鲜饭店主厨那里学到的。这家店的意面之美味，帮助我克服了一直以来对蛤蜊的厌恶。奶酪所含的盐、油脂、酸味及鲜味，使这道意面给人唇齿留香的享受。要想最后加入一些酸味和脆口感，你可以撒入适量烤酸酵面包糠。这些面包糠在刚开始吃的时候香脆宜人，而在与意面融合的过程中则会吸收蛤蜊汁，变成口口鲜味爆满的小小“味弹”。

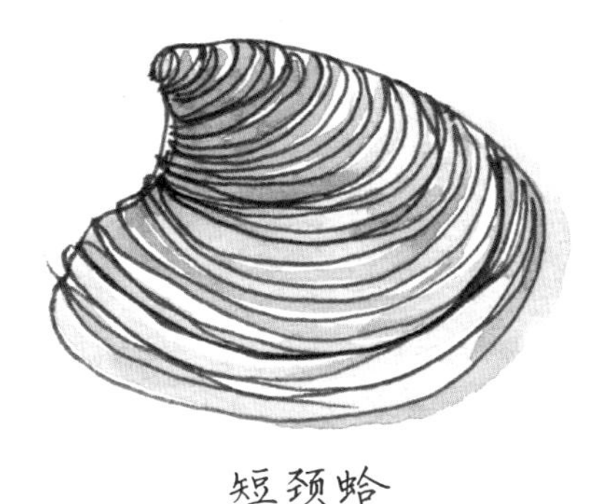

调料与鲜味

虽然塞万提斯认为“饥饿是最好的调味品”，但我想说的是，调料才是最好的调味品——因为调料能够让一道菜变得完整。酱料以及绝大多数作料都是酸味和咸味的来源，能够起提升风味的作用。除此之外，这些调料大多还是鲜味的绝佳来源，鲜味（umami）这个词源于日本，指的是我们能品尝到的除了甜、酸、咸、苦四种滋味之外的第五种味道。“鲜味”或许是“美味”这个词最贴切的类比了。

实际上，鲜味是一种叫作谷氨酸盐的化合物带来的风味。最为人熟知的谷氨酸盐是味精（MSG），中餐馆厨房里大量使用以提升风味的白色粉末。虽然味精是化学制品，但谷氨酸盐有许多天然来源。帕玛森干酪和番茄酱就是两种含自然产生的谷氨酸盐最多的食材。有的时候，稍微加一些研磨过的帕玛森干酪，就能把一碗美味的意面变成绝佳美味（对蛤蜊意大利面也适用）。还有那么一些人，在吃汉堡包和薯条时总想加一点儿番茄酱在里面，这不仅是因为番茄酱带来的甜味、咸味以及酸味。不知为何，些许番茄酱及其带来的鲜味，就能够让食物变得更加可口。

很多鲜味丰富的食物与咸味和酸味丰富的食物相得益彰，因此，你应充分利用每一个机会，在酸味和咸味之中融入一点儿鲜味。这样一来，你不必多费力就能让食物的口味上一个台阶了。

但是，就如那位几年前因往波伦塔玉米糊里大把加盐而把我吓得目瞪口呆的主厨卡尔·彼得内尔所说，鲜味也会出现过浓的情况。因此，不要把培根、番茄、鱼酱、奶酪、蘑菇一股脑儿放进一道菜中。一点点的鲜味，便足以产生奇效了。

鲜味的来源

1. 番茄和番茄制品（熬得越浓，鲜味就越浓郁） 2. 蘑菇 3. 肉类和肉汤，尤其是腌肉和培根

4. 奶酪 5. 鱼和鱼汤，尤其是凤尾鱼这类小鱼 6. 海菜

7. 酵母增味剂和涂抹酱，也就是马麦酱和营养酵母粉 8. 酱油 9. 鱼酱

用酸味来平衡甜味

想象一下拿着一个完美的桃子一口咬下的感觉：真是甜蜜又多汁，既紧实，又绵糯。

但是，这些就是你体验到的所有口感吗？除此之外，这个桃子也带有酸味。少了这种酸味刺激，桃子便甜得齁人了。

甜点师明白，我们在烹饪中能用到的上策，便是模仿这种恰到好处的味道——除了大自然之外，没有谁能把酸甜的平衡拿捏得如此恰到好处了。最适合用来做水果派的苹果并不是最甜的那一款，而是红富士、蜜脆或塞拉美人这样的酸味品种。如果一款甜点单纯只是甜的话，那就只能刺激感受甜味的味蕾。巧克力和咖啡是制作甜点最完美不过的基础材料，因为这些食材不仅苦而酸，还带有丰富的鲜味。一旦加入甜味，这些食材便会刺激更多不同的味蕾。焦糖也是如此。若是再加入盐，那么只需一口，我们的五大基本味觉便都被激活了。正因如此，加盐的焦糖酱才能人气常驻，在未来亦不会过时。

请坚持选用酸味来平衡甜味，这一点不仅对甜点适用。洒入些许红酒醋，便会对高糖烤甜菜根中那股让一部分人难以接受的自然泥土味起反衬作用，从而让这道菜变得更美味。若是用橄榄油和盐加以调味，即便是那些最坚定不移的“恐甜菜者”也会瞬间转变看法。烤胡萝卜、烤花椰菜、烤西蓝花或任何因褐变而产生甜味的菜肴，都会无一例外地因几滴柠檬汁或些许醋汁而如淋甘露。些许酸味，就能为菜品增味不少。

一餐中的酸味平衡

有的时候，我会和爱丽丝·沃特斯一起旅行，帮她烹饪特殊的晚宴。有一次，我们在华盛顿特区烹饪了一顿口味厚重而冬日气息浓厚的饭菜。在那个门外大雪堆积的夜晚，我对酸味调料有了全新的认识。当天的最后一道咸味菜是一道淋着口感柔和的油醋汁的彩叶生菜沙拉，我们将沙拉盛在大碗里，以便让客人们像家人一样共享美食。上完沙拉之后，所有厨师都精疲力竭地站在厨房里，用手抓起生菜，漫不经心地往嘴里塞。对于在干燥闷热而拥挤的厨房里干了一整天活儿的我们来说，没有比这沙拉更美味的食物了。我们正惊叹这沙拉多么爽口、油醋汁多么恰到好处时，爱丽丝却走进厨房告诉我们，沙拉里可以再多放些酸味调料。

大家惊呆了！这道沙拉让我们吃得如痴如醉，而爱丽丝竟然告诉我们酸度尚欠火候？大家一起反驳，想让爱丽丝承认自己判断失误。

但是爱丽丝很坚定。她指出，我们没有和她一起坐在餐桌旁，没有在咽下浓郁的千层面和厚味蛤蜊汤之后，又往一只堆满浇着罪恶酱汁的烤羊排和豆角的盘子里添沙拉。在这样的搭配中，沙拉没有起应有的作用。在吃完浓郁而黏腻的食物之后，一盘沙拉本应为你的味蕾带来舒缓和清爽的感觉。要想经得起其他厚重口味的挑战，这盘沙拉就需要加入更多酸味。

爱丽丝说得没错(她经常是正确的)。要想做出最棒的沙拉，你就必须考虑到沙拉在一顿饭中扮演的角色。虽然每道独立的菜都应当达到盐、脂、酸的平衡，但除此之外，我们还要更全面地考虑问题——一顿美味的饭菜，也应该达到平衡。如果你制作了一块外皮和洋葱中富含黄油的焦糖洋葱派，那就应搭配一款佐以酸爽芥末油醋汁的彩叶生菜沙拉。如果你烹饪了一道美国南部烧烤风味的久制猪肩肉，那就该搭配一款爽口的酸味卷心菜沙拉。如果你做的是一道加入了大量椰奶的浓郁泰国咖喱，那就先上一道脆口而清新的刨黄瓜薄片沙拉。先学会在计划做每顿饭时将这种均衡搭配法运用其中，再继续阅读本书第二部分**“食谱和建议”**的内容，看看如何编写出一份更加均衡的菜单。

随心使用盐、脂、酸

回想一道你爱吃的菜肴。无论它是一碗墨西哥玉米饼浓汤、一道凯撒沙拉、一份越式三明治、一张玛格丽特比萨，还是一小块卷着黄瓜塞入一块亚美尼亚馕里的菲达奶酪，十有八九，这道菜中盐、脂、酸的搭配都平衡得恰到好处。由于人的身体无法产生某些关键形式的盐、脂和酸，因此通过进化，我们的味蕾会主动找寻这三种元素。因此，世界各地的菜系都会追求盐、脂、酸的均衡。

若是单独上阵，盐、脂、酸都可以奠定一道菜甚至一顿饭的基调。在决定做什么菜时，先决定每种元素（或多种元素）、使用方法以及使用时机。如此一来，你会得出一份清单，乍一看，这份清单还真有些食谱的范儿。比如，如果你想要把昨晚吃剩的烤鸡做成鸡肉沙拉三明治，那么先想一想你想吃的是印度风味、西西里风味还是经典的美国风味。一旦做好决定，你就可以参考**“世界各地的酸味调料”**（第 110 页），看看哪种盐、脂和酸能将你带上正道。要想激发印度风味，你或许要用到浓稠的全脂酸奶、芫荽、在青柠汁中浸软的洋葱、盐以及一撮咖喱粉。要想打造西西里巴勒莫海岸风味，你可以使用柠檬汁和柠檬皮、在红酒醋中浸软的洋葱、蒜泥蛋黄酱、茴香籽以及海盐。你或许会受考伯沙拉的启发，想要做一款考伯风味鸡肉沙拉三明治，那么你就可以用大块的培根和蓝纹奶酪，再加入切片的水煮蛋和牛油果。无论选择了何种风味，浇入红酒油醋汁，然后就可以将沙拉酱涂上面包了。

如果这种即兴烹饪让你望而却步，那就慢慢来。试试我在本书中的食谱，渐渐适应多道菜的基本搭配，然后每次都用单一食材做尝试。如果你已经做过很多次爽口卷心菜沙拉，将食材和工序熟记于心，那就可以开始随喜好变换，尝试调整油脂和酸味调料，或是改变其中之一。使用蛋黄酱代替橄榄油做出美国南部经典风味的菜肴，或是用米酒醋代替红酒醋做出亚洲风味。

尝试将每种元素的优点发扬光大：用盐提升味道，用油脂传递风味，用酸味调料平衡味道。现在你已经了解了这几种元素对不同食物产生的影响，因此，你可以选择在合适的时机加入不同的食材，让味道由内而外渗透食物。对于一锅豆子而言，要早加盐、晚加酸。事先往用于焖制的肉中加盐，在将肉放上火后加入一定量的烹饪用酸味调料。等到肉焖熟、入味之后，加入一种提味用酸味调料，让肉变得鲜爽可口。

无论你吃的是哪道菜，也无论它是否经你手烹饪，请让盐、脂、酸同心协力，将菜肴烘托得更加美味吧。想让在餐厅点的淡而无味的墨西哥卷饼焕发生机，就向餐厅要一些酸奶油、牛油果酱、腌黄瓜或萨尔萨酱。用宛如初见的好奇心探索附近沙拉吧里的沙拉酱、奶酪以及腌黄瓜。使用酸奶、中东芝麻酱以及腌制洋葱，让一份干口而无味的炸丸子三明治重见光明。

只要用这三个音符奏出悦耳的和弦，你的味蕾便会纵声高歌。

HEAT

第四章

热

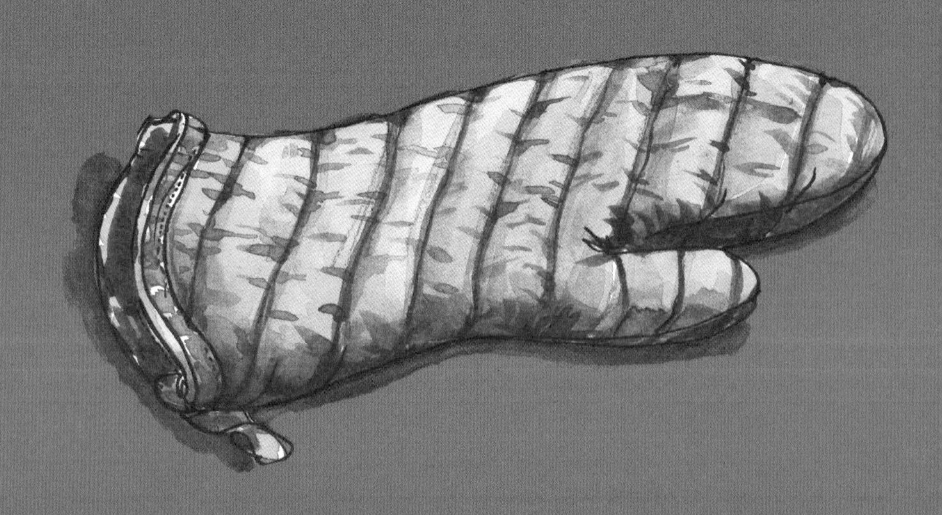

立志要当主厨的人士找我寻求职业建议时，我会给出几个重点：每天坚持烹饪；细细品尝每道菜；到农贸市场去，熟悉各个季节的农产品；把葆拉·沃尔菲特、詹姆斯·比尔德、玛塞拉·哈赞以及简·格里格森写的关于食物的所有文章读完；给你最爱的餐厅写一封信，表达崇敬之意，恳请他们给你一次当学徒的机会；无须去上厨师学校，将省下的学费的一部分拿来周游世界。

旅途中能学到的东西实在太多了，对一位年轻的厨师而言尤其如此：你能将关于味道的点点滴滴记在脑中，领略某个地域的风味，并对地域的背景有所了解。在图卢兹品尝卡酥来砂锅（什锦砂锅），在耶路撒冷品尝鹰嘴豆泥，在京都品尝拉面，在利马品尝酸橘汁腌鱼。让这些经典菜肴成为你的指向标，这样一来，等你回到自己的厨房对某道食谱做一些更改时，你就能准确拿捏更改过的食谱与原版食谱有何不同了。

另外，旅行也包含着另一层宝贵的价值：旅行能够让你观察世界各地的厨师，从他们身上取经，从而探索到优质烹饪的通法。

在烹饪生涯的头四年中，潘尼斯之家是我唯一的参考对象。最后，我再也按捺不住自己的好奇心了。我必须到欧洲去，置身那些让我的主厨导师们获得灵感的厨房中，在那里烹饪。在托斯卡纳下厨，我惊讶地发现与贝妮黛塔·维塔利和达里奥·切基尼一同烹饪是如此亲切。有些习惯仿佛是所有优秀厨师共有的，就像潘尼斯之家的主厨教我的一样，贝妮黛塔也喜欢小心翼翼地让洋葱微微褐变，还会在烹饪烤肉之前先让烤肉恢复室温。在加热一锅用于油炸的油时，她并不会用温度计来测量油温，而是会往里投入一块放老了的面包皮，观察面包皮多长时间变成金黄色。这一招和我第一次在潘尼斯之家学到的煎炸油亮新鲜的凤尾鱼的方法一模一样。

好奇如我，开始观察别人是怎么烹饪我喜爱的食物的。我在佛罗伦萨最喜欢的比萨师恩佐，就只做三种经典比萨：玛瑞娜娜比萨，玛格丽特比萨，以及那不勒斯比萨。他在工作时独身一人，对常客和游客一概疾言厉色，与高档两字一概不沾干系，在一间小如邮票的厨房里终日做比萨。我从没有看到恩佐使用温度计来测量他的木柴炉子的温度，他关注的是比萨。如果比萨在顶料尚未烹熟之前就烤煳了，这就说明炉温过高。如果端出炉子的比萨色泽不够鲜亮，那么他就会往炉子里再扔一块木柴。这招真的挺管用：这样做出的比萨，其脆皮既香脆又有嚼劲，奶酪似化非化，我还从未品尝过如此美味的比萨呢。

离开意大利后，我周游世界，拜访朋友和家人。一天晚上，我在一家忙碌的路边小摊上吃到了令人垂涎的中东查普利烤肉饼（chapli kebab）——让人垂涎欲滴的巴基斯坦版汉堡包肉饼。厨师用辣椒、生姜和芫荽为肉饼调味，将肉饼压扁并滑入热油之中，然后便开始观察翻滚的热油，以此判断该不该往一米宽的平底铁锅下面多添些热炭。等冒泡不那么剧烈，且肉饼颜色变得与杯中的茶叶一样深时，厨师便会将肉饼从油中捞出。他将一块肉饼包在一张温热的馕饼中，淋上酸奶酱后递给我。我咬下一口：真是如临天堂。

我回想起刚开始在潘尼斯之家的厨房里工作时，有一天晚上，我亲眼看到了轻言细语的主厨艾米为一百名食客烤牛排的情景，她的优雅和娴熟，简直宛如一名舞者一般。她向我演示了该如何观察每块牛排的表面。如果牛排没有在一放上烤架时就咝咝作响，那么她便会往金属烤架网格下加入更多炭，让火烧得更旺。如果牛肉太快褐变，她便会将炭铺开，等烤架温度下降后再继续。艾米向我展示了如何确保火候恰到好处，以便在牛排表面均匀褐变的同时将内里也烹熟。如此一来，等到牛排达到三分熟时，其表皮呈现令人垂涎的焦脆质地，而每块里脊牛排切面上的肌间脂肪（肥牛雪花）都被烤制得刚刚好。她的方法等于调节炉火的大小。

离开巴基斯坦后，我去了祖父母在伊朗里海沿岸的农场。在这里，祖母终日都待在厨房中。她虽然很喜欢为家人烹饪，但仍免不了抱怨我们的菜式大概是世界上最费事儿的类型。她要剁出小山一样高的调味菜，要把不同蔬菜削皮和加工，还要细心照管工序复杂的伊朗菜肉炖，需要用小火慢炖数小时。她会不断观察着嘟嘟冒泡的炖锅，不停地搅拌——既不让锅停止冒泡，也不让锅沸起来，直到最终炖好的那一刻。而我的舅舅们则会终日不停地抽着无滤嘴的香烟谈天说地，在晚餐时间将至时才开始生火做饭。他们会将鸡肉和羊肉串在扁平的金属烤肉叉上，然后在烤炉上快速将肉烤熟，烤炉的温度之高，常常能燎到他们胳膊上的汗毛。一种烹饪方法需要一整天，另一种烹饪方法则是几分钟搞定。两种方法烹饪的食物都很美味。无论缺少细腻嫩滑的伊朗菜肉炖，还是多汁而焦煳的肉串，我们的饭桌都不完整。

我在旅行途中发现，无论身处哪个国度，无论我观察的是居家厨师还是专业主厨，也无论是在真火还是电力野营炉上烹饪，最优秀的厨师关注的总是食物，而不是热源。

我发现，优秀的厨师会从感官上找线索，而不是受制于计时器和温度计。他们会聆听煎得嗞嗞作响的火腿在声音上有什么变化，观察文火慢炖转变为咕嘟沸腾的过程，感知一份慢火烹制的猪肩肉是如何先缩紧，又随着时间的流逝逐渐变得松软，也会通过品尝一根从沸水里捞出的面条来判断它是否有嚼劲。要想通过直觉烹饪，我也需要学会认识这些信号。对于优质烹饪的第四大元素——热，我需要学习它是如何让食物产生反应的。

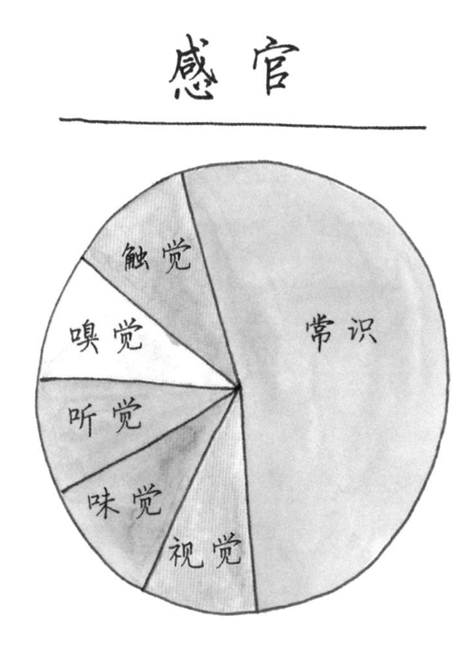

“热”的定义：烹饪温度与时长

热是一种能够引发转变的元素。任何来源的热都能引发变化，让我们的食物从生变熟，从液态变成固态，从松软变得紧实，从扁平变得膨胀，从灰白变成金黄。

与盐、脂、酸这几个元素不同的是，热不但没有味道，也没有形体。但热的威力是可以量化的。无论是食物在烹饪时的噝噝作响、四处飞溅、噼啪爆裂、热气蒸腾、咕嘟冒泡、香气四溢，还是褐变反应，热带来的这些感官信号往往都比温度计的数字更重要。包括常识在内的每一种感官，都会帮助你衡量热为食物带来的影响。

暴露于热之中会给食物带来多种影响，但这些影响都是可预知的。一旦了解不同食物的受热反应，你就能更好地判断如何在超市挑选食材、如何设计菜单以及如何烹饪每顿饭了。把注意力从烤箱的控制表盘或炉子旋钮上挪开，关注你烹饪的食物。观察食物是否出现了褐变、变硬、收缩、变脆、烧煳、煮烂、膨胀或烹饪不均匀的现象，请留心这些信号。

相比于使用的是电炉还是燃气炉，是临时搭建的野营烤架还是高级大理石高炉，炉温是 177 摄氏度还是 190 摄氏度，上面罗列的信号重要得多。

正如我从世界各地的厨师身上学到的，无论你烹饪的是哪种菜肴，也无论你使用的热来源于何处，你的目的总是相同的：以合适的温度和合适的功率加热，让食物的表面和内里同时变熟。

想象一下制作烤奶酪三明治的情景。你的目标是将火候使用得恰到好处，让面包烤至金黄焦脆的速度与奶酪融化的速度达到一致。如果加热太猛，就会将三明治的外层烤焦，而内馅却没有得到充分烘烤——虽然面包烤煳了，奶酪却没有融化。如果火候不足，那么面包还没烤熟，整块三明治的水分就蒸发得差不多了。

把你烹饪的每道菜都当作这块烤奶酪三明治：烤鸡做熟时，外皮是否烤得金黄？等到烤架上的芦笋呈现完美的微焦色泽时，它是否真的从内到外都熟了呢？那道羊排恰好做到三分熟时，外皮是否烤成了均匀的焦黄色，脂肪是否都融化了呢？

与处理盐、脂、酸一样，要想让热按你所想的发挥作用，首先就要知道你想达到什么效果。你要明白你追求的结果是什么，以便朝着这个结果一步步前进。从口味和口感的角度思考一下你想在厨房里达到怎样的效果。你希望把食物做得焦黄、干脆、鲜嫩、柔软、弹牙、焦糖化、酥脆，还是水分饱满?

接下来，让我们从后往前倒推。利用感官信号为自己制订一个清晰的计划，来指引你回归目标。比如，如果你想做出一碗美味且雪白的马铃薯泥，那就先思考最后一步：将黄油、酸奶油与马铃薯一起捣成泥，然后品尝并调整盐的用量。要想达成这一步，你需要将马铃薯放在盐水中慢慢煮软。要做到这一点，你则需要将马铃薯削皮、切碎。如此就得出了你想要的食谱。要想烹饪更加复杂的菜，比如香脆煎马铃薯，你应该做出黄褐色的脆皮以及软糯的内里。因此，最后一步便是在高温油脂中煎炸，以达到香脆的口感。要做到这一点，你就要确保马铃薯内瓤软糯——因此就要把马铃薯放在盐水中慢煮。要达成这一目的，则需要将马铃薯削皮、切碎。这样，又一份食谱就诞生了。

这就是优质烹饪，比想象中的更简单。

解剖一份
无懈可击的烤奶酪三明治

热的作用

热的科学

简而言之，热就是能量。

食物主要是由四大类基本分子组成的：水、脂肪、碳水化合物和蛋白质。随着食物被加热，其内部的分子开始加速运动，并在此过程中相互碰撞。

在加速的同时，分子也会获得能量来摆脱将原子结合在一起的电性引力。一些原子会分离开来，并与其他原子结合，创造新的分子。这个过程，就叫作化学反应。

由加热引起的化学反应，会影响食物的口味和质地。

水、脂肪、碳水化合物和蛋白质分子对热的反应各不相同，但其反应方式都是可以预知的。如果读者觉得这里的内容太“烧脑”，请不要担心，其实并不难。还好，热的科学与常识相符。

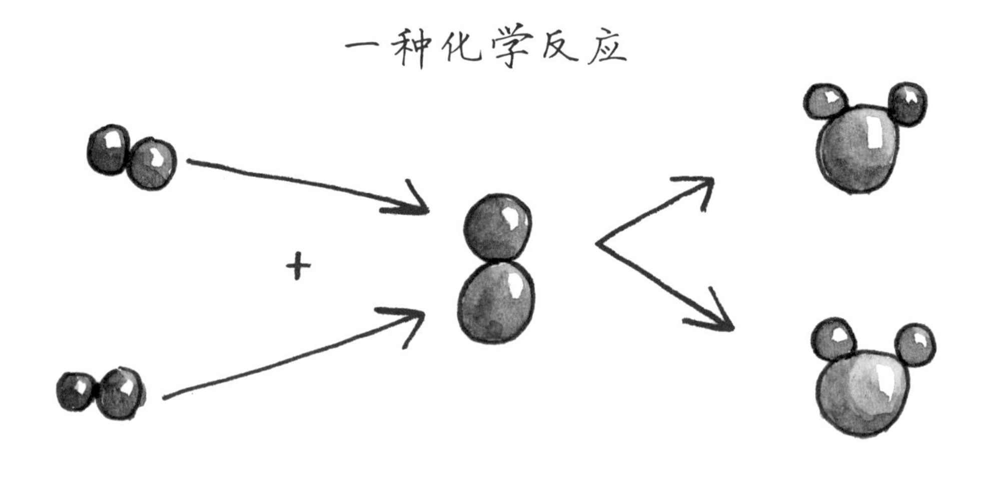

水与热

水可谓一切食物的基本要素。若通过烹饪使食物中的绝大多数水分流失，那么食物就会变脆或变干。若在烹饪过程中保留食物的水分或添加水分，那么食物便会变得湿润而软嫩。若将炒蛋的水分炒干，那么炒蛋尝起来就会很干。若能在烹饪时往米饭、麦片、马铃薯或其他任何淀粉类食物中加入适量水分，那么食物便会变得软嫩。失去水分的蔬菜会变蔫。在雨季降水较多的年份，水果吃起来也会因水分过多而平淡无味。若给你种的番茄浇太多的水，番茄的味道就会被稀释。如果食物的口味淡，那是因为过多水分“冲淡”了口味。要想让清汤、高汤以及酱料的口味更浓，那就降低它们的含水量。利用热来控制食物的含水量，从而打造你追求的质地与口感。

水在冷冻时体积会膨胀。因此，对于计划冷冻的清汤或高汤，必须在容器中预留一定的空间。这也是放进冷冻室降温却忘记拿出来的瓶装啤酒或红酒会爆炸的原因。若从极其微观的分子视角来审视食物，我们会看到相同的现象：随着食物被冷冻，当细胞包含的水分膨胀时，细胞壁就如储藏容器一般会破裂。因此，冷冻食品变干变硬，都是因为水分从食物细胞内部脱离并在食物表面结晶或蒸发了。你有没有在打开一包冻浆果或冻肉时纳闷儿，那些南极钟乳石般的冰块是从哪里来的呢？现在你知道答案了——这些冰块就来自你的食物。

这种脱水现象不仅能解释你因疏忽而在冷冻室放了三年的牛排为什么会硬得像皮革，同时还能帮助你判断冷冻是否会对某种特定食物造成破坏。换言之，你需要选择那些能够承受一定程度的脱水并能成功再水化的食物来进行冷冻，比如生腌肉块、炖菜、汤品、酱料以及泡在水中的烹熟的豆类。

水也可以作为烹饪食物的媒介。低温的水极其“温柔”：在烹饪蛋奶冻时，使用隔水炖锅是最理想的；而慢炖、焖制以及水煮的方法可以通过持续的低温使坚硬的食物变得柔嫩。

在海平面的高度将水加热到100摄氏度，水便会沸腾，这为我们提供了一种最有效也最省时的烹饪方法。开水是厨房里最宝贵的工具之一，这让我们不必用温度计就能轻松掌握温度。如果看到泡泡在一锅水中翻滚，你便知道这锅水已经达到了100摄氏度。在这个温度之下，水能够将病菌杀死。为了安全卫生起见，在重新加热汤羹类的剩菜或储存在冰箱里的鸡汤时，请将汤汁烧开，以便杀死在加热过程中越发猖獗的细菌。

蒸汽的力量

水若被加热到100摄氏度以上，便会转化为蒸汽，这也是厨房中最宝贵的一种肉眼可见的信号。让蒸汽的出现来帮助你估测温度吧：只要食物湿润并不断冒出蒸汽，其表面的温度估计就没有高到可以褐变的程度。别忘了，焦糖化和美拉德反应这些导致食物褐变的化学反应是需要食物处于更高的温度下才会发生的。因此，如果食物的表面还能看到水分，那就不会褐变。要学会根据蒸汽的情况来做决定。如果你想要升高温度，让食物褐变，那就加速蒸汽逸出。如果你想要抑制或延迟食物的褐变，那就盖上锅盖来保存和循环利用蒸汽，让食物在湿润的环境中被烹熟。

堆放在平底锅中的食物就像是临时搭起来的锅盖一样，能将蒸汽禁锢于锅中，因此能够对蒸汽量产生影响。被禁锢的蒸汽会冷凝而重新滴回锅中，使食物保持湿润，同时让温度维持在100摄氏度上下。刚开始的时候，被禁锢的蒸汽会使食物收缩，进而引出出水炒煮这一步骤，这是一种完全烹熟食物且保持食物颜色不变的烹饪方式。

蒸汽能够将蔬菜中包含的一些空气替换成水分，因此，蔬菜才会在烹饪过程中从不透明转变为半透明且体积收缩。另外，蔬菜的口味也会随着烹饪而变得浓郁——刚洗好堆成小山一样的菠菜会萎缩成一小堆菜叶，而满满一锅切片洋葱则会被炖成一小份丝滑甜玉米汤的浓厚汤底。

将君荙菜叶在平底锅里高高堆起，高于锅壁，用蒸汽将菜叶烹熟。如有需要可将锅盖盖起来，但要不时用勺铲搅拌，以确保受热均衡，因为即便是蒸汽也无法如愿在绿叶菜搭起的迷宫里均匀穿行。平底锅的锅底较为靠近热源，因此锅底温度总会比上层温度更高。在烤和烘焙食物时，你同样也可以利用这些变量来控制烤箱里的蒸汽。要让食物均匀褐变，烤盘中蔬菜叠放的紧密程度与烤箱温度的高低一样重要。要想让西葫芦和青椒呈现沁人心脾的清甜和美味，就可以大面积铺开，好让蒸汽逸出，也能让褐变早一些开始。对于洋蓟或奇波利尼洋葱这类烹饪时间较长且密度较大的蔬菜，若不想让其在被完全烹熟之前褐变得太严重，你可以将这些蔬菜紧密堆叠在平底锅中，从而锁住蒸汽。

根据蒸汽在烹饪容器中流通情况的不同来选择容器。带有倾斜或弯曲锅壁的平底锅比锅壁与锅底呈直角的平底锅更容易让蒸汽逸出。另外，平底锅或蒸锅的锅壁越高，蒸汽逸出的用时也就越长。深口的蒸锅和平底锅很适合对洋葱出水炒煮和煲汤，但是对于扇贝和牛排这些可以快速烧制并褐变的食物来说，就不那么理想了。回想一下盐分引起的渗透现象，并将这层理解融入选择如何利用蒸汽的过程。让盐分发挥作用，从它附着的食物中析出水分，以此促进平底锅中蒸汽的产生。若想让食物快速褐变，那就等到食物开始变脆之后再往里放盐，要不就预留充足的时间放盐以便产生渗透作用，拭去食物的水分，再将其放入烧热的平底锅。前一种方法可以用来烧制你想要用在花椰菜汤里的半透明、水分足的洋葱，而后一种方法则可以用来制作你想要烘焙或烧烤的茄子和西葫芦。

脂与热

在**“脂”**一章中，我介绍了能帮助大家理解热与油脂在烹饪中如何相互作用的主要原理。就像水一样，脂肪既是食物的一种基本成分，也是一种烹饪媒介。然而，脂肪和水却是宿敌：二者不互溶，对热产生的反应也截然不同。

油脂的适应性很强。不消说，油脂能够承受较高或较低的温度，这让食物得以呈现多种多样的质地，比如干脆、酥脆、柔软、细腻、膨松，少了油脂与热的适当配合，这些质地也就无从谈起了。

冷却的脂肪会变硬，由液态转化为固态。黄油和猪油这些固态脂肪可谓甜点师的秘密武器，他们或将固态脂肪揉入面团来制造酥脆口感，或将空气打入面团以打造膨松质地。但是，想象与培根一起烹饪的蔬菜在餐盘里留下半固态油渍的情形，你就会意识到，在室温下提供含动物脂肪的食物时，我们是不希望脂肪凝结的。

持续的文火可以将猪油或牛油等固态动物脂肪转化或熬炼成纯粹的液态油脂。对于鼠尾草蜂蜜熏鸡肉这样慢火烹制的肉菜，熬炼脂肪的方法就像是往食物内部抹油。而这种“自动抹油”的效果，也是慢烤鲑鱼那柔嫩多汁的质地背后的秘诀。同样，这种文火也会破坏黄油中的乳浊液并使之呈现清澈状。

在不冷不热的温度下，脂肪是一种理想的烹饪介质，非常适用于油封烹饪法，即一种在脂肪而非水中烹煮食材的方法。翻阅书中关于油封番茄、油封金枪鱼以及油封鸡的食谱，练习一下这项烹饪技术吧。

水会在100摄氏度沸腾蒸发，脂肪却能在转化为油烟之前耐受比这高很多的温度。由于水油不互溶，因此含有水分的食物（也就是几乎所有食物）都不会溶解于脂肪之中。接触超高温油脂的食物的表面被加热到一定的高温，会在水分蒸发的同时形成松脆的质地。

脂肪冷却和升温的速度都很慢，换句话说，即便要让1克脂肪改变几摄氏度也需要很多能量。这对于烹饪油炸菜的业余厨师而言不啻一种福音，因为这样一来，在做啤酒炸鱼时，你便不必在油温太高或者太低时手忙脚乱了，大可放松心情。如果油温太高，只需关火或加入少量室温下的油脂。如果油温太低，那就把火开大，稍后再往锅里加入食材。出于同样的原理，里脊牛排或烤猪腰肉（或上文提到的各种油封肉这类浸泡在油脂中的食物）这种含有大量脂肪的肉类，会在被拿下灶台之后继续被缓慢地烹制。

碳水化合物与热

碳水化合物大多来源于植物制成的食物，能够增加食物的韧性和口味。在**“酸”**一章中，我向大家介绍了三种碳水化合物——纤维素、糖和果胶。植物制成的食物的体积和质地，大多是纤维素与第四种碳水化合物淀粉混合后的结果，而其中的味道则来源于糖。加热时，碳水化合物通常会吸收水分并逐渐分解。

了解一点儿植物解剖学的基本知识，这能够帮助你选择合适的方法来烹饪各种植物制成的菜品（第 144 页）。在想到某种水果或蔬菜时，如果脑海中出现的是多纤维或难嚼这样的形容词，那就说明这种食物中富含纤维素这种不容易在受热情况下分解的碳水化合物。羽衣甘蓝、芦笋或洋蓟这样富含纤维素的蔬菜需要充分烹饪，直到蔬菜因吸收足够的水分而变软。绿叶中所含纤维素比根茎少，正因如此，羽衣甘蓝以及君荙菜的茎和叶的烹饪速度才会有所不同，要么将茎叶分离后分开烹饪，要么在一口锅中错开时间烹饪。

淀粉

对于马铃薯等块茎类植物、干豆等种子类植物，或者植物中淀粉含量最高的部分，应加入大量水，长时间用文火烹饪，将这些植物的柔软状态给“引诱”出来。淀粉会吸收水分，或膨胀或分解，因此，紧实的马铃薯会变得细腻软糯，硬得咬不动的鹰嘴豆会变成黄油一般的小颗粒，而难以消化的生米也会变成松软的熟饭。

通常来说，干种子、谷物、豆类，包括大米、豆子、大麦、鹰嘴豆、麦仁等食物都需要加水烹饪之后才可食用。为了保护其生命力，种子进化出了坚硬的外壳，如果不通过一些途径改变种子的质地，我们基本上难以消化种子。对于一些种子来说，就像处理葵花子和南瓜子一样，我们只需简单剥掉外壳就行。但是另一些则需要经过烹饪才可食用，一般而言，这意味着要加水并加热，直到种子变软。对于干荚豆和鹰嘴豆等富含淀粉的种子，以及大麦等紧实饱满的谷物而言，整晚浸泡可以让其提前吸饱水分。你可以将此视为一种惰性烹饪法。

一些谷物经过加工去除了部分乃至全部外壳，这也就是全麦面粉和精制面粉，以及糙米和精米之间的区别。去除了坚硬外壳的谷物不但很快就能烹熟，而且保质期更长。研磨或者说石磨的谷物可以加水和成面团和面糊，并在加热的情况下变硬和发酵。

要将淀粉类食物烹饪得恰到好处，关键就在于对水分和火候的控制。如果你用水太少或火候不够，食物的中心部分便会是干燥而坚硬的。水分不足的蛋糕和面包又干又易碎。没有烹熟的意面、豆子以及米饭的中心会硬得硌牙。但是如果加水太多、加热过度或煮过了头，那么淀粉类食物便会变成糊状（例如软塌塌的面条、黏糊糊的蛋糕和米饭）。淀粉类食物很容易褐变，只要烹饪过度或是火候太大，这些食物很容易就会烧煳。无论是因为没注意时间而在锅底烧得焦煳的粗玉米粉，还是忘在烤箱里 90 秒就烤黑了的面包糠，都会让我气得跳脚。

糖

蔗糖，或者说食糖，是一种无色无气味的物质，也是甜味的纯粹体现。一旦高温受热，蔗糖就会融化。将食糖与水混合并加热至高温，你便能打造五花八门、质地各异的糖果和甜点，比如棉花糖、蛋白脆饼、软糖、牛轧糖、黄油硬糖、果仁薄脆糖、太妃糖、胡桃糖及焦糖糖果。

用加热的糖烹饪，要数厨房中为数不多的对温度有着精确要求的任务之一，但是，

干豆子浸泡不同时间后的状态

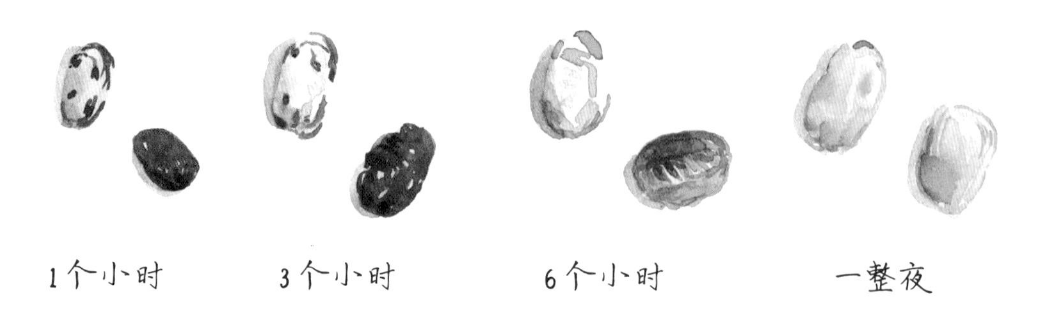

这项任务其实并不难。温度达到 143 摄氏度左右时，融化的糖浆可以制成坚硬的牛轧糖，仅仅将温度升高 5 ~ 6 摄氏度，就能做出太妃糖来。第一次制作焦糖糖果时，我为了省 12 美元而没舍得买糖果温度计。本以为能目测温度，结果做出来的焦糖太粘牙，让我不得不花了几百美元去看牙医。希望大家从我的固执中吸取教训，买个帮助测温的糖果温度计（还可以在油炸时派上用场呢！）。相信我，从长远来看，这笔投资是会让你省钱的。

在极高的温度（171 摄氏度）下，通过一种人们尚未完全理解的过程，糖分子的颜色会加深，分解并重新组合成诸多新的化合物，同时散发新的浓郁香味。这就是焦糖化反应，也是热影响风味的一个最为典型的例子。除了产生酸性化合物之外，发生焦糖化反应的蔗糖还会产生一系列新的口味和口感，包括苦味、果味、焦糖味、坚果味、雪利酒味以及黄油硬糖味。

除了淀粉能够被分解为糖分之外，水果、蔬菜、乳制品以及一部分谷物亦含有天然单糖，这些单糖也会在烹饪过程中产生和蔗糖一样的反应。加热后，单糖会越来越甜，最终甚至可能发生焦糖化反应。比如，一根在沸水里熟透的胡萝卜，其中的淀粉便会开始分解成单糖。包裹这些糖的细胞壁开始分解，使糖能够更快接触我们的味蕾，因此煮过的胡萝卜比生胡萝卜甜得多。

绝大多数蔬菜所含的少量糖分从蔬菜被采摘的那一刻起便会开始流失，正因如此，刚刚摘下的蔬菜无论是甜度还是口感都远超商店里购买的蔬菜。在美国中西部地区，祖母在火上架起一锅水后，才会叫孩子们到田里摘玉米，这样的故事我已经耳熟能详。祖母会告诉孩子们，经过短短几分钟，玉米的甜度就会极大地流失。事实证明，祖母说得对：对于玉米和豌豆这些富含淀粉的植物来说，仅仅在室温中存放几个小时，糖分就会流失一半之多。同样，马铃薯在刚被挖出来时是最甜的，因此，给煮熟的新挖的马铃薯抹上黄油才会美味得让人词穷。储存了一整年的马铃薯中的糖分会转化成为淀粉。而新挖的马铃薯饱含糖分，如果你用油炸的方法烹饪它们，其中的糖分在马铃薯炸熟之前就会烧焦。在制作炸薯片或炸薯条时，应使用淀粉含量高的老马铃薯，先切片，然后冲洗掉多余的淀粉，直到冲洗的水变得清澈。只有这样，从热油中捞出的炸马铃薯才不会被炸煳且口感酥脆。

地上和地下的植物

碳水化合物之吃货指南

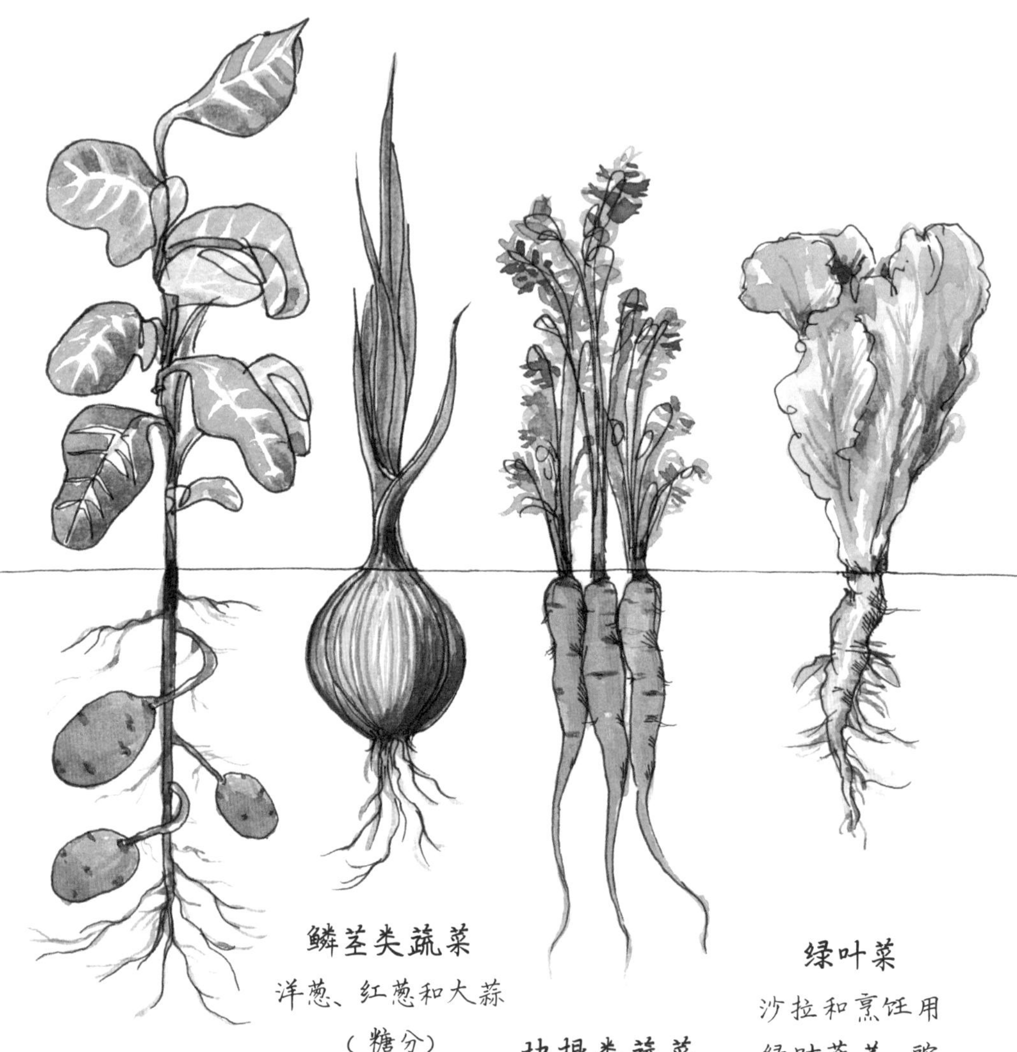

块茎类蔬菜

马铃薯、山药和菊芋
（淀粉）

鳞茎类蔬菜

洋葱、红葱和大蒜
（糖分）

块根类蔬菜

番薯、芜菁甘蓝、芜菁、白萝卜、胡萝卜、芹菜根、甜菜和欧防风
（淀粉和糖分）

绿叶菜

沙拉和烹饪用绿叶蔬菜、豌豆苗
（在新鲜的情况下含足量纤维素和糖分）

种子类

新鲜豆子和干豆子、全谷物和石磨谷物坚果、豌豆、玉米和玉米粉、粗玉米粉、玉米片、藜麦

（淀粉和纤维素）

茄果类和瓜果类蔬菜

西葫芦、番茄、茄子、笋瓜

（糖分）

花朵

洋蓟、西蓝花、南瓜花、花椰菜

（在非常新鲜的情况下含足量纤维素和糖分）

豆类蔬菜

秋葵、甜豆

（在非常新鲜的情况下含足量纤维素和糖分）

果胶

果胶是另一种碳水化合物，这是一种难以消化的天然高分子化合物，我习惯将其视为一种从果蔬中提取的凝胶。果胶多出现于柑橘类水果、带硬核的水果以及苹果的种子和果皮中，与糖分和酸混合并接触热时，果胶能够起凝胶的作用。果胶的这种凝结物的性质，便是西班牙榅桲糕这样的果脯或果酱的制作原理。从英式传统果酱制作方法的倡导者琼·泰勒（June Taylor）那里，我学到了从柑橘中提取果胶用于制作柑橘酱的方法。她教我将几把橘络和种子放在一个奶酪布制成的小袋里，然后将小袋与柑橘一起熬煮制成柑橘酱。果酱制作到一半时，我会将小袋取出来晾凉，然后揉挤出其中的果胶。第一次尝试时，我惊讶地发现自己竟然能够看到乳白色液体状的果胶。几个月后，当我打开那罐柑橘酱时，果胶的功效赫然在目：柑橘酱成形稳固，不稀也不流，能非常均匀地抹在我涂了黄油的热腾腾的烤面包上。

科学术语：糖分褐变的不同阶段

天使之翼

天使之翼上的羽毛

能粘住苍蝇的珍贵琥珀

就快做好咯

↑
火候不到，
还看不出效果

蛋白质和热

为了便于理解，我将蛋白质想象成漂浮在溶液中的盘结的链条。经验证明，尤其是考虑到温度对蛋白质的影响时，这种理解尤为有用。就像接触酸性物质一样，这些受热的链条会先变性或变成松散的伸展结构，然后更加紧密地凝结或凝固，将水分包裹在其中，在食物中形成特有的结构。

想一想，通过恰到好处的烹饪，加热是如何将一块软塌塌、潮乎乎的鸡胸肉变得紧实、嫩滑而又多汁的。但如果加热过了头，蛋白质团块就会继续收缩，并将其中所含的水分排出去。失去了水分的鸡肉会变得又干又硬，非常难嚼。

这个现象在做美式炒蛋时也很明显。如果炒蛋的时间太长，或是火力太大，鸡蛋中的水分便会严重流失。将这样的炒蛋放在盘子中，你会看到鸡蛋中收缩过度的蛋白质仍在往外排出水分，留下一片汁液。要想做出最丝滑的炒蛋，我们可以采纳爱丽丝·B. 托克拉斯（Alice B. Toklas）的建议，用小火烹饪。作为 20 世纪巴黎先锋派艺术家的一员，我想她一定从第二故乡学到了几个优质烹饪的妙招儿。在碗里打入 4 个鸡蛋，加盐和几滴柠檬汁调味，充分搅拌，将蛋液打匀。将一小块黄油放在长柄锅里，用最低的火温将之融化，然后倒入鸡蛋中。用打蛋器或叉子继续搅拌，其间放入至少 4 汤匙如拇指大小的黄油块，等待每批黄油充分吸收之后再往里加入下一批。过程中需要持续搅拌，要有耐心。鸡蛋需要等待几分钟才能成形，待成形后，将鸡蛋从炉子上拿下来，利用余热继续烹饪鸡蛋。搭配黄油吐司一起端上桌——还有什么比这更搭的呢？

刚刚好

萨明眼中的刚刚好

要冒烟了

一场毒气战

加少许盐就能避免蛋白质变得干柴。回想一下提前用盐腌肉的许多优点，其中一个最令人惊喜的结果是，在时间充足的条件下，盐分可以修补肉蛋白的结构，减少水分的转移。因此，盐腌预处理的肉经过恰到好处的烹饪，会变得软嫩入味，即便有些烧过头也无伤大雅。

每种蛋白质的卷曲螺旋结构都是独一无二的，因此，不同蛋白质凝固的层级也各不相同。要想保持肉块柔嫩，需要仔细、快速地烹饪，通常是在烤架、预热煎锅或热烤箱的高温状态。鲜嫩红肉的中心温度上升到 60 摄氏度以上时，其中的蛋白质将会完全凝结并排出水分，使牛排和羊排的肉质变得坚韧而难嚼。不同的是，鸡胸肉和火鸡胸肉要等到温度上升到 71 摄氏度以上时，才会变干。

将富含紧实结缔组织的较硬肉块烹柔，所需方法略复杂一些：在焖肉或炖肉烹饪法中涉及的小火、时长以及水分的控制方面，都要下一番功夫。作为动物结缔组织中主要结构蛋白的胶原蛋白，会在加热状态下转化为明胶。坚固又有韧性的胶原蛋白使未烹熟的牛小排无法嚼烂又难以下咽，但在水分、时间的作用下，这些胶原蛋白会随着进一步的烹饪转变为明胶，使烤牛腩、炖肉以及煮得正好的牛小排的口感变得肥美而柔韧。由于酸会进一步加速胶原蛋白的明胶化，因此你可以往腌肉汁、干腌制料或炖肉汁中加入某种酸性食材，加速这一转变。

这种转变的关键在于火候要温和。与烹饪柔嫩肉块所需的精确、快速的方法相反，要让红肉坚韧的结缔组织变成滑腻的明胶，同时确保肌间脂肪融化并从内部润泽肉质，时间的投入和持续的小火是不可或缺的。

褐变及口味

若在有碳水化合物的情况下继续加热蛋白质，一种叫作美拉德反应的神奇现象便会发生。这就是热对食物口味最伟大的贡献。拿面包片与烤面包片，生金枪鱼和炙烤金枪鱼，煮的肉或蔬菜和烤肉、烤菜做对比。在这几个例子中，经过褐变的食物的口味更加浓郁且富有层次。这就是美拉德反应的结果。

这种转变能将芳香化合物重新整合成全新的口味。换句话说，在褐变的食物中，我们能品尝到未褐变食物中没有的味道！在**“酸”**一章中，我向大家介绍了美拉德反应如何使食物产生酸味。无论是褐变的肉类、蔬菜还是面包，除了焦糖化的风味之外，所有发生美拉德反应的食物还会产生花香、洋葱香、肉香、蔬菜香、巧克力香、淀粉香以及泥土香等芳香。由于食物表面的褐变常常伴随着脱水和脆化的出现，因此除了风味上的反差之外，褐变也能够带来质地上的反差，给我们的味蕾带来双重惊喜。我最喜爱的法式甜品卡纳蕾（canelé，又名可露丽）便将这二者的结合演绎得登峰造极：内里是软糯的蛋奶冻，外面则包裹着一层因焦糖化和美拉德反应而变成褐色的有嚼劲的脆壳。

温度达到约 110 摄氏度时，食物开始发生褐变反应，这比水沸腾和蛋白质凝结的温度高许多。由于这种美味的褐变反应需要的温度会导致蛋白质水分流失，因此请务必多加注意。烹饪牛排和猪排等柔嫩的肉块时，应使用大火将表面烤熟，并快速将内里烹熟。而

烹饪牛胸肉这种较硬的肉块时，在完成表面的褐变之后则要调至小火，以防内里水分流失。你也可以把顺序倒转过来，先用小火烹饪，等待肉软化后，再将火温调高，使表面褐变。

褐变是一种宝贵的调味技能，但是在操作上一定要多加注意。火候不均或太猛都可能会让食物从金黄焦脆一下变得焦煳。然而，若在炙烤牛排时太拘谨，那么牛排还未褐变，就已经被烤过头了。

在让食物褐变时，试着大胆一些，因为最焦脆的地方也是食物风味最浓厚的地方。你也可以做一个小实验：制作 2 份咸味焦糖酱。在做第一份时，按你平时操作的时间点关火；烹饪第二份时，等颜色加深几个层次之后再熄火。将 2 份焦糖酱并排淋在香草冰激凌上，品尝一下在炉子上多放一小会儿能让食物的味道浓郁多少。或者，在你下次焖牛小排或鸡腿时，将一半放在干热的烤箱中烤成褐色，而将另一半放在火炉上烤成褐色，看看两种方法中不同的热能够产生怎样的结果(你可以在之后的“烧烤”一节中找到提示)。

就像用盐一样，凡事都要有度，褐变也一样。下次当你想把烧焦的培根或坚果硬说成“干脆”时，想一想我在意大利的一家餐厅 Eccolo 遇到的一位厨师的例子吧。犯了同样错误的他，亲眼看着大厨爱丽丝·沃特斯坐在吧台边，小心翼翼地挑出沙拉中颜色过深的榛子。这位厨师给烹饪界传奇人物端上一盘做毁了的菜以后，走到冷藏间，躺在地上哭了起来。了解事情原委后，虽然替他感到惋惜，但我也只能笑着鼓励他从错误中吸取教训。而绝大多数时候，你并不需要任何人来点醒，我们可以成为自己的爱丽丝·沃特斯。

温度对口味的影响

大多数人认为，烹饪始于按下天然气灶开关或扭动烤箱旋钮的那一刻。但实际上，烹饪开始得早得多，烹饪始于食材的温度。

首先，食材的温度，也就是热度充足与否，会影响食材的烹饪方式。处于室温的食材与刚从冰箱里拿出的食材的烹饪方式是不同的。根据食材在烹饪开始时的温度，相同的食材会出现受热均匀或不均、烹熟较快或较慢的差异。对于肉类、鸡蛋以及乳制品这些所含蛋白质因温度波动而“捉摸不定”的食材来说，这一点尤为明显。

我们拿你准备烤来当晚餐的鸡肉来举例。如果你将鸡肉从冰箱里拿出来后就直接塞到烤箱里，那么等到热足以穿透鸡腿并将鸡腿烤熟时，鸡胸肉就已经烤过了头，变得又干又硬了。但是，如果在烤制之前先等鸡肉在料理台上恢复室温，鸡肉在烤箱里烤制的时间就会缩短，而烤过头的概率也会下降。

鸡肉的密度比烤箱里热气的密度大很多，因此，25 摄氏度的初始温差，即刚从冰箱里拿出的鸡肉和室温相差的温度，比烤箱里的一二十摄氏度温差威力大得多。你可以将鸡肉烤到 204 摄氏度或 218 摄氏度，而烹饪时间或所得结果都不会有太大差异。但如果你烹饪的是冰冻的鸡肉，那么所用的时间将会大大延长，第一口咬下去时，你就会发现鸡胸肉非常干硬。除了最薄的肉片之外，烹饪任何肉类时，都应等到肉恢复室温后再烹制。肉的体积越大，就该越早从冰箱里取出来。烤制用的肋排应该在外放置几个小时，而烤制用的鸡肉只需放置一两个小时就行了。但是，在肉的回温上，用时再少也好过不花时间。养成一个下班一回家就把晚餐准备做的肉从冰箱里拿出来的习惯（如果还没放盐，记得撒上盐），你会发现，时间的“厨艺”有时比烤箱的厨艺更加精湛。

就像烹饪不是在炉火点燃时开始的，烹饪也不是在炉火熄灭时结束的。加热带来的化学反应能够产生动量，动量不会因炉火熄灭而停止。蛋白质尤其容易受余热烹饪的影响，余热烹饪就是因残留在食物里的余热而导致的持续烹饪。某些蔬菜（如芦笋）、鱼类、贝类、蛋奶冻以及烤肉等食物平均会在离火之后保留大约 3 摄氏度的余温，了解这一点后，我们可以将此为己所用。除了影响食物的烹饪过程之外，温度也会影响食物的口味。比如，在温热的条件下，一些口味可以挑起我们大脑的愉悦反应。

许多食物中香气最为浓郁的分子都是可挥发的，也就是说，这些分子能够发散进入周边的空气。一种食物中能够被我们吸入的芳香分子越多，我们对这种食物口味的感受就越强烈。加热使禁锢着味道分子的细胞壁分解，更多分子便会被释放出来。热能够增加分子的挥发性，从而让更多芳香分子更为自由地渗入空气。一盘温热的巧克力豆曲奇的香味能够充盈整个房间，而制作曲奇的面团却将香气成分牢牢锁住，无论是闻起来还是吃起来都没有前者那么吸引人。

在食物较为温热时，甜味、苦味以及鲜味都更加浓重，并会对大脑释放更强的信号。随便一个大学生都可以告诉你，同样一杯啤酒在冰镇后喝起来很可口，在室温下却苦得难以下咽。或者，你也可以咬一口从冰箱里直接拿出来的奶酪，吃起来必然淡而无味。把奶酪放在室温下，在回温过程中，其中的脂肪分子便会逐渐松懈下来，将包含的芳香化合物释放出来。这时再尝一口，你便会体验到之前未曾发现的味觉新空间。水果和蔬菜也会在不同温度下呈现不同的味道。番茄等部分水果中的挥发性物质非常易损，冰箱的冷气会减少其挥发性，因此，番茄还是放在室温下储存和食用为好。

另外要注意的是，食物宜在温热时或室温下上桌，而不宜在滚烫时上桌。研究人员推测，过热会削弱我们享受食物味道的能力。除了烧坏我们的味蕾之外，滚烫的食物也较难被品出味道。当食物的温度升至 35 摄氏度以上时，我们对味道的感知便会开始下降。对于多种意面以及炸鱼这样的食物来说，若不在装盘后立刻上桌，味道便会打折扣，但绝大多数食物对此的宽容度大得多。

这些年来，我逐渐开始习惯在聚会时准备温热或室温下的菜肴。试着举办一次不提供任何热菜的晚餐派对，准备些烘烤或者炉烤的腌制蔬菜、切片烤肉、谷物、面条、豆类沙拉、菜肉馅煎蛋饼以及水煮蛋。这样的食物更加可口，另外，这也比把客人匆匆聚到一起，然后十万火急地将蛋奶酥端到桌上省力许多！

烟熏之味

烟，这由热产生的朦胧余烬，能够对食物的味道产生很大影响。烟的绝大多数味道都在其香气之中，这种香气能够挑起我们对最古老的烹饪方法的记忆：火烹。

烟由气、蒸汽以及燃烧产生的小颗粒组成，也是木柴燃烧产生的副产品。正因如此，即便较为费时费力，我也一直选择使用炭火而非天然气来烧烤。如果你只能使用天然气灶，却想让你的烤肉或烤蔬菜沾染些许烟熏味，那可以尝试下木块。只需拿几把木块，放在一次性铝制烤盘里浸泡并晾干，然后覆上箔纸就行——我本人钟爱橡木、杏木以及果木的味道。在银箔纸上戳几个洞，好让烟能飘出去。旋开燃气灶开关，点火，但把火开小一点儿，然后将烤盘放在灶上，并将盖子盖上。闻到烟的第一缕香气时，就可以开始熏蒸了。盖上盖子，好让肉或蔬菜沐浴在烟的香气中，这会引发一系列的化学反应，包括褐变反应。热能会将木块的味道转化为美味的烟熏味，其中包括类似在香草和丁香中发现的芳香化合物。接触烟时，食物会将带有甜味、果味、焦糖化风味、花香以及面包香的混合物吸收。你会发现，来自真正木块的烟熏味是无可比拟的。

热的运用

优质烹饪的核心，便是做出正确的决策，而关于火候的最重要决策，便是确定用小火慢烹还是用大火速烹。要确定火候的大小，最简单的方法就是考虑柔软度。制作一部分食物时，我们想要打造柔软的口感，而对于别的食物而言，我们的目标则是保留食物原有的柔软口感。总体来说，对于一些肉类、鸡蛋以及纤弱的蔬菜等本身就很柔软的食物，为了保持其质地，我们可以尽量少煮。谷物和淀粉、有嚼劲的肉以及密实的蔬菜这些需要加水或加工之后才能变得柔软的食物原本就偏干或偏硬，因此适合配合用时较长、更加温柔的烹饪方式。不管是柔软还是干硬的食物，在褐变过程中往往都会用到某种形式的大火，也就是说，我们有时需要将烹饪的方法结合起来，才能在食物表皮和里层达到不同的烹饪效果。举例来说，烹饪肉品时可以先使其褐变，再放在炖锅里用中火慢煮；对于马铃薯，则可以先用中火慢煮，再使之褐变并切块。这样一来，这两种食物就会既焦脆又软糯了。

关于烤箱

烘焙是厨房里最精准的一门技艺，使用的工具却是厨房里最难拿捏的热源：烤箱。人类发明的第一种烤箱，只是从地面挖坑垒窑并由柴火加热，而今，烤箱已经升级到了燃气动力源的奢华版本，但从古至今，我们对烤箱的温度一直没办法准确拿捏。唯一与现在不同的是，当烤箱仍靠柴火生热时，人们并不相信转动一个旋钮就能控制温度。因为实际上，没有任何人能够把温度拿捏准。

若将普通家用烤箱调到 177 摄氏度，烤箱的加热元件会在加热到约 188 摄氏度时停止工作。根据烤箱温度调节器的敏感度，加热元件可能要等到温度降到 165 摄氏度上下时才会再次开启。如果打开烤箱门检查里面的曲奇，那么在热空气外泄的同时，冷空气也会一股涌入，进一步让温度下降。温度调节器一旦被激活，温度便会朝着 188 摄氏度上升，直到曲奇烤好之前，这种循环会一直持续。烤箱温度真正停留在 177 摄氏度的时间则少得可怜。如果你的烤箱和大多数烤箱一样都存在着校准有误的问题，那么 177 摄氏度便意味着在加热循环周期开始之前，温度或许会在 148 ～ 208 摄氏度的任何一个点。如此难以掌控，真让人抓狂。

不要被烤箱这随意的天性唬住。你应当选择大胆运用才是，而不是听命于烤箱上的旋钮。将注意力放在感官信号上，由此判断食物的烹饪状态，这可比专注于某个不可变更的数字有价值多了。第一次在 Eccolo 使用柴火烤架时，我将这条经验用到了实处。当时我刚刚游历完意大利等地，回到加州，还是个年轻的厨师。由于我总在自我怀疑，与我在一间厨房共事的厨师也自然而然地不信任我。大家从未因使用烤架而表现得不安，我却吓得不知从何下手。他们有什么我不知道的秘诀呢？

几乎每晚，我们都会将鸡肉穿成串，放在燃烧的橡木和杏木上烤。我满腹疑问：我该如何确定在什么位置生火？该加多少木柴，以及何时添加？炉温是高了还是低了？又怎么判断鸡肉烤好了呢？大家怎么能指望我用这个没有按键、旋钮或温度调节器的古怪装置做出像样的东西？主厨克里斯托弗·李感觉我已经处在崩溃边缘，于是把我拉到一边，耐心地告诉我，即使我从没有用过烤架，我也是有能力胜任的。这几年我不是积累了上百次烤鸡的经验吗？我不是清楚一只鸡烤好需要大概 70 分钟吗？戳鸡腿时，如果流出的汁液是清亮的，那便说明鸡肉烹熟了，这些我不是都懂吗？这些，我当然都懂。他让我认识到，热气在电转烤肉架内壁的反射方式与天然气烤箱无异；烤肉架和天然气烤箱一样，后面比前面温度更高；我可以假装自己是在一个巨大的黑箱里烤鸡肉——因为这是我能够轻松胜任的。我很快就意识到，烤架烧烤看似困难，但实际容易，而这也很快成了我最中意的烹饪方式。

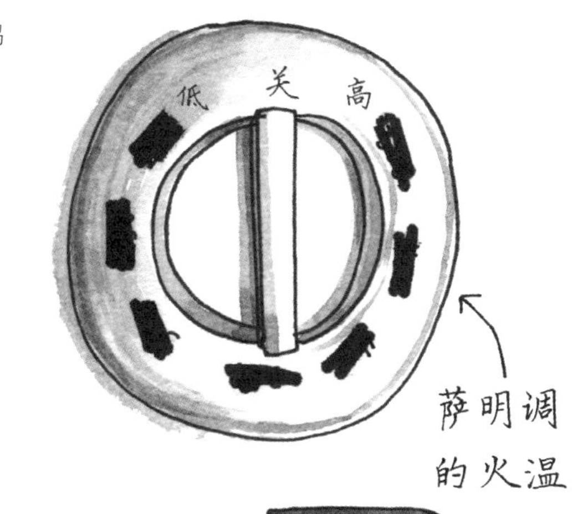

就像我在使用烤架时一样，大家也应该丢掉烤箱带来的子虚乌有的掌控感。相反，应该

将注意力放在食物的烹饪状态上。食物有没有膨胀？有没有褐变？有没有成形？有没有冒烟？有没有冒泡？有没有烤煳？有没有微颤？阅读食谱时，将温度和烹饪时间作为重要参考，而非雷打不动的规矩。将计时器调得比食谱上写的时长短几分钟，然后用你的感官来判断煮熟的程度。永远牢记你想让食物呈现的状态，并通过频繁而适当的调整来达到该状态。这就是优质烹饪。

文火与大火

使用文火烹饪法的目的只有一个：将食物烹软。使用温和的烹饪方法，让鸡蛋、乳制品、鱼类、贝类等细腻的食材维持水分以及滑嫩的质地。让文火将干硬的质地转化为潮湿而柔软的质地。要想让食物褐变，则要选择一种大火烹饪法（沸水煮是个特例，因为沸水煮火候大，但自有其特质）。若是用大火对柔嫩的肉品精心烹饪，便会做出表面焦脆而内里柔软多汁的质地。在烹饪有韧性的肉和多淀粉的食物时，你可以将大火烹饪法与文火烹饪法结合，以实现你想要的外表褐变，同时也让文火由内而外逐渐将食材烹软。

文火烹饪方法

- 文火慢煮、文火煮和低温水煮
- 蒸
- 焖和炖
- 油封
- 出水炒煮
- 隔水炖
- 低温烘焙和脱水烘焙
- 慢烤、明火烧烤和熏烤

大火烹饪方法

- 焯煮、沸煮和收汁
- 翻炒、锅煎、少油煎炸和深度油炸
- 烧制
- 明火烧烤和炙烤
- 高温烘焙
- 烘烤
- 干热烧烤

烹饪方法与烹饪技巧

用水烹饪

文火慢煮

在厨房里，水的沸点是一个非常重要的标志，因此，我一直认为用沸水煮要数一种最简单的烹饪法：你只需把食物扔进一锅咕嘟沸腾的水中，待煮好后捞出来就行了。在厨房里工作了约一年后，有一天，当我将自己做的第100锅正在沸腾的鸡汤转到小火上时，一个灵感在脑海中闪过：在用水烹饪的方法中，用翻腾的沸水烹饪的方法只是例外，而不算常规。

我意识到，沸水煮的方法只有在烹饪蔬菜、谷物、意面，为酱料收汁，以及用水煮蛋时才会用到。无论是用柴火、炉火还是烤箱，对于任何食材而言——我真的是指任何食材，我都可以先将食材煮沸，再快速将火调小，以便将食材完全烹熟。即将沸腾的水比沸水温和些，并不会将食材猛烈翻腾使其散架，也不会因大力搅动而让较硬的食材表层煮老而内里夹生。

不管是豆类、焖菜类、西班牙海鲜饭、泰国香米、印度辛辣咖喱鸡、墨西哥玉米肉汤、藜麦、炖菜、意大利调味饭、辣椒、意大利白酱、奶油焗马铃薯、番茄酱、鸡汤、波伦塔玉米糊、燕麦粥还是泰式咖喱，统统可以放马过来——文火慢煮的方法适用于所有在水里烹饪的菜品。这真是一个颠覆性的发现！

向不同的人提问水即将沸腾的温度，你得到的答案会在82～96摄氏度浮动。看看你的锅，里面的水是不是像一杯刚倒出的你最爱的气泡水、啤酒或香槟，仿佛马上就要冒泡呢？如果答案是肯定的，那就欢呼吧——你的水正处于即将沸腾的状态。

酱料

待番茄酱、咖喱、奶味酱汁、墨西哥巧克力酱等酱料沸腾起来，然后将火调小，以待食材完全煮透。意式博洛尼亚肉酱这样的酱料的烹饪需要一整天的时间，而锅底酱或印度黄油鸡这样的菜肴用时则会少很多，但二者的烹饪方法并无差别。

一般来说，含有鲜奶的酱料应该用文火来炖，因为牛奶中的一些蛋白质会在温度超过 82 摄氏度时出现凝固现象，导致酱料质地呈颗粒状或块状。奶油制成的酱料不含蛋白质或只含很少蛋白质，因此也就避免了凝固的风险。而像是意大利白酱或糕点奶油等含有面粉的含奶酱料则是例外，因为面粉会干预牛奶的凝固。但是我们仍应记住，牛奶和奶油中含有的天然糖分很容易烧焦，因此一旦达到沸点，就应让酱料回到将沸未沸的状态，然后多加搅拌，以防烧煳。

肉类

我曾经对水煮肉嗤之以鼻，所谓水煮肉，其实应该叫清炖肉。直到有一天，我发现了佛罗伦萨中央市场一家叫 Nerbone 的老字号摊铺。午餐时段，这家摊铺的队伍是整个中央市场最长的，因此，我决定去一探究竟。站在队伍里，我偷听着前面每位顾客点的菜，想要从中寻找答案。虽然摊铺有一整套满是意面和主菜的午餐菜单，但每个人都对菜单视而不见，直奔一种加了辣椒油和香草萨尔萨青酱的“牛肉汉堡包”而去——这就是牛腩包。

排队排到我的时候，我小心翼翼地用意大利语下了单：“一份牛腩包，加两份佐酱。”当时我到意大利还不到一周，但去之前，我突击了一段时间意大利语。然而，我好像高估了自己对这门语言的掌握程度。当柜台后的男士用托斯卡纳方言回应我时，我愣住了。我拒绝承认自己对他刚说的话只字未懂，因此，我使劲点头，然后在付款处交了钱。男士将牛腩包递给我，我拿着牛腩包，坐到市场里的台阶上。我咬了一口，满心期盼着尝到我看到他切给别人的柔软而美味的牛腩，然而，这份牛腩包里的东西截然不同。刚开始的时候，我完全蒙了，不知我的牛腩包到底出了什么问题。如果里面夹的确实是牛腩，那么这一定是我吃过的最奇怪的牛腩了。让大家甘于排队的难道就是这肉质古怪、味道奇特的东西吗？一阵短暂的疑惑之后，我逼着自己继续咀嚼，硬是吃了下去。我回到牛腩包摊铺前仔细研究了一番，终于发现，柜台那位男士原来是在告诉我他家的牛腩卖光了。剩下的只有佛罗伦萨牛肚，一种佛罗伦萨的特色菜。而我偏偏使劲向他点头，等于告诉他可以把牛腩换成牛肚。我虽然向来不爱吃牛肚，但还是逼着自己吃了下去。虽然不完全合我本人的口味，但我不得不承认，那是我吃过的最嫩的牛肚。下一次去 Nerbone 的时候，我为了避开午餐人潮，特地赶了个大早。而那份牛腩包，要数我吃过的最棒的了。最终，当我的意大利语有所长进之后，我向柜台那位男士打听他是如何把肉做得如此柔嫩而多汁的。他一脸不解地看着我说："很简单。我每天早上 6 点来这儿，用文火炖肉。"

然后他又补充说："绝不能把水烧沸。"

Nerbone 的牛腩包

他说得没错，对于肉类食谱来说，没有什么比"用将沸未沸的盐水炖"更直接的方法了。这样简单的烹饪法，为异域风味或鲜香味的作料留出了很大的空间。这就是其玄妙之处。越南鸡肉米粉便是清淡烹饪的典范，这道美食可谓青葱、薄荷、芫荽、辣椒、青柠等一系列作料的天堂。

鸡腿肉、牛腩以及猪肩肉等肉块含有大量结缔组织，非常适合用文火慢煮，因为水和温和的火候能将胶原蛋白转化为明胶，而不会让外皮干掉。要想做出最美味的肉，你可以将肉放入烧沸的盐水，然后将火调小。要想让肉和肉汁都变得美味，一开始的时候就要让水保持在将沸而未沸的程度。往里加一些香料，比如半个洋葱、几瓣大蒜、一些月桂叶或一个干辣椒，除此之外，尽量保持汤的清淡。在接下来的一周里，请查阅第 194 页的**"世界风味轮"**，每天晚上做一道不同口味的肉菜出来。如何判断肉何时烹熟了呢？烹熟的肉会从骨头上脱落，而烹熟的无骨肉则会柔嫩得让人垂涎三尺。

淀粉类食物

饱含淀粉的碳水化合物会因文火慢煮而变得异常可口，文火会软化这类食品坚硬的外层，以便让水分进入。你可以用文火慢煮马铃薯、豆类、大米以及所有的谷物，直到食材吸收足够水分变得软糯。

与水煮肉同理，我们也可以将淀粉类食材放在将沸未沸的咸鲜味液体中，让味道更加鲜美。就像泰国厨师烹制鸡油饭一样，你也可以将米饭放在未脱脂的鸡汤里烹饪，从而给米饭、蔬菜以及鸡蛋组成的清淡饭菜带来一股肉香味。祖父母曾经带着我到他们位于伊朗北部的村子旁的高山间旅游，每天早晨，我都满心期待早餐能喝到一种叫作 haleem 的炖粥：这种在肉汤或牛奶中加入小麦、燕麦以及火鸡熬成的丰盛又有营养的粥，在寒气逼

低温水煮

人的山间清晨给我带来了温暖。

意式玉米粥、美式玉米粥和燕麦粥等粥品，都是这种炖粥的不同版本：在这些淀粉类食物中加入水、牛奶或乳清（酸奶表面积累的清亮液体），用文火慢煮，直到食材变软。由于这些食材的淀粉含量高，你需要经常搅拌，以防烧焦。

意大利调味饭、西班牙海鲜饭以及西班牙短面的原理也很类似。使用意大利米制作意大利调味饭，这种米能够吸收大量的水分而不会烂掉。烧烤洋葱并用油脂将米饭煎熟，然后加入红酒、肉汁或番茄汁等美味的液体调料。在锅里的水将沸未沸时，米饭会吸收水分并释放淀粉分子。煮米的汁液味道越丰富，做好的炖饭就越美味。西班牙短面是一道与意大利调味饭类似的西班牙美食，只是用料不是米饭，而是烤面条。西班牙海鲜饭的原理，也是让“如饥似渴”的淀粉类食材喝饱水分。在传统的做法中，人们在西班牙海鲜饭的烹饪过程中不会予以搅拌，锅底形成的香脆锅巴，即 soccorat，是人们追求的理想效果。

文火慢煮

意大利面也能吸收味道丰富的汁液。就像我在前文中介绍蛤蜊意大利面时说的一样，我最爱用的烹饪技巧之一，就是将面提前一两分钟从沸水中捞出来，放在平底锅咝咝冒泡的酱料中收尾。这种方法能让面条和酱料结合为一体——在烹饪过程中，意面会释放淀粉分子，同时吸收汁液。这样一来，酱料便会吸收意面中的淀粉并变得浓稠，而意面则将酱料的美味吸收其中。这种美味，独一无二。

沸煮

蔬菜

对于需要长时间烹饪才可食用的高纤维蔬菜或紧实的蔬菜，也就是那些纤维素含量特别高的蔬菜，你可以用文火慢煮的方法烹饪。不要让茴香和洋蓟（包括洋蓟多刺的表亲刺苞菜蓟）经受沸水的煎熬，以免这些蔬菜被煮散架。使用一半水和一半红酒，佐以橄榄油、醋以及香料配成的汁液，换用文火煮炖，直到蔬菜煮软。这叫作希腊酱汁式低温烹饪法。

文火煮和低温水煮

如果说将沸未沸的水像是一杯香槟，那么低温水煮或文火煮用的水就像是一杯在前一天晚上倒出来却忘了喝的香槟。（忘记喝香槟这种事怎么可能发生！）文火煮和低温水煮释放的温和热能非常适合烹煮易损的蛋白质，比如蛋类、鱼类、贝类以及柔嫩的肉类。放在水、葡萄酒、橄榄油或这三者的混合物中低温煮制的鱼肉，不仅肉质极其柔嫩，而且味道清淡爽口。低温水煮或文火煮出的鸡蛋，可以将一片烤面包、一盘沙拉或一碗汤升级成一顿完整的饭。若用香辣番茄酱来煮鸡蛋，你就能做出著名美食北非蛋（shakshuka，一种番茄焖蛋）。使用剩余的意大利番茄酱来煮鸡蛋，再配上足量的帕玛森干酪或佩克利诺罗马羊奶酪，你就能做出意式焖蛋——“炼狱溏心蛋”。在一天中的任何时段，这两道菜都堪称精致的美食。

隔水炖

对于烹饪凝乳、蛋奶冻、面包布丁、蛋奶酥或融化巧克力这样的精准任务，一口隔水炖锅或低温烹饪恒温锅都可以将出错的区间缩小。在制作这些秉性难以捉摸的美食时，一时的疏忽就能造成丝滑与粗糙或柔滑细腻与疙疙瘩瘩的差别，因此，请充分享受隔水炖锅给你带来的便利吧。

一般来说，隔水炖锅是用来调节温度的。烤箱的温度能达到177摄氏度，隔水锅中的温度却不会超过水的沸点100摄氏度。但如果你把蛋奶冻炖过了头，或者没有准确判断余热的火力，你就会做出坑坑洼洼的法式烤布蕾、干硬的焦糖布丁或掉渣儿的芝士蛋糕。将蛋奶冻从烤箱和隔水炖锅中取出后，你要知道，剩余热能即便在蛋白质的冷却过程中也会加速其凝结。我曾经从烤箱中拿出一块仍然微微抖动的芝士蛋糕，放在厨案上冷却的时候，蛋糕的质地看上去无可挑剔，引得我总找借口走到旁边观赏。约 4 个小时后，当我第 20 次返回去查看时，一个巨大的裂口却出现在蛋糕上，这说明我把蛋糕烤过了头。我低估了余热的力量，本应在蛋糕更加弹软时就把它拿出来！

要将食物放在隔水炖锅中蒸烤，你可以在准备蛋奶冻底料时在火上放一壶水烧开。如果有支架的话，那就将支架放在空烤盘（最好是金属材质的）中，然后将空模具或蛋糕盘放在支架上面，往里注满蛋奶冻。若是没有支架，那也没关系——只要细心一些，多检查蛋奶冻的烹饪程度即可。小心将蛋糕盘端到烤箱旁，把烤箱门快速打开，然后把蛋糕盘放在支架上，往烤盘中倒入蛋奶冻 ⅓ 高度的沸水。将蛋糕盘塞进烤箱，然后关上烤箱门，将计时器调好。轻轻敲击装蛋奶冻的模具的边缘，如果边缘的蛋奶冻轻轻抖动，但中心已不再呈现液态，那么一般来说，这道美食就做好了。在取出烤箱时，请小心地将蛋奶冻从水中端出。

在利用炉子上的小火时，使用一种稍微不同的隔水炖锅烹饪，用蒸汽去加热，而不是用热水去煮。我们不必把整套“双层蒸锅”都搬出来，只需将一个大碗放在一锅将沸未沸的水上就行了。这样一来，你就可以用小火将待烘焙的鸡蛋和乳制品加热到室温，融化巧克力，制作法式伯那西酱和荷兰酱这类含鸡蛋的特殊酱料，或者蒸制经典蛋奶冻甜品萨芭雍。隔水炖锅的热气能保护蛋奶冻不像在烤箱中那样烤过头，在炉子上也是同理。

在制作马铃薯泥、奶油浓汤、热巧克力以及肉汁等淀粉含量高或不好掌握火候的食物时，隔水炖锅的徐徐微热能够在美食上桌前使其保持温热，同时也不会将美食烧煳。

奢华版隔水炖锅

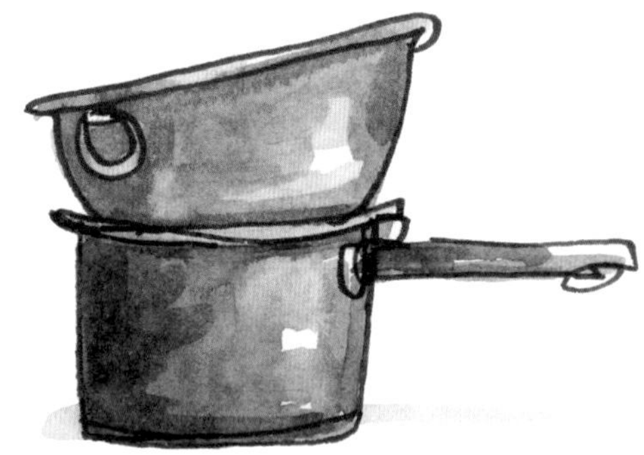

自己拼装版隔水炖锅

焖和炖

在《炖肉》一诗中，20 世纪诗人马克·斯特兰德将炖肉味道随时间的变化形容得恰到好处。看着盘中那块蘸满酱汁的牛肉，带着满心期待，垂涎欲滴的他写道：“这一次，我总算不会懊悔时光的流逝了。”

读着这首诗，我完全能够体会他当时望眼欲穿几个小时，期盼着软嫩的牛肉从烤箱中呼之欲出的感觉。没错，时间是做出任何美味炖菜或焖菜的关键。无论是烹饪还是其他任何事情，时间的投入都会让我们望而却步，但对于炖菜来说，不用大费周章就能收效显著。

祖母通过那道美味的伊朗菜肉炖让我认识到，正是时间、水以及不可或缺的热，让紧实肉块中的结缔组织转化为明胶，也让肉质变得柔嫩、滑腻而多汁。焖和炖之间区别很小：焖制需要用到一般会连带骨头的较大块的肉，用水量也最小；炖制则会使用较小块的肉和大块的蔬菜，多放在大量的汁水中烹饪。同时，绿叶菜、块茎类蔬菜、核果类水果和豆腐也很适合炖制。

我在潘尼斯之家看到，主厨会买来整只动物，然后巧妙地将坚硬结实的部分完全利用起来。其中有些部分拿来腌制，有些部分绞碎做成香肠，其余部分则拿来焖制或炖制。在几个月的时间里，我崇拜不已地看着厨师将生铁锅放在中火上加热，往里洒上原味橄榄油，再把大块的牛肉、羊肉或猪肉放上去烤熟。他们是怎样准确使用这么多不同的锅，拿捏不同种类肉品的火候和用时的？他们是怎么在 6 口锅放在火上烹肉的当口转身将洋葱、大蒜、胡萝卜和芹菜切碎制成美味底料的？他们怎么知道应该将炉子或烤箱调到什么温度，又是怎么掌握烹肉的时长的？而我要到什么时候才能试试身手呢？

回顾自己积累的大把经验，我发现炖菜的一大优点在于，这种方法几乎不会出什么岔子。如果我能回到过去，让 19 岁的自己冷静下来，那我一定会这么做。另外，我还会向她介绍焖菜或炖菜预备及烹饪阶段的几个要点。

世界各地的菜系都有将带软骨的肉、带骨头的肉以及肌肉含量高的肉做成美味焖肉或炖肉的方法。意大利的红焖小牛肘如此，日本的马铃薯炖肉如此，印度的咖喱羊肉如此，法国的勃艮第红酒烩牛肉如此，墨西哥的醋烹猪肉如此，斯特兰德诗中的炖肉也是如此。使用包含世界各地美食味道的图表来选择你想要使用哪些蔬菜和香料，然后参考**“世**

界风味轮”（第 194 页）中的内容来选择你的口味。

将这些要投入大量时间才能做好的菜肴当作叠加风味的测试场。过程中的每一步，都要考虑如何让味道充分渗入食材，并将每一种食材中最浓郁的味道都提取出来。在炖制或焖制任何紧实的肉品时，都要遵循这些原则。要想锁住味道，就尽量让大块肉留在骨头上。不要忘了提前为肉调味，好让盐分从内向外发挥作用。

等到需要烹饪时，先用中火将煎锅预热好，然后往里倒入薄薄一层无味的油，并小心将肉块放入锅中。注意不要让肉块相互接触，这样做有利于热气外散，便于肉的均匀褐变。接下来，你就该选择退到一边了——这是一件我曾经认为很难的事。要想做出色香味俱全、褐变均匀的肉，关键就是稳定的火候和足够的耐心。如果你老是把肉移来移去，或者总是把肉夹起来检查，那么褐变的时间就会长得离谱。抑制住频繁检查的冲动，把注意力放在制作美味的底料上。

拿一口新煎锅，或者你也可以使用拿来制作炖菜的荷兰炖锅，把菜汁煮干，稍稍让菜变焦，如果你不想出去买生姜或芫荽，那么使用一个洋葱和几瓣大蒜这样简单的蔬菜也没问题。在烹饪蔬菜的过程中，检查一下肉的情况，将肉块翻面并旋转煎锅，以保证受热均匀。如果从肉中熬出的油脂太多，使炙烤的过程变成了油炸，那就把肉从锅中拿出来，然后小心将一部分滚烫的油脂倒入一个金属碗中，放在一边。把肉放回锅里，然后继续等待肉的各部分变得焦黄。让一块牛肉或猪肉的各个切面充分褐变，需要 15 分钟或更长的时间。这个步骤不能急于求成，我们希望肉能够充分收获美拉德反应的益处，将美味发挥得淋漓尽致。

将肉煎至焦黄后，将剩余油脂倒掉，然后选择用汤汁或水为锅去渣。请记住，这是一个酸味调料大显身手的时刻，因此你可以考虑添加些许葡萄酒或啤酒。用一把木勺多使些劲，把锅上残留的美味焦黄残渣铲下来，然后放入炖锅之中。用锅底的蔬菜和香料作为炖肉的底料，把肉块放进去（在这一步，肉块就算相互接触也没关系，只要确保肉块能铺成一层就行，因为这一步骤不涉及煎肉），然后把用来去渣的汤汁倒进去。用水或汤汁淹没肉块 ⅓ 或一半的高度——超过的话，炖肉就变成低温水煮了。用盖子、烤盘纸或锡箔把锅密封好，待锅里所有食材煮沸后，将火调小。如果你使用的是炉子，那么这一步就很简单，但假如用的是烤箱，那你就得先把温度调高（218 摄氏度或以上），再调到中低档

（135 ~ 177 摄氏度）。火温越低，炖菜的用时就越长，但肉被炖干的概率则会越小。如果汤汁一直沸腾不止，那就把锅盖掀起来或把锡箔的边缘撕开，以便让锅里的温度下降。

同理，耐心非常关键，但好在这是一段“惰性烹饪”时间。只要时不时地检查一下锅里的情况，确保汤汁不要超越将沸未沸的状态，你就大可去忙别的事情。焖制的唯一费力之处在于准备食材和把食材放入烤箱（或者放在其他持续的小火上），一旦食物进了烤箱，你就可以松一口气了。

如何判断焖菜做好了没有呢？19 岁的我在潘尼斯之家的厨房里也考虑过同样的问题。很快我就认识到，当肉被轻轻一碰就从骨头上滑落时，焖菜就做好了。对于无骨焖肉来说，用叉子一扎就透，那么焖肉就完成了。将锅从火上拿下来，待温度降下来，再将焖肉汁倒出。用食物研磨器把固体部分研磨过滤出来制成浓酱，尝一尝口味，先判断你是否想收汁增味，再考虑往里加盐。

这些技巧非常适合用于提前准备食物。在制作焖菜或炖菜时，时间能够施展强大的魔法，让放置一两天的食物变得更加美味可口。焖和炖将下厨的人从临上菜前的忙乱中解放出来，因此能在晚餐派对上派上用场。焖菜和炖菜作为剩菜十分可口，也经得起冷藏。具备了这些基本的技巧，焖和炖便能为你铺就一条做出美味佳肴的捷径。

如何制作炖菜

1 盐腌

这就是所谓**提前调味**

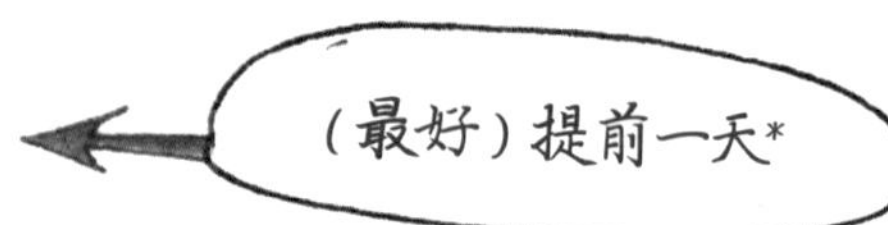

在肉的各面撒上大量盐，并放置过夜。

*或者，至少提前30分钟~3个小时放盐，时间越长越好

2 褐变

将炉火调到**中高火** ← 当天

2A 肉的褐变

将肉块的各面烹至褐色，肉块之间距离越大，褐变就越彻底。将肉块装盘，倒出油。用酸味调料为热锅去渣（参见“世界各地的酸味调料”），并将汤汁倒出放在一边

2B 调料和香料植物

从“世界风味轮”的香料表中寻找风味秘方。

调味菜煮出来好不好看无所谓，反正在意的只有你一个人。用中高火使这些调味菜褐变，把菜汁熬干

3 分层炖

将各种食材分层放入锅中

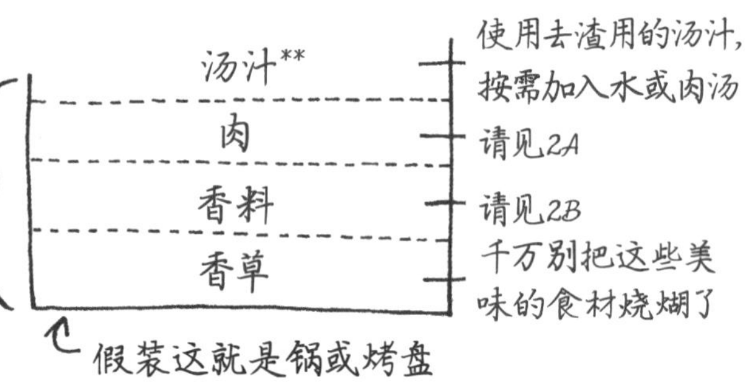

**汤汁应该淹没肉的1/3

4 沸煮

把菜放入烤箱，然后把火调大

如果肉块较小，那就不要盖盖子，

大块的肉则应该盖上盖子炖

5 文火炖煮

将火调小，做好等候的准备

（耐心总有回报）

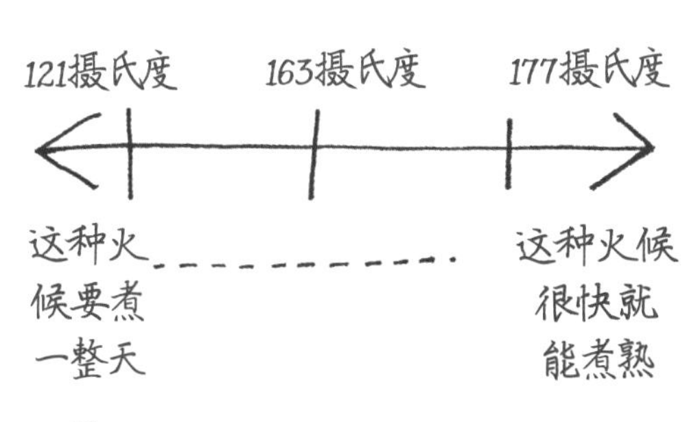

之后……等到肉能从骨头上滑落或者用手指一戳就能裂开的时候，开始准备酱料吧

6 上菜

现在，你可以开动了！

焯煮和沸煮

焯煮是沸煮的另一种叫法，两个名字的关键都在于保持水温处于沸点。在“**盐**”这一章中，我说过食物必须在盐水的浪潮中嬉戏狂欢，唯有这样才能均匀烹熟。

如果往很少的水中加入太多食材，锅的温度就会猛然下降。一口滚锅可能会突然止沸。意大利面会粘成块儿，做波斯风味饭用的印度香米会粘连在一起，而细如铅笔的芦笋也会堆在锅底，得不到均匀烹饪。使用你认为所需水量的两倍的水才能保持水长时间沸滚，这才算对焯煮的食物负责。

蔬菜

沸煮是一种非常便捷有效的烹饪方法，很适合用来锁住新鲜蔬菜的味道。将蔬菜充分沸煮，让热分解其内部的细胞壁，释放糖分，这样一来，蔬菜中的淀粉才能转化为糖，赋予蔬菜清甜的口感。但要小心不要煮太长的时间，以免让蔬菜鲜亮的色泽变得黯淡或让细胞壁完全分解，使菜变成糊状。在时间紧迫的情况下或者想要将菜做出清新的口味时，选择将蔬菜沸煮。芜菁、马铃薯、胡萝卜、西蓝花这样寻常可见的蔬菜，都可以沸煮，然后用上等的橄榄油和片状盐提味就行。这些菜式之简单质朴，定会给你带来惊喜。

一些主厨坚持在冰水中浸泡用来焯水的蔬菜，但我一般对这种方法并不认可。蔬菜浸泡在水中的时间越短，其矿物质和营养流失的概率就越小。不要大费周折用冰水浸泡，不必把菜烹得那么熟即可，因为从锅里捞出的蔬菜也会被余热继续烹饪一会儿的。

我这几年来发现，在关火之后，芦笋以及可爱的小四季豆等含水较多的蔬菜比那些更加密实、含水量更少的蔬菜继续烹饪的时间更长，因此，这些蔬菜在还未煮熟之前就应从锅里捞出来。至于胡萝卜和甜菜根这样的根茎类蔬菜，就算你再怎么祈祷也不会靠余热持续烹饪，因此，一定要将这些蔬菜从里到外都煮软才好。你可以将刚从沸水中捞出的蔬菜装盘，然后直接放入冰箱，或是放在冰冷的门廊里快速降温，以此控制余热持续烹饪。

判断蔬菜该不该从焯煮的水中取出，一是靠品尝，二是要眼疾手快。在往一锅沸水中加入任何食材之前，先准备好你的筛子或捞网勺，并腾出一个放置蔬菜的地方。不要把滚烫的蔬菜堆叠在碗中，而是要在放好了烤盘纸的烤盘上铺开，以防煮过劲儿。

要想节省在厨房烹饪的时间，你可以将焯煮的方法与其他烹饪法搭配起来使用。将羽衣甘蓝或宽叶羽衣甘蓝等较硬的绿叶菜焯煮至软，然后将水挤出，再切碎嫩炒。在意大利，所有熟食店都提供白灼绿叶菜做成的菜球，便于每位母亲带回家里，用大蒜和辣椒嫩炒。选一个周日，将花椰菜、胡萝卜以及茴香球茎等较为密实的蔬菜稍微焯水，以备下周使用。无论是重新加热还是用平底锅或烤炉烤制，都可以随时搞定。

另外，我们也可以通过焯煮来让一些果蔬难剥的皮变得易于剥离，比如蚕豆、番茄、青椒、桃子等。用约 30 秒的时间焯煮——或者水焯直到蔬菜表皮变松，然后把菜浸入冰水，以防余热继续加热蔬菜。这时，蔬菜的外皮便会轻松剥离了。

面条和谷物

无论你把面条叫作意大利面、日本拉面、印尼板面、乌冬面还是弯管通心粉，只要是小麦粉做成的面条，要熟得均匀，就必须放在水中充分沸煮。

沸水能让面条不断滚动，防止面条在释放淀粉分子的过程中相互粘连。用沸煮意面的方法来煮大麦、大米、法老小麦、藜麦等全谷谷物，一直到完全煮软，以此规避烹饪中的不确定因素，也省掉测量时间的步骤。你可以将水滤掉，当作配菜来上；可以把面条铺开晾凉，然后洒上少许橄榄油，再拌入汤和谷物沙拉中；也可以把面条冷冻两个月，以备日后使用。

逐渐熟悉了各种食物不同的烹饪时间，你就可以把不同食材错开时间放进一锅水，这样既节省时间又少用了一口锅。意面煮到还差几分钟时，往水里加入小朵西蓝花或花椰菜，切碎的羽衣甘蓝，或者青萝卜块。完全烹熟柔嫩的春季豌豆、薄片芦笋或是绿色菜豆都仅需 90 秒左右，因此，等到马上要将水倒出锅之前再将这些食材放进去，并通过品尝来判断是否做熟。

收汁

我们可以通过长时间的沸煮来让酱汁、肉汤以及菜汤的味道和质地变得更浓厚。我们说过，虽然水分会蒸发，盐分和其他调料却不然，因此，请注意不要在收汁的汤品中加太多盐。谨慎添加调料，这样才能有更大空间来弥补失误——完全可以等到对酱汁的浓稠度满意之后再调节盐量。

长时间猛火沸煮会导致没有充分脱脂的透明酱料和清汤出现乳化现象，因此，把酱或汤放在炉子上之前就应小心将脂肪去除。或者可以干脆将平底锅在炉子上斜放一段时间，随着平底锅的一边冷却下来，沸煮的过程会迫使所有油脂和渣滓离开煮沸冒泡的一侧而堆积在另一侧。用勺子或调羹将油脂撇净，将平底锅放回炉子上摆正，然后继续沸煮。

最后，切记收了汁的食物会继续被余热烹饪，这会使味道变浓。表面积的增加（使用一口更宽大、口更浅的平底锅）可以加速收汁。如果收汁的液体超过七八厘米深，那就把液体分盛在几口浅口平底锅里，以便让蒸汽更快释放，避免味道变化太大。多用一口锅也是一个很有效的省时技巧，不久前，一位朋友的母亲在做平安夜晚餐时赶不及上菜，我就把这个技巧教给了她。她花了大把时间给做酱汁用的牛肉汤收汁，其他菜都要放凉了。意识到自己必须再往酱汁里加两杯奶油并将其浓缩成原先的一半时，她急得直想流泪。就在这时，我把头伸进厨房，看看有没有什么能帮忙的地方。发现问题所在后，我告诉她不要着急。我又取出两口浅口平底锅，将一半正在收汁的牛肉酱汁倒入一口锅，又把奶油倒入另一口锅，然后将两口锅放在大火上沸煮。仅 10 分钟后，酱汁便制作完成，大家也纷纷坐下来开吃。

蒸

锁在平底锅、蒸锅或包装袋中的蒸汽可以在保留原有味道的同时有效烹饪食物。烤箱蒸制的温度至少需要达到 232 摄氏度，但由于循环的水蒸气，烤箱内的温度实际上一直处于 100 摄氏度以下。要注意的是，蒸汽的能量大于沸水，因此会更快将食物的表面烹熟。即便如此，我还是把这种烹饪方法归于柔和烹饪法，因为从物理上说，蒸制能够保护柔嫩的食材不被翻滚的沸水破坏。

将小马铃薯在烤盘上铺成一层，加盐调味，随意加入各种香料——比如一小枝迷迭香和几瓣大蒜，然后放进烤箱里蒸制。加入刚好足以覆盖烤盘底部的水，然后用铝箔封紧。将马铃薯烹饪到能够用刀无阻力切入的状态，然后加入片状盐、黄油或蒜泥蛋黄酱，配以水煮蛋或烤鱼即可。

用烤盘纸将鱼、蔬菜、菌类或水果包起来，是我最爱用的蒸制方法。这种用烤盘纸或锡纸包好端上餐桌的纸包料理（在意大利语中叫作 cartoccio，在法语中叫作 papillote）能让在座的每位客人都嗅到扑面而来的香气。

我曾经和几位技艺高超的主厨筹备一顿特殊的晚餐。我的任务是准备甜点。我觉得之所以这样安排是因为我是团队里唯一的女性。当然不是因为我在这方面有天赋——一丝不苟地按照食谱操作是制作点心的关键(读到这里，大家都知道我对此有何感受了吧)。当其他主厨忙着比拼谁的技法更加复杂精细时，我瞥了一眼厨房里那台巨大的烤箱，决定另辟蹊径。我最喜欢的农场的布伦海姆杏刚刚上市，这些杏子有着橘里泛红的果皮和天鹅绒般绵软的果肉，将甜味与酸味完美平衡，既凸显了春天的悄然将至，也彰显了夏天的勃勃生机，真可谓美味至极。如果在农贸市场见到这种杏子，那么能拿动多少就买多少。

那天夜里，我将杏子一个个切半，将核去掉，然后在每半个杏子中塞入用杏仁膏、杏仁以及意式杏仁饼(amaretti)制成的内馅儿。我将杏子放在烤盘纸上，淋几滴甜酒，撒上白糖，然后用烤盘纸包裹起来。我将小包裹在炙热的烤箱中烤了约10分钟，让小包裹因蒸汽而鼓胀起来，搭配打好的鲜奶油，立马将这些甜点端上桌去。一顿由多道菜肴组成的精致大餐下肚后，撕开小包裹并嗅闻杏子那让人沉醉的芳香，然后品尝其酸甜适宜的奶油挞般的味道，这些质朴的享受给我们的食客带来了无限的乐趣。即便在几年后的今天，在碰到那次晚餐的客人时，他们仍然会陶醉地回忆起那道纸包杏子。简单的烹饪，总会带来让我喜出望外的效果。

若你不用烤箱而是选用炉子蒸制，那就使用带孔的蒸笼或滤网，将蔬菜、鸡蛋、米饭、墨西哥玉米粽(tamale)或鱼肉等食材在蒸笼里铺满一层，放在一锅将沸未沸的水上。盖上盖子保存蒸汽，一直到蒸软为止。传统的摩洛哥古斯米就是这样放在沸水上做出来的，水中加有芳香的蔬菜、香草以及调料，赋予食物一股淡淡的清香。

炉灶蒸制的方法也很适合烹饪蛤蜊或贻贝这样的贝类，具体方法请见我在蛤蜊意大利面分步食谱(第300页)中的描述。

将蒸制与用大火褐变的方法结合在一起，我喜欢把这种烹饪方法叫作蒸炒。这种方法很适合烹饪茴香球茎或胡萝卜这样紧实的蔬菜：在铺着一层蔬菜的平底锅里加入1.3厘米深的水，撒一些盐，浇上足量的橄榄油或放入一块黄油，加入香料，然后将盖子半掩上。用文火将蔬菜煮软，打开盖子，将多余的水全部倒掉，然后将火调大，让美拉德反应开始起作用。

用油脂烹饪

油封

油封（confit）这个词来自法语，是指为避免褐变而用足够低的温度缓慢烹饪食物。将脂肪作为媒介而不以褐变为目的的烹饪方法为数不多，油封法就是其中之一。

最为人熟知也最美味的油封菜大概要数油封鸭了。这道菜源于法国西南部山区的加斯科尼，是人们为了保存鸭腿以备日后食用逐渐演变而来的。其过程虽然简单，成品却美味得无以复加。给鸭腿调味，将其浸入熬制的鸭油之中，然后烹饪至柔软入骨。你应知道，当鸭油每过几秒就冒出一两个泡泡时，温度刚刚合适。浸没于油中并存放在冰箱里，鸭肉可以保存几个月的时间，并随时能被做成法式油渍肉酱（rillettes），或者可以用这种鸭肉、豆类和香肠做成传统法国菜式卡酥来砂锅，或者你只需将鸭肉加热烤脆，然后搭配煮马铃薯、爽口绿叶菜以及一杯葡萄酒，就可以立马上菜了。

如果手边没有鸭肉，这个技巧对于包括猪肉、鹅肉和鸡肉在内的其他肉类也完全适用。在做节日大餐时，可以将感恩节的火鸡腿或圣诞节的鹅腿卸下来油封，然后把余下的胸肉拿来烧烤，这样你就可以用一只火鸡或鹅为客人提供两道用不同方法做成的菜肴了。夏天，可以试着用加了一两瓣大蒜的橄榄油制作新鲜的油封金枪鱼，做成尼斯沙拉。另外，蔬菜也适合油封：你可将油封洋蓟、意面和一把碎罗勒搅拌在一起，制成简易晚餐，也可以将油封樱桃番茄与新鲜豆类或水煮蛋搭配食用。将橄榄油滤出并放进冰箱，因为这时的橄榄油已经融合了在其中烹饪的食材的味道和精华，可以加在沙拉调味汁里或者日后再用来烹饪别的食材。

出水炒煮

出水炒煮的方法是指在极少量的油脂中烹饪蔬菜，让菜在不褐变的情况下变得软而透明。在炒制过程中，蔬菜会释放一些汁液，该烹饪方法由此得名。洋葱、胡萝卜及芹菜制成的蔬菜汤头集法式烹饪精华于一身，这种汤头一般不是通过爆炒或褐变，而是用不会让菜变色的出水炒煮法做成的。对于意大利白汁炖饭、花椰菜泥或其他象牙白色的菜肴，褐变的洋葱可能会带来一丝不和谐，因此，你可以往里加入出水炒煮的洋葱。

出水炒煮的洋葱做成的汤底，便是英式豆汤、胡萝卜汤或丝滑甜玉米汤等用单种蔬菜制成的清淡汤品的秘诀。这些汤品的食谱并无差别：将洋葱出水炒煮，加入你选的蔬菜，加水浸没食物，加盐调味，将水烧沸，把火调小，待蔬菜一煮熟就从锅里捞出，鉴于余热会继续烹饪蔬菜，你也可以在蔬菜马上要煮熟时就将其从锅里捞出来。将整口锅浸泡在冰水中即时降温，然后将蔬菜制成菜泥。搅拌、品尝、适度调整，然后加上酸味饱满和油脂充足的美味配菜，比如香草萨尔萨酱或法式酸奶油。

为了将温度控制在能炒出水的范围内，你需要小心观察锅里的情况。加入盐，让蔬菜含有的水分析出。使用有高锅壁的煎锅或炖锅，以防蒸汽泄漏。在需要时，也可以用烤盘纸或锅盖来帮助蒸汽的保存和循环。如果你看到蔬菜上开始出现焦黄的斑点，那就不时往锅里加一些水。

关于搅拌，有一个注意事项：搅拌容易驱散热气。因此，要想避免褐变，就应多多搅拌；要产生褐变反应，则不该搅拌得那么勤。使用一把木勺搅拌，木勺既硬又软，可以防止糖分或淀粉在制作焦糖洋葱、白酱或玉米糊的锅底黏结。你也不必在搅拌方法上太过讲究，只需将这个方法用作推进或避免褐变反应的一种工具。

各种油炸烹饪法

我在**“脂”**一章解释过，各种油炸的不同名字一般指代每种方法中所用油脂的多少。无论你用的是深度油炸、少油煎炸、锅煎、爆炒还是翻炒，基本理念都是一样的：充分预热平底锅和油脂，让食物一加进去就立即开始褐变反应，但与此同时也要注意调节温度，好让食物内部烹熟的速度与食物表层褐变的速度一致。要避免在平底锅内加入太多的食物，也要避免过度或过早地翻搅食物。蛋白质尤其容易在开始烹饪时粘在平底锅的锅底，将鱼肉、鸡肉以及其他肉类在锅里放几分钟，一旦开始褐变，肉便会从锅底分离出来。

翻炒（sauté）这个词的来源是法语中的“跳跃”一词，是指将平底锅中的所有食材翻面时手腕的颠动。在翻炒时要尽可能少用油脂，避免热油飞溅而烫伤自己，在锅底浇上薄薄一层（约 0.16 厘米）油就可以了。可以通过翻炒的方法烹饪内部能在表面褐变的同时完全烹熟的小块食材，比如虾仁、熟谷物、小块的蔬菜和肉类、绿叶菜。

翻炒既节省时间又能少用一种容器，还能确保食材的每一面都可均匀褐变，因此，这是一种值得研习的烹饪技法。如果你还没有掌握颠锅的技巧，那也不必着急—— 我就花了几年时间才掌握。只需在起居室的地板上铺一张旧床单，你就可以开练了：往一口带有曲面锅壁的煎锅里放一把大米或干豆，使锅朝下倾斜、手肘朝上倾斜，然后大胆翻动煎锅，直到掌握技巧。与此同时，可以使用金属夹具或木勺来搅动锅里正在翻炒的食物。

在用平底锅煎制食物时，用足量油脂覆盖平底锅的锅底（约 0.6 厘米）。鱼排、牛排、猪排或吮指锅煎鸡这样较为大块的食物需要较长时间才能完全烹熟，适合使用锅煎的方法。充分预热平底锅和油脂，让任何加入其中的食物都能立马炸得嗞嗞作响，但不要把火候调大：食材褐变的速度应该与烹熟的速度一致。比起小块的肉类或虾仁，鸡胸肉和鱼排需要更长的时间才能烹熟，因此，所用温度也应该比翻炒时稍微低一些。

少油煎炸以及深度油炸就像是孪生兄弟一样，二者都非常适合用来烹饪高淀粉的蔬菜，或者裹上面糊或面包屑炸制的食物。除了烹饪好的食物看上去有所差别，这两种方法几乎没有区别。将食材浸入稍微超过一半高度的油，这是少油煎炸；如果将食材全部浸入油脂，这就是深度油炸了。

无论你选用哪种方法油炸，油温都应该刚好在 185 摄氏度（365 华氏度）上下。（若想记住油炸的正确油温，你可以告诉自己：我一年 365 天每天都想吃油炸食品！你也可以干脆用永恒马克笔在油炸温度计 365 华氏度那里做个记号。）如果油温比这低许多，那就无

法很快形成脆皮，做出的食物湿湿软软的。如果油温过高，那么面糊就会在里面包裹着的食物尚未彻底烹熟时被烧焦。这个原则的唯一例外，就是那些既紧实又坚硬且需要一定时间才能彻底烹熟的食材，比如，鸡腿就需要至少 15 分钟才能炸熟。要想炸出美味的脆皮，

你可以先将鸡腿放入约 185 摄氏度的热油中，然后让温度降至 163 摄氏度，好让鸡腿在不被炸煳的前提下烹熟。

就像我在巴基斯坦路边看到的那位烹饪中东查普利烤肉饼的厨师一样，请注意观察油炸食物在烹饪中发出的信号，假以时日，你就不必次次油炸时都把温度计拿出来了。蒸汽、冒泡、食物浮到锅的顶部以及褐变反应，这些都是需要注意的线索。如果温度够高，食物一放进锅里便会发出咝咝的响声并发生褐变反应，但这个过程不太剧烈，速度也不快。等到油停止冒泡而蒸汽不再那么剧烈升腾时，面糊就炸好了。等到食物变得干脆而金黄时，就可以将其从油里捞出来了。

往锅里加入的食物的多少，肯定会对油温产生影响。加入的食材越多、越大、越凉、越紧实，油温就下降得越多。如果油温要用太长时间才能重新攀升回 185 摄氏度，那么食物在完全褐变之前就会烹饪过度。作为预防措施，你可以将油加热到稍微高于理想区间的温度，或者将每次加入的食材减少一些，以防油温大幅下降，切记要让油温在加入每批食材的间隙回升到理想区间。

由于理想的油炸温度远远高于 100 摄氏度，因此，面糊里或油炸食物表面的任何水分都会立刻蒸发——这也就是食物咕嘟冒泡的根源。要想炸出干脆而焦黄的脆皮，关键就在于让蒸汽以最快的速度从锅里释放。换句话说，不要往锅里放太多食材。裹上面糊炸制

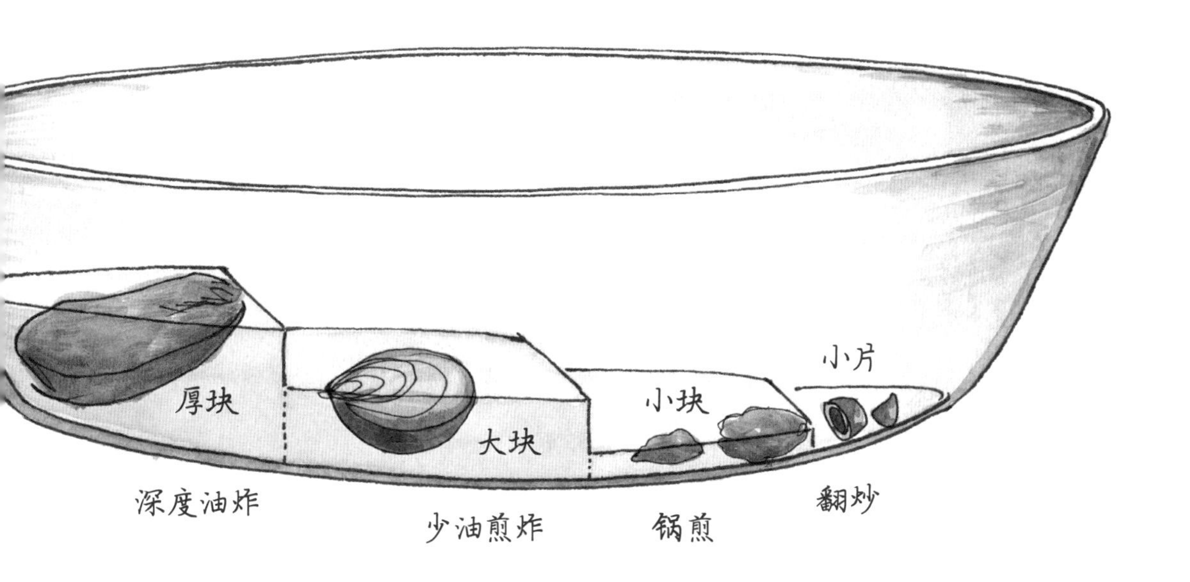

的食物绝不能相互触碰，也绝不应该在油中堆叠——否则，这些食材便会连成黏糊糊、软塌塌的一大块。马铃薯、羽衣甘蓝或甜菜切片这些不用裹面糊炸制的食材却可以也一定会相互触碰，因此，你应该充分搅拌，以防食材粘在一起，使每一面都能均匀炸至褐变。

像是蟹饼或鱼饼、小块的莙荙菜糊塌子，或者裹了面包屑的绿番茄这样的易碎食物，有可能因深度油炸的剧烈翻滚而抖散，因此，你可以选择少油煎炸。深度油炸则比较适合各种薯片和薯条、裹了面糊的食物以及软壳蟹这种需要完全浸入油中才能均匀烹熟的紧实食材。

烧制

无论你使用的是烤架、铸铁煎锅，还是在烤箱里预热的烤盘，厨具表面的炙热都是烧制的要点。用大火预热厨具表面，然后加入油脂，让油脂达到烟点，再往里加入肉品进行烧制。Eccolo 关门之后，我越来越频繁地在家里的厨房烹饪。放弃餐厅里涡轮增压的炉子，转而使用公寓里的基本款小功率燃气灶，这当然不是一件轻松的事。刚开始时，无论我将铸铁煎锅在炉子上预热多久，我都找不到一个合适的温度能将牛排烧好却不过度烹饪。烧出了几块硬邦邦的牛排之后，我开始尝试将煎锅在炙热的烤箱中预热 20 分钟，再将锅拿出来放在炉子上用大火烧制牛排。这一招真是屡试不爽。

无论是褐变反应、油炸还是烧制，食物最先变焦的那面总是较为美观的一面，因此，你应将食物展示人前的一面朝下放在平底锅中或是烤架上。对于禽肉而言，你应将带皮的一面朝下放；对于鱼肉来说，你应该将带皮的一面朝上放。至于其他肉类，你可以自己判断，将最美观的一面朝下放就行了。

烧制的意图若说是将食物烹熟，还不如说是通过褐变得到美拉德反应带来的美味。烧制过程中深入食物内里的热，可将最适合在一分熟或几乎全生的状态下上桌的肉块和鱼块烹制得最软嫩，比如金枪鱼、扇贝或牛里脊。但是对于其他所有食材来说，烧制的目的在于褐变，而不在于烹饪。烧制较大块的肉时，着重实现美拉德反应带来的味觉冲击，再将火调小，开始炖肉。用直火烧制羊排、猪腰肉或厚猪排，再换用炉子、烤架或烤箱的小火来熬炼和烹制。

用空气烹饪

明火烧烤和炙烤

明火烧烤的第一大原则就是：永远不要直接在火上烹饪。火焰会在食物上留下煤烟、难闻的味道以及致癌物，因此，你应该等火焰渐渐变小，然后在闷燃的煤炭和余烬上烧烤。想象自己正在为棉花糖夹心饼烤制火候恰到好处的棉花糖，你必须耐心地把烧烤架架在炭块上，然后转动棉花糖进行均匀烤制。如果棉花糖离火焰太近，外皮便会有烧焦的煳味，内部却没有融化。任何直接放在火上烧烤的食物，都会出现这种问题。

无论是果木、硬质木材、木炭还是燃气，不同的燃料都会让烤架达到不同的温度。橡木、杏木这些硬质木点燃得很快，但燃烧得很慢，因此很适合在需要稳定供热时使用。包括葡萄藤、无花果木、苹果木、樱桃木在内的果木，则容易以高温快速燃尽，因此非常适宜用来快速达到褐变所需温度。绝不要将松木、云杉或冷杉这样的软质木材用作烧烤，因为这些木材会给食物留下一股辛辣而苦口的味道。

木炭的好处在于比木头燃烧得更慢，温度却更高。木炭块尤其能为食物留下一股香喷喷的烟熏味。虽然在炭火上做成的食物总会在口味上胜出一筹，但燃气烧烤的便捷仍是无可比拟的。在使用燃气烧烤时，要懂得燃气的局限性——燃气使用的不是木头，因此不会给食物留下烟熏味。(作为弥补，你可以使用第153页介绍的烟熏木屑。)由于燃气在燃烧时的温度不像木头或木炭那么高，因此燃气烧烤无法达到像炭火一样炙热的高温，也就无法像炭火一样快速而有效地让食物褐变。

如果对烧烤的肉疏于看管，那么随着熬出的油脂滴入煤炭，火苗便会蹿起将食物吞噬，留下让人难以下咽的味道。要想预防火苗突起，你可以把食物在烤架上稍加移动，让非常肥厚的部分远离最炙热的炭块。在学会烹饪之前，我一直以为烧烤上留下的十字纹痕迹便是高超厨艺的标志。在潘尼斯之家工作几年后的一个下午，看到爱丽丝在她家后院里烧烤大堆鹌鹑肉和香肠，我突然意识到了与我共事过的厨师从不费心留下烧烤纹路的原因。爱丽丝就像一只蜂鸟一样娇小而好动，她站在烤架旁，在鹌鹑肉和香肠刚开始变色或刚开始熬出有可能引起火苗蹿动的油脂时便移动地方。在她翻动烤肉时，我渐渐意识到，烤肉上均匀的焦黄色光泽正是她频繁照看的直接结果。这样一来，每咬下一口，嘴里就会充盈着美拉德反应带来的口味饱满的分子，而不只是品尝到食物上有幸烤出十字纹路的美味区域了。

无论你用的是燃气还是炭火，就像炉子上有不同温度的火灶一样，你也应在烤架上制造不同温度的烧烤分区。将最小块、最柔软的食材放在温度最高的炭层之上，利用直接加热的方法：薄片的牛排，鹌鹑等小型禽类，切片蔬菜和薄片面包，鸡胸肉，以及你想要做到一成熟的汉堡肉。利用炭块附近的余热打造温度较低的区域，用来烤制带骨肉、较厚的肉块以及需要一些时间才能熟透的鸡肉。温度较低的区域很适合用来烤制容易引发火苗蹿动的香肠和较为肥厚的肉，也可以用来为食材保温。

间接加热在美国南部缓慢而温和的烧烤和熏肉中多有用到，鼠尾草蜂蜜熏鸡肉就是一个例子。在烧烤和熏肉中，烤架实际上被当成了一台烤箱，温度保持在 93 ~ 149 摄氏度。文火熏烤的关键在于火候要温缓而稳定，这一点在用炭火烹饪时可能是一大挑战。在这种情况下，数字肉类温度计不失为一种好用的工具，可以让你知道烤架的温度何时升得过高或降得过低。

Eccolo 关门后的一个夏天，一支数字肉类温度计派上了用场。我的新闻学老师兼烹饪学生迈克尔·波伦不小心订了比他的预期多两倍的猪肩肉，不知所措的他把我叫到家里帮忙。他教会我如何烧烤猪肩肉后，我们便在他家的后院开始了一次紧急的慢火烧烤——紧急和慢火两个词或许相悖，我们俩也的确在旁闲等了好一阵儿，但成品很是美味。迈克尔事先在猪肉上抹了盐和糖，然后把肉放在堆着木屑的燃气烤炉上，用间接加热的方式烤了 6 个小时。这番功夫让我尝到了烟熏味最浓、最弹软的肉，我真怀疑迈克尔上辈子是美国南方的烧烤大师。由于烤制过程不大需要我们自己动手，我们利用等待的时间制作了文火煮豆、爽口卷心菜沙拉和甜苦巧克力布丁，在当晚临时举办了一场愉快的烤猪肉晚宴派对。

你没有烤架吗？住在公寓里吗？若是这样的话，你可以把炙烤当成上下颠倒的室内烧烤。绝大多数的烧烤都是在室外进行的，热源位于食物下方，炙烤却是在烤箱内进行的，热从食物上方发散出来。烤箱可以达到极高的温度，由于食物离热源很近，因此温度比一般的烤架高很多。在密切的照管下使用烤箱烹饪薄牛排或薄猪排，之所以要密切关注，是因为区区 20 秒的时差就可能意味着美味或烧焦两种不同的结果。你也可以使用烤箱来融化奶酪烤面包上的奶酪，将奶酪焗通心粉上的面包糠烤至褐变，或者将吃剩的五香浇汁烤鸡的鸡皮烤脆。

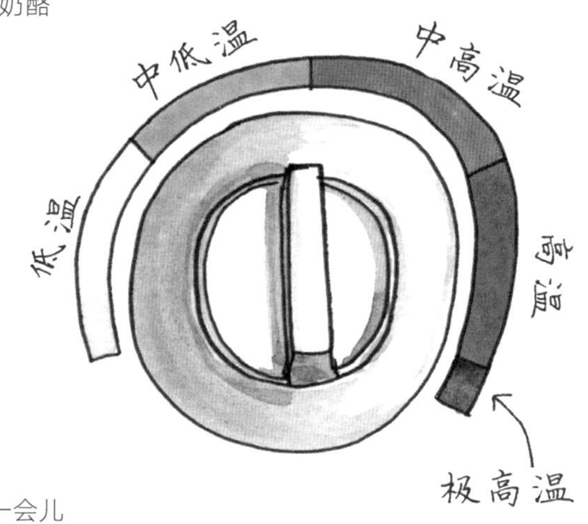

无论你是用明火烧烤、炙烤还是干热烧烤来烤制柔嫩的肉品，都应该在烤熟之后和切片之前搁置一会儿。这不仅能让余热对肉继续烹饪，还能让肉品中的蛋白质有机会松懈下来。放置了一会儿的肉能在切片后更好地保留水分，肉片会显得更加多汁。大块肉可能要放置 1 个小时，但牛排只需要 5 ～ 10 分钟就行。要想制作最柔嫩的肉片，应沿着纹路反向切，也就是逆着肌肉纤维的方向切下。用刀切断纤维虽然费力，但能减少纤维的长度。这样一来，肉会更加柔软，咀嚼的过程也会变得愉快很多。

烘焙

烤箱的温度大致分为以下几个区间：低温（79 ～ 135 摄氏度），中低温（135 ～ 177 摄氏度），中高温（177 ～ 218 摄氏度），以及高温（218 摄氏度及以上）。在这些区间之中，食物的烹饪过程大同小异。如果你不知道开始时应该使用什么温度，那就从 177 摄氏度开始，这就是烘焙的“中央 C”。如果找不到食谱，那就从这个温度开始。177 摄氏度足以引起食物褐变，但同时也足够温和，能将绝大多数食物烤透。

低温（79 ～ 135 摄氏度）提供的热能足以让棉花糖蛋白脆饼发酵变干，但也温和得不至于让其发生褐变反应。我认识一位迷信的甜点大厨，她只用自己的古董燃气烤箱彻夜烤制蛋白脆饼。上床睡觉之前，她会将烤箱预热到 93 摄氏度，然后放入蛋白脆饼，并把烤箱关上。烤箱的长明灯散发的微热减缓了烤箱温度的下降速度，到了早晨，她的蛋白脆饼总是雪白硬脆而又不过于干燥。换句话说，她烤出的蛋白脆饼堪称无可挑剔。

中低温（135 ～ 177 摄氏度）提供的温热能让绝大多数烘焙食物烤制成功。蛋白质稳定下来，面团和面糊失去水分却又不会变得过于干燥，食物会释放淡淡焦香。蛋糕、曲奇、布朗尼都能在这种温度下受益，另外，许多种派以及包括黄油酥饼和松饼在内的软面团制成的点心也是如此。163 摄氏度不像 177 摄氏度那么严酷，前者更容易做出软糯、有嚼劲而不硬脆的曲奇，或者金黄色而非焦黄色的蛋糕。

与之相反，较高的温度很快就能使食物发生褐变反应。用中低温将咸味菜热透，然后将火调到中高温（177 ~ 218 摄氏度），做出我们期待在奶油烤菜、千层面、馅饼以及煲菜中看到的焦黄脆顶。

烤箱的高温（218 摄氏度及以上）虽然能够快速烤熟食物，但发生的褐变有时并不均匀。对于奶油泡芙和香酥脆皮来说，使用高温让食物迅速成形很重要。水分在高温烤箱中蒸发成气体，导致烘焙弹性（oven spring，也称为烘焙胀力）的形成，使烘焙面团实现第一次体积扩大。这股膨胀的蒸汽将烘焙的面团层层推开，制造酥松的脆皮，阿伦挞皮面团就是这样做出来的。蛋奶酥和空心酥饼等部分烘焙食品完全靠烘焙弹性才能烤发，而洛里午夜巧克力蛋糕等另一些烘焙食品，除了烘焙弹性之外还要用到化学膨发剂。无论在哪种情况下，第一次膨胀在烘焙中都是最重要的。要让烘焙弹性发挥最大功效，你可以在高温烘焙前 15 ~ 20 分钟让烤箱门保持关闭。等到面团里的蛋白质稳定下来并基本成形之后，你可以将温度调低，防止面团烤煳并确保面团从里到外烤透。

脱水烘焙（93 摄氏度以下）

我们可以把脱水烘焙看成用最低温进行的烘焙。就像字面意思一样，脱水烘焙大多是为了保存食物，在不至于烤焦食物的温度下将食物中的水分去除。肉干、鱼干、干辣椒、果丹皮、番茄酱、干果以及脱水番茄，这些都是脱水食物。虽然我们可以购买特制的脱水器对食物进行温和加热，但是用烤箱最低温烤制食物，或者干脆把食物留在开着指示灯的烤箱里过夜，这些做法也能达到类似的效果。在 Eccolo 的时候，夏季最干热的日子里，我会将辣椒和荚豆在铁架上铺成一层，放在屋顶晾晒。我很快就认识到，必须在晚上把托盘放回屋里，以防夜行生物和朝露影响我的进度。每一次晾晒都需要几天的时间和悉心的照顾，但冬天来临时，我总会为夏天的勤奋准备感到欣慰。要想制作烤箱脱水的多汁番茄，我们可以把“早熟女孩”这种味道丰富的小巧番茄切半，将番茄切面向上，紧挨着摆在垫上烤盘纸的烤盘里。放盐调味，撒上一小撮糖，然后将烤盘放进调至93摄氏度(如果可以的话，还可以将温度再调低)的烤箱中烤约12个小时，在此期间查看一两次。番茄变得不再潮湿出水时，就表示番茄已经做好了。将番茄装进玻璃瓶，倒上橄榄油，然后放入冰箱冰藏，也可以装在自封袋中冷冻，能够存放多达6个月。

烘烤(177 ~ 232摄氏度)

对我而言，最完美的烤面包表面要既焦黄又干脆，还要带着美拉德反应产生的所有浓郁香味。无论你烘烤的是面包圈、面包块还是椰子片，都要以达到这些效果为目标。同样，坚果也会因烘烤而变得更加美味。为了不像Eccolo的那位年轻厨师一样把食物“烤过了头”，你可以设好计时器，提醒自己时不时查看一下正在烘烤的食物。在烘烤时，一定要将食物铺成单层，并且不时搅拌一下，然后把烤好的部分挑拣出来。

用中低温(约177摄氏度)烘烤涂抹了鸡肝酱或蚕豆泥的薄片面包，不要让面包烤煳或脱水，那样会形成把嘴划破的利碴儿。而搭配水波蛋和绿叶菜或者番茄和意大利乳清干酪的厚片面包，则可用高温(高至232摄氏度)烘烤，或者放在炙热的烤架上烘烤，在面包表面快速变焦脆的同时保持内里软糯而有嚼劲。

当温度达到或超过232摄氏度时，打个喷嚏的工夫，金黄焦脆的椰子片、松果和面包糠就会焦煳。将温度调低28 ~ 42摄氏度，你就能在时间上松快许多。就算你止不住地打喷嚏，烘烤的食物也不会出什么问题了。当你感觉这些火候难以掌控的食物已经烤得差不多时，立即将食物从滚烫的烤盘中取出来(若不这样做，余热就会继续烤制食物，而你烤得恰到好处的食物也会在瞬间烤煳)。

慢烤、明火烧烤和熏烤(93 ~ 149摄氏度)

脂肪含量高的肉类以及鱼类可以放在烤箱里或烤架上在极低的温度下烹饪，将自身所含油脂熬出来，从里到外滋润食物。我很喜欢用慢烤的方式烹饪鲑鱼，这种方法无论是用来制作一人份配菜还是整餐配菜都很合适。你只需为鲑鱼的两面加盐调味，然后将鱼皮一面朝下，塞入香草铺成的底料之中就行。在顶上洒一点儿优质橄榄油，用双手将橄榄油抹匀，使其渗入鲑鱼中，然后将鱼放入预热到107摄氏度的烤箱。根据菜品分量的不同，用时从10分钟到50分钟不等，但用刀或手指戳动时，如果鱼排最厚的部分开始出现剥落现象，那就说明鱼肉做好了。这种方法对鲑鱼蛋白质的烹饪非常温和，因此，即便在烹熟的情况下，鱼肉看起来也是透明的。慢烤鲑鱼滑腻又多汁，无论趁热上桌、置于室温下还是冷却后放在沙拉里，都非常合适。（更加详细的食谱和搭配建议，请翻阅第310～311页。）

干热烧烤（177～232摄氏度）

干热烧烤和烘烤之间的区别很简单：烘焙是指将食物的表面烤焦，而干热烧烤同时也要将食物的内里烹熟。传统来说，干热烧烤指的是在火上或火旁的烤架上烹饪肉品。我们现在所知的用干热的烤箱进行的烧烤，直到200年前都被称为烘焙。

由于烤叉的不停转动，包括鸡肉在内的所有我爱在Eccolo烤架上烹饪的肉品出炉时都烤得非常均匀，但是，在家里用烤箱烤制禽肉时，褐变情况会因烤箱所用热能的形式的不同而参差不齐。从加热元件中辐射出来的热会在烹饪食物的过程中导致暴露于热源下的食物脱水，让鸡皮变得又脆又干，小马铃薯的表皮起皱、呈皮革状。对流式烤箱中有一两台电扇让热气不断循环，因此与放在传统烤箱中的食物相比，对流式烤箱中的食物褐变、脱水以及烤熟的速度都更快。使用对流式烤箱时，请将温度调低14摄氏度，或者提高警惕，多多观察食物的情况。

除此之外，只要接触滚烫的金属，食物的表面就会因导热而褐变，这也是炉面油炸的原理：火炉为平底锅加热，平底锅为其中的油脂加热，而热油又加热食物。烤箱亦是同理：烤箱加热平底锅，平底锅加热油脂，油脂又加热食物。将涂了油的番薯片铺在平底锅里，然后放进一台热烤箱中。番薯的两面都会褐变，但根据热传导模式的不同，番薯两面烤熟的程度也会出现不同。顶部会略为干燥起皱，而底部则会像被油煎过一样，变得金黄而湿润。所有食物都难免遇到这种褐变不均匀的情况，除非把食物放在金属架上，让空气能在底部循环。在烤箱烤制食物的过程中，应将里面的食物翻面、转动并移动位置。在烤箱中，食物褐变的势头会越来越猛，因此应先用高温烤制必须快速褐变的食物，而在褐变开始之后，请将烤箱的温度调低，以免将食物烤煳。

对于薄片食物或在褐变前不能烹饪太久的食物而言，在开始烹饪前“抢先一步”预热是有好处的：先对烤箱中的烤盘预热，再往里加入抹了油和撒了盐的西葫芦片，你也可以先将铸铁锅在火炉上加热，再往里倒入蘸了哈里萨辣椒酱的虾仁，并将锅放入高温的烤箱。对于准备在烤箱里烤制稍长时间的食物，你可以将温度稍微调低一些。在食物烤制的过程中品尝味道、感受质地、嗅闻气味并聆听声响。

如果你感觉褐变的速度太快，那就将温度调低，用一张烤盘纸或锡箔松散地覆盖起来，然后将金属架从热源近旁移开。如果你感觉褐变的速度太慢，那就将温度调高，把食物往烤箱内部温度较高的地方（一般来说是后部的角落）推一推，让食物离热源近一些。

要想更好地促进蒸汽的散发并加速褐变的开始，你可以使用浅口平底锅来烤肉。在绝大多数情况下，浅口烤盘或铸铁平底锅都可以达到这种效果。如果你烤制的肉含有大量需要熬炼的脂肪（比如鹅肉、鸭肉、牛肋排或猪里脊），那你可以考虑使用金属架，以防烤肉泡在平底锅里聚集的一摊油脂中油炸。

蔬菜

及时加盐调味加上美拉德反应的作用，能够烤出恰到好处、外皮焦黄甜脆、内里柔软鲜美的蔬菜（你可以参考第 40 页的“加盐时间表”来提醒自己该何时加盐）。将 204 摄氏度作为烤制蔬菜的原始温度，但是你要知道，具体的温度会根据蔬菜的大小、密度、分子结构，平底锅的深度及材质，以及烤盘或烤箱盛装食物的多少而有所变化。

在潘尼斯之家时，有一次，我严重误算了需要烤制的西葫芦的数量。烤箱里只够放两个托盘，而时间也所剩不多了。于是我想，干脆把所有西葫芦都挤在两个托盘里，把任务完成就行了。于是，我就像是摆拼图一样将西葫芦紧紧塞满第一个托盘，让每一片西葫芦都将其他西葫芦牢牢固定住。我将托盘塞进烤箱里，然后用同样的方法将剩余的西葫芦往第二个烤盘上摆。我完全没有想过为什么从没看见别的厨师像我这样把蔬菜紧紧塞在一个盘子中，只是一心想要尽自己所能把任务完成！

然而，将剩余的西葫芦填进第二个烤盘时，我发现自己犯了一个错误。剩余的西葫芦完全不够填满第二个托盘，以至于每片西葫芦之间有很大的空间。第一盘西葫芦已经在烤箱里烤制，而我手头还有一大堆其他任务有待完成，因此我没有时间把两个盘子里的西葫芦匀开。于是，我就这样把第二个烤盘也塞进了高温的烤箱中。

一朝为省事，遗憾抱终生。当我去转动托盘时，那盘堆满的西葫芦已经泡在自己溢出的汁水中了，而另一盘铺开的西葫芦则烤得恰到好处。渗透作用带来的渗水，加上没有空间让蒸汽溢出，使从烤箱取出的第一盘西葫芦成了湿漉漉、软塌塌的一团糟。一不小心，我竟做出了一碗“蒸西葫芦汤”。从此以后，我再也不会把烤菜的烤盘装填得过满了，这也是这次尝试带来的唯一一个积极结果。

要想褐变得均匀，就不要往烤盘里塞太多蔬菜。在每片蔬菜之间空出距离，让蒸汽散发出去，以使温度上升到足以引发褐变的程度。在烤制过程中对蔬菜多加查看，不时搅拌、翻面，旋转烤盘并更换烤架。

不要把糖、淀粉或水分含量差异很大的蔬菜放在一个烤盘里烤制。这样一来，蔬菜是不能得到均匀的烹饪的。有的蔬菜会被蒸熟，有的会被烤焦，二者吃起来都不会给人带来满足感。请查阅第 144 页**“地上和地下的植物”**，看一看哪些蔬菜的烹饪情况相似。如果你的“名下”只有一个烤盘，那就劳驾到二手商店去逛一逛吧！在此之前，你可以先将马铃薯放在烤盘一侧烤，把西蓝花放在另一侧烤，然后把烤熟一侧的蔬菜从烤箱中取出。

肉类

牛肋排以及猪腰肉这些镶嵌着大理石般肥肉的柔软肉块都非常适合干热烧烤，因为这些肉足够多汁，能够经受住烤箱中干热的侵袭。就像我在之前解释的一样，在肉的烹饪过程中，肉本身熬出的油脂会从内部起滋润作用。同理，在内部自带的大量脂肪的护卫下，猪肩肉或牛肩颈肉等较硬的肉块也很适合干热烧烤。

在烤制火鸡胸肉这样脂肪含量很低的肉时，请采取一些预先措施，比如盐水腌制和包油，也就是将肉包裹在一层油脂之中，以确保湿润。

要想烤得均匀，请记得提前给烤肉加盐，让盐有充足的时间渗入肉，防止蛋白质在烹饪过程中将自身锁住的水分散尽。烤制用的肉要放到恢复室温（对于非常大块的肉，这个过程有可能需要几个小时）。先在一台高温（约 204 ～ 218 摄氏度）烤箱中烤制，待褐变开始后，再逐渐以约每次 14 摄氏度的速度将温度调低，直到肉品烤好。

为了节省几分钟，你可能会想用超过 204 摄氏度烤制培根或使其他肉品褐变，每当这时，请大家想一想下面这个促人警醒的故事。几年前的一天，我正在自己公寓里那间狭窄的厨房里为一个晚餐派对准备饭菜。由于进度很赶，我便把烤箱调至“炙烤”模式，然后塞入一盘牛小排进行褐变。虽然没太过脑子，但我还是提前注意到这些牛小排的脂肪含量极高。几分钟之后，滚滚烟雾开始从烤箱中升腾而起。那景象非常夸张，简直就像舞台效果似的！我意识到，牛小排中所有的脂肪都被熬了出来，并在瞬间化成了烟雾。还没等我采取挽救措施，一些熬出的油脂就已经溅到烤箱里着起火来。我赶紧打开橱柜，一把抓起我能看见的第一件能够灭火的东西：一袋约 2.3 千克的面粉。长话短说，那天晚上，我并没有上牛小排这道菜。（又一个在厨房里因走捷径而摔跤的故事。有的时候，一步一个脚印才是最正确也是唯一的方法。）

希望大家从我的失误中吸取教训。脂肪一旦开始熬炼出来，烹饪肉品的温度就不应超过 190 摄氏度，即绝大多数动物脂肪的烟点，这小则可以防止烟雾报警器哔哔作响，大则可以预防更严重的隐患。

买一支能够即时显示温度的肉类温度计（也可以用来测量熏肉的温度）。大块烤肉要测量多个部位的温度，因为一个部位可能看起来已经烤好了，但另一个部位则可能还没有烤好。肉块内部几度的差别，可能就意味着多汁和干硬两重天。我有一个黄金法则：大块肉品内部达到 38 摄氏度之后，温度会以约每分钟 0.5 摄氏度的速度攀升，有时还会更快。因此，如果你的目标是做出三分熟的肉（也就是 48 ～ 49 摄氏度），那就应提前 15 分钟将烤肉从烤箱中取出。大块烤肉的温度会因余热上升约 8 摄氏度，而牛排和猪排会带有约 3 摄氏度的余热，因此，每次将这些肉从烤箱中取出时，都要把这些时间算进去。

如果你比较喜欢烤制出脆皮的肉品，那就先将烤肉放在火炉上烹饪。这一招也可以在工作日需要短时间做烤肉时派上用场，我就经常会在做香脆去骨烤全鸡时用到这招：先把鸡胸朝下放在铸铁锅中进行褐变，然后将鸡翻面并塞进烤箱，这样一来，烤鸡的用时就缩短了一半。这个技巧对于烹饪猪肉、羊肉、牛里脊、牛外脊以及“罪恶感满满的”菲力牛排来说，也都非常好用。

多重加热法

就像盐、脂、酸一样，有的时候，你也需要使用不同种类的热来烹饪出你想要达到的效果。这就是我所说的多重加热法。

烤面包就是一个绝佳的例子。和所有的淀粉一样，小麦也需要水分和热才能彻底烹熟。要想将面包烹熟，具体的做法是先将磨好的小麦面与水和成面团，再将面团放进烤箱里，直到完全烹熟。在烤面包时，我们其实是在进行第二次烹饪。

学着将烹饪的过程分解成几块，这样一来，你可以把柔嫩食材烹熟的时间和上菜的时间安排在一起，规避了再次加热难免会带来的过度烹饪。饭店的厨师在想要节省备菜时间又不想让品质打折时，也会用到这种方法。他们会把硬而韧的肉、紧实的蔬菜、饱满的谷物等需要长时间暴露于低温下的食物提前彻底或部分烹熟，在有人点菜时再次加热。油炸食物、柔嫩的肉类、鱼类和贝类以及幼嫩蔬菜等很快就能烹熟或会因再次加热而受损的柔嫩食材，则会在有人点菜时现做现上。

将猪肉炖上一夜，第二天再加以烧烤，用作派对上的墨西哥卷饼。对于西蓝花、花椰菜、芜菁或笋瓜等紧实的蔬菜而言，无论数量多少，如果想要营造出有层次的口感，那就在炒制之前先用文火烤制或焯煮。用文火将鸡腿煮炖到鸡肉从骨头上脱落的程度，然后将肉切碎，用于制作菜肉馅饼。

学着将两种不同的烹饪方法结合在一起，打造形成强烈反差的味道和质地，这能给我们的味蕾带来极大的享受，比如外皮干脆焦黄，内里却软糯柔嫩。

热的测量：感官信息

正如美国诗人玛丽·奥利弗所写：“集中精力，这是我们一生要做的正事。”这么看来，她一定是一位伟大的厨师。没错，无论是在普通家庭还是专业饭店的厨房，我遇到的最出色的厨师，无一不是细心的观察者。

在品尝盐、脂、酸的时候，你的舌头可以做你烹饪过程中的向导。而在热上，其他感官扮演的角色却重要得多，因为一般来说，热的影响要等到食物做熟时才能品尝到。你可以利用其他感官信号，帮助判断食材是已经烹熟，还是即将烹熟。

看

- 蛋糕和苏打面包会逐渐呈现金黄或焦黄的色泽，并能从平底锅上揭下来。在中心部位插入一根牙签，根据蛋糕种类的不同，牙签有时会带出几粒碎屑，有时则什么也不沾。
- 鱼肉会从半透明逐渐变成不透明，鱼骨上的肉会开始逐渐脱落。鲑鱼和鳕鱼这类易成片脱落的鱼肉，则会一片片地脱落。
- 蛤蜊和贻贝这样的贝类会在烹熟时张开口。龙虾和蟹肉不再粘在壳上。扇贝的肉会保持半透明状。虾会变色并逐渐卷曲起来。
- 在藜麦完全烹熟时，小尾巴状的胚芽便会伸出来。包括大麦仁和小麦仁在内的完全

藜麦　　小麦仁

前　后　前　后

烹熟的全麦谷物，则会逐渐裂开。新鲜的意面会在烹熟时逐渐疲软下来，颜色也会变浅。干意面的颜色同样会变浅，但在掰开或咬开时，中心部位仍然呈现白色，这样的意面口感筋道、有嚼劲。

- 对于深度油炸的食物，不仅要观察其表面的颜色，也要注意食物释放的气泡的多少。随着油炸的进行，食物包含并释放的水分越来越少，因此冒出的泡泡也会有所减少。
- 在烹饪得恰到好处时，鸡肉会从粉红色变为不透明，肉质却仍然多汁。烹饪禽肉、猪肉、牛肉、羊肉或鱼肉时，你随时可以切一小块来查看。选最厚的部分切下一块，看一看是否烹熟。对于烤鸡来说，鸡腿上戳的洞如果流出透明的汁液，那就说明已经烤好了。
- 烹熟的蛋奶冻的中心会微微晃动，边缘部分却不会。鸡蛋烹熟时，蛋白部分不会再呈黏液状。

闻

- 烹饪带来的芳香是最让人满足的感官享受之一，可以说气味仅次于口感。熟悉洋葱在褐变到不同程度时散发的气味，用同样的方法熟悉制作焦糖的气味。蔬菜在烤箱里烹饪时，如果你身在另一间屋子里，闻味就能派上用场——第一个注意到“风吹草动”的，常常是鼻子。
- 平底锅中的香料往往会在改变色泽之前先散发一股香气，这个有效的信号可以提醒你将料包从锅里取出，让余热继续接下来的烹饪。
- 注意烧焦的气味，一定要找出气味的来源。

听

- 食物应该从一进锅起就开始嗞嗞作响，这表示锅和油都预热好了。
- 但是，不同食物嗞嗞作响的声音也有所差别……慢下来而变得更响亮和更猛烈的嗞嗞声就变成了噼啪飞溅声。这种声音表示锅里有大量的热油，往往说明是时候将平底锅中的油撇出一点儿，把鸡胸肉翻面，或者将牛小排从烤箱中取出了。
- 注意听水沸腾的声音，尤其是需要将火调小并让沸水变成将沸未沸的状态时。你会发现，通过仔细聆听，你便可以判断烤箱里包着锡箔的平底锅中的水是否煮沸。这样一来，你就不必费事揭开锡箔检查了。

触

- 柔嫩的肉会随着烹饪变得紧实。
- 紧实的肉也会随着烹饪变得更紧实，但直到松软下来、一触即破或嫩入骨头时才算烹熟。
- 蛋糕应该一触便弹回来。
- 如果淀粉粘在平底锅底难以揭开或结成一层难以戳动的硬皮，这就说明淀粉马上就要烧煳了。你可以把结的皮刮掉，也可以换一口锅，以免烧煳。
- 所有的豆类、谷物和淀粉质食物在烹熟后都应该是柔软的。
- 烹熟的意面筋道而有嚼劲，中心部分稍硬。
- 最厚实的部分烹软时，蔬菜就算烹好了。

随心应用盐、脂、酸、热

现在就到了有趣的部分：让我们用盐、脂、酸、热来组合出美味的菜肴和精彩的菜单吧。回答以下关于每种元素的基本问题，让自己对烹饪的方法有最清晰的掌握。该使用多少量的盐、脂、酸、热？何时使用？以什么形式使用？该用小火还是大火才能让原料发挥最大作用？将这些问题的答案排列在一起，你便能从中发现某个主题，以此为基础，你就可以开始随心即兴搭配了。

举例来说，下个感恩节来临之际，利用所掌握的盐、脂、酸、热的知识，你可以做出最美味多汁的烤火鸡。提前加盐或盐水腌制，就可以做出柔嫩而味道浓厚的火鸡肉。在鸡皮下塞几片加了香草调味的黄油，利用黄油在烹饪过程中为瘦肉抹油。放入烤箱之前，先将鸡皮上的水分拭干，以便烤得焦脆而不被蒸软。在烹饪前先让火鸡恢复室温，然后将脊骨拆去（这叫作去骨处理，详见第 316 页），好让鸡肉扁平塌下，均匀而快速地吸收烤箱的高温。当然，别忘了把火鸡肉放置至少 25 分钟，让其中的蛋白质松懈下来再切割。搭配一些甜美而爽口的蔓越莓酱，细细品尝每一口吧。

或者当你的家人让你为当天的晚餐做些牛小排时，你可以先拒绝，让他们暂时失望。当天晚上先为家人做一道慢烤鲑鱼或是吮指锅煎鸡，因为你知道，这两道菜的调味和烹饪只需提前一小会儿就能完成。承诺家人，耐心等待一定物有所值。准备好烹饪牛小排时，先加入大量盐，将牛小排放一夜。翌日，将炖汁做好，在烤制牛小排的同时将香味十足的蔬菜放在炖汁中烹软。将葡萄酒和番茄小心地加入底料之中。将平底锅塞入烤箱，让底料在将沸未沸的状态下熬得更加浓郁、柔嫩和可口。然后，想一想牛小排的表面该涂抹哪种香草萨尔萨酱。将所有菜端上桌时，看看家人因惊奇而瞪大的双眼吧。每一口食物都会让他们赞不绝口，他们会问："你是怎么做出这一桌精美的菜肴的？"然后你就可以回答："很简单，盐、脂、酸、热。"

烹饪食材

了解怎样烹饪后，剩下的就是判断该烹饪什么食材了。在烹饪过程中，写食谱是我最喜欢的一个环节，在我看来，写食谱就像是一幅简单的拼图：首先拼出一个局部，然后将周边悉数填充就行了。

锚定

从一道菜中选出一个元素，作为组合整桌菜的基础，我将这个过程称为锚定。这是打造一套口味和概念彼此搭配的食谱的最好方法。

有的时候，你的锚可能是某种特定的食材，比如两天前加盐腌制的鸡肉。你的锚也可以是一种烹饪方法，比如，今天适逢入夏第一天，因此你迫不及待地想要架起烤架做烧烤。你的锚也可以是某个你等不及想要尝试的食谱。有的时候，单单出去采购食物的想法就足够让你抓狂了，遇到这种情况，你在冰箱里、冰柜里以及食品储藏室里找到的零星食材就成了你的锚。

你的锚偶尔也会成为你的束缚，比如时间、空间、资源或者炉子或烤箱的功能等。烤箱的空间在感恩节时尤其稀缺，那么这时就应以烤箱作为你的锚。判断你菜单上的哪些菜品必须在烤箱里烹饪，然后动手制作其他可以放在炉子或烤架上烹饪，或者可以直接以凉菜形式上桌的菜品。在工作日的晚上，准备晚餐的时间紧缺可能成为你的锚，那就以此为基础来选择肉品并根据肉品搭配其他食材。在闲适的周日，情况可能正好相反，那么你就可以将慢烹饪作为整桌菜甚至一整天的节奏的基础。

想吃墨西哥菜、印度菜、韩国菜或泰国菜的时候，让这些国家菜品的风味作为你的锚。想一想这些勾起你食欲的菜系中标志性的食材，然后以这些食材为基础搭配出一顿饭来。参考食谱，回忆自己的童年或旅行体验，或者打电话让你的外祖母或姨妈给你出主意。考虑你是想跟随外祖母的建议选择传统的道路，还是更想参考**“世界风味轮”**（第 194

页），直接把异域风情融入一道你已经会做的菜。

我经常会在逛农贸市场时冲动购物，如果你像我一样也会买回用不完的食材，那就让这些食材成为你的锚。冲一杯咖啡，在厨房桌前坐下来，把你最喜欢的食谱从书架上拿下来，或者直接翻到这本书的食谱部分，看看能找到什么灵感。

我在潘尼斯之家最开始做的工作叫作 garde-manger，这个法语词的意思是"食物看守"。我每天早上 6 点钟上班，第一个任务就是走进 4 个步入式冷藏间，清查每一份食材。这几个冷藏间都冷得刺骨，我很快就学会了在我的厨师服之下穿一件运动衫，也认识到我的任务对于厨师每天早上写出的食谱有着怎样的影响。只有完全了解了库存的食材以及当天给我们供货的农场主、牧场主和渔民会送来什么原料时，他们才能开始打造最适合的食谱。如果我不把自己的工作做好，厨师就没法儿做他们的工作。

我逐渐爱上了每天早上在步入式冷藏间里度过的静谧时光，这时，厨房还没有因其他厨师的忙忙碌碌而焕发生机，餐厅也没有因洗碗机的隆隆轰鸣而一片嘈杂。我很快就意识到，无论是在餐厅还是在家里，将可用的食材记录下来只是判断该烹饪什么的第一步而已。我也认识到，这种烹饪方法暗含一种对食材质量的重视。如果某种食材本身味道就有所欠缺，那么盐、脂、酸、热的任何魔法也无法改变这个事实。在条件允许的情况下，尽量去购买味道最好的食材。

农产品、肉类、乳制品或鱼越新鲜，口味就越好，这是一个铁则。一般来说，当地的食物和应季的食物是最新鲜的，因此味道也最好。如果能在确定具体的食谱之前先去采购食材，你就能确保这顿饭可以用上最鲜美的食材，而不是向上天祈祷，希望能有办法硬把你在农贸市场无意间找到的熟透的无花果或嫩生菜用在你定好的菜品中。

如果你没法儿去农贸市场采购，那就在食品店的生鲜区搜寻看上去最新鲜的食材吧。就像在厨房里一样，在商店里时，也请利用你的所有感官做自己的向导。如果绿叶菜看上去蔫蔫的，或者番茄闻起来没有什么香味，那就走到冷冻区，从储藏其中的农产品中挑选。冷冻水果和蔬菜很容易遭人忽视，但这些农产品一般都是在最新鲜的时候采摘和速冻而成的。在隆冬时节或者其他食材看起来不怎么有卖相的时节，冻豆子和冻玉米都可以带来一股令人愉悦的春夏之味。

世界风味轮

在烹饪来自世界各地的菜品时，利用图中的轮盘，帮助你选择使用哪些食物增味。将香草和香料叠加在芳香的底料和配菜中，为菜品的同种味道增加更多层次。

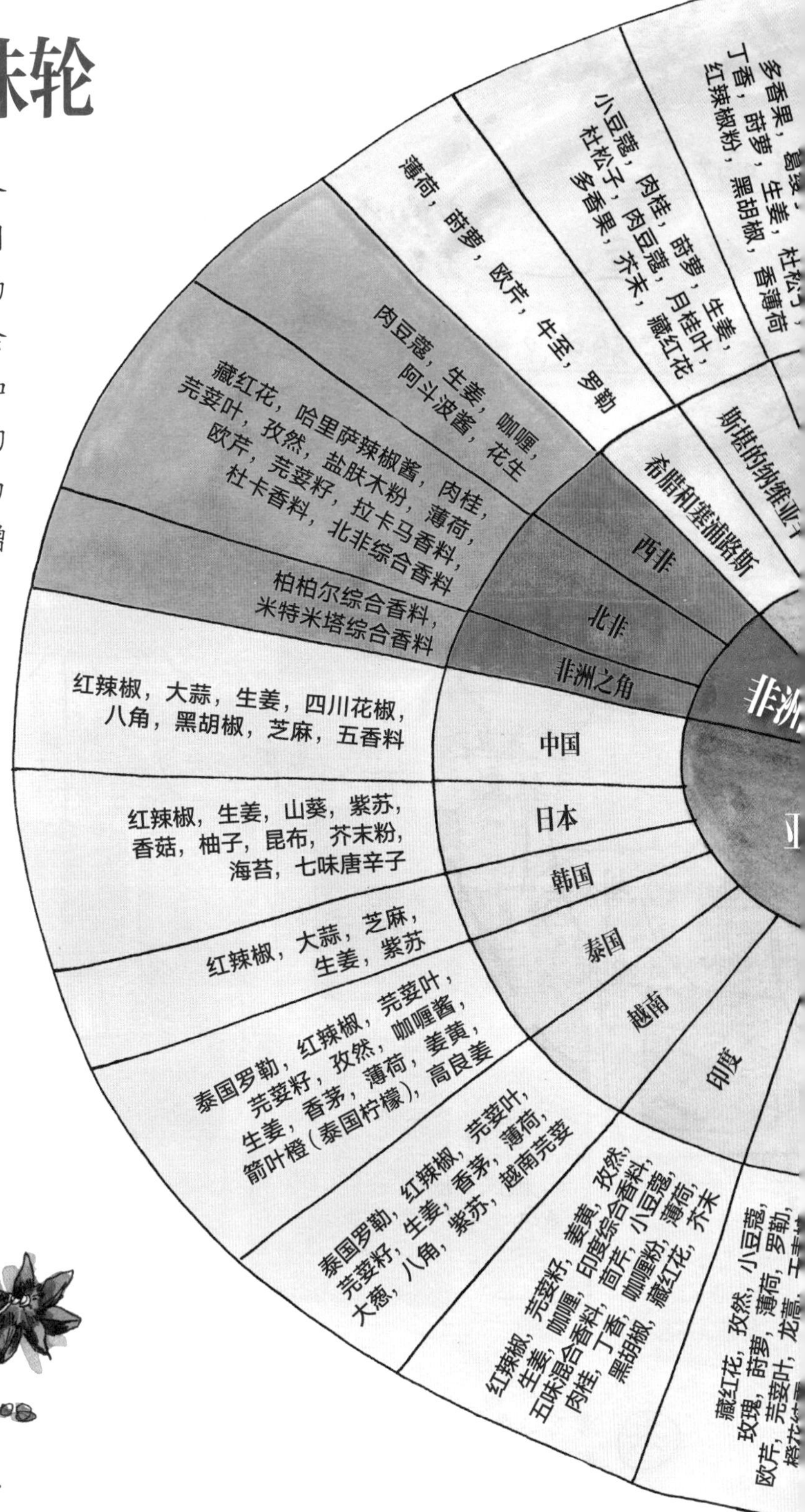

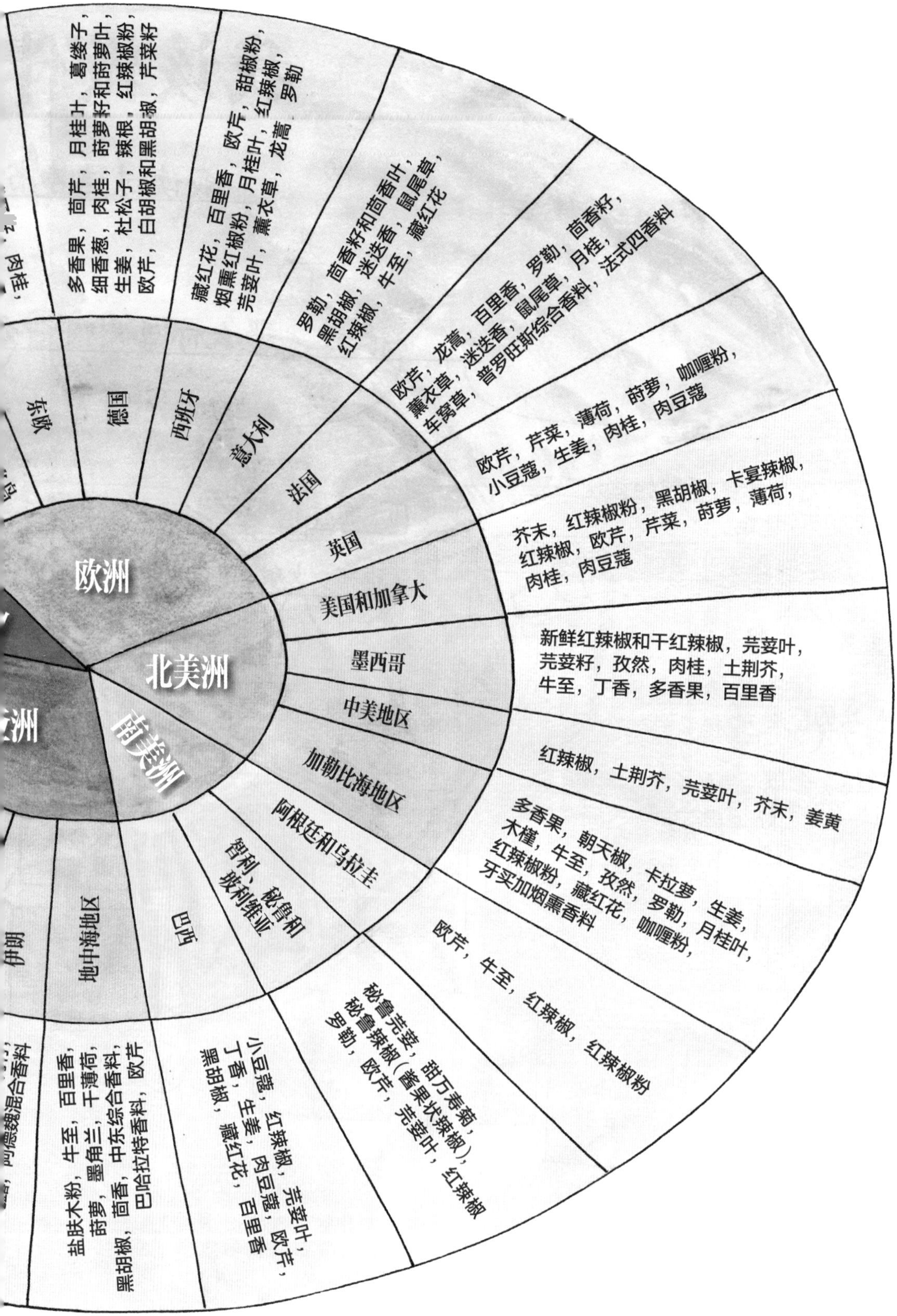

欧洲

东欧：……肉桂，……

德国：多香果，茴芹，月桂叶，葛缕子，细香葱，肉桂，莳萝籽和莳萝叶，生姜，杜松子，辣根，红辣椒粉，欧芹，白胡椒和黑胡椒，芹菜籽

西班牙：藏红花，百里香，欧芹，甜椒粉，烟熏红椒粉，月桂叶，红辣椒，芫荽叶，薰衣草，龙蒿，罗勒

意大利：罗勒，茴香籽和茴香叶，黑胡椒，迷迭香，鼠尾草，红辣椒，牛至，藏红花

法国：欧芹，龙蒿，百里香，罗勒，茴香籽，薰衣草，迷迭香，鼠尾草，月桂，车窝草，普罗旺斯综合香料，法式四香料

英国：欧芹，芹菜，薄荷，莳萝，咖喱粉，小豆蔻，生姜，肉桂，肉豆蔻

北美洲

美国和加拿大：芥末，红辣椒粉，黑胡椒，卡宴辣椒，薄荷，红辣椒，欧芹，芹菜，莳萝，肉桂，肉豆蔻

墨西哥：新鲜红辣椒和干红辣椒，芫荽叶，芫荽籽，孜然，肉桂，土荆芥，牛至，丁香，多香果，百里香

中美地区：红辣椒，土荆芥，芫荽叶，芥末，姜黄

加勒比海地区：多香果，朝天椒，卡拉萝，生姜，木槿，牛至，孜然，罗勒，月桂叶，红辣椒粉，藏红花，咖喱粉，牙买加烟熏香料

南美洲

阿根廷和乌拉圭：欧芹，牛至，红辣椒，红辣椒粉

智利、秘鲁和玻利维亚：秘鲁芫荽，甜万寿菊，秘鲁辣椒（酱果状辣椒），罗勒，欧芹，芫荽叶，红辣椒

巴西：小豆蔻，红辣椒，芫荽叶，丁香，生姜，肉豆蔻，欧芹，黑胡椒，藏红花，百里香

……洲

地中海地区：盐肤木粉，牛至，百里香，莳萝，墨角兰，干薄荷，黑胡椒，茴香，中东综合香料，巴哈拉特香料，欧芹

伊朗：……阿德魏混合香料

平衡、搭配和注意事项

一旦选好了锚定元素，你就可以开始均衡搭配一顿饭了。将清新爽口的菜肴安排在需要长时间烹饪的浓郁菜肴前。如果你准备做像冬日意大利面包沙拉或者番茄和里科塔奶酪烤面包片这类面包占比大的开胃菜，那就在接下来的几道菜中规避淀粉含量高的食物——意面、蛋糕、面包布丁都不宜出现。如果你用蛋奶味浓郁的巧克力布丁派为整桌菜的收尾，那就不要在此之前端上口味厚重的白酱蘑菇意面，或是浇着香浓法式伯那西酱的牛排。

将有着鲜明差异的质地、口味和不同食材融合在一起，避免重复——除非你特意要用番茄汤和番茄沙拉配上番茄格兰尼塔冰沙来欢庆某个盛季的到来。用脆口的面包糠、烤坚果或干脆的培根片来搭配柔软和给人舒适感的食物。口味厚重的肉品则要搭配爽口的酸味酱汁和清爽的焯水蔬菜或生蔬。用滋润唇舌的酱料搭配让人口干舌燥的淀粉，你会意识到，新鲜多汁的沙拉加上美味的沙拉酱之后既可以做配菜，也可以做酱料。从另一方面来说，对于烤牛排或水煮鸡这样简单烹制的肉品，则可以搭配通过美拉德反应产生黑亮色泽的烤菜、炒菜或油炸蔬菜。

让季节带给你灵感，因为应季的食材自然而然会在盘中搭配得恰到好处。举例来说，玉米、豆子和西葫芦在田里本身就相依生长，因此这“三姐妹”在豆煮玉米这道菜中便自然融合得天衣无缝。在地中海沿岸的不同地域，番茄、茄子、西葫芦和罗勒做成的菜也被冠以普罗旺斯杂烩（ratatouille）、地中海蔬菜煲（tian）或西西里烩茄子（caponata）等不同名字。作为冬季的一种耐寒香草，鼠尾草的叶子和味道都能抵挡凛冬的侵袭，因此也就成了笋瓜的天然配料。

用干净清爽的口味来搭配味道很容易被遮盖的清甜食材，比如清淡的菜汤和柔嫩的香草，挤几滴柑橘类果汁来收尾，不要做任何褐变处理。想一想春季的豆子和芦笋、清淡的鲑鱼或大比目鱼、夏季果实做成的沙拉。而有的时候，天气、季节或特殊的场合则需要菜品带有浓郁的味道：对炖肉和香料进行大胆烤制，加入浓郁的肉汁、奶酪、蘑菇、凤尾鱼以及其他鲜味十足的食材。一般而言，我们的目标是在爽口和浓郁之间找到一个平衡点。

对一道菜中的一部分或一顿饭中的一道菜多加调料，让剩余部分保持不浓不淡的状态，可根据喜好重复使用一种调料提味，避免给味蕾增加负担。对于一道简单的胡萝卜浓汤，你可以加入印度酸奶酱调味，再撒上酥油香煎的香料。对于豆子和米饭，加入几颗孜然籽就已足够，但对于墨西哥卷饼中的裙带牛排，就应加入大量的孜然籽、红辣椒和大蒜揉搓调味。

如果食物味道不对，先查看一下盐、脂、酸的相关原则，确保这三种元素彼此均衡。一般来说，做到这一点就能解决问题。如果菜品仍然缺点儿什么，那就看看是不是鲜味不够足。只要加少许酱油、碾碎的凤尾鱼或帕玛森干酪，或许问题就能迎刃而解。最后，还要关注食物的质地。问题是不是出在食物的质地过于单一呢？或许，你需要加一些干脆的面包糠、烤坚果或一根腌黄瓜来制造反差。

科学家发现，每个人都喜欢吃通过反差来充分调动感官的食物——比如浅色与深色的反差，甜味与鲜味的反差，干脆和丝滑的反差，热与冷的反差，当然，还有甜与酸的反差。

除此之外，不要忘了能够为最普通的食物增味的香草和香料。香草萨尔萨酱、胡椒酱、少许剁碎的欧芹、黎巴嫩综合香料或日本的七味唐辛子，都能让你的菜品别有风味。

将一道菜中的不同味道堆叠在一起，创造由口味和香气紧密交织而成的矩阵。以不同方式利用同一种食材，来增加菜品的维度：柠檬皮配上柠檬汁，芫荽籽配上芫荽叶，茴香籽、茴香叶再配上茴香球茎，新鲜的辣椒配上干辣椒，烤榛子配上榛子油。

如果按菜单烹饪让你备感压力，不要忘了，在均衡搭配菜品上，你已经积攒了一辈子的经验。只要在餐厅点一桌菜，你就是在训练这种思维模式。每次点好一盘沙拉，然后与同桌的饭友分享意面、主菜和甜点，你其实就是在用直觉打造一桌搭配均衡的菜肴。虽然把凯撒沙拉、肉丸、意面、炸鸡和冰激凌一网打尽的确让人向往，但我们很少这样做，因为我们自然而然地知道，这样的饕餮大餐是要付出代价的。

你在厨房里做的每一个决定，背后都应该有一个明确的原因。一般来说，倒进厨房水槽中的菜，吃起来就是一股该被倒掉的味道。但不是说，永远也不能把食品柜或冰箱里的食物清理出来凑一桌菜——恰恰相反，你应该这么做！只是要仔细判断哪些食材能搭配在一起，哪些食材能够让彼此的优点相得益彰。

食谱的使用

主厨朱迪·罗杰斯曾经说："让食物变得美味的不是食谱，而是人。"我对此深表赞同。在绝大多数情况下，通往美食的道路非常简单：把盐、脂、酸元素用对，然后花适当时间用合适的火候烹饪就行了。在其他情况下，你则必须参阅食谱。无论是为了得到概括性的灵感还是详细的分步指导，参阅一份好食谱的价值都是不可估量的。

但是，食谱会让我们将烹饪看成一个线性过程，而实际上，绝大多数美食都是从圆圈中诞生的。就像一张蜘蛛网一样，触碰一个部分，整张蛛网都会颤动起来。在这本书前面的内容中，我向大家介绍过制作完美的凯撒沙拉酱的方法。在这个例子中，你加入凤尾鱼的数量将会影响盐的用量，而盐的用量又会影响奶酪的用量，奶酪的用量会影响你需要多少食醋，而食醋或许又得靠加入柠檬汁来提味。每一个选择都是一个更大的整体的一部分，而最终的目标则是打造最富有层次感的口味。

将食谱看作一道菜的快照。食谱越好，快照就越清晰，对焦就越准，视觉冲击力也就越大。但即便是最好看的照片，也无法代替置身其中用鼻嗅闻、张口尝味、侧耳聆听的体验。正如照片无法满足我们所有的感官需求一样，食谱也不应压缩我们的感官需求。

就像一张好照片，一份好食谱也能绘声绘色地讲述一段故事。不完整的食谱可能无法呈现完整的画面。原因有许多：或许是厨师的技术有所欠缺，或许是食谱鉴赏师测评失准，又或者，有的食谱根本就没有经过鉴赏师的测评。虽然如此，这些原因其实并不重要。简单来说，没有食谱是挑不出毛病的。烹饪的人是你，在场的人是你，你必须调动所有的感官（特别是常识）来指导你达到想要的效果。这些年来，我看到优秀的厨师在开始参考食谱后便将自己的批判性思考和独立思考抛于脑后，这时常让我百思不得其解。

一旦选定了一份食谱，就不要让你读到的东西凌驾于你对自己的食材、自己的厨房，尤其是自身味觉的理解之上。安于当下。搅拌、品尝，然后适当调整。

某些特定的食谱必须逐字逐句遵循，尤其是甜品食谱。但是我认为，绝大多数咸味食谱的作用仅仅是指南，而指南也是有好有坏的。学着破解食谱中的密码，看看这些密码将会把你带向何处。

在了解焖牛肉、炖牛肉、制作意式牛肉酱和辣牛肉酱的总体步骤大致相同以后，我希望大家能感觉轻松许多。无论食谱指明的方向如何，让你的判断力帮助你决定该用哪种平底锅，火应该调到多大，该使用哪种油脂来让食物褐变，怎样判断肉的烹熟程度。

有时候，根据包装上写的食谱入手不失为一个稳妥的方法。我吃过的最美味的南瓜派就是受莉比牌南瓜罐头上的食谱启发而做的，唯一的区别便是用重奶油代替了食谱上的罐装甜炼乳（没错，这就是本书第二部分中的食谱的灵感来源）。在潘尼斯之家做玉米面包时，大家的通用食谱就是阿伯斯牌（Alber's）盒装玉米粉包装上食谱的变体，唯一的改动便是用南卡罗来纳州安森·米尔斯牌（Anson Mills）玉米现磨的“战前玉米粉”代替食谱上的玉米粉。我最钟情的巧克力豆曲奇食谱也在原版雀巢巧克力豆曲奇的配方上做了一些改动：红糖用量增加了 ¼ 杯，而白糖用量相应地有所减少。

在第一次做一道菜时，先阅读不同版本的食谱，再对比注意事项。注意看这些食谱中哪些原料、技巧以及调味品相同，哪些有所差异。这将让你了解这道菜在哪些方面绝对不可打折，哪些方面能有微小的即兴发挥。假以时日，了解到哪些主厨和食谱作者属于传统派，哪些人更随性之后，在判断该选择什么食谱和烹饪风格时，你也会越来越有经验。

烹饪来自异国的菜肴时，可能没有比好奇心更加重要的原料了。烹饪和品鉴我们从未造访的地域的食物不失为一种很好的方法（甚至可以说是一种绝好的方法），不仅能拓宽我们的眼界，也能提醒我们世界是一片充满无限魔法和惊喜的广袤而美丽的沃土。让好奇心带领你寻找图书、杂志、网站、餐厅、烹饪课程、城市、国家和大洲。

烹饪的本质千变万化。即使是同一堆豌豆，在不同的时间烹煮，味道也会不同，因为它们的天然糖分转化成了淀粉。为了从中提取最佳口味，必须对它们分别处理，这意味着你得留神思考：这些食材今天怎么搭配最美味。

基于以上建议，以及我在第一部分教给大家的所有知识，我将自己最宝贵、最好用的食谱和建议都汇总到了本书第二部分。与传统烹饪书不同，这些食谱是对照盐、脂、酸、热中的规律和经验排列的。参阅书中的表格和信息图，以此协助你的理解。这些资源有点儿像训练辅助轮：将训练辅助轮利用起来，等到你能自如烹饪后，将辅助工具丢掉就行。用优质烹饪的四大元素作为自己唯一的坐标，除此之外，你什么也不需要。

● ● ●

一天晚上，在第 n 遍观看《音乐之声》并肆无忌惮地跟唱的时候，我从一个前所未有的立足点听到了《哆来咪》中的一句歌词。这句歌词是这样的："当你懂得这曲调，你就可以尽情唱。" 大家尽可以一边想象我跑调的高音，一边品咂这歌词的意义。一旦掌握了盐、脂、酸、热的基本知识，你就可以随心烹饪并让人拍手叫绝了。

这些元素就像厨艺音阶中的四个音符，你能以此为基础来充实自己的厨艺。先让自己熟悉古典音乐，再像一位爵士音乐家一样开始即兴表演，在标准曲调上添加你自己的装饰音。

每次准备烹饪时，都要好好考量盐、脂、酸、热这四个元素。为你烹饪的菜品选择适宜的火候，在烹饪过程中边品尝边调整盐、脂、酸。不仅要细心考量，还要利用感官。我们不仅要在烹饪已经做过千百遍的菜品时考虑这四大元素，在第一次烹饪异国菜肴时也要借助四大元素给自己找好定位。这四大元素是绝不会让你失望的。

那么，

在你学会了烹饪的方法之后……

第二部分

食谱和建议

KITCHEN BASICS

第五章

厨房基础知识

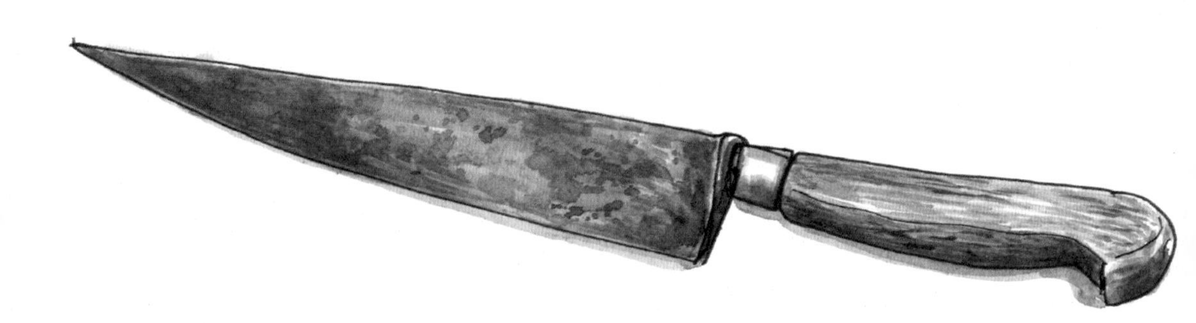

选择厨房用具

使用以下清单来帮助你为不同场合选择合适的用具。

锯齿刀 vs 主厨刀 vs 削皮刀

锯齿刀的用途十分有限：为面包和番茄切片，以及为蛋糕分层。除此之外的所有任务，都可以用主厨刀解决——刀越锋利越好。在对精准度有要求时，请使用削皮刀。

木勺 vs 金属勺 vs 橡胶铲

使用木勺来搅拌正在烹饪的食物，因为木勺不但柔软得可免于刮伤平底锅，也足够坚实，可以将锅底附着的烧焦的残渣刮掉。金属勺适合在煎制用于辣肉酱或意式肉酱的牛肉时使用，可以使用勺子的边缘将牛肉碾碎。橡胶铲则可以用来将碗底或平底锅底剩余的最后一点儿残渣铲出。

煎锅 vs 荷兰锅

要迅速使食物褐变时，你可以使用煎锅来烧制、翻炒并进行其他褐变烹饪。荷兰锅的锅壁较高，可以用来保存蒸汽，便于坚硬的食物变软。另外，荷兰锅的深度足够防止热油飞溅，因而也很适合用来深度油炸。

烤盘 vs 碗

对于焯水蔬菜、褐变过的肉品、烹熟的谷物和任何不能烹饪过度且需要快速降温的食材而言，铺上烤盘纸的烤盘可谓理想的“着陆平台”。在烤蔬菜和面包丁等食材时，将食材与油和盐一起放在碗里搅拌以均匀裹上油盐，再将食材在烤盘上铺开即可。

选择食材

关于盐的说明

关于盐，我有很多想分享的信息，以至于足足写了一整章有关盐的内容。在拿着这些食谱直奔厨房之前，我建议大家先读一读**“盐”**这一章，但如果你忍不住想要先睹食谱为快，我也当然理解。

如果你的食谱上并没有具体说明盐的种类或用量，那你大可利用手边现有的盐(加碘盐除外。你应该把你的加碘盐扔掉，赶紧到商店里去买犹太盐或海盐吧)。先加入一两撮盐，然后在烹饪过程中尽早并频繁地品尝味道和调整盐量，以达到你理想的效果。

参考第 43 页的**“基础放盐指南”**，看看 1 汤匙不同种类的盐在重量(还有咸度！)上有多大的区别。小小提示：区别很大。出于这个原因，我鼓励你先将我的指南作为你的参考标准，直到你能估摸出不同食材的加盐量。我用钻石水晶牌犹太盐(红盒装)和食品店里的大桶精制海盐分别对这些食谱做过尝试，同体积的莫顿牌犹太盐(蓝盒装)的咸度几乎是这些盐的两倍，因此，如果你使用的是莫顿犹太盐，那么用量应控制在食谱推荐用量的一半。

这些地方可不能省

下文中食谱所用的原料基本都能在任何一家食品店中买到。但是，其中几种原料我是下了血本的，也推荐大家这样做。优质的烹饪始于优质的原料。等你坐下来享用你烹饪过的最美味的晚餐时，你就会感谢我了。

这些原料，要购买负担得起的最优质产品

- 上个日历年内压榨的特级初榨橄榄油
- 来自意大利的整块帕玛森干酪
- 巧克力和可可粉

这些原料，要整份购买并自己加工

- 亲手挑选新鲜香草并切碎（确保你使用的是意大利欧芹或平叶欧芹）
- 自己为柠檬和青柠榨汁
- 将大蒜去皮、剁碎、捣碎
- 将调料碾碎
- 将盐腌凤尾鱼浸水、冲洗、切片、剁碎
- 在条件允许的情况下自己制作鸡骨高汤（第 271 页），或者从肉店购买新鲜或冷冻的鸡汤，但不要买盒装或罐装的（后者的味道绝对比不上前者）。如果做不到，那就直接用水

若想更详细地了解如何选择食材，那就翻看“**烹饪食材**”的内容。

几个基本步骤

如何为洋葱切片和切丁

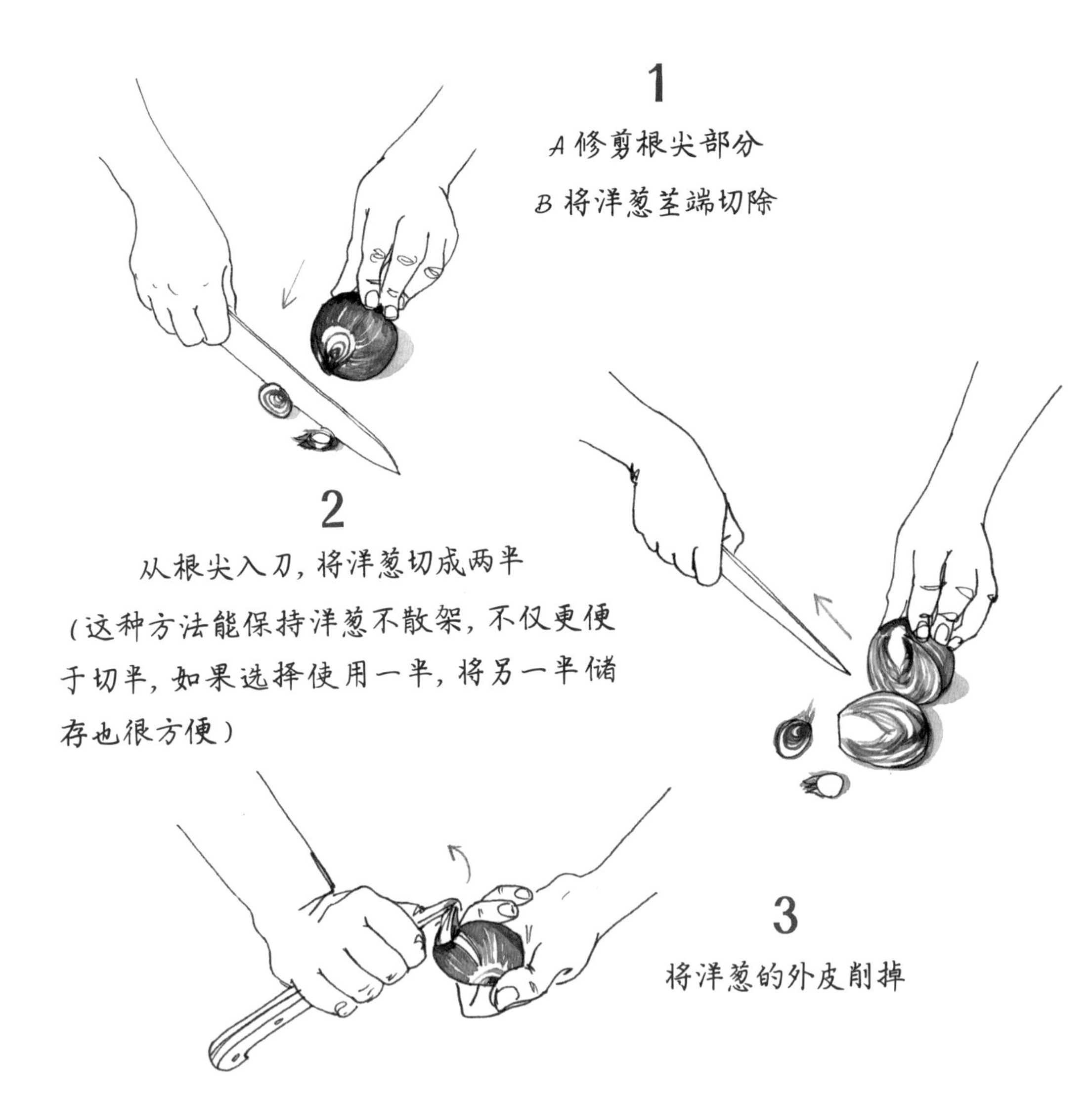

如何为洋葱切片

（完成第1~3步之后）

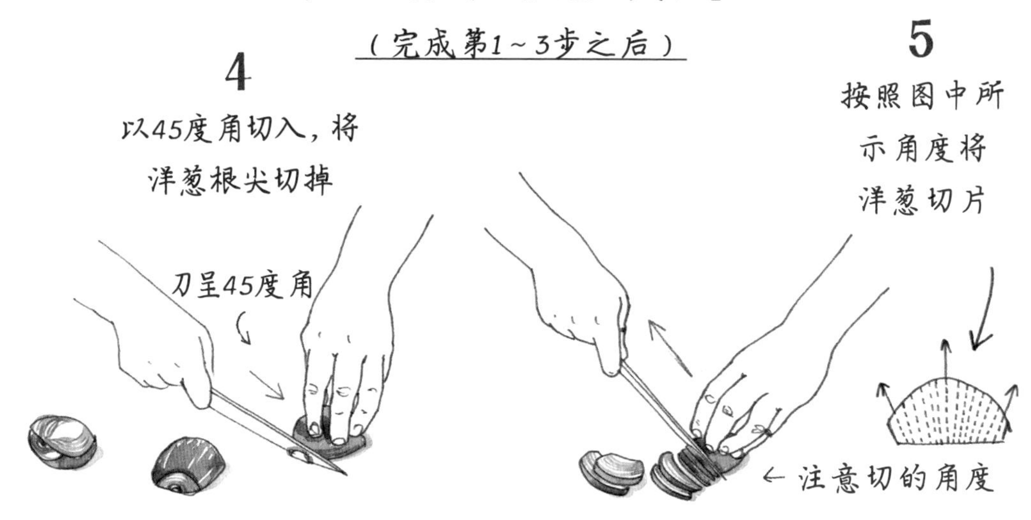

如何为洋葱切丁

（完成第1~3步之后）

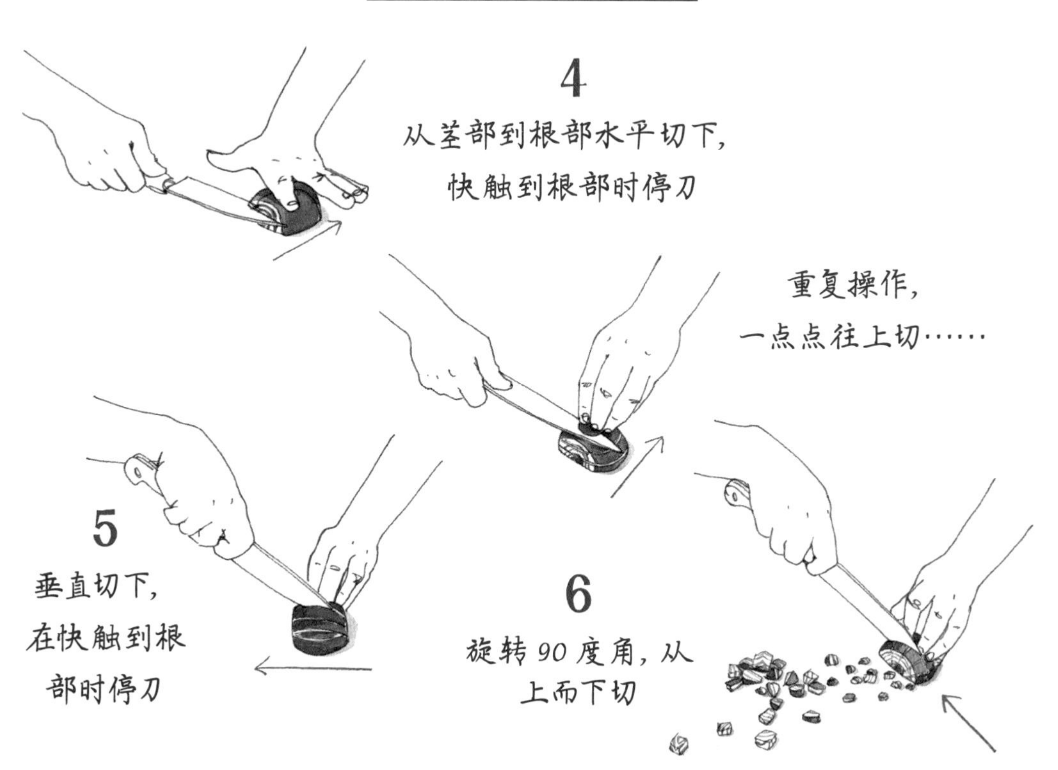

如何将大蒜做成丝滑的大蒜酱

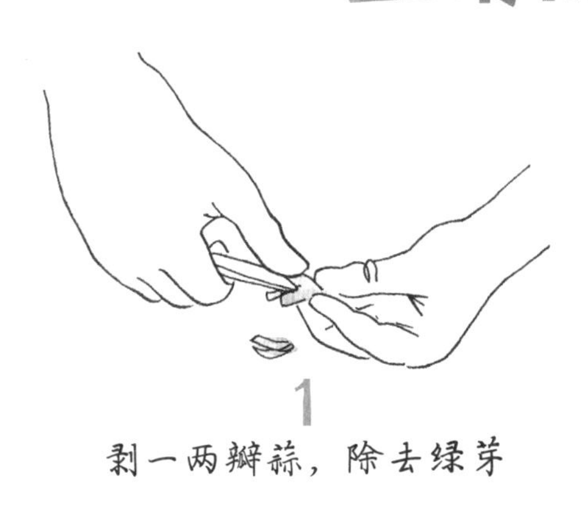

1

剥一两瓣蒜，除去绿芽

2

切成薄片

3

切成碎末

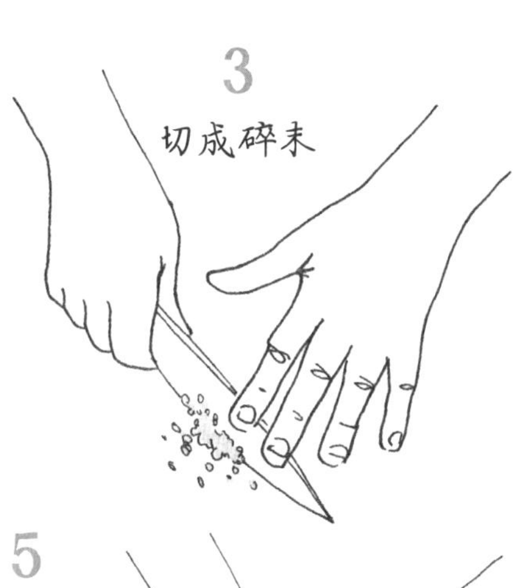

4

加入一小撮盐，以形成摩擦力

5

使用刀背将大蒜在砧板上碾成光滑的糊状

6

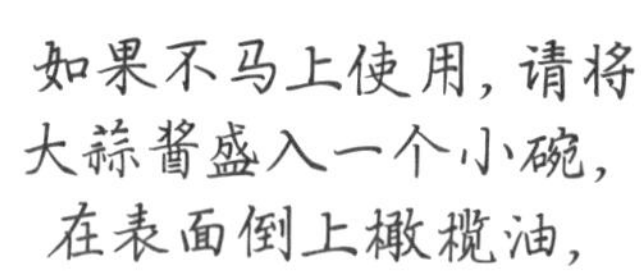

如果不马上使用，请将大蒜酱盛入一个小碗，在表面倒上橄榄油，以防氧化

如何将欧芹切碎

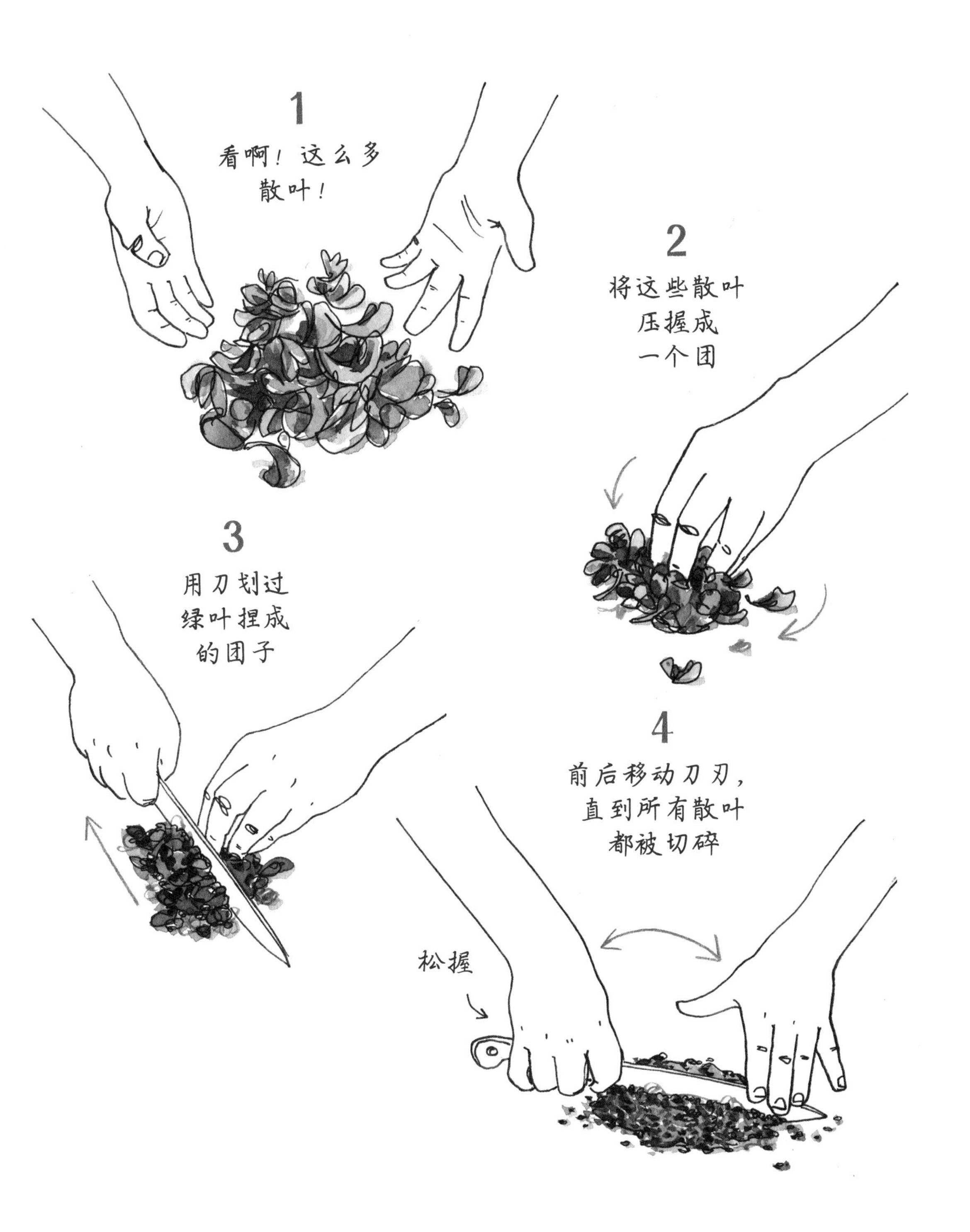

1
看啊！这么多
散叶！
2
将这些散叶
压握成
一个团
3
用刀划过
绿叶捏成
的团子
4
前后移动刀刃，
直到所有散叶
都被切碎
松握

不同切法的比例图

图片为真实尺寸

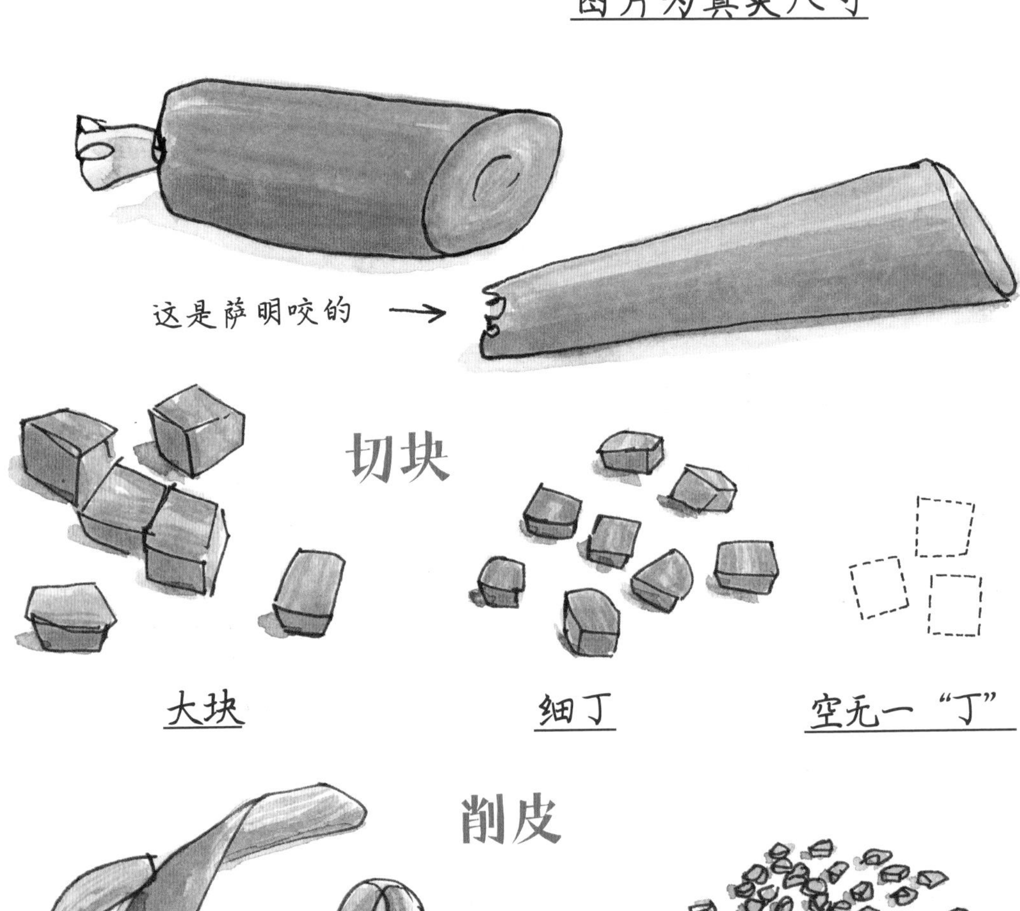

削皮

绞碎

叶片/小枝

欧芹

切碎

粗切

细切

切片

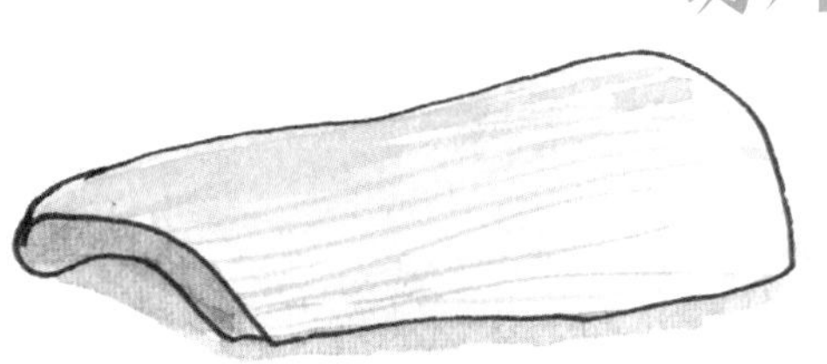

芹菜（段）

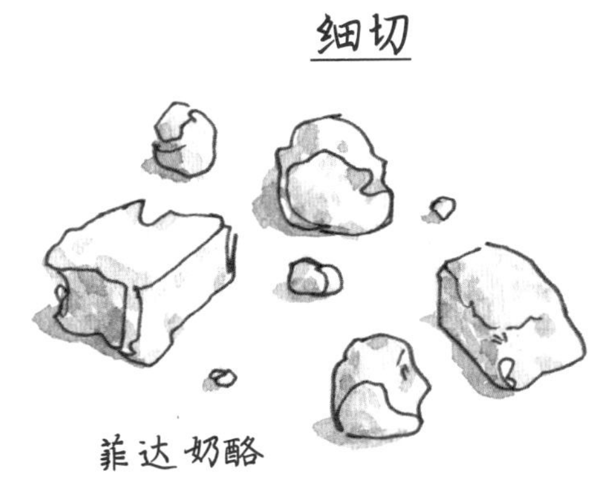

菲达奶酪

碎块

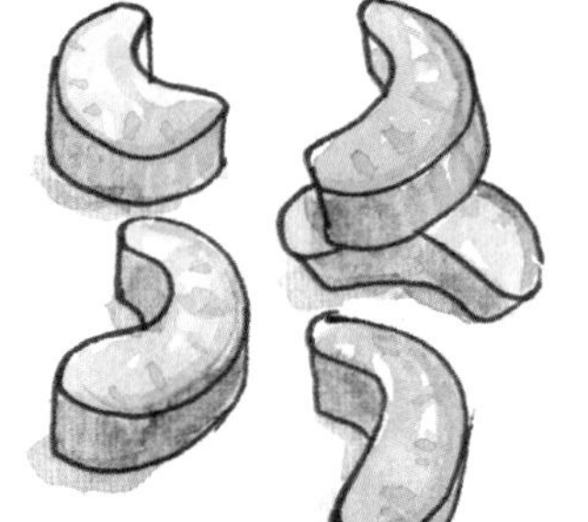

厚片

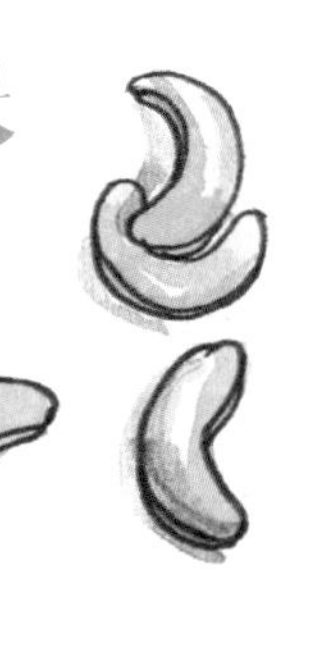

薄片

RECIPES

第六章

食谱

沙拉

我的妈妈是一位很棒的厨师。她的厨房里满是各种各样的食材和配料，从鲜嫩的羊肘到带着玫瑰水香味的布丁，应有尽有。但是在晚餐时，她只给我们做过两种沙拉：波斯黄瓜、番茄和洋葱做成的伊朗西拉吉沙拉（第230页），或者一款长叶莴苣、佩克利诺罗马羊奶酪与番茄干做成的沙拉。还是孩子的我，很快就厌倦了沙拉。等到离开家上大学时，我已经对沙拉完全丧失了兴趣。

后来，我进入了潘尼斯之家。若说这世界上存在靠美味沙拉立足的餐厅，那便非潘尼斯之家莫属，因此，潘尼斯之家还不如更名叫“爱丽丝的沙拉铺”更恰如其分。我曾经听雅克·贝潘说，只凭一个厨师烹饪鸡蛋的技巧，他便能够判断其厨艺如何。对于爱丽丝以及我们这些和她共事过的人来说，需要在一个厨师身上挖掘的信息，全都包含在一碗沙拉中。

在潘尼斯之家，我学会了用任意食材搭配出一盘美味的沙拉：无论是蔬菜、水果、香草、豆子、谷物、鱼、肉、蛋还是坚果。与所有的优质烹饪法则一样，你如果能把沙拉中的盐、脂、酸搭配好，就能做出美味的沙拉。如果想要加分，那就加入脆口食材让质地变得更加多样，或者加入鲜浓的食材让口味更加丰富。如果想要找灵感，你可以参考楔形沙拉、凯撒沙拉或柯布沙拉，这些沙拉之所以经典，正是因为其搭配得恰到好处的口味和质地。

先熟悉下文中这些基本的沙拉食谱，然后在这些沙拉的“标准制作清单”的基础上即兴发挥。先选好沙拉的口味，然后将脂、酸和香草搭配在一起，凸显你想要达到的效果。

无论是充满活力的生鲜时令食材，还是爽口的香草和油醋汁，沙拉中的每一种食材都能达到既美观又美味的效果。学会用正确的方法给沙拉调味，你可以用双手在碗里充分搅拌食材，效果比用夹子或木勺好得多。先让你的手指去感觉叶子是否充分裹上了调料，再品尝味道，并按需适度调整调料。

至于像牛油果沙拉配原种番茄和黄瓜（第217页）这样涉及多种食材的沙拉，可以将不那么娇嫩的黄瓜片放在碗里，淋上盐和油醋汁。将不同颜色的番茄片分开摆放在沙拉盘中，覆上几勺牛油果，并搭配盐和油醋汁，然后用勺子将黄瓜片摆在周围。对于任何沙拉而言，最娇嫩的食材都要在最后加入。在这款沙拉的最后一步，将拌有少许调料和一点点盐的大片香草或细小芝麻菜叶撒入其中。

完美沙拉

让我们一起拆解不同的沙拉类型	楔形沙拉	凯撒沙拉	柯布沙拉	希腊沙拉
盐	培根和蓝纹奶酪	凤尾鱼、帕玛森干酪和辣酱油	培根和蓝纹奶酪	菲达奶酪和橄榄
脂	培根、蓝纹奶酪和橄榄油	鸡蛋、橄榄油和帕玛森干酪	牛油果、鸡蛋、蓝纹奶酪和橄榄油	橄榄油和菲达奶酪
酸	蓝纹奶酪和醋	柠檬、醋、辣酱油和帕玛森干酪	醋、芥末和蓝纹奶酪	醋或柠檬、腌渍洋葱、菲达奶酪和番茄
爽脆	卷心莴苣和培根	长叶莴苣和烤面包丁	长叶莴苣、西洋菜和培根	黄瓜
鲜味	培根和蓝纹奶酪	帕玛森干酪、凤尾鱼和辣酱油	蓝纹奶酪、培根、番茄和鸡肉	番茄、菲达奶酪和橄榄

各色牛油果沙拉

浓郁而柔滑细腻的牛油果是我最喜欢的一款价格亲民的美食。用一个成熟的牛油果做基础，我们很容易就能搭配出一盘丰盛的沙拉。牛油果与各种脆口而酸爽的水果和蔬菜都很适配，因此我在此不会只给大家提供单一的牛油果沙拉食谱，而是把各种不同的版本整理在了这个矩阵之中。

牛油果沙拉的加入会让任何一顿饭变得更加特别，对此我有亲身的体验。我曾经带着牛油果、血橙、盐和优质橄榄油参加一次瑜伽研习活动，在午餐休息时，我们为一位同学举行了一次惊喜生日聚餐会。我将血橙切片在盘子上摆开，用勺子将牛油果涂在上面，用橄榄油和盐做调料，如此简单就做成了一道牛油果血橙沙拉。我把沙拉摆在健身房里供大家享用，十年过后的今天，所有尝过这款爽口得令人难以置信的牛油果血橙沙拉的人仍然会告诉我，这是他们这辈子吃过的最美味的沙拉！

要制作 4 人份的沙拉，我们可以先取一个成熟的牛油果（你可以根据喜好随时加量！），然后参阅上表来决定往沙拉里加入哪些其他食物和调料。让一桌菜中的其他菜品来决定沙拉属于摩洛哥风味、西班牙风味还是泰国风味。无论你选择怎样的定位，每种沙拉都能因大量的香草、些许茴香球茎丝，或一把芝麻菜而更上一个台阶。

牛油果

哈斯牛油果是牛油果中最常见的一个品种。这种牛油果也是我的最爱，质地丝滑、味道浓郁且有坚果味。富尔特牛油果、平克顿牛油果和培根牛油果虽然不那么常见，但也都是美味的品种，其口味更清淡，但质地更细腻。只要牛油果成熟得刚刚好，任何品种都是可用的，触感柔软的牛油果就可以拿来使用。

一位当了40年手部外科医生的朋友曾经告诉我，牛油果和面包圈是导致手部创伤的两个最普遍的原因。因此我恳求大家，在拿刀敲击并去除牛油果硬核时，一定要把牛油果放在案板上。

使用一整个牛油果来制作这道沙拉，由于牛油果的味道和色泽很快就会因氧化而改变，因此要等到最后一刻再将牛油果切开。把牛油果切成两半并取出硬核之后，用一把勺子将果肉大勺大勺地挖出，直接放在盘子上。给每一勺牛油果撒上片状盐并浇上沙拉调味汁。如果你手边有马拉什或阿勒颇这样辛辣度适中的胡椒颗粒，那就在沙拉上撒一些，不但能带来些许调料的香气，也能将色泽反衬得更美观。

甜菜

使用两三个根尖和茎端均经过修剪且洗净的甜菜。我发现，红色的甜菜一般来说是最美味的，但金色的甜菜和带有条纹的基奥贾甜菜则能够赋予菜品令人惊叹的美丽。即便是我这样一个对味道精益求精的人，也会偶尔为了这些品种的甜菜而做出妥协。

将烤箱预热到218摄氏度。将甜菜在烤盘中铺成一层，并加入6毫米深的水——在不煮甜菜的前提下在平底锅中制造出蒸汽即可。在甜菜上铺一张烤盘纸，用锡纸将烤盘封紧。烤制1个小时，或者直到甜菜能够轻松用削皮刀切入——世界上少有比没做熟的甜菜更难吃的东西。注意烤箱中散发的香气，如果你闻到焦糖化的味道，那就说明所有的水分都已经蒸发完毕，你必须加入更多水，以防止甜菜烤煳。

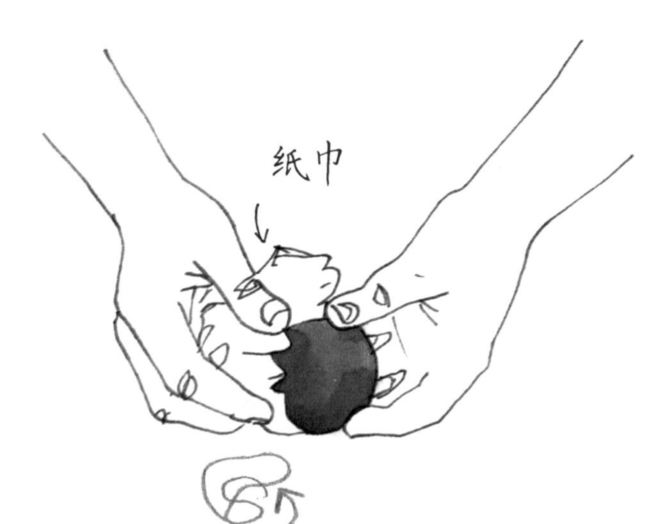

将甜菜稍稍放凉到能够用手触摸的程度，然后用纸巾将皮擦拭下来。这时的甜菜皮会立马剥落。将甜菜切成一口大小的角状，倒入碗中，并加入一茶匙半的酒醋、一汤匙特级初榨橄榄油和盐。放置10分钟，然后品尝味道并按需调整调料——不要忘了，适量

的酸和盐能凸显甜菜的天然甜味。

上菜的时候，将甜菜角在盘子上摆好。甜菜装盘的规矩是：果决地将甜菜摆准位置而不要移位，否则甜菜会留下菜渍，拖出一条脏乱的“尾巴”。

柑橘类水果

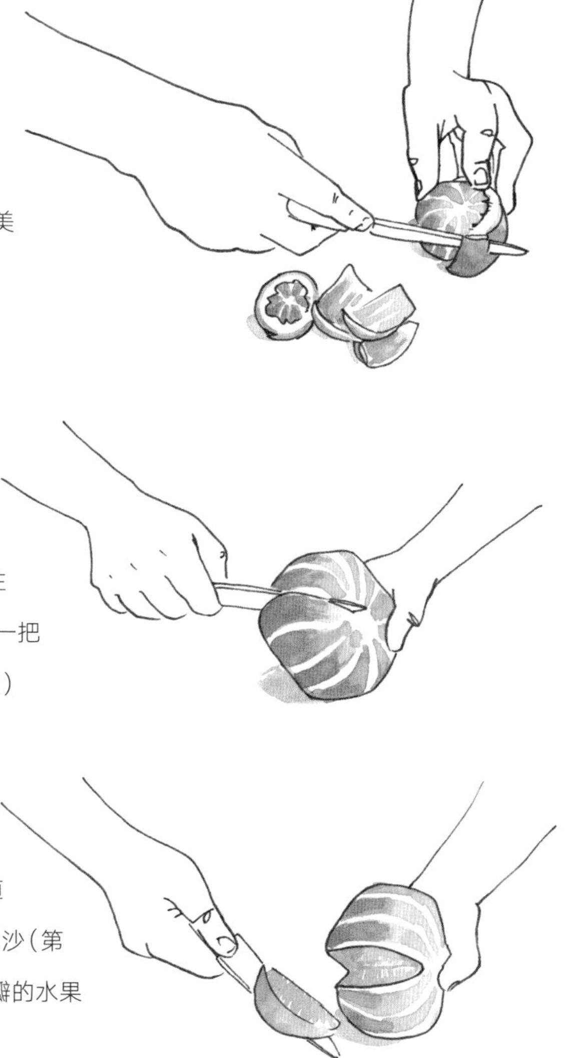

取两三个任何种类的柑橘类水果，包括葡萄柚、西柚、橙子、血橙或红肉橙，甚至柑橘。将不同种类的柑橘类水果混装在一起，让沙拉更加美味也更加美观。

将水果的顶部和底部削掉。将水果放在砧板上，然后用一把锋利的刀将外皮和橘络去掉。小心地将橙子和柑橘斜切成约 0.6 厘米厚的薄片，将你看到的籽去除。在切整个或一瓣葡萄柚或者西柚时，一手握住剥了皮的果实，用碗从下面接住。使用一把锋利的薄刃刀，沿着橙子的薄膜（内果皮）小心地直切入中心。继续沿着每瓣橙子两侧的膜切入，将所有柚瓣取出。完成之后，另取一个碗，将水果中残留的果汁全部挤出来，用来制作随性柑橘沙拉调味汁（第 244 页）或意式冰沙（第 404 页），或直接拿来饮用。将切片或切瓣的水果装盘，稍微加盐调味。

番茄

在夏季的几个月中，选用两三个应季的成熟番茄。你可以尝试使用几片颜色形成鲜明对比的原种番茄（自然授粉的番茄），比如名为“绿斑马”和“大白”的品种，名为“奇迹条纹”和“夏威夷菠萝”的黄色品种，叫作“白兰地酒”的粉红色品种，或“切罗基紫”这样的深色品种，这些番茄不仅会使沙拉的色泽更加鲜明，也会让味道变得更好。

使用一把削皮刀将番茄去瓤，然后小心将番茄水平切成约 0.6 厘米的薄片。就像摆放甜菜或柑橘类水果一样，你可以用沙拉中的其他食材将不同颜色的番茄错开，花些心思将菜品做得美观些。

黄瓜

牛油果沙拉矩阵中几乎其他所有食材都有着柔软的质地和浓重的味道，黄瓜却既爽脆又清淡。任选一种可口的厚皮品种，取约 230 克的用量。这个量约等于两根波斯黄瓜、日本黄瓜、柠檬黄瓜，或者一小根亚美尼亚黄瓜。以条纹状间隔的方法将黄瓜削皮，我将这种方法起名为**条纹削皮法**，不管是什么食材，只要碰到想削去部分而非全部外皮的情况，我就会用到这种方法（留下部分表皮的方法不仅有利于食物的美观，也是一个技术上的小窍门，因为这种方法能给食材提供一定的结构支撑，防止茄子和芦笋这样柔嫩的蔬菜在烹饪过程中完全散架）。将黄瓜纵向切半，如果黄瓜子比胡椒籽还要大，那就使用茶匙挖掉黄瓜子。呈 45 度斜角用刀将黄瓜切成更斜长、更优雅的半月形，与盐和沙拉调味汁混合之后，在沙拉上铺开。

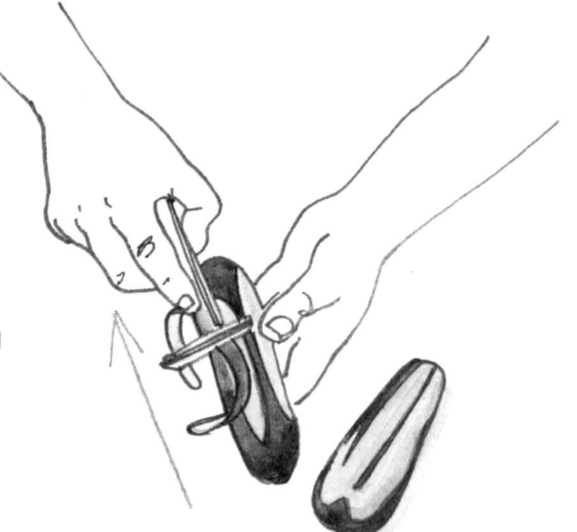

腌渍洋葱

将半个红洋葱放置在砧板上，然后以与根部平行的角度再次切半。将两个 ¼ 瓣的洋葱握在一起切成薄片。把洋葱薄片放在一个碗里，然后淋上两汤匙酒醋或柑橘类果汁，搅拌以均匀调味。将洋葱在酸味调料中放置至少 15 分钟再使用，这便是腌渍（第 117 页）。腌渍过程能够使洋葱的辛辣味变得柔和。记住，洋葱会在腌渍过程中吸收酸味，因此在拌入沙拉时也会带来酸味和适口的清脆口感。如果愿意的话，你可以将腌渍过的酸味调料倒出来，用于制作沙拉调味汁。

可选择添料

- 将慢烤鲑鱼（第 310 页）或油封金枪鱼（第 314 页）轻轻撕成两口大小的块状，然后将鱼块摆在沙拉上。淋上沙拉调味汁，再撒上片状盐。
- 将两个 8 分钟水煮蛋（第 304 页）切半，然后撒上片状盐和现磨的黑胡椒。淋上特级初榨橄榄油，根据个人喜好，你还可以在每半个鸡蛋上铺一片凤尾鱼。然后，将鸡蛋摆在沙拉上面。

各色牛油果沙拉

	牛油果、甜菜和柑橘类水果	牛油果和甜菜	牛油果和柑橘类水果	牛油果和番茄	牛油果、番茄和黄瓜	牛油果、甜菜和黄瓜
牛油果（这还用说）	✓	✓	✓	✓	✓	✓
沙拉底料						
甜菜	✓	✓				✓
柑橘类水果	✓		✓			
番茄				✓	✓	
黄瓜					✓	✓
腌渍洋葱铺层			✓	✓	✓	
可选择添料						
鲑鱼或金枪鱼	✓	✓	✓	✓	✓	✓
鸡蛋和凤尾鱼		✓		✓	✓	✓
沙拉调味酱						
随性柑橘沙拉调味汁	✓	✓	✓			✓
柠檬沙拉调味汁	✓	✓	✓	✓	✓	✓
青柠沙拉调味汁	✓	✓	✓	✓	✓	✓
番茄沙拉调味汁				✓	✓	
米酒沙拉调味汁		✓		✓	✓	✓
绿女神沙拉酱		✓				✓

牛油果、甜菜和柑橘类水果沙拉

1. 将柑橘类水果摆好

2. 将甜菜铺在上面

3. 铺上洋葱

4. 铺上牛油果

5. 铺上绿叶菜

6. 开动吧

爽口卷心菜沙拉

足量 4 人份

我知道，有些人很讨厌吃卷心菜。但是，我的版本和我们小时候吃的令人倒胃口的卷心菜沙拉全然不同，就连最嫌恶卷心菜的反对者也被我“收买”了。这个版本爽口而新鲜，能为所有的味蕾带来甜脆与清新的享受。制作墨西哥菜时，你可以搭配啤酒炸鱼（第312 页）和玉米圆饼，做成可口的墨西哥鱼肉卷饼。你也可以制作经典南方卷心菜沙拉，搭配香辣炸鸡（第 320 页）一起上桌。不要忘了，你搭配的菜品越是口味浓郁，卷心菜沙拉就应该越酸。

½ 个红色或绿色卷心菜，中等大小（约 700 克）

½ 个小号红洋葱，切成薄片

¼ 杯柠檬汁

盐

½ 杯欧芹叶，粗切

3 汤匙红酒醋

6 汤匙特级初榨橄榄油

将卷心菜从中心切成 4 份。使用一把锋利的刀斜切入卷心菜，将菜心取出。把卷心菜斜切成薄片，放在滤器里，并将滤器架在一个大的沙拉碗里。加入两大撮盐，一来调味，二来加速水的滤出，将卷心菜薄片搅匀后放在一边。

取一个小碗，将切片的洋葱与柠檬汁混合，静置 20 分钟腌渍，放在一边备用。20 分钟之后，沥干卷心菜渗出的水分（如果没有水分需要过滤也没关系，有的卷心菜本身就不带很多水分）。将卷心菜放入碗中，依次加入欧芹叶和腌渍洋葱（但先别急着往里加腌渍洋葱用的柠檬汁）。加入醋和橄榄油给卷心菜沙拉调味，充分搅拌使食材混合。品尝味道并做调整，按需加入腌渍剩下的柠檬汁和盐。当味蕾被让人“一激灵”的风味唤醒时，就说明卷心菜沙拉做好了。这道沙拉无论是在冷藏后还是在室温下上桌，都很合适。

可将吃不下的卷心菜沙拉密封存放，放入冰箱冷藏，最多可储存两天。

其他版本

- 如果手边没有卷心菜，或者你想做些新尝试，那就使用一大棵生羽衣甘蓝、700 克生抱子甘蓝或 700 克生苤蓝（球茎甘蓝），制作一款其他类型的卷心菜沙拉。
- 如果想做墨西哥卷心菜沙拉，那就用无味的油来代替橄榄油，用青柠汁代替柠檬汁，并用芫荽来代替欧芹。在放有腌渍洋葱的卷心菜沙拉中加入一整个切片的墨西哥辣椒，尝尝味道，加入腌渍用的青柠汁和盐适度调整味道。
- 想做亚洲卷心菜沙拉的话，那就在卷心菜中加入一大把盐和两茶匙酱油并充分搅拌。用青柠汁代替柠檬汁。不要放欧芹，而是往卷心菜中与腌渍洋葱一起加入一小瓣精细研磨或捣碎的大蒜、两株切成薄片的大葱、一茶匙精细研磨的生姜、¼ 杯切碎的烤花生。不要放红酒醋和橄榄油，而是用米酒沙拉调味汁（第 246 页）调味。品尝后，加入腌渍用的青柠汁和盐适度做调整。
- 如果想做经典南方卷心菜沙拉，那就使用半杯浓稠的经典三明治蛋黄酱（第 375 页）。将 1 茶匙糖、1 杯切丝或研磨的胡萝卜、一个切丝或研磨的蜜糖脆或红富士之类的酸甜口味的苹果与腌渍洋葱一起加入卷心菜中。

三款经典的刨制沙拉

我对刨制沙拉的喜爱来自我的朋友卡尔·彼得内尔，也就是在我刚进潘尼斯之家后教我一锅波伦塔玉米糊中该放多少盐的那位主厨（提示：要放很多）。我在卡尔家里吃到的沙拉有快一半都是刨制的。虽然不知道他为何会对这种沙拉情有独钟，但是我个人的理由很简单：这种沙拉不但好做，而且能为任何一顿饭带来香脆和清爽的口感。

越南黄瓜沙拉 4 ~ 6 人份

900 克（约 8 根）条纹削皮法（第 220 页）制作的波斯黄瓜或日本黄瓜

1 个大号墨西哥辣椒，可按喜好将辣椒籽和辣椒瓤去除，并切成薄片

3 根切成薄片的大葱

1 瓣加入一撮盐的细磨大蒜

½ 杯粗切的芫荽叶

16 片粗切的大片薄荷叶

½ 杯粗切烤花生

¼ 杯无味食用油

4 ~ 5 汤匙青柠汁

4 茶匙调好味的米酒醋

1 汤匙鱼露

1 茶匙糖

一撮盐

你可以使用一个日式蔬菜刨丝器或一把锋利的刀，将黄瓜薄切成钱币状小片，并将两头部分扔掉。将黄瓜、墨西哥辣椒、大葱、大蒜、芫荽、薄荷和花生在一个大碗中混合。取一个小碗，将油、4 汤匙青柠汁、米酒醋、鱼露、糖和一撮盐搅匀。倒入沙拉调味汁，充分混合搅拌。品尝味道后，按需用盐和青柠汁做调整。做完后立即上菜。

生姜青柠刨丝胡萝卜沙拉

6 人份

1¼ 杯黄金葡萄干或黑葡萄干

1 汤匙孜然

900 克胡萝卜

4 茶匙细磨生姜

1 瓣加入一撮盐的细磨大蒜

1 ～ 2 个大号墨西哥辣椒，可按需去除籽和瓤，剁碎

2 杯粗切芫荽叶和嫩茎，配以几根装饰用的小枝

盐

青柠沙拉调味汁（第 243 页）

取一个小碗，将葡萄干浸泡在沸水中。放置 15 分钟，让葡萄干重新吸水鼓胀。将水滗出去，葡萄干放在一旁备用。

将孜然放进一口干燥的小型长柄煎锅中，把煎锅放在中火上。频繁翻搅，确保孜然烤制均匀。烤制约 3 分钟，直到几粒孜然开始爆开并散发一股咸香味，将煎锅从火上撤下。立刻将孜然倒进研钵或香料研磨机中。加入一撮盐并研磨成细粉，放在一旁备用。

为胡萝卜摘叶去皮。使用一个日式蔬菜刨丝器或一把锋利的刀，纵向将胡萝卜切成薄片。用一把锋利的刀将胡萝卜片切丝。如果你嫌这太麻烦，那也可以使用果蔬削皮刀将胡萝卜刨成薄薄的带状，或是直接切成薄薄的钱币状也行。

将胡萝卜、生姜、大蒜、墨西哥辣椒、芫荽、孜然和葡萄干拌匀，放进一个大碗中。加入三大撮盐和青柠沙拉调味汁调味。品尝味道，如有需要可以加入更多盐和青柠汁。将沙拉放入冰箱冷藏 30 分钟，让食材的味道充分融合。在上菜前充分搅拌食材，以便让调料的味道均匀散发。将沙拉倒在一个大盘子里，放几根芫荽枝装饰。

刨丝茴香球茎和樱桃萝卜沙拉

4～6人份

3个中等大小的茴香球茎（约700克）

1捆摘叶且洗净的樱桃萝卜（约8颗）

1杯散欧芹叶

可选：1块约30克的帕玛森干酪

盐

现磨黑胡椒

约⅓杯柠檬沙拉调味汁（第242页）

将茴香球茎的所有叶柄和根尖去掉，保持球茎的完整。从球茎根部入刀切半，将纤维质的外皮全部去掉。使用日式蔬菜刨丝器或锋利刀具将茴香球茎斜切成纸厚的薄片，将中心部分去掉。去掉的中心部分可以留作他用，也可以放进托斯卡纳豆子和羽衣甘蓝汤（第274页）。将樱桃萝卜切成比茴香球茎厚的3毫米片状，切掉两头。

将茴香球茎、樱桃萝卜和欧芹叶在大碗中混合。如果你用的是帕玛森干酪，那就使用果蔬削皮刀将奶酪直接刨成碎片放入碗中。在马上要上菜之前，加入两大撮盐和一小撮黑胡椒调味。尝味并加以调整，按需追加盐和沙拉调味汁，然后在一个大盘子上码放好。之后就可以立即上菜了。

夏日番茄香草沙拉　　4 ~ 6 人份

有什么能比吃到一份缀满各种香草的完美番茄沙拉更让人神清气爽的事呢？如果真有这等好事，恕我实在想象不出。将这款沙拉加在你的夏日菜单上，每过一周就将番茄和香草品种换一换。如果吃腻了绿罗勒，你可以去农贸市场找一找像茴藿香（别称为甘草薄荷）、紫红罗勒等比较不常见的香草。你也可以到印度、墨西哥和亚洲食品店去淘稀有的香草，比如各类薄荷、紫苏、泰国罗勒和越南香草，这些香草都很适合放在这款沙拉里。

2 ~ 3 个不同种类的原种番茄，比如“奇迹条纹”“切罗基紫”“白兰地酒”等品种，将番茄去瓤，切成 0.6 厘米的薄片

片状盐

现磨黑胡椒

1 杯番茄沙拉调味汁（第 245 页）。提醒：可以将做沙拉的番茄的瓤和两头利用起来

1 品脱（约 500 毫升）洗净、去茎并切成两半的樱桃番茄

2 杯现采的罗勒叶、欧芹、茴香、茴霍香、车窝草、龙蒿的叶子或 2.5 厘米长的细香葱段（任选数种）的混合物

马上就要上菜之前，将原种番茄切片，在托盘上铺成一层，然后加盐和胡椒调味。稍微淋上一点儿沙拉调味汁。另取一个碗，放入一些樱桃番茄，然后随意加盐与胡椒调味。用沙拉调味汁提味，尝味后按需加盐调味，然后小心地将樱桃番茄堆放在原种番茄片上。

将新鲜香草放在沙拉碗中，然后按口味稍加些沙拉调味汁、盐和胡椒。将香草沙拉堆放在番茄上，立刻上菜。

其他版本

- 如果想做卡普里沙拉（意式鲜奶酪番茄沙拉），那就在原种番茄片中夹上 1.3 厘米厚的新鲜马苏里拉奶酪或布拉塔奶酪，再调味浇汁。省却加入混合香草这一步，在另一个碗里为樱桃番茄加盐和胡椒时，一并加入 12 片撕碎的罗勒叶。将樱桃番茄堆放在番茄片上，搭配热烘烘的香脆面包一起上桌。

- 如果想做里科塔奶酪和番茄沙拉烤面包片，那就将 1½ 杯新鲜里科塔奶酪与特级初榨橄榄油、片状盐和现磨黑胡椒搅拌在一起。将特级初榨橄榄油抹在 4 片 2.5 厘米厚的脆面包上，然后将面包放入 204 摄氏度的烤箱或烤面包机烤制约 10 分钟，直至面包片呈金棕色。拿一瓣生蒜在每片面包的单面轻轻涂抹，然后将 5 汤匙里科塔奶酪涂在抹了蒜的一面。将原种番茄片铺在里科塔奶酪上，然后在上面堆放更多原种番茄片。将 1 杯混合香草铺在面包片上，立刻端上桌。
- 如果想做伊朗西拉吉沙拉，那就将 ½ 个切成薄片的红洋葱与 3 汤匙红酒醋放在一个小碗里搅拌，然后放置 15 分钟。用条纹削皮法将 4 根波斯黄瓜去皮，切成 1.5 厘米厚的片状，然后放进一个大碗里。往黄瓜里加入樱桃番茄和一瓣捣碎或精细研磨的大蒜，把洋葱也放进去(但不要急着放腌渍的醋)。加入盐和胡椒调味，并用青柠沙拉调味汁(第 243 页)调味。品尝沙拉的味道，往里加入适量备用的醋，按需重复这一步骤，将沙拉摆放在番茄片上。在顶上铺一层莳萝、芫荽、欧芹和薄荷组成的混合香草，这些香草同样是用青柠沙拉调味汁调过味的。
- 制作希腊沙拉时，将 ½ 个切成薄片的红洋葱与 3 汤匙红酒醋放在一个小碗中搅拌，然后放置 15 分钟。用条纹削皮法将 4 根波斯黄瓜去皮，切成 1.5 厘米厚的片状，然后放进一个大碗里。往黄瓜里加入樱桃番茄、1 瓣捣碎或精细研磨的大蒜、一杯洗净去核的黑橄榄和 110 克洗净捏碎的菲达奶酪，将洋葱也放进去(但先不要放腌渍的醋)。加盐和胡椒调味，淋上红酒沙拉调味汁(第 240 页)。品尝沙拉的味道，往里加入适量备用的醋，按需重复这一步骤，将沙拉摆放在番茄片上。省去加入混合香草的步骤。

四季意大利面包沙拉

若说托斯卡纳的厨师是凭空制作美食的高手，那么意大利面包沙拉（panzanella，潘赞奈拉）就是最好的证据。传统的意大利面包沙拉是用放久了的面包、番茄、洋葱和罗勒做成的，即便如此，这款沙拉对质地和口味也都颇有讲究。面包丁如果不在沙拉调味汁中浸泡足够的时间，就会擦伤你的上颚。但如果浸泡得太软，沙拉便不能给你带来新鲜刺激感。错开时间加入面包丁，打造不同层次的松脆口感。你的嘴巴定会感谢你的用心良苦。

一盘令人难忘的夏日意大利面包沙拉需要用到优质的面包和上好的番茄，因此，你可以随着四季的变换对原料搭配做出调整，这样一来，你就可以整年享受这款面包沙拉了。

夏日意大利面包沙拉：番茄、罗勒和黄瓜配面包沙拉　　足量 4 人份

½ 个中等大小的红洋葱，切成薄片

1 汤匙红酒醋

4 杯手撕面包丁（第 236 页）

2 份番茄沙拉调味汁（第 245 页）

1 品脱（约 500 毫升）樱桃番茄，去茎并切半

约 700 克“早熟女孩”番茄或其他品种的可口小番茄（约 8 个），去瓤，斜切成小块

4 根波斯黄瓜，用条纹削皮法去皮，切成 1.5 厘米厚的片状

16 片罗勒叶

片状海盐

将切片的洋葱与醋在一个小碗中混合，放置 20 分钟腌渍备用。将一半面包丁放在一个大沙拉碗中，与 ½ 杯沙拉调味汁混合。将樱桃番茄和切成小块的番茄放在面包丁上，然后加盐，让番茄的部分水分加速渗出。放置约 10 分钟。

继续制作沙拉拼盘：将剩余面包丁、黄瓜和腌渍的洋葱（暂时不要放腌渍用的醋）放

进去。将罗勒叶撕成大片，追加 ½ 杯沙拉调味汁并品尝味道。按需调整调料的用量，按口味追加盐、沙拉调味汁或腌渍用的醋。搅拌后再次品尝味道，然后就可以上菜了。

将剩菜盖好，放在冰箱里冷藏，最多可存放一晚。

其他版本

- 要想制作阿拉伯蔬菜沙拉（fattoush），你可以用 5 片撕碎的烤口袋面包替换面包丁，用 ¼ 杯欧芹叶替换罗勒，并用红酒沙拉调味汁（第 240 页）替换番茄沙拉调味汁。
- 如果要做谷物或豆子沙拉，无论你制作的是什么季节的版本，都可用 3 杯烹熟并沥干水的法老小麦、小麦仁、大麦或豆子替换面包丁。

秋日意大利面包沙拉：烤奶油南瓜、鼠尾草和榛子配面包沙拉 足量 4 人份

1 棵羽衣甘蓝，最好是无头甘蓝、黑甘蓝或托斯卡纳羽衣甘蓝

1 大个去皮的奶油南瓜（约 900 克）

特级初榨橄榄油

½ 个中等大小的红洋葱，切成薄片

1 汤匙红酒醋

2 份褐化黄油沙拉调味汁（第 241 页）

4 杯手撕面包丁（第 236 页）

约 2 杯无味食用油

16 片鼠尾草叶子

¾ 杯粗切烤榛子

将烤箱预热到 218 摄氏度。在烤盘上铺里纸巾。

将羽衣甘蓝去叶。用一只手抓住根茎的底部，用另一只手捏住茎部，从下往上将叶子捋下来。你可将茎部丢弃，也可留作他用，比如拿来做托斯卡纳豆子和羽衣甘蓝汤（第 274 页）。将叶子切成 1.3 厘米长的小片，放在一边备用。

按照第263页的步骤将奶油南瓜切半、去瓤、切片、烤制，然后放在一边备用。将切片的洋葱放在小碗中，加红酒醋混合，腌渍20分钟。放在一边备用。将一半面包丁和羽衣甘蓝放在一个大的沙拉碗中，加入⅓杯沙拉调味汁搅拌，放置10分钟。

与此同时，你可以开始炸鼠尾草了。在一口厚重的小号平底锅中倒入2.5厘米的无味食用油，用中高火加热到182摄氏度。如果你没有温度计，也可以隔几分钟往锅里丢一片鼠尾草叶子来测量油温。如果鼠尾草叶立马炸得呲呲作响，那就说明油热好了。

将鼠尾草叶大把加入沙拉中，请注意，热油在刚开始的时候会剧烈沸腾，因此请先等待油冷却下来，再将鼠尾草搅拌进去。等待约30秒，气泡一平息，就拿一把狭缝勺将鼠尾草捞出来，铺在准备好的烤盘上。将鼠尾草在备好的烤盘上铺成一层，撒上少量盐。鼠尾草会在冷却的过程中变脆。

将剩余的面包丁、南瓜、榛子和腌渍洋葱（先不要放腌渍用的醋）倒入沙拉碗。撒入炸鼠尾草，淋入剩余的沙拉调味汁，搅拌混合，然后品尝味道。加入适量的盐、炸鼠尾草的油和腌渍用的醋调味。搅拌，再次品尝味道，然后上菜。

吃剩的沙拉密封后最多能在冰箱存放一晚。

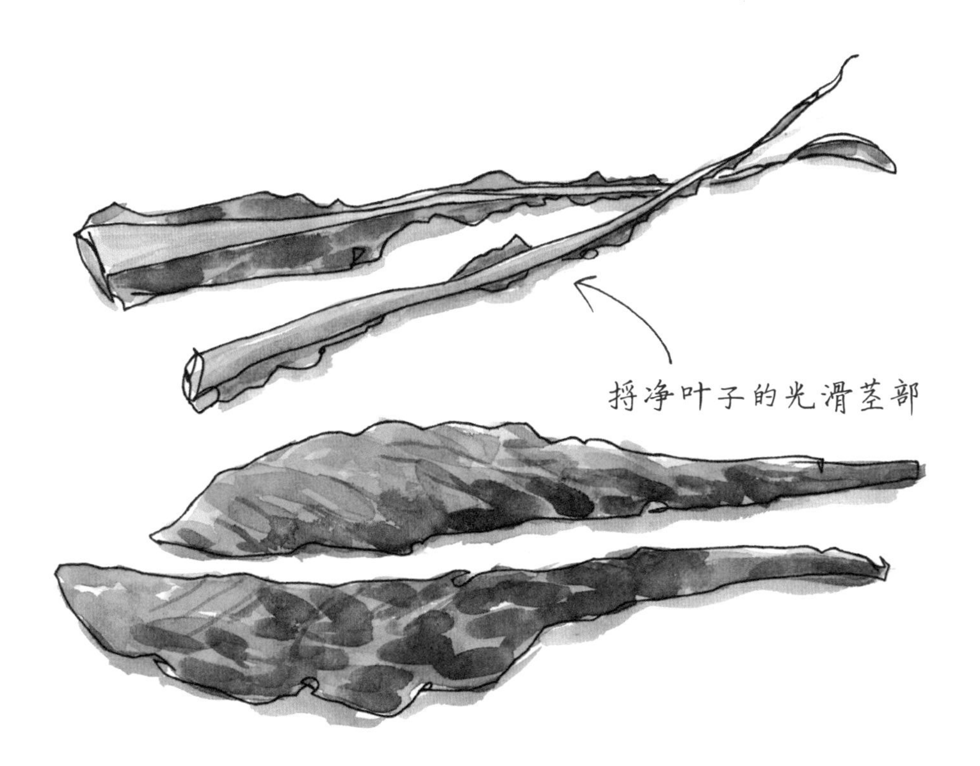

冬日意大利面包沙拉：烤菊苣和罗克福干酪配面包沙拉

足量 4 人份

2 棵菊苣

特级初榨橄榄油

盐

2 个中等大小的去皮的黄洋葱

4 杯手撕面包丁（第 236 页）

2 份褐化黄油沙拉调味汁（第 241 页）

¼ 杯散欧芹叶

1 杯烤核桃

粗磨黑胡椒

113 克罗克福干酪

用来调节酸度的红酒醋

将烤箱预热到 218 摄氏度。将每根菊苣从顶部到底部剖成两半，并将每一半切成 4 份。在菊苣上淋满橄榄油，小心地将菊苣块在烤盘上铺成一层，并在每块菊苣之间留出空间。淋上更多橄榄油，加盐调味。将洋葱从顶部到底部切成两半，并将每一半切成 4 份，即共切出 8 块。淋上厚厚一层橄榄油，小心地将洋葱块在烤盘上铺成一层，并在每块洋葱之间留出空间。淋上更多橄榄油，加盐调味。

将备好的蔬菜放进预热好的烤箱中，然后烤至柔软并焦糖化。菊苣需要 22 分钟，洋葱则需要 28 分钟。在约 12 分钟后查看一下烤制的蔬菜，转动烤盘，挪动蔬菜，确保食材能够均匀褐变。

将一半面包丁放入一个大的沙拉碗中，然后加入 ⅓ 杯沙拉调味汁，放置 10 分钟。将剩余的面包丁、菊苣、洋葱、欧芹、核桃和黑胡椒放进沙拉碗。将奶酪掰成大块。用剩余沙拉调味汁调味，并品尝味道。用盐加以微调，如有需要，可以加入少量红酒醋。搅拌后再次品尝，无须冷藏，直接上菜。

吃剩的沙拉密封后最多能在冰箱存放一晚。

盐

½ 个中等大小的红洋葱，切薄片

1 汤匙红酒醋

680 克芦笋（约 2 把），去掉硬质末端

4 杯手撕面包丁（第 236 页）

24 片大薄荷叶

约 85 克菲达奶酪

2 份红酒沙拉调味汁（第 240 页）

开大火把一大锅水烧开。加盐调味，直到尝起来如夏天的海水一般咸。给两个烤盘铺上烧烤纸，放在一边备用。将切片的洋葱和红酒醋放入一个小碗中，静置 20 分钟，放在一边备用。

若芦笋比铅笔粗，则需将其用条纹削皮法去皮，用蔬菜削皮器轻轻按着削皮，只削掉花苞以下 2.5 厘米到根部的最外层的皮。把芦笋斜着切成 3.8 厘米长的小段。水开后，将处理好的芦笋焯水，直到芦笋变软，此过程约 3.5 分钟（芦笋越细，所用时间就越少）。这时，尝一块来判断熟不熟，通常中间部分咬起来应该还有轻微的嘎吱嘎吱声。沥干水分，在备好的烤盘上铺成一层冷却。

将一半面包丁放入一个大的沙拉碗中，然后加入 ⅓ 杯沙拉调味汁，放置 10 分钟。加入剩下的面包丁、芦笋和腌制的洋葱（暂不放醋）。把薄荷叶撕成小片。把菲达奶酪掰成大块。再倒入 ⅓ 杯沙拉调味汁，加盐调味，然后品尝。按需加盐、沙拉调味汁和红酒醋调味。搅拌后再次品尝，室温下即可上桌享用。吃剩的沙拉密封后最多能在冰箱存放一晚。

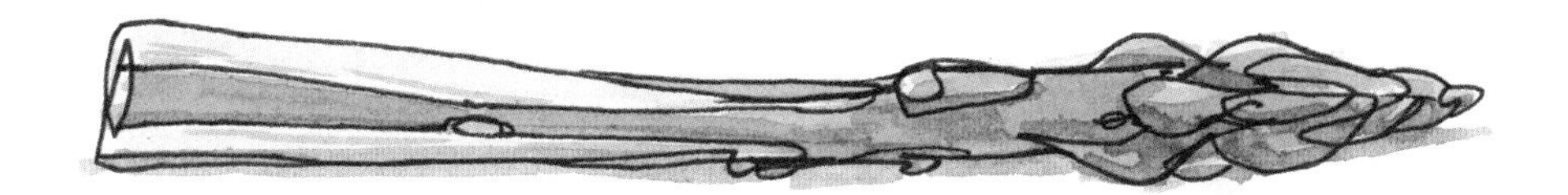

手撕面包丁　　8 杯

商店里购买的面包丁是没法与自家制作的面包丁媲美的。首先，你所用的原料的质量肯定比别人使用的原料质量高，因此也就更加美味。除此之外，手撕面包丁那质朴的不规则的形状还会为你的沙拉带来丰富多样的口感，不仅更便于调料附着，看上去也更赏心悦目。另外，自制面包丁把你上颚划破的概率也更小。如果这些理由还不足以说服你，那就来我家里尝尝我的凯撒沙拉，保准让你心悦诚服。

一块放置了一天的 450 克乡村面包或酸酵面包

⅓ 杯特级初榨橄榄油

将烤箱预热至 204 摄氏度。要想做出好嚼的面包丁，那就先把面包的表皮去掉，然后将面包切成 2.5 厘米厚的片状，再将每片面包切成 2.5 厘米宽的条状。将每一条面包撕成 2.5 厘米见方的块状，用一个大碗接着。或者，如果能保证手撕面包丁的大小大致相同，你也可以直接将面包撕成块状。我发现，事先将面包切片不仅能让整个过程加速不少，而且能让你的面包丁大小一致并保持朴实的手作感，因此我比较喜欢用这种方法。

将面包丁与橄榄油搅拌，让橄榄油均匀裹在面包表面，再将面包丁在烤盘上铺成一层。如果摆不下，那就再拿一个烤盘。铺得过密不利于蒸汽的发散，阻碍面包丁褐变。将面包丁烤 18 ～ 22 分钟，过 8 分钟后查看一下烤制情况。旋转烤盘并调换烤盘在烤箱里的位置，用一把金属铲子移动或翻动面包丁，以便均匀褐变。褐变过程一开始，每隔几分钟就应检查一下面包丁的情况，并不时翻面或转动。一部分面包丁烤好时，另一部分面包丁或许还要多烤几分钟，因此，你可以将做好的面包丁取出，待剩下的完全烤好。将面包丁烤到外表金黄干脆、内里带一点儿嚼劲的程度。

拿一块面包丁品尝味道，如果太淡，可以稍微撒一点儿盐。将烤好的面包丁在烤盘上铺成一层放凉。可以立即食用，也可将面包丁装进密封容器中，存放不超过 2 天。如果想让放久了的面包丁重新焕发生命力，用 204 摄氏度烤制 3 ～ 4 分钟就行。

剩余的面包丁可以冷冻保存最多 2 个月，用来煮意式杂蔬面包汤（第 276 页）正合适。

其他版本

- 如果要做经典手撕面包丁，你可以将 2 瓣细磨或捣碎的大蒜拌入橄榄油，然后淋在面包丁上。将面包丁与一汤匙干牛至和 ½ 茶匙薄切甜椒碎搅拌在一起，然后烤制。
- 如果要做奶酪手撕面包丁，你可以先将手撕面包丁与橄榄油搅拌，并在碗里加入 85 克（约 1 杯）精细研磨的帕玛森干酪和大量粗磨黑胡椒，然后充分搅拌混合。按照上述步骤烤制即可。
- 如果要做 6 杯量的颗粒面包糠，直接将撕碎面包这一步省略。将 5 厘米见方的面包碎块放入食品加工机，打成豌豆的小块。将橄榄油加量至 ½ 杯与面包块搅拌，然后将面包块铺成单层，烤制 16 ～ 18 分钟，直至金黄。

沙拉调味酱

对于任何一种调味酱而言，重中之重都是达到盐、脂、酸三者的平衡。若是做到了这一点，任何一款沙拉都会变得美味。

要想去掉葱（和洋葱）的冲味，那就留出充裕的时间在酸味调料中腌渍。所谓腌渍，其实就是在换着花样搅拌葱与醋或柑橘类果汁，然后往里加入橄榄油和其他食材并稍加浸泡。

为沙拉搭配合适的沙拉酱就像为一顿饭搭配适口的酒一样重要。一些食物需要添加浓郁的口感，而其他的食材或许需要搭配清爽的口感。使用下图来帮你找到灵感并为你指明方向。

制作凉拌式沙拉时，将绿叶菜放进大碗中，然后稍微加盐调味。添加少量的沙拉酱，然后用手搅拌，让沙拉酱包裹在菜叶上。取一片菜叶品尝味道，然后按需追加盐和沙拉酱。

制作主菜式沙拉时，确保在沙拉中每一款食材上加好盐、脂、酸。先将甜菜腌渍好，然后摆放在盘子上，淋上绿女神沙拉酱。先给每片番茄和新鲜马苏里拉奶酪调味，然后用勺子淋上意式香醋沙拉调味汁。无论是慢烤鲑鱼（第 310 页）还是搭配其一起上桌的刨丝茴香球茎沙拉，都可以淋上用血橙制作的随性柑橘沙拉调味汁。让每一口沙拉都变得美味可口，这样一来，你会对沙拉燃起连自己都意想不到的热情。

沙拉之轴

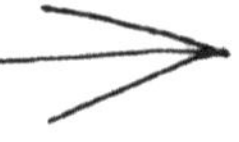

相宜的沙拉和沙拉调味酱

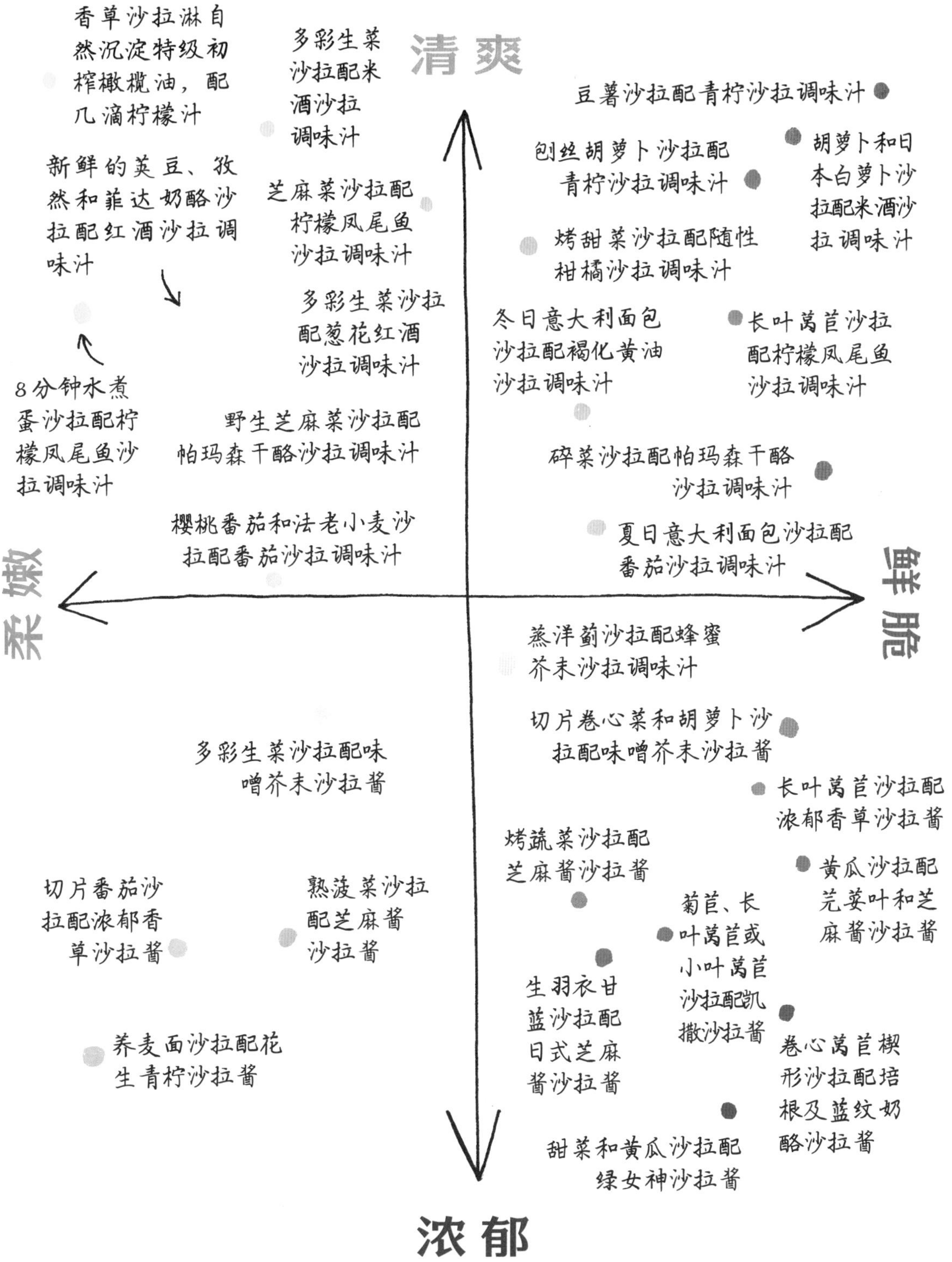

清爽

香草沙拉淋自然沉淀特级初榨橄榄油，配几滴柠檬汁

多彩生菜沙拉配米酒沙拉调味汁

豆薯沙拉配青柠沙拉调味汁

刨丝胡萝卜沙拉配青柠沙拉调味汁

胡萝卜和日本白萝卜沙拉配米酒沙拉调味汁

新鲜的荚豆、孜然和菲达奶酪沙拉配红酒沙拉调味汁

芝麻菜沙拉配柠檬凤尾鱼沙拉调味汁

烤甜菜沙拉配随性柑橘沙拉调味汁

多彩生菜沙拉配葱花红酒沙拉调味汁

冬日意大利面包沙拉配褐化黄油沙拉调味汁

长叶莴苣沙拉配柠檬凤尾鱼沙拉调味汁

8分钟水煮蛋沙拉配柠檬凤尾鱼沙拉调味汁

野生芝麻菜沙拉配帕玛森干酪沙拉调味汁

碎菜沙拉配帕玛森干酪沙拉调味汁

樱桃番茄和法老小麦沙拉配番茄沙拉调味汁

夏日意大利面包沙拉配番茄沙拉调味汁

柔嫩

鲜脆

蒸洋蓟沙拉配蜂蜜芥末沙拉调味汁

切片卷心菜和胡萝卜沙拉配味噌芥末沙拉酱

多彩生菜沙拉配味噌芥末沙拉酱

长叶莴苣沙拉配浓郁香草沙拉酱

烤蔬菜沙拉配芝麻酱沙拉酱

黄瓜沙拉配芫荽叶和芝麻酱沙拉酱

切片番茄沙拉配浓郁香草沙拉酱

熟菠菜沙拉配芝麻酱沙拉酱

菊苣、长叶莴苣或小叶莴苣沙拉配凯撒沙拉酱

生羽衣甘蓝沙拉配日式芝麻酱沙拉酱

卷心莴苣楔形沙拉配培根及蓝纹奶酪沙拉酱

荞麦面沙拉配花生青柠沙拉酱

甜菜和黄瓜沙拉配绿女神沙拉酱

浓郁

清爽

红酒沙拉调味汁

约 ½ 杯

1 汤匙葱花

2 汤匙红酒醋

6 汤匙特级初榨橄榄油

盐

现磨黑胡椒

取一个小碗，将葱花在醋里腌渍 15 分钟，然后加入橄榄油、一大撮盐和一小撮黑胡椒。通过搅拌或摇晃将食材混合，然后搭配一片生菜叶品尝味道，并按需调整咸度和酸度。盖上盖子后，剩下的调味汁可在冰箱里存放最多 3 天。

这款沙拉调味汁很适合搭配多彩生菜、芝麻菜、菊苣、比利时菊苣、小叶莴苣、长叶莴苣、甜菜、番茄，以及焯煮、炭烤、炉烤的所有蔬菜，与爽口卷心菜沙拉、阿拉伯蔬菜沙拉、谷物或豆子沙拉、希腊沙拉和春日意大利面包沙拉也是绝配。

其他版本

- 如果你想做蜂蜜芥末沙拉调味汁，那就加入 1 汤匙第戎芥末和 1½ 茶匙蜂蜜，然后完成上述步骤。

意式香醋沙拉调味汁

约 ⅓ 杯

1 汤匙葱花

1 汤匙陈年意式香醋

1 汤匙红酒醋

4 汤匙特级初榨橄榄油

盐

现磨黑胡椒

取一个小碗或小罐，将葱花放在红酒醋里腌渍 15 分钟，加入橄榄油、一大撮盐和一撮黑胡椒。搭配一片生菜叶品尝一下，按需调整咸度和酸度。剩余调味汁密封后可在冰箱保存最多 3 天。

这款沙拉调味汁很适合搭配芝麻菜、多彩生菜、比利时菊苣、长叶莴苣和小叶莴苣，以及焯煮、炭烤、炉烤的任何种类的蔬菜，与谷物或豆子沙拉和冬日意大利面包沙拉也是绝配。

其他版本

- 如果你想制作与丰盛的菊苣谷物沙拉相得益彰的帕玛森干酪沙拉调味汁，那就加入 43 克（约半杯）细磨帕玛森干酪，然后完成上述步骤。
- 如果你想做褐化黄油沙拉调味汁来搭配面包沙拉或烤蔬菜，那就用 4 汤匙褐化黄油代替橄榄油，然后完成上述步骤。将放在冰箱里的剩余调味汁恢复到室温之后再使用。

柠檬沙拉调味汁 约½杯

½ 茶匙细磨柠檬皮（约含一个柠檬一半的营养价值）

2 汤匙鲜榨柠檬汁

1½ 茶匙白葡萄酒醋

5 汤匙特级初榨橄榄油

1 瓣大蒜

盐

现磨黑胡椒

将柠檬皮、柠檬汁、白葡萄酒醋和橄榄油倒入一个小碗或小罐中。将蒜瓣放在案台上拍碎，然后加入沙拉调味汁中。加入一大撮盐和一撮黑胡椒。通过搅拌或摇晃使食材充分混合，搭配一片生菜叶尝尝味道，然后按需调整盐度和酸度。放置 10 分钟以上，将蒜瓣取出后使用。

剩余的调味汁密封后可在冰箱保存最多 2 天。

这款沙拉调味汁很适合搭配香草沙拉、芝麻菜、多彩生菜、长叶莴苣和小叶莴苣、黄瓜、水煮蔬菜，也很配牛油果沙拉、刨丝茴香球茎和樱桃萝卜沙拉以及慢烤鲑鱼。

其他版本

- 如果想做柠檬凤尾鱼沙拉调味汁，你可以将 2 条浸水切片的盐腌凤尾鱼（或 4 块鱼排）切成块，然后用杵和钵将鱼碾成细滑的鱼肉酱。碾得越细，沙拉酱就越美味。将凤尾鱼和 ½ 瓣细磨或捣碎的大蒜加入沙拉酱中，然后完成上述步骤。可以搭配芝麻菜、比利时菊苣、任何种类的水煮蔬菜或菊苣，也可以搭配刨成丝的胡萝卜、芜菁和芹菜根等冬季蔬菜。

青柠沙拉调味汁

不到 ½ 杯

2 汤匙鲜榨青柠汁（用约 2 个小青柠榨取）

5 茶匙特级初榨橄榄油

1 瓣大蒜

盐

将青柠汁和橄榄油倒入一个小碗或小罐中。将蒜瓣拍碎，然后与一大撮盐一起加入沙拉调味汁中。通过搅拌或摇晃使食材充分混合，搭配一片生菜叶尝尝味道，然后按需调整咸度和酸度。至少放置 10 分钟，将蒜瓣取出后使用。

剩余的调味汁密封后可在冰箱中存放最多 3 天。

这款沙拉调味汁很适合搭配多彩生菜、小叶莴苣和长叶莴苣、黄瓜片，与牛油果沙拉、生姜青柠刨丝胡萝卜沙拉、伊朗西拉吉沙拉和慢烤鲑鱼也很相宜。

其他版本

- 想加入一点儿辣味时，你可以加入 1 茶匙碾碎的墨西哥辣椒。

随性柑橘沙拉调味汁

约 ⅔ 杯

1 汤匙葱花

4 茶匙白葡萄酒醋

¼ 杯柑橘类果汁

¼ 杯特级初榨橄榄油

½ 茶匙细磨柑橘类果皮

盐

取一个小碗或小罐，将葱花放在白葡萄酒醋里腌渍 15 分钟，加入柑橘类果汁、橄榄油、柑橘类果皮和一大撮盐。将食材搅拌或摇晃混合，搭配一片生菜叶尝尝味道，并按需要调整咸度和酸度。

剩余的调味汁密封后可在冰箱存放最多 3 天。

这款沙拉调味汁很适合搭配多彩生菜、长叶莴苣和小叶莴苣、焯煮过的芦笋，也很配牛油果沙拉、慢烤鲑鱼和炭烤洋蓟。

其他版本

- 如果想制作酸甜的金橘沙拉调味汁，你可以在葱花里加入 3 汤匙切成细丁的金橘，然后完成上述步骤。

番茄沙拉调味汁

约 1 杯

这款调味汁要使用最成熟的番茄来制作，把预备用来做沙拉的番茄的瓤和两头部分都用上就更好了。当番茄茎部散发木香和甜味，按压触感紧实又稍微有些柔软的时候，说明番茄已经成熟了。

2 汤匙葱花

2 汤匙红酒醋

1 汤匙陈年意式香醋

1 个大的或 2 个小的完全成熟的番茄

4 片撕成大片的罗勒叶

¼ 杯特级初榨橄榄油

1 瓣大蒜

盐

取一个小碗或小罐，将葱花放在红酒醋里腌渍 15 分钟。

将番茄对半切开，用刨丝盒上最大的孔刨擦，并将番茄皮扔掉。这样一来，你应该能磨出 ½ 杯番茄酱。将番茄酱倒入葱花中，再加入罗勒叶、橄榄油和一大撮盐。将蒜瓣在案板上拍碎，加入调味汁中。通过摇晃或搅拌将食材充分混合。拿一小块面包或一片番茄蘸汁品尝，然后按需调整咸度和酸度。至少放置 10 分钟，将大蒜取出后再使用。

剩余的调味汁密封后能在冰箱保存 2 天。

这款沙拉调味汁很适合搭配番茄片、牛油果沙拉、卡普里沙拉、夏日意大利面包沙拉、里科塔奶酪和番茄沙拉烤面包片、夏日番茄香草沙拉。

米酒沙拉调味汁

约 1/3 杯

2 汤匙调好味的米酒醋

4 汤匙无味食用油

1 瓣大蒜

盐

将米酒醋和橄榄油倒入一个小碗或小罐里。将蒜瓣拍碎，并加入调味汁中。通过摇晃或搅拌将食材充分混合。拿一片番茄蘸汁品尝，然后按需调整咸度和酸度。至少放置10分钟，将大蒜取出后再使用。

剩余的调味汁可在冰箱保存最多3天。

这款沙拉调味汁很适合搭配多彩生菜、长叶莴苣和小叶莴苣、日本白萝卜丝、胡萝卜或黄瓜以及任何一款牛油果沙拉。

其他版本

- 想增加一点儿辣味时，你可以添加1茶匙碾碎的墨西哥辣椒。
- 想增加一点儿韩式或日式口味时，你可以加入几滴烤芝麻油。

浓郁

凯撒沙拉酱

约 1½ 杯

4 条浸水切片的盐腌凤尾鱼（或 8 块鱼排）

¾ 杯浓稠的基础蛋黄酱（第 375 页）

1 瓣加入一小撮盐细磨或捣碎的大蒜

3 ~ 4 汤匙柠檬汁

1 茶匙白葡萄酒醋

85 克（约 1 杯）细磨帕玛森干酪，另备更多奶酪在上菜时用

¾ 茶匙辣酱油

现磨黑胡椒

盐

将凤尾鱼粗切成块，然后用杵和钵将鱼碾成细滑的鱼肉酱。碾得越细，沙拉酱就越美味。

将凤尾鱼、蛋黄酱、大蒜、柠檬汁、白葡萄酒醋、帕玛森干酪、辣酱油和黑胡椒放在一个中等大小的碗里搅拌均匀。用一片生菜叶蘸酱品尝，然后按需加盐并调整酸度。你也可以将在**“多重加盐法”**部分学到的方法利用起来，慢慢地往蛋黄酱里一点一点加入每种咸味食材。调整酸味调料，品尝味道，然后调整咸味食材的用量，直到达到盐、脂、酸的理想平衡点。还有什么从书上读到的经验能给你带来如此美味呢？恐怕没有吧。

制作沙拉时，取一个大碗，用两只手将绿叶菜和手撕面包丁与大量沙拉酱混合，使食材均匀裹上沙拉酱。用帕玛森干酪和现磨黑胡椒调味，然后立即端上桌。

剩余的沙拉酱密封后可在冰箱存放最多 3 天。

这款沙拉酱很适合搭配长叶莴苣和小叶莴苣、菊苣、焯煮过的或生的羽衣甘蓝、抱子甘蓝丝和比利时菊苣。

浓郁香草沙拉酱 约 1¼ 杯

1 汤匙葱花

2 汤匙红酒醋

½ 杯法式酸奶油（第 113 页）、重奶油、酸奶油或原味酸奶

3 汤匙特级初榨橄榄油

1 小瓣加入一小撮盐细磨或捣碎的大蒜

1 根大葱，葱白和葱绿均切碎

¼ 杯切碎的柔软香草，可以从欧芹、芫荽、莳萝、细香葱、车窝草、罗勒和龙蒿中任选几种以任何比例搭配

½ 茶匙糖

盐

现磨黑胡椒

取一个小碗，将葱花放在红酒醋里腌渍 15 分钟。再取一个大碗，将葱花和腌渍用醋与法式酸奶油、橄榄油、大蒜、大葱、香草、糖、一大撮盐、一撮胡椒搅拌在一起。拿一片生菜叶蘸酱品尝，然后按需调整咸度和酸度。

剩余的沙拉酱密封后能在冰箱保存最多 3 天。

这款沙拉酱很适合搭配长叶莴苣、卷心莴苣、小叶莴苣、甜菜、黄瓜和比利时莴苣，搭配烤鱼、烤鸡、蔬菜冷盘或油炸食品也很可口。

蓝纹奶酪沙拉酱

约 1¼ 杯

142 克浓郁的蓝纹奶酪，比如罗克福、奥弗涅或梅塔格蓝纹奶酪，将奶酪掰碎

½ 杯法式酸奶油（第 113 页）、酸奶油或重奶油

¼ 杯特级初榨橄榄油

1 汤匙红酒醋

1 小瓣加入一小撮盐细磨或捣碎的大蒜

盐

取一个中等大小的碗，用浸入式搅拌器将奶酪、法式酸奶油、橄榄油、红酒醋和大蒜充分混合。你也可以将所有的食材倒入一个罐子里，盖上盖子，然后使劲摇晃混合。拿一片生菜蘸酱品尝，然后按需加盐并调整酸度。

剩余的沙拉酱密封后能在冰箱保存最多 3 天。

这款沙拉酱很适合搭配比利时莴苣、菊苣、卷心莴苣、小叶莴苣和长叶莴苣。另外，这款沙拉酱搭配牛排或用作胡萝卜和黄瓜的蘸酱也很美味。

绿女神沙拉酱

约 2 杯

3 条浸水切片的盐腌凤尾鱼（或 6 块鱼排）

1 个中等大小的成熟牛油果，切半去核

1 瓣大蒜，切片

4 茶匙红酒醋

2 汤匙加 2 茶匙柠檬汁

2 汤匙切碎的欧芹

2 汤匙切碎的芫荽

1 汤匙切碎的细香葱

1 汤匙切碎的车窝草

1 茶匙切碎的龙蒿

½ 杯浓稠的基础蛋黄酱（第 375 页）

盐

将凤尾鱼粗切成块，然后用杵和钵将鱼碾成细滑的鱼肉酱。碾磨得越细，沙拉酱就越美味。

将凤尾鱼、牛油果、大蒜、红酒醋、柠檬汁、香草和蛋黄酱倒入搅拌机或食品加工机中，放入一大撮盐，然后搅拌至沙拉酱的质地变得浓稠而均匀。品尝味道，然后按需调整咸度和酸度。你可以保持绿女神沙拉酱的浓稠质地，作为蘸酱使用，也可以按喜好加水冲稀，作为沙拉酱使用。

剩余的沙拉酱密封后能在冰箱存放最多 3 天。

这款沙拉酱很适合搭配长叶莴苣、卷心莴苣、小叶莴苣、甜菜、黄瓜和比利时莴苣，搭配烤鱼、烤鸡、蔬菜冷盘或牛油果沙拉也很可口。

芝麻酱沙拉酱

约 1 杯

½ 茶匙孜然，或 ½ 茶匙孜然粉

盐

½ 杯芝麻酱

¼ 杯鲜榨柠檬汁

2 汤匙特级初榨橄榄油

1 瓣加入一撮盐细磨或捣碎的大蒜

¼ 茶匙卡宴辣椒碎

2 ~ 4 汤匙冰水

将孜然放在一口擦干的小号煎锅中，放在中火上烤制。频繁转动煎锅，确保孜然得到均匀的烘烤。烤制约 3 分钟，直到有几粒孜然爆开并散发一股咸香味。将煎锅从火上拿下来，立刻将孜然倒入一个研钵或一台香料研磨器中。加入一撮盐，将孜然充分研磨。

将孜然、芝麻酱、柠檬汁、橄榄油、大蒜、卡宴辣椒碎、2 汤匙冰水和一大撮盐倒入一个中等大小的碗中，通过搅拌使食材充分混合。你也可以将所有食材放在食品加工机中打匀。混合物乍看上去可能有些支离破碎，但是请放心，如果搅拌得充分，沙拉酱终会成为均匀细腻的乳状液体。按需加水，将沙拉酱调配成你想要的浓稠度——如果想作为蘸酱使用，那就保持浓稠质地，也可以按喜好加水冲稀，淋在沙拉、蔬菜或肉上。拿一片生菜蘸酱品尝，然后按需调整咸度和酸度。

剩余的沙拉酱密封后能在冰箱存放最多 3 天。

其他版本

- 如果想制作日式芝麻酱（goma-ae）沙拉酱，你可以用 ¼ 杯调好味的米酒醋代替柠檬汁。不要放孜然、盐、橄榄油或卡宴辣椒粉，加入 2 茶匙酱油、几滴烤芝麻油和 1 茶匙味醂（米酒）。按照上面介绍的方法加大蒜搅拌。品尝味道，然后按需调整咸度和酸度。

芝麻酱沙拉酱很适合淋在烤蔬菜、烤鱼或烤鸡上，或者与焯煮过的西蓝花、羽衣甘蓝、青豆或菠菜搅拌，用作黄瓜和胡萝卜的蘸料也很美味。

味噌芥末沙拉酱

约 ¾ 杯

4 汤匙白味噌酱或黄味噌酱

2 汤匙蜂蜜

2 汤匙第戎芥末

4 汤匙米酒醋

1 茶匙细磨生姜

取一个中等大小的碗，用搅拌器将入入碗中的所有食材搅拌均匀。你也可以将所有食材放在一个罐子里，盖上盖子，然后使劲摇晃混合。品尝味道，然后按需调整酸度。

这款沙拉酱很适合用来给切片的生卷心菜、生羽衣甘蓝、多彩生菜、长叶莴苣、小叶莴苣、比利时莴苣调味，淋在烤鱼、吃剩的烤鸡或烤蔬菜上也很合适。

花生青柠沙拉酱

约 1¾ 杯

¼ 杯鲜榨青柠汁

1 汤匙鱼露

1 汤匙米酒醋

1 茶匙酱油

1 汤匙细磨生姜

¼ 杯花生酱

½ 个墨西哥辣椒，去柄并切片

3 汤匙无味食用油

1 瓣切片的大蒜

可选：¼ 杯粗切芫荽叶

将所有食材倒入搅拌机或食品加工机中，打匀为止。然后按喜好加水调整浓稠度——你可以保持它的浓稠质地，将其当成蘸酱使用，也可以冲稀，淋在沙拉、蔬菜或肉上。拿一片生菜叶蘸酱品尝，并按需调节咸度和酸度。

剩余的沙拉酱密封后能在冰箱存放最多 3 天。

这款沙拉酱很适合搭配黄瓜、米粉或荞麦面、长叶莴苣，搭配炭烤或炉烤的鸡肉、牛排或猪肉也很合适。

蔬菜

洋葱的烹饪

洋葱烹饪得越久，味道就越浓厚。但是，并非每个洋葱都必须做成焦糖洋葱。一般来说，无论选择怎样的烹饪方式，都应将洋葱做软。只有做软了的洋葱才能真正为菜品带来清甜味。

将洋葱烹饪至柔软但仍呈半透明状，你就做出了金黄洋葱。用中低火烹饪，以防洋葱的颜色变深。如果你发现洋葱开始出现粘锅的情况，那就往平底锅里洒一点儿水，避免褐变反应。用金黄洋葱制作丝滑甜玉米汤（第 276 页），或拿来尝试任何需要保持菜品浅色的食谱。

将洋葱烹饪到颜色变深、味道开始变浓厚的程度，你就做出了褐色洋葱。这种洋葱非常适合拿来做意面酱和鸡肉扁豆米饭（第 334 页），也可以用作不同焖菜和汤品的底料。

将洋葱烹饪到将要开始褐变并散发最浓厚的味道的程度，你就做出了焦糖洋葱。用这种洋葱制作焦糖洋葱派，和焯水的西蓝花或者青豆一起搅拌，将其盖在汉堡包和牛排三明治上，或切碎后与法式酸奶油搅拌成令人惊艳的洋葱蘸酱。

焦糖洋葱这个名称或许不大准确（但“美拉德反应洋葱”听起来实在是太别扭了！），但洋葱本身是让人无可挑剔的好物。焦糖洋葱的制作时间较长，味道又非常鲜美，因此应该制作超过一顿饭所需的用量。在接下来的四五天，你可以将焦糖洋葱作为主料，用在任何能因味道浓厚的洋葱而大放异彩的菜品中。

先取至少 8 个切成薄片的洋葱，拿出厨房最大的煎锅，或取一口大号荷兰锅，放在中高火上烧热。加入足量黄油或橄榄油，也可以两种油各取一定的量，在锅底厚厚覆盖一层。待油脂加热到闪闪发亮后，加入洋葱，并撒上少许盐调味。刚开始时，这个步骤会导致洋葱中的水渗出并减缓褐变的过程，即便如此，只要予以足够的时间，这个步骤不仅能软化洋葱，而且能使洋葱褐变得更均匀。将火力调至中火，仔细观察洋葱，看情况搅拌，

洋葱的烹饪

金黄洋葱
（烹饪约 15 分钟）

褐色洋葱
（烹饪约 25 分钟）

焦糖洋葱
（烹饪约 45 分钟）

一方面防止洋葱烧煳，另一方面防止洋葱某个部分在平底锅局部褐变过快。这些洋葱需要一定时间才能彻底烹熟，至少 45 分钟，多则 1 个小时。

待洋葱烹熟之后，品尝味道，然后调整盐的用量，并加入一点儿红酒醋来平衡洋葱的甜味。

油封樱桃番茄

约 4 杯

在盛夏时节，每周制作一次油封樱桃番茄，当作简便快捷的意面酱来使用。用勺子将其浇在烤鱼或烤鸡上，或者搭配新鲜的里科塔奶酪和涂抹了大蒜的烤面包丁一起上桌。选用你能找到的最甜、味道最浓郁的番茄——这样的美味会在你的舌尖绽放。

将油封用的油滤出并保存下来，在制作下一批油封樱桃番茄时再次使用，或者拿来制作番茄沙拉调味汁（第 245 页）。

4 杯去蒂的樱桃番茄

一小把罗勒叶或罗勒梗（罗勒梗的味道非常浓郁）

4 瓣去皮大蒜

盐

2 杯特级初榨橄榄油

将烤箱预热到 149 摄氏度。

将樱桃番茄在一个浅口烤盘中铺成一层，下面垫上一层罗勒叶 / 罗勒梗和大蒜瓣。淋上 2 杯橄榄油。番茄不必完全浸泡在油中，但每一颗樱桃番茄都应该与油有所接触。随意加盐，加以搅拌，然后将番茄放进烤箱烤 35 ～ 40 分钟。在任何情况下，烤盘中都不应该出现沸腾的情况，至多不能超过将沸未沸的状态。

用烤扦插进时，如果整颗樱桃番茄都很柔软且外皮开裂，这道菜就做好了。将樱桃番茄从烤箱中取出，放置一段时间降温。将罗勒叶拿掉之后，就可以上菜了。

这道菜在温热或室温状态下都可以上桌。番茄浸泡在原来的烤制用油中可在冰箱存放最多 5 天。

其他版本

- 在做油封大番茄时，先将番茄去皮。用一把尖锐小刀的刀尖将 12 个“早熟女孩”番茄或与其大小相似的番茄去瓤，然后将番茄翻过来，在底部划出一个小小的“X”。在沸水中焯 30 秒，或者焯至外皮开始变松。将番茄倒入冰水中，以防余热继续烹饪，然后将外皮去掉。按照上述步骤烹饪，将番茄铺成单层，倒入烤盘壁高度的⅔的油。将烹饪时间调整到约 45 分钟，或者烹饪到番茄由内而外完全变软。
- 要做油封洋蓟的话，取 6 个大洋蓟或 12 个小洋蓟，将外部坚硬的叶片摘掉。用一把蔬菜削皮器或锋利的削皮刀，将从底部到茎部的纤维丰富的深绿色外皮去掉。将洋蓟切成两半，使用一把勺子将毛茸茸的内瓤挖出来（关于处理洋蓟的步骤，请见第 267 页的配图）。按照上述步骤烹饪，将洋蓟铺成单层，倒入烤盘壁高度的⅔的油。烤制约 40 分钟后，用一把叉子或削皮刀插进洋蓟中，若已完全变软，这道菜就做好了。与意面、细磨柠檬皮和佩克利诺罗马羊奶酪一起搅拌；将洋蓟切碎，与几片切碎的薄荷叶、一瓣捣碎的大蒜和几滴柠檬汁混合后铺在烤面包片上；也可以冷却至室温后搭配腌肉和奶酪作为开胃菜上桌。

烹饪蔬菜的六种方法

每次坐下来精简这部分菜单的时候，我心中的伤痕都会加深一些。蔬菜是我最喜欢吃也最喜欢做的东西，我对西蓝花、球花甘蓝和罗马花椰菜（也就是那种呈不规则碎块状的奇异蔬菜）都同样喜爱有加。但是由于每个部分能够添加的食谱有限，我根本没法儿把每种菜的食谱都放进来。而在这些蔬菜中做取舍，就好像让我挑选一张专辑听一辈子一样强人所难。

然而问题就在眼前：我该如何通过区区几页纸来表达自己对蔬菜的挚爱并展示其品种的无穷无尽呢？在将我最爱的蔬菜食谱一份一份整理成清单的过程中，我意识到几乎所有的食谱都涉及六种烹饪方法中的一种。对于所有厨师来说，这些烹饪方法都是最有用也最好掌握的。一旦掌握了这些方法，你就可以无所顾忌地徜徉于市场中了，因为你知道，你能够也一定会将找到的任意一种蔬菜做成一道美味佳肴。

参考**“各种蔬菜的烹饪方法及对应时节”**（第 268 页），帮助你选择该在哪个季节烹饪何种蔬菜，以及该如何用最合适的方法烹饪。你也可以参考**“世界各地的油脂”**（第 72 页）、**“世界各地的酸味调料”**（第 110 页）、**“世界风味轮”**（第 194 页），来借鉴不同方式为蔬菜调味和装点。无论受哪国菜系的启发，你都应该选择正确的烹饪方式，将蔬菜烹饪得足以让世界各地的食客都为之叹服。

焯煮：绿叶菜

如果不确定该怎样烹饪绿叶菜，你可以先将一大锅水架在大火上。在水煮沸的过程中，你可以考虑用绿叶菜制作库库杂菜鸡蛋饼（第 306 页）、蛤蜊意大利面（第 300 页）、意式杂蔬面包汤（第 276 页），还是其他完全不同的菜肴。在一两个烤盘里铺上烤盘纸，然后放在一边。（如果绿叶菜带有硬梗，那就按照第 232 页的方法将叶子捋下来。将羽衣甘蓝、散叶甘蓝和君荙菜的茎部保留下来，在焯煮过菜叶后将菜茎单独拿出来焯煮。）

一旦水温达到沸点，就加入盐，让锅里的水的咸度与夏日的海水一般，然后往里加入绿叶菜。学习意大利人的做法：把绿叶菜烹饪到刚刚变软的程度就行。君荙菜需要约 3

分钟，而散叶甘蓝则要花 15 分钟以上。从锅里取一片叶子品尝，如果咬下去很软，那就说明菜做好了。使用一把网漏或漏勺将绿叶菜从水中捞出，然后在烤盘里铺成一层。待绿叶菜冷却之后，抓起一把将多余水分挤出，然后粗切。

将焯煮过的莙荙菜叶和茎与褐色洋葱、藏红花、松果、葡萄干一起翻炒，做成一道带有西西里岛海滨风味的配菜。将焯煮过的菠菜、莙荙菜、羽衣甘蓝（或青豆 / 芦笋）与日式芝麻酱沙拉酱（第 251 页）搅拌，搭配五香浇汁烤鸡（第 338 页）来制作属于你自己的寿司店招牌菜。将焯煮过的白菜与薄切甜椒碎和切碎的大蒜一起翻炒——这道程序非常简单，说不定会让你觉得毫无新意。但是，且先不要这么认为。将焯煮过的莙荙菜与培根和褐色洋葱一起烹饪，然后搭配香辣炸鸡（第 320 页）一起端上桌。用烹饪蒜香青豆（第 261 页）的方法处理焯过水的甜菜和芜菁叶，做成一道与印度香料鲑鱼（第 311 页）相得益彰的美味配菜。

如果还有没用完的绿叶菜，那就将菜团成球，然后包裹起来在冰箱里存放 2 ~ 3 天，直到你想出新的用途。你也以将绿叶菜团成球，铺成一层冰冻一夜，再转移到密封袋里。这样的菜球可以冷冻存放最多 2 个月，直到你的味蕾对库库杂菜鸡蛋饼或其他任何素菜美食再次蠢蠢欲动。这时，只需将菜团解冻，然后按照上面的步骤烹饪即可。

翻炒：辣椒薄荷炒荷兰豆

足量 4 人份

你可能还记得，我曾经说，翻炒这个词的法语原意是将平底锅中的所有食材翻面时手腕的颠动。如果你还没有掌握这个技巧，那就多多练习（翻回第 173 页，查看关于翻炒的小贴士）。在修炼成功之前，使用夹具就能解决问题！翻炒的方法适用于只需几分钟就能做熟且质地、颜色或味道会因为过度烹饪而打折的蔬菜。

约 2 汤匙特级初榨橄榄油

680 克择过的甜荷兰豆

盐

12 片切成丝的薄荷叶

1 个小柠檬磨碎的柠檬皮（约 1 茶匙）

½ 茶匙红辣椒碎

将一口大号煎锅放在大火上。待锅烧热时，加入刚好足够覆盖锅底的薄薄一层油。待油烧热时，放入荷兰豆并加盐。在大火上将荷兰豆翻炒到开始褐变，直到 5 ~ 6 分钟后荷兰豆变甜，但仍然保持清脆质地。将锅从火上拿下来，将薄荷、柠檬皮和红辣椒碎倒进去。品尝味道，按需调整咸度。立刻上菜。

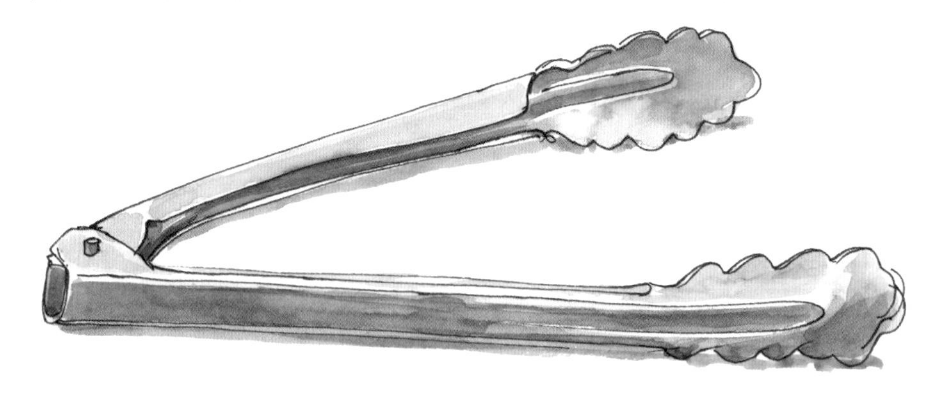

蒸汽翻炒：蒜香青豆

足量 6 人份

蒸汽翻炒是一种用来烹饪过于紧实且不太适合直接翻炒的蔬菜的方法。先用水将蔬菜烹饪几分钟，然后将火调大，将蔬菜炒至焦黄，这样一来，你就能确保蔬菜由内而外完全烹熟了。

约 900 克择过的新鲜青豆、黄刀豆、罗马豆或四季豆

盐

2 汤匙特级初榨橄榄油

3 瓣切碎的大蒜

取一口手边能找到的最大煎锅，架在中高火上，将 ½ 杯水烧到将沸未沸的程度。加入青豆，撒入几大撮盐，然后盖上锅盖。每过几分钟就揭开盖子搅拌青豆。四季豆差不多完全变软需要约 4 分钟，而其他较为成熟的青豆则需要 7 ~ 10 分钟，这时，用锅盖挡住青豆，将所有剩余的水从锅里倒出。将锅放回炉子上，把火调高，在煎锅中心掏出一个小坑。将橄榄油倒入小坑，然后加入大蒜。让大蒜在锅里缓缓烹制约 30 秒，直到散发香味为止，在大蒜变色之前，立即与青豆一起翻炒。将锅从火上拿下来，品尝味道，调整咸度，然后立即上菜。

其他版本

- 要想做出经典法式风味，那就用无盐黄油代替橄榄油，不要放大蒜，并在上菜前往菜里拌入一茶匙切碎的龙蒿。
- 如果想做印度风味，那就用印度酥油或无盐黄油代替橄榄油，并在大蒜里加入一汤匙切碎的新鲜生姜。

4～6人份

由于焦糖化、美拉德反应和内部释放的糖分，经过烧烤的蔬菜从内到外都能散发一种绝无仅有的甜味。换句话说，烧烤是引出蔬菜甜味最好的方法。

凭着这个认识，我总会尝试用某种酸味调料来平衡菜品的甜味，比如香草萨尔萨酱（第359页）、酸奶酱（第370页）或以醋为底料的酸甜酱。每年感恩节，我家的餐桌上都会出现这道菜，感恩节大餐不仅油脂丰富，淀粉含量也很高，因此，一点儿酸味小菜总能锦上添花。

1个大奶油南瓜（约900克），纵向切成两半，去皮、去瓤

特级初榨橄榄油

盐

约450克抱子甘蓝，剥掉外层叶子并择净

½个红洋葱，切成薄片

6汤匙红酒醋

1汤匙糖

¾茶匙红辣椒碎

1瓣加入一撮盐细磨或捣碎的大蒜

16片新鲜薄荷叶

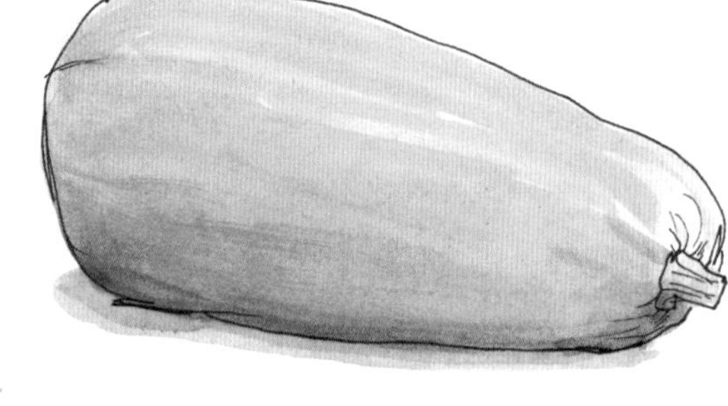

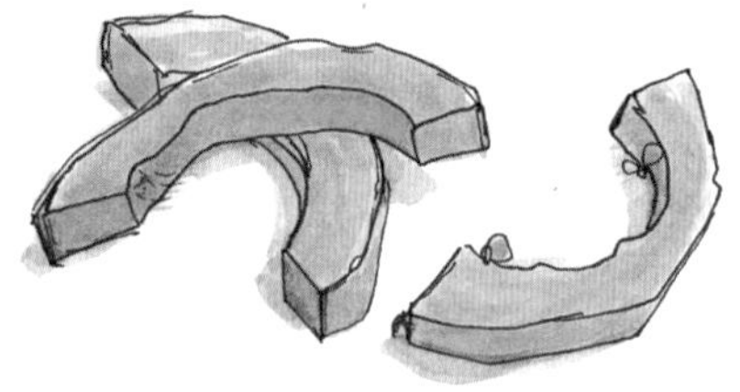

将烤箱预热到 218 摄氏度。

将奶油南瓜的每一半斜切成 1.3 厘米厚的月牙状，并放进一个大碗里。加入约 3 汤匙橄榄油，搅拌至奶油南瓜均匀裹上橄榄油。加盐调味，在烤盘里铺成一层。

将抱子甘蓝从茎部切成两半，然后倒入同一个大碗里，加入更多橄榄油，搅拌至抱子甘蓝均匀裹油。加盐调味，然后另取一个烤盘，将抱子甘蓝在烤盘里铺成一层。

将奶油南瓜和抱子甘蓝放入预热好的烤箱，烤制约 26 ~ 30 分钟，使蔬菜变软并开始焦糖化。约 12 分钟之后，查看一下蔬菜的情况。转动烤盘，移动蔬菜的位置，确保蔬菜均匀褐变。

与此同时，取一个小碗，将洋葱片和红酒醋搅拌在一起腌渍 20 分钟。另取一个小碗，将 6 汤匙特级初榨橄榄油、糖、红辣椒碎、大蒜和一撮盐搅拌在一起。

等到烤蔬菜外皮焦黄，而内里用刀戳进去已烤软的时候，你就可以将菜从烤箱里取出来了。抱子甘蓝可能比奶油南瓜熟得快一些。取一个大碗，将蔬菜倒在一起。将腌渍的洋葱和腌渍用的醋一起倒入橄榄油混合物中搅匀，再将一半的腌渍汁浇在蔬菜上。搅拌均匀，品尝味道，然后按需加入更多盐和腌渍汁。用撕碎的薄荷叶装点，可以作为热菜上桌，也可以等放凉后再上菜。

红酒醋腌渍的

红洋葱

慢烹：香辣球花甘蓝，配加盐里科塔奶酪

6 人份

过度烹饪和慢烹之间是有区别的。因疏忽而在沸水中或炒锅中多放了几分钟，捞出来时枯萎、蔫黄、看上去可怜兮兮的菜，就是烹饪过度的菜。而慢烹蔬菜则是指那些在细心照看下烹饪得又甜又软的蔬菜——对于那些被忘在生鲜品抽屉里的蔬菜，这种方法也是我最爱用的烹饪方法之一。

2 棵洗净的球花甘蓝（约 900 克）

特级初榨橄榄油

1 个中等大小的黄洋葱，切成薄片

盐

一大撮薄切甜椒碎

3 瓣切片的大蒜

1 个柠檬

57 克粗磨加盐里科塔奶酪

将球花甘蓝木质部分切除并扔掉。将茎梗切成 1.3 厘米厚的片状，并将花球部分切成 2.5 厘米宽的片状。

取一口大号荷兰锅或类似的锅，架在中火上。待锅烧热之后，将 2 汤匙橄榄油涂在锅底。当油开始冒泡时，加入洋葱和一撮盐。在烹饪时不时加以搅拌，直到约 15 分钟后洋葱变软并开始褐变。

将火调至中高火，追加约 1 汤匙橄榄油，然后将球花甘蓝倒入锅中，搅拌均匀。加入盐和薄切甜椒碎调味。你可能需要将球花甘蓝堆叠起来才能全部放进锅里，也可以先把一部分烹至缩水，再加入另一部分。在烹饪时盖上锅盖并不时加以搅拌，直到约 20 分钟后球花甘蓝煮散为止。

将锅盖揭开，把火调至高火。待球花甘蓝开始褐变时，用一把木勺将甘蓝在锅里转圈搅动。继续烹饪，直到约 10 分钟后所有的球花甘蓝均匀褐变，然后将其移至平底锅的

边上。在锅的中心浇 1 汤匙橄榄油，然后在油中加入大蒜，让大蒜在油里烹制约 20 秒，直到开始散发香气。在大蒜开始褐变之前，将甘蓝和大蒜搅拌在一起。品尝味道，按需调整盐和甜椒碎的用量。将锅从火上拿下来，取半个柠檬，将柠檬汁挤在球花甘蓝上。

搅拌并品尝味道，然后按需追加柠檬汁。将菜堆放在盘子中，并撒上粗磨加盐里科塔奶酪，立即端上桌。

其他版本

- 如果手边没有加盐里科塔奶酪，那就用帕玛森干酪、佩克利诺罗马羊奶酪、曼彻格奶酪、阿齐亚戈奶酪或几块新鲜里科塔奶酪代替。
- 如果想为菜品添加肉香，那就把橄榄油总量降低到 1 汤匙，并将 113 克切成火柴棒大小的培根或意大利烟肉与洋葱一起加入锅中。
- 如果想提升菜品的鲜味，就将 4 条切碎的凤尾鱼排与洋葱一起加入锅中。这样一来，蔬菜那不同以往的鲜香一定会引起每个人的注意，但几乎不会有人能挖掘到个中秘密。

炭烤洋蓟

6 人份

想一想热是如何将木头的味道神奇地转化为令人垂涎欲滴的木香的，这样一来，你就马上能够领悟为什么任何蔬菜都能因炭烤而变得更加美味了。但是，适合直接从生烤熟的蔬菜只有寥寥数种。把炭烤当作绝大多数高淀粉蔬菜或紧实蔬菜的最后一道烹饪程序，比如洋蓟、茴香球茎或小马铃薯。先适当处理蔬菜，比如将蔬菜在炉子上煮至半熟或在烤箱里烤软，再将蔬菜穿成串，通过炭烤使其沾染一丝烟熏的香味。

6 个洋蓟（或 18 个小洋蓟）

特级初榨橄榄油

1 汤匙红酒醋

盐

将一大锅水在大火上煮沸。准备一堆木炭，或者将燃气炉预热好，并在一个烤盘里铺上烤盘纸。将洋蓟外皮上坚硬的深色叶子去掉，直到剩下半黄半浅绿色的叶子为止。将茎部最坚硬的部分和顶部约 4 厘米的部分切掉，如果里面有叶子呈紫色，那就将这些叶子也去掉。要想将高纤维的部分全部清除，你或许得去掉更多部分。扔掉的部分看上去或许很多，但是你还是应该狠下心，因为在饭桌前咬下一口硬邦邦的苦洋蓟要数一种最糟心的体验了。使用一把锋利的削皮刀或蔬菜削皮器将茎部和球花底部的坚硬外皮去掉，直到露出里层呈淡黄色的部分。在清洗的时候，将洋蓟放在一碗加了红酒醋的水中，醋能够防止洋蓟氧化，因此能避免颜色变棕。

将洋蓟切半。使用一把茶匙，小心将球花毛茸茸的内里部分挖出来，然后将洋蓟放回加了醋的水中。水沸腾后，加入大量的盐，直到水与海水咸度相同。将洋蓟放入水中，把火调低，让水保持在微微沸腾的状态。将洋蓟烹饪到用一把锋利的刀插入时呈柔软状的程度，小洋蓟需要约 5 分钟，大洋蓟则需要约 14 分钟。使用网漏或滤网小心地将洋蓟从水中捞出，在准备好的烤盘上铺成一层。

在洋蓟上浇少许橄榄油，并加盐调味。将洋蓟切开的一面朝下放在烤架上，把火调到中高档。在洋蓟褐变之前先不要移动，等到切开的一面均匀褐变之后再转动烤扦，每一面需要大约 3 ~ 4 分钟。将洋蓟翻面，用同样的方法将另一面也烤至褐变。

将洋蓟从烤架上拿下来，可按喜好淋上薄荷萨尔萨青酱（第 361 页），也可以搭配蒜香蛋黄酱（第 376 页）或蜂蜜芥末沙拉调味汁（第 240 页）一起上桌。可作为热菜上桌，也可以放凉至室温再上菜。

如何取出洋蓟的中心部分

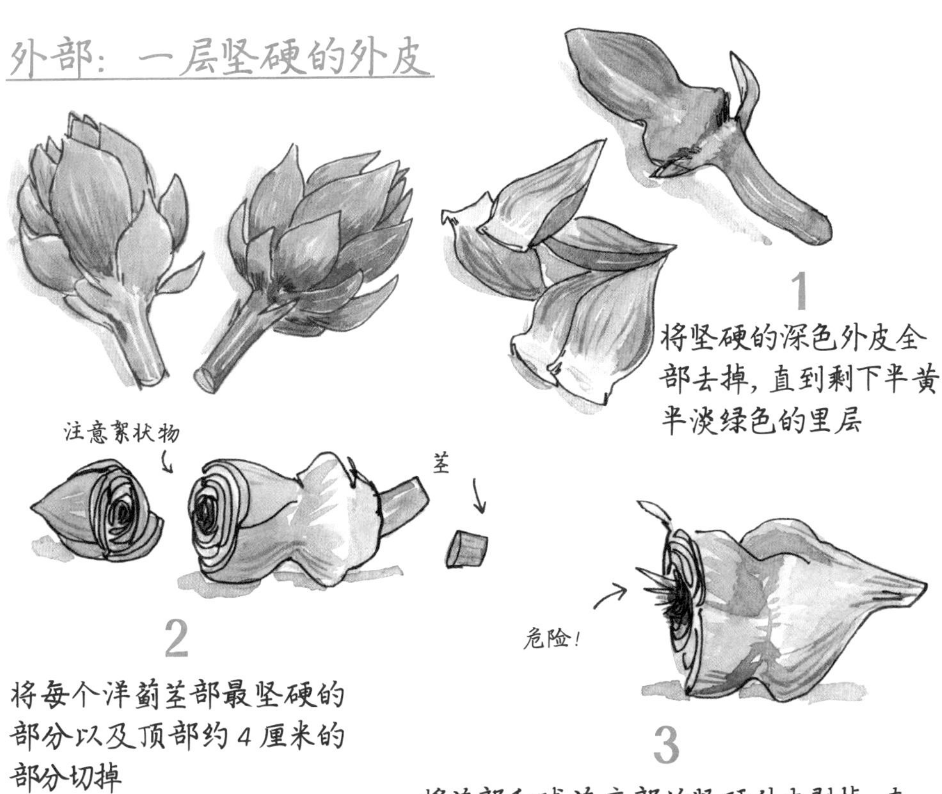

各种蔬菜的烹饪方法及对应时节

	焯煮	翻炒	蒸汽翻炒	烧烤	慢烹	炭烤
洋蓟 *						
芦笋						
甜菜						
西蓝花 *						
球花甘蓝 *						
抱子甘蓝 *						
卷心菜						
胡萝卜						
花椰菜 *						
芹菜根						
莙荙菜						
散叶甘蓝						
玉米						
茄子						
蚕豆						
茴香 *						
青豆						

* 在炭烤前，要预先烹软

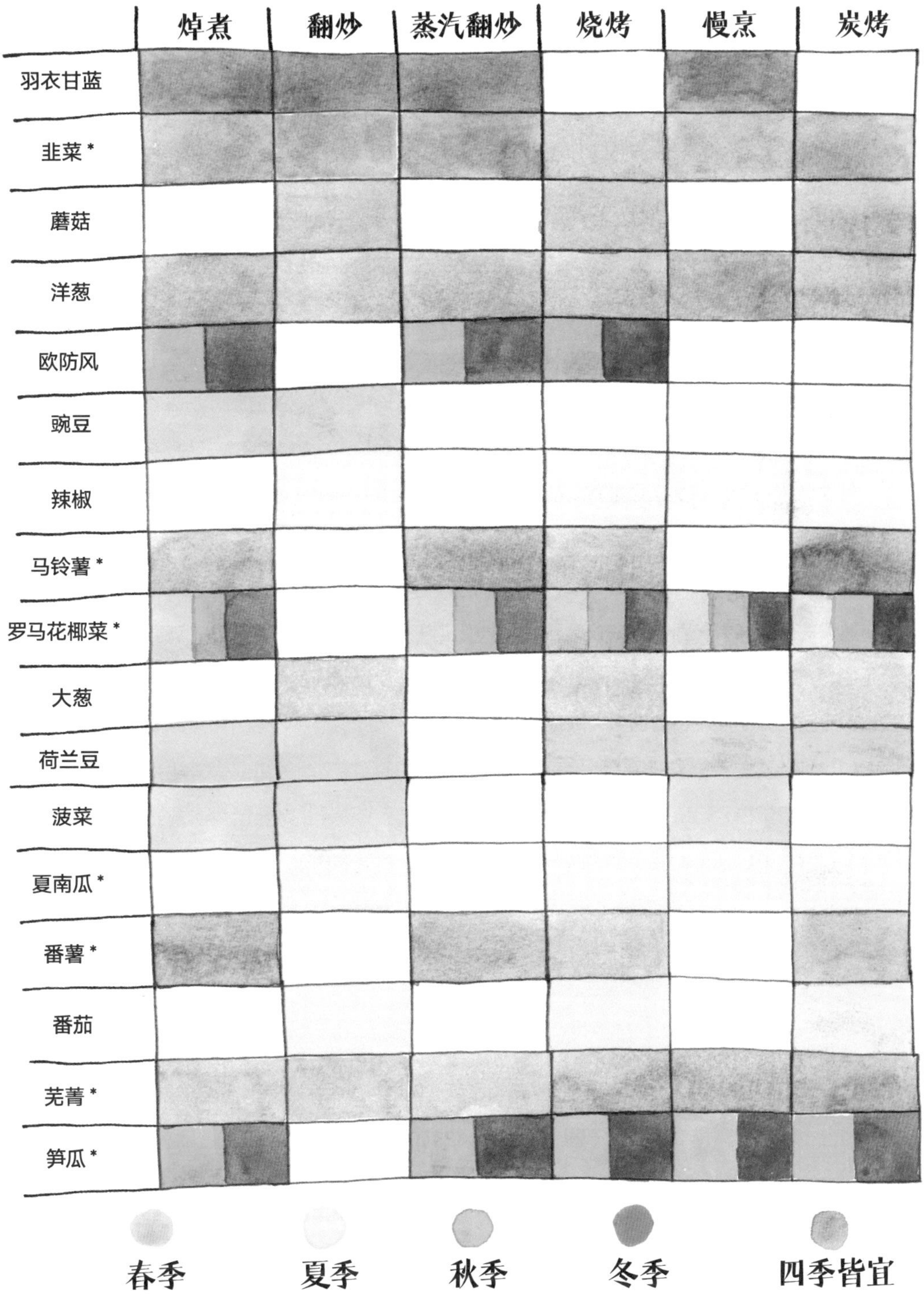

	焯煮	翻炒	蒸汽翻炒	烧烤	慢烹	炭烤
羽衣甘蓝						
韭菜 *						
蘑菇						
洋葱						
欧防风						
豌豆						
辣椒						
马铃薯 *						
罗马花椰菜 *						
大葱						
荷兰豆						
菠菜						
夏南瓜 *						
番薯 *						
番茄						
芜菁 *						
笋瓜 *						

春季　夏季　秋季　冬季　四季皆宜

高汤与汤品

高汤

手边若是有高汤，晚餐就是信手拈来之物。一顿美味简单而快捷的晚餐能够呈现无数的形式——清汤当然是其中之一，还有填料以及用面包和浓郁高汤做成的帕纳德脆皮焗菜，或者不放肉但依然浓香宜人且蛋白质丰富的浓汤煮谷物，亦可以在高汤中浸入一个煮蛋和微微发蔫的菠菜。当然，除了这些菜肴之外，用高汤锦上添花的炖菜、汤品和煮菜可谓数不胜数。

每次做烤鸡时，在加盐之前将鸡脖或鸡头、鸡爪和翅尖去掉（如果要做去骨处理，那就要将脊骨也去掉），将所有残骸装进一个塑料袋内，然后扔进冰柜。在吃完晚饭之后，将吃剩的骨架也装进塑料袋里。一只鸡的骨架不够熬出一锅高汤来，因此，你可以保存三四只鸡的骨架，每一两个月做一次高汤。你也可以将洋葱头、最后一根马上就要蔫掉的芹菜茎、欧芹茎和胡萝卜头保存下来，装入袋子里放进冰柜。当你的冰柜已经塞不下的时候，将所有存货倒入一口大锅中，准备熬制高汤。

如果你手边只有烤鸡的鸡骨，那就不妨去肉店买几斤鸡头、鸡爪或一些翅尖。生骨中所含的胶原蛋白，可以让高汤变得浓稠而厚重。

鸡骨高汤

约 8 升

3.2 千克鸡骨（其中至少一半应是生骨头）

约 7 升水

2 个洋葱，各大切成 4 块，不去皮

2 个削皮的胡萝卜，各斜切成两半

2 根芹菜茎，各斜切成两半

1 茶匙黑胡椒籽

2 片月桂叶

4 根百里香小枝

5 根欧芹小枝或 10 根欧芹茎

1 茶匙白葡萄酒醋

将白葡萄酒醋之外的所有食材放进一口大号汤锅。用大火将高汤煮沸，然后调至文火。将任何浮上表面的泡沫撇掉。将白葡萄酒醋倒入，让醋将营养和矿物质从骨头里提取出来并释放到高汤里。揭开盖子，用文火煮 6 ～ 8 个小时。留心照看，确保汤处于将沸未沸的状态。一旦高汤沸腾起来，气泡便会将浮到高汤表面的脂肪重新循环到底部。在持续不断的加热和翻动状态下，高汤将会出现乳化。在煮高汤时，乳化可不是什么好现象，除了看上去黏稠一片之外，乳化后的高汤尝起来也很黏腻，而且会讨厌地附着在舌苔上。好的高汤的妙处之一就在于虽然味道浓郁，汤质却清爽宜人。

用一面细孔筛过滤高汤并冷却。将浮在表层的脂肪刮下来，保存在冰箱或冰柜之中，以备做油封鸡（第 326 页）时使用。高汤可以冷藏最多 5 天，冷冻最多 3 个月。我喜欢用旧的酸奶容器冷冻高汤，因为容器本身就带有预先标好的量度。

其他版本

- 想做牛肉高汤时，只需用 2.7 千克带肉牛骨（比如膝关节骨）和 450 克牛骨髓代替鸡骨，然后遵循相同的步骤就行。将牛骨在带边的烤盘里铺成一层，然后用约 45 分钟让牛骨在204摄氏度的烤箱中烤至褐变。将食谱中的香料放在汤锅里并加入几汤匙橄榄油，香料褐变之后，加入牛骨、3汤匙番茄酱、水。将烤盘放在调至小火的火炉上，然后倒入1杯干红葡萄酒。使用一把木勺或木铲将烤盘底部焦糖化的残渣刮起来，和酒一起倒入汤锅之中。将汤锅烧沸，然后调至文火并烹饪至少5个小时，再过滤。要想制作超浓牛肉高汤，那么一开始不要加水，而要加鸡汤。

汤品

贝多芬曾经说："只有内心纯净的人，才能做出好汤。"哎呀，贝多芬可真是个浪漫之人！但是很明显，他并不是个好厨师。我同意，内心纯净当然是每个厨师的理想特质之一，但对于做汤来说可并不是必不可少的（当然，清醒的头脑肯定是有所助益的）。

制作汤品不但简单，同时也很经济实惠。但是，人们往往把做汤当成了清除冰箱存货的省事之道。要让汤品味道鲜美，加在其中的每一种食材都得适得其所。养成用种类最少但味道最浓的食材制作汤品的习惯，你会发现，这样做出的汤品之美味到简直能让你的心都变得纯净起来。

汤品能够分为三类——清淡型、足料型和丝滑型，而每一种汤品都能满足不同的饥饿感。虽然每一种汤品中加入的食材有所不同，但是每种汤都以某种鲜美的液体作为基础配料，无论这液体是高汤、椰奶还是豆子熬出的浓汤。在这三个种类中各掌握一种汤品，让味觉和想象指引你清晰的头脑和纯洁的心灵，做出鲜美的汤品。

清淡型汤品既清爽又可口，很适合作为轻食或开胃菜上桌，亦可以献给身体有恙而胃口不佳的朋友。这种清汤里只有三到四种食材，如果汤底做得不好，那就几乎没有什么东西能转移味蕾的侦察了。因此，应等到手边有了自制的高汤时再制作这种汤品。

与之相反，足料型的汤品既浓郁又厚重。制作一锅辣椒汤或是托斯卡纳豆子汤，这些汤品足以让你一周都感觉既温暖又满足。足料型汤品的原料清单和烹饪时间都较长，因此搭配口味的方法也较多，即使手边没有自制的高汤，你也可以用水来制作这款汤。

在清淡型和足料型的汤品构成的频谱上，丝滑型汤品位于两者之间，并根据主要原料的不同而在清淡和浓重之间变换位置。但是，无论你选用的是哪种蔬菜的菜叶或根茎，做出的成品都是丝滑宜人的。丝滑而呈浓浆状的汤不仅适合作为晚餐派对的开胃菜，也能在温暖的夏日午后作为简便的午餐。

所有泥状汤品的配方都非常简单。首先，请选用新鲜而美味的食材，然后将几个黄洋葱烹熟，加入选好的食材，再将所有食材一起炖煮几分钟。加上足够将所有食材浸泡的液体，然后将火调小，烹饪到所有食材变软。（事先要注意，最鲜绿的蔬菜即使稍稍烹饪过度也会褪色褐变；另外，因为余热继续烹饪的效果，对于英国豌豆、芦笋或菠菜等蔬菜，要在做熟前 1 分钟从汤里捞出来。加入一些冰块，让蔬菜加速降温。）将食材从火上拿下来，捣成泥状，然后调节咸度和酸度。之后，选择你的配菜。泥状汤品可谓简易烹饪的典范，无论是与大分量、奶香、酸爽还是重口味的配菜都搭配得相得益彰。参考第 278 页的其他版本来激发你的灵感。

清淡型：意大利乳酪蛋花汤（stracciatella） 10 杯量（4 ~ 6 人份）

9 杯鸡骨高汤（第 271 页）

盐

6 个大鸡蛋

现磨黑胡椒

21 克（约 ¾ 杯）细磨帕玛森干酪块，另备更多奶酪在上菜时用

1 汤匙切碎的欧芹

在一口中号炖锅里用文火煮高汤，并加盐调味。取一个带嘴的量杯（你也可以使用一个中等大小的碗），将鸡蛋、一大撮盐、黑胡椒、帕玛森干酪和欧芹搅在一起。

将鸡蛋混合液以细流状慢慢倒入将沸未沸的高汤中，同时拿一把叉子缓慢搅拌。不要搅拌过了头，因为过度搅拌会使鸡蛋散成让人没有食欲的细小碎片，而不是汤品名字中的 stracci 所指的“碎布”。将鸡蛋混合液煮制约 30 秒，然后用汤匙将汤舀到碗里。佐以更多帕玛森干酪，然后立即上菜。剩余的汤品密封后能在冰箱存放最多 3 天。若要重新加热，那就缓缓将汤品加热至将沸未沸的状态。

其他版本

- 若要制作经典滑蛋汤，可将 9 杯高汤和 2 汤匙酱油、3 瓣切片大蒜、1 块拇指大小的生姜、几根芫荽和 1 茶匙黑胡椒粒一起用文火煮 20 分钟，然后过滤到另一口锅中。品尝味道，按需调整咸度。将汤品重新加热到将沸未沸的状态，在一个中等大小的碗里倒入 1 汤匙玉米淀粉，并加入 2 汤匙高汤。将原料打匀，再搅入 6 个鸡蛋和一撮盐。按上述步骤将鸡蛋混合液淋入将沸未沸的浓汤中，加入切片的大葱作为点缀，然后立即上菜。

足料型：托斯卡纳豆子和羽衣甘蓝汤

约 10 杯量（6 ~ 8 人份）

特级初榨橄榄油

可选：56 克切丁的意大利烟肉或培根

1 个中等大小的黄洋葱，切丁（约 1½ 杯）

2 根芹菜茎，切丁（约 ⅔ 杯）

3 根中等大小的胡萝卜，去皮切丁（约 1 杯）

2 片月桂叶

盐

现磨黑胡椒

2 瓣大蒜，切成薄片

2 杯捣碎的带汁番茄罐头或带汁新鲜番茄

3 杯烹熟的豆子，比如意大利白豆、科罗纳白豆或波罗蒂豆，将煮豆水保留下来（取煮制约 1 杯生豆的水，必要时用罐装豆子也没问题！）

28 克（约 ⅓ 杯）现磨帕玛森干酪，将奶酪皮保留下来

3 ~ 4 杯鸡骨高汤（第 271 页）或水

2 棵羽衣甘蓝，切成薄片（切片后约可装 6 杯）

½ 棵卷心菜或皱叶甘蓝，去除茎部并切成薄片（切片后约可装 3 杯）

将一口大号荷兰锅或汤锅放在中高火上，加入 1 汤匙橄榄油。如果会用到意大利烟肉，那就待油咕嘟冒泡时加入，一面烹饪一面搅拌 1 分钟，直到烟肉刚刚开始变得焦黄为止。

放入洋葱、芹菜、胡萝卜和月桂叶，加入大量的盐和胡椒调味。将火调至中火，不时加以搅拌，直到约 15 分钟后蔬菜变软且刚刚开始褐变为止。在锅的中心铲出一个小坑，然后往坑里另加 1 汤匙橄榄油。放入大蒜，让大蒜在锅中烹制约 30 秒，直到释放一股香味为止。在大蒜变得焦黄之前加入番茄。搅拌后品尝味道，然后按需加盐。

把番茄放在文火上煮约 8 分钟，直到浓度变得像果酱一般，然后将豆子和煮豆水、一半现磨帕玛森干酪及其外皮加进去，并倒入足以将食材浸没其中的高汤或水。大方地浇淋两次橄榄油，约 ¼ 杯的分量。不时加以搅拌，让汤回到将沸未沸的状态。加入羽衣甘蓝和卷心菜，让汤再次回到将沸未沸的状态，然后按需追加足以浸没食材的高汤或水。

继续烹饪约 20 分钟，直到所有口味都充分混合，绿叶菜煮软为止。品尝味道并调节咸度。我个人爱把这款汤做得非常浓稠，但是如果你偏爱比较清爽的汤，也可以加入更多水。然后，将奶酪皮和月桂叶取出即可。滴入少许你手头最好的橄榄油，搭配帕玛森干酪享用。剩余的汤品密封后能在冰箱存放最多 5 天。这款汤品也非常适合冷冻，可冷冻储存最多 2 个月。在食用前，请将汤品煮沸。

其他版本

- 如果想制作意面豆汤（托斯卡纳风味意面和豆子汤），那就将 ¾ 杯生手指面、细管面或其他形状细小的意面与豆子一起加入锅里。由于意面释放的淀粉很容易在锅底结成一层锅巴烧煳，因此你应该频繁搅拌。将意面烹饪 20 分钟，直到煮软为止。按喜好追加高汤或水，将汤稀释到你喜欢的浓度。按照上述步骤上菜。

- 如果想制作意式杂蔬面包汤（托斯卡纳风味面包、豆子和羽衣甘蓝杂蔬汤），那就在加入羽衣甘蓝和卷心菜后，待汤达到将沸未沸时，立即加入 4 杯手撕面包丁（第 236 页）。由于面包释放的淀粉很容易在锅底形成一层锅巴烧煳，因此你应该频繁搅拌。烹饪约 25 分钟，直到面包完全吸收了高汤并煮软、煮烂为止。到最后，汤品里不应有任何清晰可辨的面包块，只应剩下一锅美味的面包糊。这款汤品应该做得浓稠至极才是，在我最喜爱的位于托斯卡纳山区的 Da Delfina 餐厅，这道汤可是用装菜的盘子盛着端上桌的！

丝滑型：丝滑甜玉米汤

10 杯量（6 ~ 8 人份）

我坚信，顶级烹饪靠的并不是花哨的技巧和昂贵的食材。有的时候，最微不足道且最物美价廉的东西，却能起极大的作用。没有什么比这款汤品更能说明问题了，这款汤的秘密武器是用玉米棒和水两款食材简单搭配做成的高汤。使用你能找到的最新鲜、最甜的夏季玉米，你会发现，五种简单的原料就能搭配做成一款令人垂涎欲滴的汤品。

8 ~ 10 根玉米，将玉米穗外皮、玉米秆和玉米须去掉
8 汤匙（约 113 克）黄油
2 个中等大小的黄洋葱，切片
盐

将厨房毛巾叠成 ¼ 大小，然后铺在一个大号广口金属碗中。用一只手将一根玉米棒直立固定在厨房毛巾上——这能方便你握住玉米棒的顶端。用另一只手握住一把锯齿刀或锋利的主厨刀，将刀从上而下划过玉米棒，一次切下两到三列玉米粒。切口离玉米芯越近越好，另外，抵制住想要一次切下好几列玉米粒的冲动，因为这会让许多宝贵的玉米粒残留在玉米芯上。将玉米芯保存下来。取一口汤锅，快速煮一锅玉米芯高汤：用 9 杯水将玉米芯浸没，加热到沸腾。将火调小，用文火煮 10 分钟，然后将玉米芯捞出。把玉米高汤放在一边备用。将汤锅放回炉子上，开中火加热。加入黄油，待黄油一融化就加入洋葱并将火调至中低档。一边烹饪一边不时加以搅拌，直到洋葱在 20 分钟后完全煮软且变成半透明状——或者说呈现金黄色泽。如果发现洋葱开始褐变，那就洒入少量水，然后小心观察并频繁搅拌，以防洋葱继续褐变。

待洋葱一变软，就将玉米加进去。将火调大，翻炒 3 ～ 4 分钟，直到洋葱刚刚开始呈现鲜亮的黄色。加入适量高汤，将所有食材浸泡其中，然后将火调大。把剩余的高汤保存下来，以备之后需要稀释汤品时使用。加盐调味，品尝味道，然后调整咸度。将汤煮沸，然后在将沸未沸的状态下煮 15 分钟。

如果你有一台手持式搅拌机，那就用搅拌机小心将汤打成泥。如果没有手持式搅拌机，那就用一般的搅拌机或食品加工机小心而快速地将汤打成泥。想要打造无比丝滑的质地，可以用一面细孔筛最后一次过滤汤品。

品尝汤品，鉴别盐、脂、酸的平衡。如果汤品太甜，那么一点儿白葡萄酒醋或青柠汁便能帮你平衡甜味。上菜的时候，你可以用汤匙将冷却的汤盛入碗里，然后用勺子淋上萨尔萨酱作为装饰；或者可以将汤品煮沸，然后搭配墨西哥风味香草萨尔萨酱（第 363 页）或印度椰子芫荽甜酸酱（第 368 页）等酸味调料一起上桌。

其他版本

取约 1.1 千克蔬菜或烹熟的豆类蔬菜、2 个洋葱、足以浸没食材的高汤或水，遵循上述烹饪方法和我介绍的基本配方，你就可以将任何蔬菜做成一款天鹅绒般丝滑的汤品了。用玉米芯做高汤的方法只限于玉米汤品，不要在尝试做其他版本的汤品时照搬这个步骤。胡萝卜皮高汤可是很难给汤品增色的！

制作黄瓜酸奶冷汤却完全不用动手烹饪！只需将去皮的黄瓜和酸奶打成浆，然后加水稀释到你喜欢的浓度就行了。

往后翻，从汤品和作料的搭配表中寻找做汤的灵感吧。

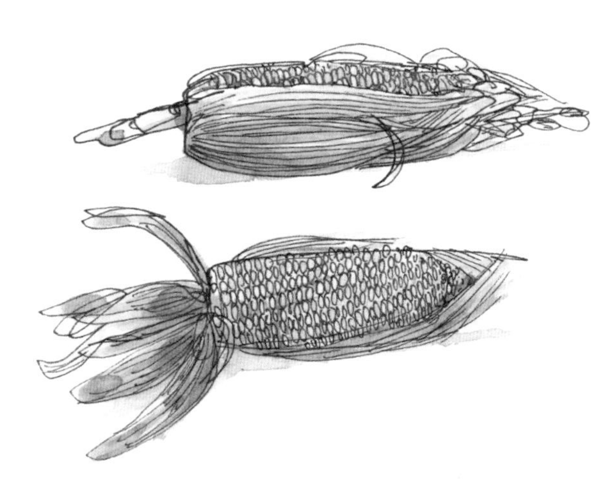

丝滑型汤品参考建议

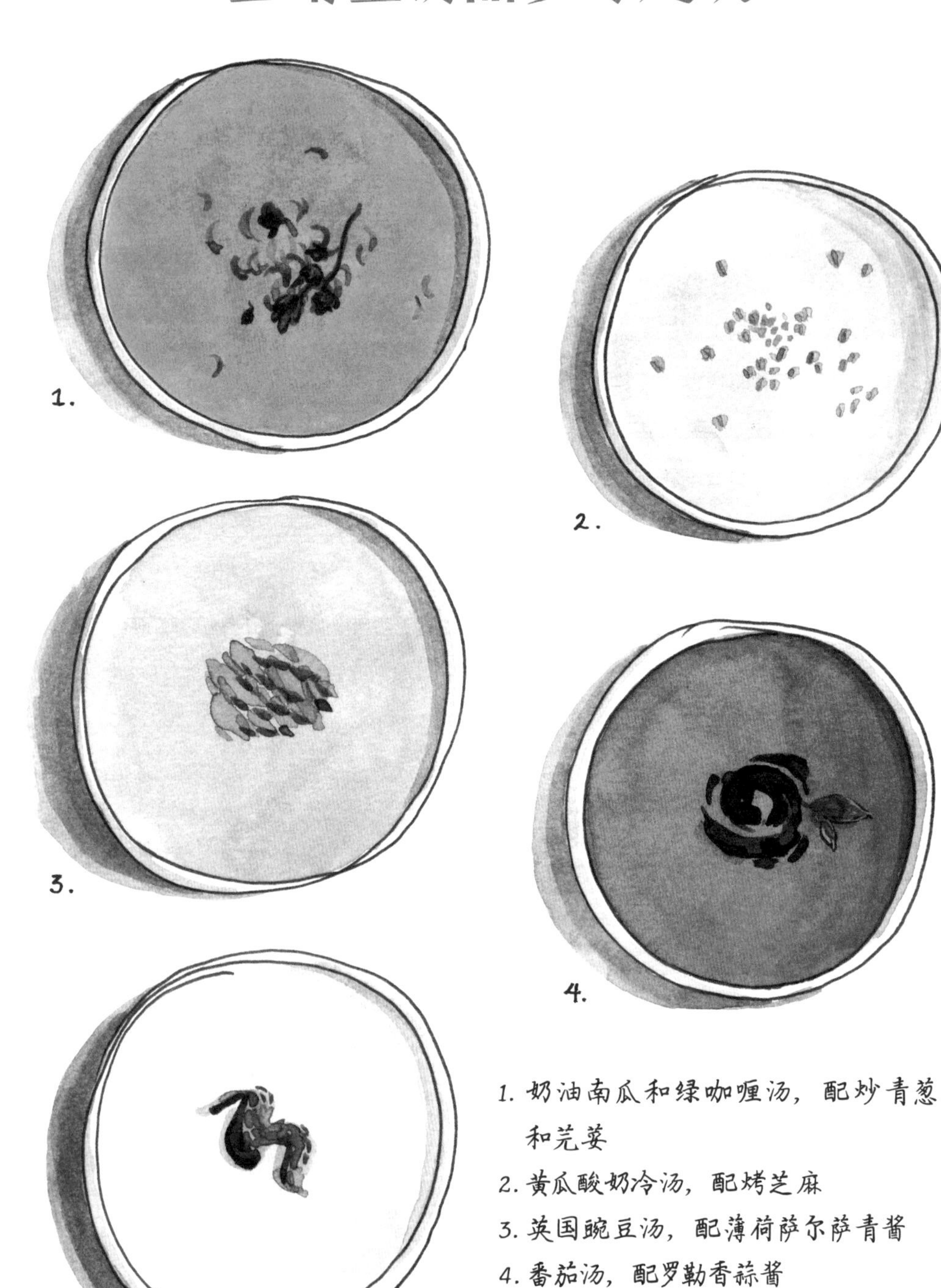

1. 奶油南瓜和绿咖喱汤，配炒青葱和芫荽
2. 黄瓜酸奶冷汤，配烤芝麻
3. 英国豌豆汤，配薄荷萨尔萨青酱
4. 番茄汤，配罗勒香蒜酱
5. 芜菁汤，配芜菁绿香蒜酱

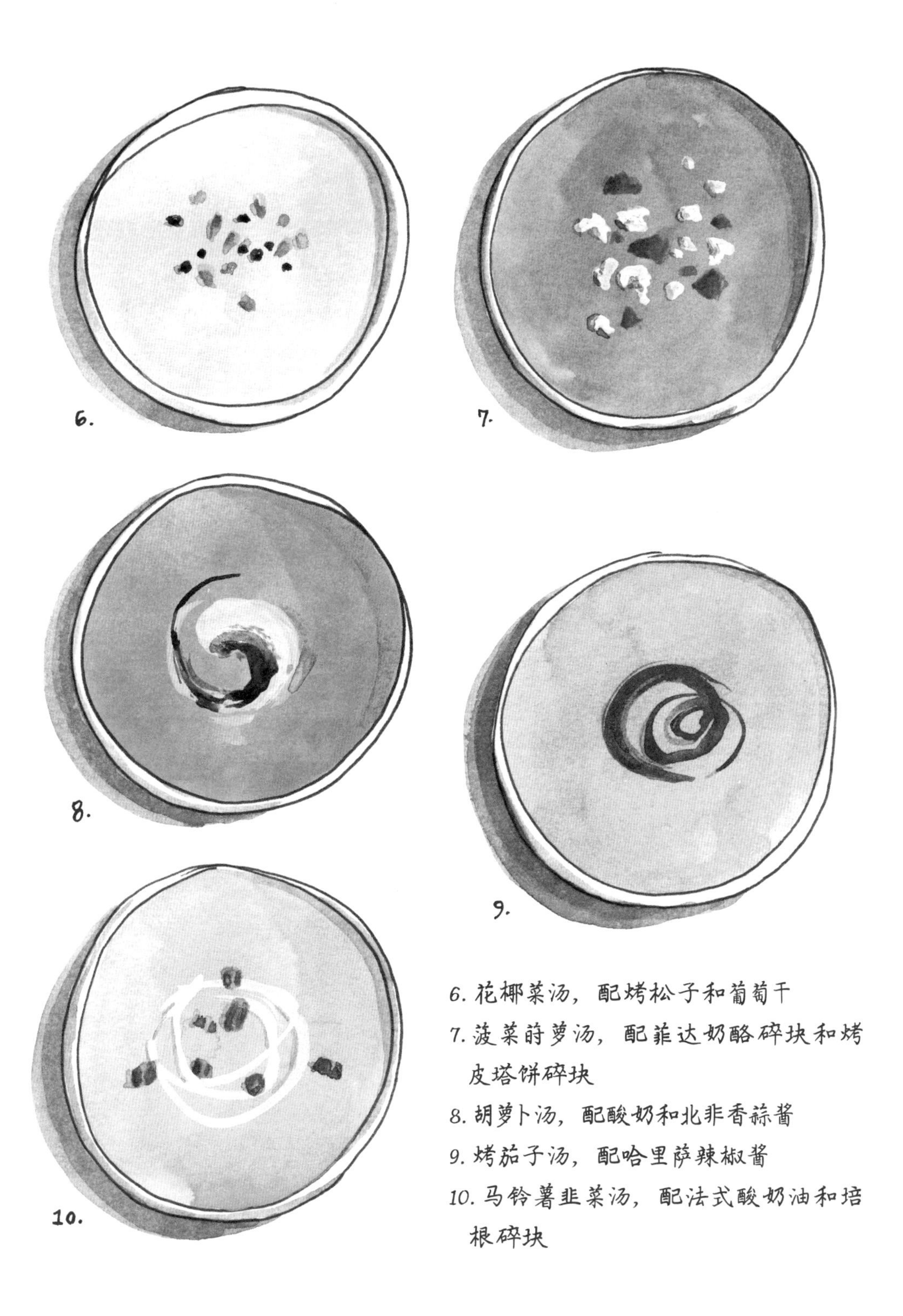

6. 花椰菜汤，配烤松子和葡萄干

7. 菠菜莳萝汤，配菲达奶酪碎块和烤皮塔饼碎块

8. 胡萝卜汤，配酸奶和北非香蒜酱

9. 烤茄子汤，配哈里萨辣椒酱

10. 马铃薯韭菜汤，配法式酸奶油和培根碎块

豆类、谷物和意面

无论是烹饪干豆子还是刚刚剥皮的鲜豆子，方法都非常简单。文火煮豆的食谱只需区区一个短句就能总结出来：加水浸没豆子，用文火煮软就行了。

刚刚剥皮的新鲜豆子只用约 30 分钟就能煮好，但要把干豆子煮得软糯，需要几个小时。要想缩短烹饪时间，就提前一夜先将豆子泡一夜。

我是个孜孜不倦的提前泡豆子达人。要想检测淀粉类食物是否已经烹好，一种方法就是看看食物有没有因吸收足够的水分而变软，因此，我们可以把浸水当作抢占先机。这要数你能遇到的一种最简单的烹饪方法了。

泡豆子的时候，记住 1 杯干豆子的体积会在烹熟后增至 3 倍，即增至 6 人份的用量。加一把盐和一大撮小苏打，这可以让锅里的酸碱度偏向碱性，便于将豆子更柔软的质地给“哄”出来。将豆子浸泡在准备烹饪用的容器中，这样可以少用一个餐具，然后将豆子存放在冰箱里，也可以在厨房台面上找个凉爽的地方放置一夜（像是鹰嘴豆或希腊大豆这样奶香浓郁的大颗豆子，则可以放置两夜）。

将煮好的豆子当成一张白纸，随心制作成喜爱的风味。烹饪得恰到好处且咸淡适宜的干豆子，只需浇淋少量特级初榨橄榄油，就可以让自认为是“反豆分子”的人眼前一亮。就像对于绝大多数食物一样，加一把切碎的新鲜香草或一勺香草萨尔萨酱（第 359 页）总不会错。

豆子和鸡蛋可谓经典的组合。将鸡蛋打进一口装着豆子和煮豆水的浅口平底锅里，然后将平底锅塞进热烤箱之中，烤至蛋白凝固成形。加上菲达奶酪和北非哈里萨辣椒酱（第 380 页），搭配香脆的热面包，做早中晚餐都很适宜。

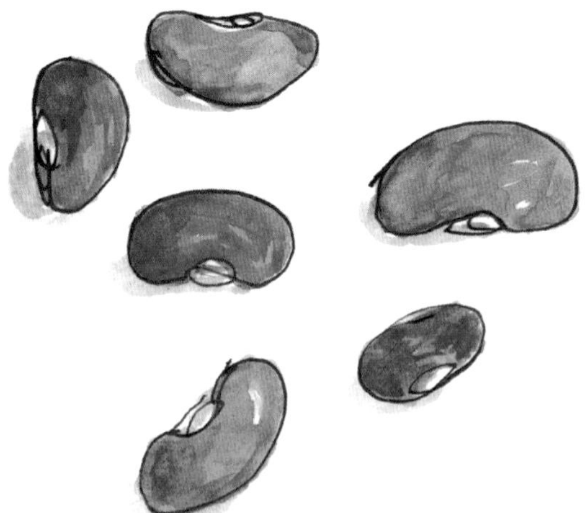

相比其他淀粉类食物，豆类更容易与谷物搭配组合。无论哪个国家的美食，几乎都有米饭和豆子搭配的美食，而其中尤其美味的是萨尔瓦多的香脆豆米饼，古巴的摩尔人与基督徒黑豆米饭，伊朗的鸡肉扁豆米饭（第 334 页），而米饭和豆子卷饼馅料当然也位居其中。在意大利美食中，将豆子和面包放进汤中，你就做出了意式杂蔬面包汤（第 276 页），而将豆子加入意面中，你就做出了意面豆汤（第 275 页）。在世界各地的任何一个厨房中，颗粒面包糠（第 237 页）都是最适合用来包裹奶香浓郁的豆子的“锡箔”。

在一次对开创先河的素食大厨德博拉·麦迪逊（Deborah Madison）致敬的午餐会上，我带着一份简单的沙拉赴宴，沙拉是由干波罗蒂豆、腌渍洋葱、烤孜然、菲达奶酪和芫荽搅拌而成的。虽然餐桌上摆满了参加午餐会的其他著名大厨的杰作，但在将近一年的时间里，人们仍然一直不断地找我讨问那道“美味的豆子沙拉”的食谱。

不仅是鹰嘴豆，捣成泥并随喜好加入大量橄榄油、大蒜、香草、辣椒碎、柠檬汁和芝麻酱的任何豆子，都能制作成与鹰嘴豆泥类似的美味酱料。调节咸度和酸度，然后搭配饼干或面包上菜，也可以像我一样单吃酱料过嘴瘾。

将烹熟的豆子与煮软的洋葱、香草、一个鸡蛋、现磨帕玛森干酪捣在一起，再加上足够使混合物粘连在一起的米饭或藜麦，将混合物做成小饼煎炸，再搭配酸奶酱（第 370 页）、北非哈里萨辣椒酱（第 380 页）、北非香蒜酱（第 367 页）或任何种类的香草萨尔萨酱（第 359 页）一起上桌。在上面铺一个煎蛋，一顿完美的早餐就做好了。

剩余的熟豆子可放在足量水中冷冻保存，日后解冻并倒入汤中。

最后再说一句：虽然罐装豆子在口味上与你自己动手烹饪的豆子没法儿比，其便捷度却首屈一指。我总会在手边留几罐鹰嘴豆和黑豆，以防饥饿来得措手不及。

三种烹饪谷物（和藜麦*）的方法

蒸

每次在亚洲食品超市看到满货架令人眼花缭乱的电饭煲，我就会说服自己非买一个不可。毕竟我经常吃米饭，而且这些电饭煲样子都非常可爱！接着，我又会幡然醒悟：首先，我没有再添置一件厨具的空间了；更重要的是，我早就对做米饭了如指掌了！

我的理论是，市场营销天才们制造了“烹饪米饭维艰”的假象，并将这种思想的种子播撒到了全世界“居家主厨”的大脑中。想一想吧：水稻可是世界上最早培育的粮食之一。如果厨师没弄懂烹饪米饭的方法，那我很确定人类是不会延续至今的。

做米饭真的不难。在工作日烹饪晚餐时，我偏爱用蒸制的方法烹饪米饭，因为这种方法既快捷又简便，米粒还能将煮米的汁水中的味道吸收进去。

找到一种你爱吃的谷物，通过一次次练习来熟悉烹饪过程。我的候选品种包括印度香米、泰国香米和一种叫作胚芽米的日本大米，这种大米在研磨时将营养丰富的胚芽保留了下来，但仍然很快能烹熟。与做任何事情的原理一样，你对烹饪米饭越是勤于练习，就会越熟稔。在烹饪米饭时，最关键的因素就是要将水和米的比例调对。

一般来说，印度香米和泰国香米都要清洗数次，直到洗米水变清为止，但是在烹饪平常的工作日晚餐时，我一般不会费这么大劲。洗米的功课，要留到晚餐派对时再做。

参考下表来判断水与谷物的比例，切记一个经验法则：1 杯生米足够 2 ～ 3 人食用。无论是水、高汤还是椰奶，只需将你选择的液体煮开，然后加入大量的盐，再加入米（或藜麦，我喜欢用同样的方法烹饪藜麦）就行了。

调至小火，盖上锅盖，然后煮到米饭将所有液体吸收且变软为止。关火之后，盖着锅盖放置 10 分钟。除了制作烹饪方法截然不同的意大利调味饭之外，千万不要在烹饪期间搅拌米饭。只需用叉子把米饭稍微拨松一些，然后就可以端上桌了。

* 藜麦是一种准谷物（类谷物）。**

** 这是真的！我没有瞎说！

谷物：水

完美比例

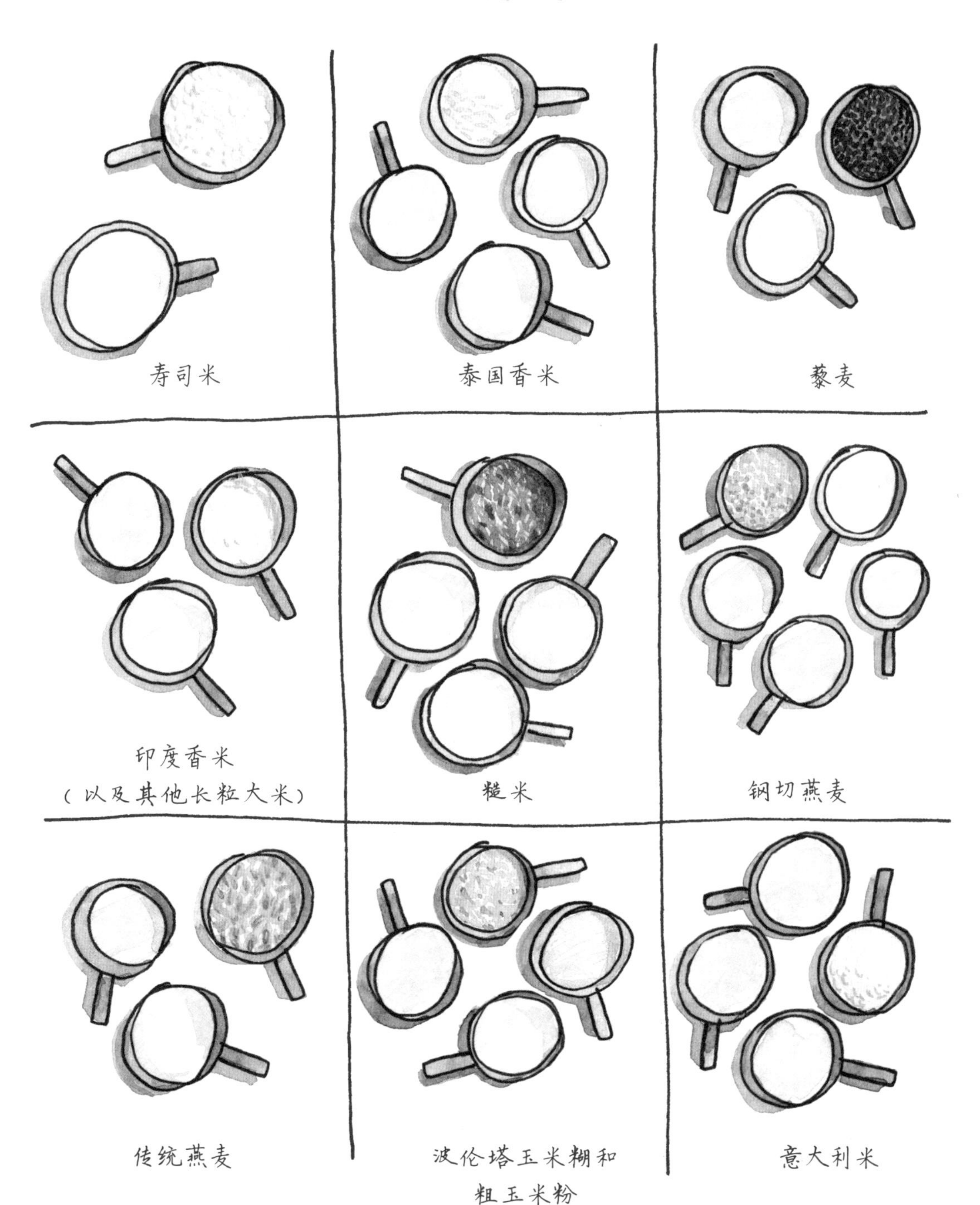

文火煮并搅拌至软

钢切燕麦和传统燕麦：将加入少量盐的液体煮沸，加入燕麦，将火调小，然后不断搅拌，直到燕麦煮软。

波伦塔玉米糊和粗玉米粉：一边搅拌，一边将波伦塔玉米糊或粗玉米粉以细流状缓缓倒入煮沸加盐的水中。不断搅拌，烹饪约 1 个小时，直至煮软，然后按需加入更多水。调整盐量，并搅入黄油和现磨奶酪，然后端上桌。

意大利调味饭用的意大利米：首先，以每杯米搭配 ½ 个黄洋葱的比例将洋葱剁碎并在黄油中烹至柔软半透明状，加入米饭并烤至金黄，然后用 ½ 杯白葡萄酒将粘在锅上的残渣去掉。持续搅拌，以每次 ½ 杯的进度缓缓往锅里加入高汤，等到高汤全部被吸收后再继续追加。将米烹至柔软但仍然耐嚼。米饭的黏稠度应该与稀燕麦粥相似，你可以按需加入高汤或少许新鲜葡萄酒来稀释。调整咸度，最后加入精细研磨的帕玛森干酪，立即就可端上桌。

沸煮

将意面、法老小麦、斯佩尔特小麦、传统小麦、黑麦麦仁、大麦、红苋小麦或菰米放在足量盐水中，煮至柔软。这种方法也很适合用于烹饪藜麦、糙米或印度香米。

波斯风味米饭

4 ~ 6 人份

每个波斯人都与米饭有着特殊的情缘，尤其是能够作为衡量所有伊朗母亲厨艺的标杆的 tahdig，也就是米饭上干脆的锅巴。一锅制作精良的波斯锅巴米饭不仅烤得均匀、松脆爽口，还能呈现美观的糕饼状，堪称值得引以为豪的作品。精通传统波斯米饭的做法有时需要几年的工夫，而制作过程则需要几个小时，因此我在书中列入的是波斯风味米饭，这个改良版本是我在一天晚上碰巧因手边有几杯刚煮好的印度香米而即兴发明出来的。

2 杯印度香米

盐

3 汤匙原味酸奶

3 汤匙黄油

3 汤匙无味食用油

将 3.8 升水倒入一口大号汤锅中，然后用大火烧沸。

与此同时，将米放进碗里并用冷水冲洗，用手指使劲搅拌，并至少换 5 次洗米水，直到淀粉全部释出且洗米水呈透明状。将水沥干。

待水煮沸后，立即加入大量的盐。具体的盐量会根据你所使用的盐的品种不同而有所区别，若是细海盐，用量约是 6 汤匙，若是犹太盐，用量则是足量的 ½ 杯。水的味道应该比你所尝过的最咸的海水还要咸才对。这是你大显身手、让咸味彻底渗入米的好时机。米只会在盐水中泡几分钟，因此你不必担心会把米饭做咸。将米倒入盐水中，然后搅拌均匀。

在洗碗池上架起一面细孔筛或一口滤锅。在烹饪过程中不时加以搅拌，用约 6 ~ 8 分钟将米烹至耐嚼。将米用细孔筛过滤，然后立即用凉水冲洗，以防余热继续烹饪。再次把水沥干。

取出 1 杯米，与酸奶混合。

在一口直径 25 厘米的大号铸铁煎锅或不粘锅里撒上充足的调料，将锅架在中火上，然后放入油和黄油。当黄油融化后，将米和酸奶的混合物倒入平底锅并铺平。将剩余的1杯米倒入锅中，小心推到中心。用一把木勺的勺把轻轻在米上戳五六个洞，洞底会烧得发出嗞嗞轻响。这些小洞能够让米最底部的蒸汽释放，让米饭在锅底形成一层干脆的锅巴。平底锅里应该有足量油，让你能看到锅边的油嗞嗞冒泡。如有需要，可以多加一些油，让油冒泡。

在中火上继续烹饪，每过三四分钟就将平底锅转动¼，确保米能够均匀褐变，直到约15 ~ 20分钟后，在平底锅的锅边看到一层金黄色的脆边为止。一旦看到脆边从淡琥珀色变为金黄色，就将火调至低档，继续烹饪15 ~ 20分钟。波斯锅巴米饭的边缘处应该呈现金黄色，而米饭则应当由内而外熟透。不到翻面的时候，你是看不到锅巴烤得怎样的，因此我宁愿冒险多烤一会儿。但如果你不放心，那就在米入锅约35分钟之后取出。

将米饭从锅里取出时，用铲子小心刮过平底锅的边缘，确保锅巴不要粘在锅上。将平底锅里多余的油脂倒在一个碗里，一鼓作气地把米饭翻倒在盘子里或砧板上。倒出的成果看起来应像是一块带着金黄脆皮的软蓬蓬的“米饭蛋糕”。

如果你的波斯锅巴米饭出于某种原因不能完整取出，那就遵循所有的波斯祖母自古以来就有的对策：将米饭铲出来，用一把勺子或金属铲将锅巴一块块凿出来，佯装标准程序本应如此。没有人能看穿你的小把式。

搭配慢烤鲑鱼（第310页）、库夫特烤肉丸（第356页）、波斯烤鸡（第341页）或库库杂菜鸡蛋饼（第306页），出锅后立即端上桌。

其他版本

- 如果想制作波斯锅巴面包，就从一块亚美尼亚面包上切下一个直径 25 厘米的圆片，或者使用一张直径 25 厘米的墨西哥卷饼。在煮至半熟的米饭里拌入酸奶。按照上述步骤预热平底锅，加入黄油和油，然后将圆面包片或墨西哥卷饼放进平底锅中。用勺子把米饭舀进锅里，然后按上述步骤继续。波斯锅巴面包褐变的速度比单用米饭做成的版本更快，因此请小心注意平底锅的情况，在约 12 分钟之后将火调小，而不要等 15 ～ 20 分钟。
- 如果想制作藏红花锅巴米饭，那就先将一大撮藏红花和一撮盐用杵和钵捣成藏红花茶。加入 2 汤匙沸水，并将茶粉浸泡 5 分钟。将茶水淋在煮得半熟且吸干水分的米饭上，然后按上述步骤将米饭放入平底锅中。搭配库夫特烤肉丸（第 356 页）一起上桌。
- 制作香草锅巴米饭时，将切碎的欧芹、芫荽和莳萝以任意比例搭配，取 6 汤匙加入煮熟并吸干水分的米饭之中。按照上述方法烹饪。搭配慢烤鲑鱼（第 310 页）和香草酸奶酱（第 370 页）一起上桌。
- 制作蚕豆莳萝米饭时，取 ⅓ 杯切碎的莳萝和 ¾ 杯新鲜或解冻的剥皮蚕豆或利马豆，加入煮熟并吸干水分的米饭中。按照上述方法烹饪。搭配波斯烤鸡（第 341 页）一起上桌。

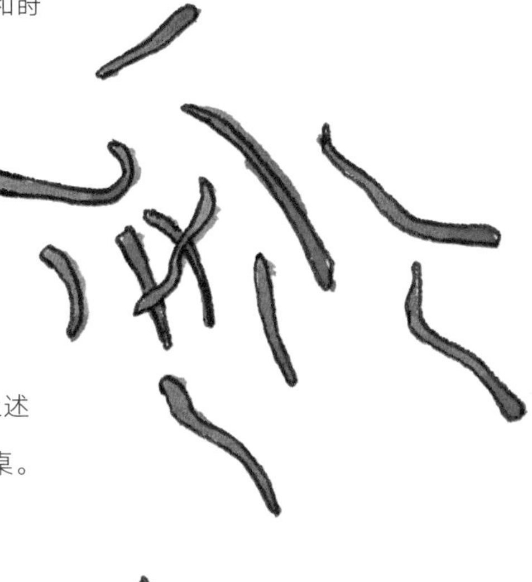

藏红花

五种经典意面

我对意面可谓情有独钟。有十多年，我几乎每天都要做意面和吃意面，其中在意大利的两年也是如此。当需要判断该在书中保留哪几种意面食谱时，我几乎要崩溃了。我怎么可能把关于意面的千言万语浓缩进几个简单基本的食谱中呢？

我意识到，我需要在精简信息之前先将所有的可能性都纳入考虑范围之中，因此，我将我最喜爱的意面与酱料搭配全部列成了一个清单。随着清单增加到令人瞠目的长度，我发现了一个规律。清单上所列的每一种酱料，都逃不出 5 种食材：奶酪、番茄、蔬菜、肉、鱼（贝）类。

只需学会用每一种食材制作一种酱料，通往各种搭配的道路就会豁然开朗。最终，随心所欲地即兴发挥也就成了可能。只需记住，菜肴中的每一种配料都应有一定的作用——倒在洗碗池里的意面大多是失败之作。在用手边的原料即兴发挥时，除了意面、橄榄油和盐以外，一般都应以 6 种原料为上限。而且要记住，在上菜之前，务必将盐、脂、酸的比例调得恰到好处。

最后两个提醒：意大利罗勒香蒜酱（第 383 页）是由捣碎的大蒜、松子、帕玛森干酪、罗勒、盐和橄榄油制成的，很容易褐化。除了意大利罗勒香蒜酱之外，刚出锅的热气腾腾的意面一概应该与热气腾腾的酱料搅拌在一起。另外，意面的好坏既靠酱料也在其本身，因此，你要精心将意面烹饪得恰到好处，将意面水的盐量控制得不多不少。意面水的咸度应该与夏日的海水一样，这约等于在 1 升水中加入不到 2 汤匙犹太盐或 4 茶匙细海盐。

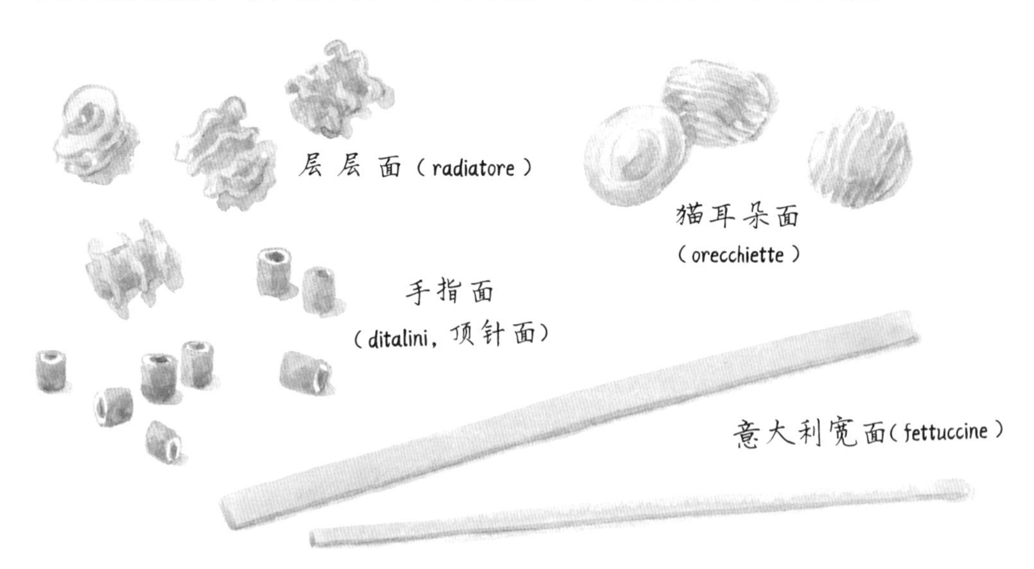

意面“家谱”

五大类食材“通婚”表

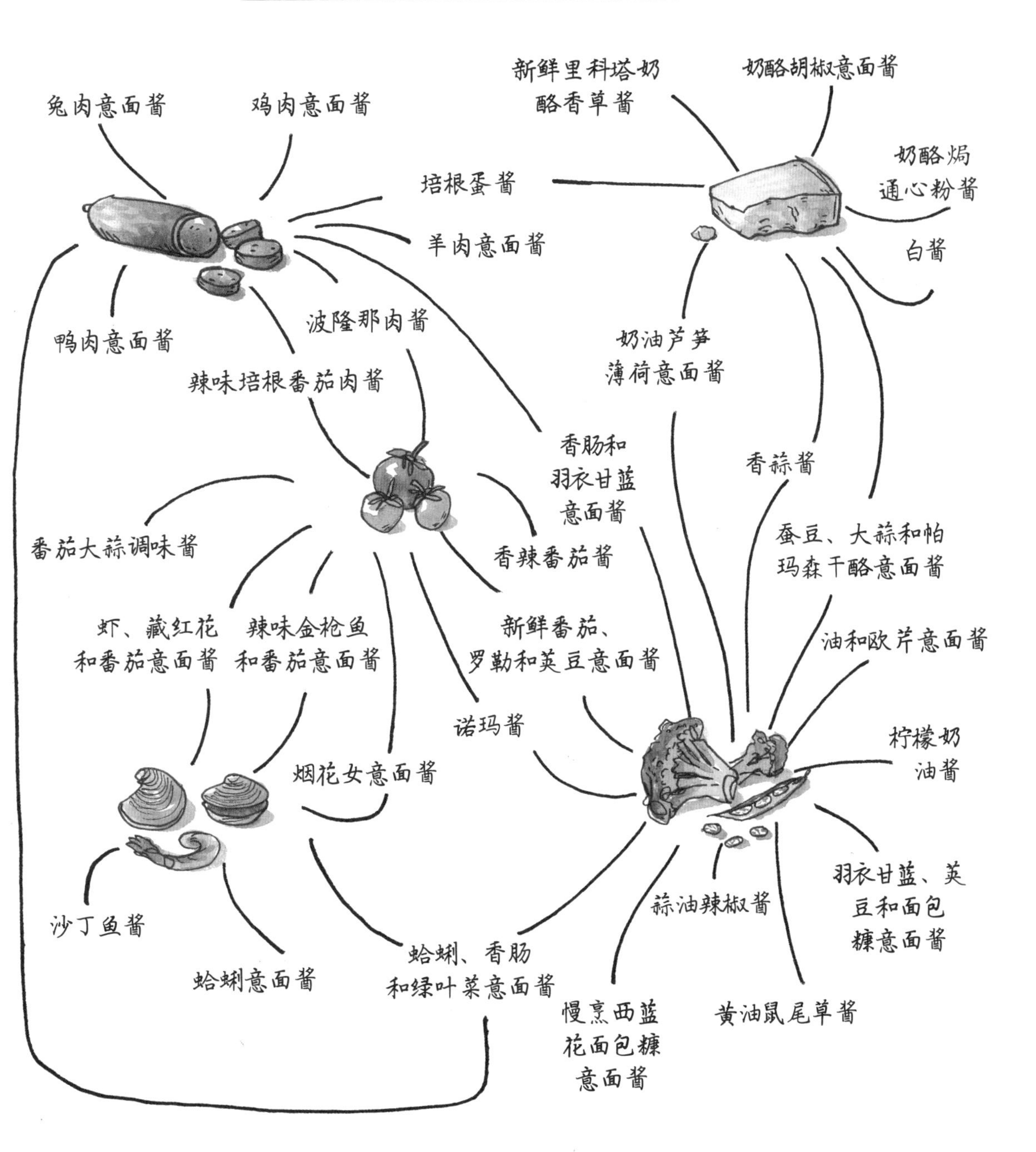

奶酪意面· 奶酪胡椒意面

4～6人份

这款意面可谓与奶酪焗通心粉比肩的罗马美食（甚至可以说更胜一筹）。传统来说，这款意面是用佩克利诺这款咸味羊奶干酪加上足量黑胡椒制作的。以下几个步骤可以帮助防止酱料结块：首先，使用你最好的刨丝机来研磨奶酪，以便奶酪充分融化。其次，将胡椒、油和高淀粉的意面水搅匀，以便乳化的发生。最后，如果你的平底锅的大小不够供你搅拌意面的话，那就将所有食材放进一个大碗里，用夹具搅拌，不时加少许意面水，直到酱料混合为一体。

盐

450克细圆意面、空心长意面或意式粗面

特级初榨橄榄油

1汤匙粗磨黑胡椒

113克（约2杯）细磨的佩克利诺罗马羊奶酪

将一大锅水放在大火上煮沸。加入足量盐调味，直到意面水与夏日海水咸度相当。加入意面烹煮，偶尔加以搅拌，直到意面煮得有嚼劲。在滤干意面时，保留2杯意面水。

与此同时，将一口大号平底锅架在中火上，加入刚刚足够覆盖锅底的橄榄油。待油微微冒泡时，加入黑胡椒并烹至香味四溢，这需要约20秒。在平底锅里加入¾杯意面水并将水煮沸，这个步骤有利于乳化的发生。

将滤干的意面放入热平底锅里，通过搅拌让配料附着在意面上，保留一把奶酪，将剩余的奶酪全部撒进锅里。用夹具使劲搅拌意面，按需加入意面水，打造不结块且能附着在意面上的浓郁酱料。品尝味道，按需调整咸度。用剩余的奶酪和更大颗的粗磨胡椒调味，出锅后立即端上桌。

其他版本

- 制作白酱意面的时候，用约 30 分钟将 4 杯重奶油用文火煮至浓缩到 2 杯。将一口大号煎锅放在中火上，加入 3 汤匙黄油。黄油融化后，再往里加 3 瓣切碎的大蒜。用小火烹饪约 20 秒的时间，直到大蒜散发一股香气。在大蒜开始变色之前，加入浓缩的奶油，煮至将沸未沸的状态。将 450 克意大利宽面烹至筋道耐嚼，然后将水滤出，并保留 1 杯意面水。将热面条放入平底锅中，与 113 克细磨帕玛森干酪和大量现磨黑胡椒搅拌在一起。按需加入更多意面水，调配成理想的乳脂一般的浓度。品尝味道并调节咸度。出锅即可上桌。
- 制作奶油芦笋薄荷意面时，将一口大号煎锅架在中火上，加入足够覆盖锅底的橄榄油。待油冒泡之后，加入一个切成细丁的黄洋葱（或 2 根大葱）和一大撮盐。将火调到中低档，一边烹饪一边搅拌，直到约 12 分钟后洋葱煮软为止。加入 3 瓣切碎的大蒜，用小火烹饪 20 秒上下，直至大蒜散发香气。在大蒜开始变色之前，加入 2 杯重奶油，并用文火煮约 25 分钟，直到奶油浓缩到一半。

  与此同时，将 680 克芦笋的木质根部折断扔掉，将芦笋斜切成 0.6 厘米的薄片并放在一边备用。当奶油差不多浓缩完毕之后，将 450 克意大利宽面或斜管面烹至接近筋道耐嚼的程度。在意面做好前 1 分钟，将切片的芦笋放入意面水中煮制。当意面煮至筋道且芦笋刚刚开始变熟的时候，将意面水滤出，并保留 1 杯。将意面和芦笋放入平底锅中，与奶油、85 克（约 1 杯）细磨帕玛森干酪、¼ 杯切碎的薄荷叶和现磨黑胡椒一起搅拌。如有需要，可加入少许意面水，将酱料稀释到乳脂般的浓度。品尝味道并调节咸度。出锅即可上桌。

番茄意面：经典意式番茄酱意面

约 8 杯酱料，加入意面可做成 4 人份

在潘尼斯之家的那次酱料制作大赛后，我已经学会了几十种基础番茄酱的制作方法，但是说实话，无论用没用到洋葱，加不加罗勒或牛至，是将番茄捣成浓浆还是研磨成汁，这些版本都只不过是在个人厨艺的锦囊中加些花式罢了。你可以随心所欲地选择制作意面的方式，但最重要的还是要选择你能找到的最美味的番茄和橄榄油，并将咸度掌握好。做到这些，你就仿佛有了一张洁净的白板，不但可以将这酱料随心加入意面或比萨之中，也可以用于北非蛋、摩洛哥炖羊肉、墨西哥米饭或普罗旺斯煮鱼等各种各样的世界美食中。

特级初榨橄榄油

2 个中等大小的红洋葱或黄洋葱，切成薄片

盐

4 瓣大蒜

1.8 千克新鲜的成熟番茄，去蒂，或 2 罐（每罐 800 克）带番茄汁的圣玛扎诺番茄或罗马番茄

16 片新鲜罗勒叶或 1 汤匙干牛至

340 克细圆意面、空心长意面、斜管面或粗纹通心面

搭配一起上桌的帕玛森干酪、佩克利诺罗马羊奶酪或加盐里科塔奶酪

将一口大号厚底非反应金属锅放在中高火上。等到锅烧热后，加入刚好足够覆盖锅底的橄榄油。等到橄榄油冒泡时，将洋葱放入。

加盐调味，并将火调至中火，不时加以搅拌以防烧煳。用约 15 分钟将洋葱煮得软而半透明或呈金黄色。洋葱稍微褐变也没有关系，但是不能烧煳。如果洋葱褐变的速度太快，那就将火调小并洒入一些水。

在烹饪洋葱的同时，将大蒜切片，如果使用的是新鲜番茄，就将每个番茄切成四块。如果使用的是罐装番茄，那就将番茄倒入一个大而深的碗中，用双手将番茄捏碎。在一个罐子中倒入约 ¼ 杯水并加以搅拌，然后倒入另一个罐子并充分搅拌，最后将水倒入装着番茄的碗中。将番茄放在一边备用。

将烹软的洋葱推至锅的边缘，在锅中心加入一勺油，并将大蒜放入油中。用小火将大蒜烧制 20 秒左右，直到大蒜散发一股香气，并在褐变之前将番茄放入锅中。如果你用的是新鲜的番茄，那就用一把木勺将番茄稍微捣碎，好让番茄汁从中流出。将番茄酱先煮沸，然后煮至将沸未沸的状态。加盐调味，如果用到罗勒叶或牛至，就将叶子撕碎后再加进去。

用小火烹饪，用木勺频繁搅拌。将锅底刮干净，以防任何食材粘连。如果番茄酱出现了粘锅烧煳的情况，那就反其道而行之：千万不要搅拌！搅拌只会将煳味混进未烧煳的酱料之中。不要刮锅底，而应立即将番茄酱转移到另一口锅中，将烧煳的锅泡在洗碗池中。多加小心，不要让新的一锅番茄酱再烧煳了。

将一大锅水放在大火上煮沸。盖上锅盖，以防太多水蒸发流失。

约 25 分钟后，当番茄酱的味道从生变熟时，就说明做好了。用勺子蘸取适量酱料，与菜园或农贸市场的新鲜番茄相比，酱料给你的感觉就像是一碗暖人心扉的意面。如果你使用的是罐装番茄，那么烹熟前后的转变就不会那么明显：等到番茄失去了罐中的金属味之后，就说明番茄酱做好了，这需要差不多 40 分钟。等到番茄烹熟之后，将酱料快速加热到将沸未沸的状态，然后搅入 ¾ 杯橄榄油。将酱料和橄榄油的混合物一起煮几分钟，番茄酱会随着乳化的过程逐渐变得浓稠起来。这时，就可以将酱料从火上取下来了。

用浸入式搅拌器、搅拌机或食物研磨器将番茄酱打成泥，品尝味道，调整咸度。密封后，这款酱料可在冰箱里冷藏最多 1 周，或冷冻保存最多 3 个月。要想制作适合在架子上存放的经典意式番茄酱，你可以对装酱料的罐子做 20 分钟的水浴处理，在一年内食用即可。

如果想做 4 人份的意面，在一锅水中加盐，直到咸度与夏日海水相当。加入意面并搅拌，然后将意面烹饪得口感筋道、有嚼劲。在烹饪意面的同时，将 2 杯经典意式番茄酱放在一口大号炒锅中，加热到将沸未沸的状态。将意面滤干，保留 1 杯意面水。将意面加入酱料中进行搅拌，按需使用意面水和橄榄油稀释。品尝味道，然后按需调整咸度。配以帕玛森干酪、佩克利诺罗马羊奶酪或加盐里科塔奶酪，出锅后立即上桌。

其他版本

- 如果要给意面增加浓郁奶香，可以在经典意式番茄酱中加入 ½ 杯法式酸奶油（第 113 页），将酱料煮到将沸未沸的程度，然后立刻将煮好的意面放进去，也可以将 ½ 杯新鲜里科塔奶酪大团大团地加入意面中，再与番茄酱一起搅拌。
- 如果想制作烟花女意大利面，可将一口大号煎锅放在中火上，加入足量橄榄油覆盖锅底。等橄榄油冒泡时，加入两瓣切碎的大蒜和 10 块切碎的凤尾鱼排，用小火烹饪约 20 秒，直到大蒜开始散发一股香气。在大蒜开始变色之前，加入 2 杯经典意式番茄酱、½ 杯洗净去核的黑橄榄（最好是油腌的）和 1 汤匙洗净的盐腌刺山柑。一边品尝一边加入薄切甜椒碎和盐调味，用文火煮 10 分钟并不时加以搅拌。与此同时，将 340 克细圆意面煮至弹口耐嚼，并保留 1 杯意面水。将意面与将沸未沸的酱料搅拌，然后按需加入意面水稀释。品尝味道并按需调节咸度。用切碎的欧芹加以点缀，出锅后马上端上桌。
- 如果想制作番茄猪肉干酪意面，将一口大号煎锅放在中火上，加入足量橄榄油盖住锅底。在橄榄油冒泡时，加入 1 个切成细丁的黄洋葱和一大撮盐。一边不时加以搅拌，一边将洋葱烹饪约 15 分钟，直至柔软焦黄。将 170 克腌制猪脸肉、意大利烟肉或培根切成火柴棒大小，加入洋葱之中。用中火将肉煎至刚刚开始变脆的状态，然后加入 2 瓣切碎的大蒜，并用小火煎 20 秒左右，直到大蒜开始散发香味为止。在大蒜变色之前，加入 2 杯经典意式番茄酱，一边品尝，一边加入盐和碾碎的甜椒。用文火煮约 10 分钟。与此同时，将 340 克细圆意面或空心长意面煮至弹牙耐嚼的状态，将面滤出并保留 1 杯意面水。把意面与将沸未沸的酱料搅拌在一起，然后按需加入意面水稀释。品尝味道并按需调节咸度。加入大量研磨的佩克利诺罗马羊奶酪或帕玛森干酪作为点缀，然后马上端上桌。

蔬菜意面：西蓝花面包糠意面　　4 ~ 6 人份

忙碌了一天、身心俱疲的时候，我会选择烹饪这道美食。从表面上看，吃佐以西蓝花酱的意面是为健康着想，然而之所以这样选择，实际上是为了满足口腹之欲。焦黄洋葱的浓郁，足量帕玛森干酪带来的鲜味，以及煮软的西蓝花带来的清甜，能够搭配出一种意想不到的奢华美味。从前，托斯卡纳的农民们曾为了省钱而用面包糠代替奶酪装点意面，然而我认为，要想打造干脆的口感和鲜美的味道，二者都应派上用场。西蓝花的茎部可不要扔掉！这个部位往往是西蓝花中最甜的。只需用一把蔬菜削皮刀将西蓝花茎部的硬皮削掉，然后切片，就可以与西蓝花的花球部分一起烹饪了。

盐

900 克西蓝花，包括花球部分和茎部

特级初榨橄榄油

1 个大的黄洋葱，切成细丁

1 ~ 2 茶匙薄切甜椒碎

3 瓣切碎的大蒜

450 克猫耳朵面、斜管面、扁意面、空心长意面或细圆意面

½ 杯颗粒面包糠（第 237 页）

现磨帕玛森干酪，上菜时搭配

将一大锅水放在大火上，当水煮沸时，加入大量盐，直到盐水的咸度与夏日海水相当。将西蓝花的花球切成 1.3 厘米厚的块状，将茎部切成 0.6 厘米厚的片状。

将一口荷兰锅或类似的锅放在中高火上。锅一旦烧热，就加入刚好足够覆盖锅底的橄榄油。在油冒泡的时候，加入洋葱、一大撮盐和 1 茶匙薄切甜椒碎。洋葱一旦开始褐变，就稍加搅拌，并将火调至中火。将洋葱烹饪 15 分钟并不时搅拌，直到洋葱变得柔软且焦黄。将洋葱拨到锅的边缘处，在锅的中心空出一个位置，加入约 1 汤匙橄榄油，然后放入大蒜。将大蒜煎制 20 秒，直到散发一股香气为止。在大蒜开始变色之前将洋葱搅拌进去，并将火调低，以防大蒜褐变。

将西蓝花放入沸水中烹饪约 4 ~ 5 分钟，直至煮软。用一把网漏或是狭缝勺将西蓝花从锅里捞出，直接放入装着洋葱的平底锅里。给盛水的锅盖上锅盖以防水分蒸发，留在炉子上保持沸腾状态以备烹饪意面时使用。调至中火，继续烹饪约 20 分钟并不时搅拌，直到西蓝花开始分解，与洋葱和橄榄油黏合为酱。如果酱料较干而不够柔滑，那就加入一到两勺意面水来增加湿度。

将意面放入水中并稍加搅拌，在煮意面的同时继续烹饪和搅拌西蓝花。关键要确保煎锅里有足够的水，好让西蓝花、油和水发生乳化，变得丝滑而清甜。继续边烹饪边搅拌，并按需加水。将煮至筋道的意面滤出，保留 2 杯意面水。把热腾腾的意面与煎锅中的西蓝花放在一起，搅拌均匀。最后再浇淋少许橄榄油和意面水，确保意面被酱料均匀包裹、足够湿润而咸淡适宜。尝过味道后，适度调整咸度和甜椒碎的用量。

出锅后立即上桌，并在意面上撒一些面包糠和大量研磨成雪花状的帕玛森干酪。

其他版本

- 如果想加入令人食指大动的鲜味，那就在往洋葱里加入大蒜时一起加入 6 块切碎的凤尾鱼排。
- 如果想制作豆子西蓝花意面，那就在煮意面的同时往西蓝花和洋葱里加入 1 杯烹熟的豆子（任何品种都可以！）。
- 如果想制作香肠西蓝花意面，你可以将 230 克原味或辣味的意大利香肠掰成核桃大小的块状，待洋葱烹软后加入，然后将火调大并将香肠和洋葱煎至焦黄。
- 想加入些许酸甜味的话，将 1 杯经典意式番茄酱（第 292 页）搅入烹熟的洋葱之中，然后往里加入西蓝花。
- 如果想尝试盐卤的风味，那就将 ½ 杯粗切去核的黑橄榄或绿橄榄加入西蓝花和洋葱中。
- 用羽衣甘蓝、花椰菜、球花甘蓝或罗马花椰菜代替西蓝花，并按照上述方法烹饪。你也可以省却将西蓝花焯水的步骤，直接使用慢烹的洋蓟、茴香球茎或夏南瓜代替。

肉酱意面：意大利肉酱面

约7杯酱料，加入意面可做成4人份

在我22岁的时候，将我领进自家厨房的佛罗伦萨大厨贝妮黛塔·维塔利让我学会了制作意式肉酱（拉古酱）的方法。每过几天，我们都会在她的Zibibbo餐厅做一锅肉酱。和餐厅里的绝大多数菜肴一样，这款肉酱以用切碎、深度褐变的芬芳蔬菜制成的索夫利特酱为底料。从贝妮黛塔那里，我学会了用慢工出细活的方法制作索夫利特酱。首先，我会用我见过的最大的刀将食材切碎，再加入大量橄榄油让酱料褐变。对于肉酱的口味来说，没有什么比褐变这一步更重要了，因此，请耐心等待索夫利特酱和肉品染上焦黄的色泽。做完这一步之后，只要肯花时间，你就能轻松拥有一碗像照射在托斯卡纳山丘上的午后阳光一般美好的意面了。如果你实在不想用刀手工将所有蔬菜切碎，那么使用食品加工机也无伤大雅。将每种蔬菜分开在机器里打碎，只需不时停下来，用一把橡胶铲将所有蔬菜推到机器底部，确保打出来的碎块大小均匀就行。由于食品加工机的刀片会比刀破坏更多细胞壁，因此加工出来的蔬菜流出的菜汁多出许多。将芹菜和洋葱装进细密滤网中压实，尽量沥干菜汁，然后将芹菜和洋葱与胡萝卜混合，佯装所有蔬菜都是你手工切碎的。没有人能看穿你的小把戏。

特级初榨橄榄油
450克粗绞的牛肉块
450克粗绞的猪肩肉
2个中等大小的切碎的黄洋葱
1大根切碎的胡萝卜
2大根切碎的芹菜茎
1½杯干红葡萄酒
2杯鸡骨高汤或牛肉高汤（第271页）或水
2杯全脂牛奶
2片月桂叶
28厘米长、8厘米宽的柠檬皮
28厘米长、8厘米宽的橙子皮
1.3厘米长的肉桂条
5汤匙番茄酱
可选：帕玛森干酪皮
整颗的肉豆蔻
盐
现磨黑胡椒
450克意大利干面、斜管面或粗纹通心面
4汤匙黄油
现磨帕玛森干酪，上菜时搭配

将一口大号荷兰锅或类似的锅放在大火上，加入足够覆盖锅底的橄榄油。将牛肉切成核桃大小的碎块放进锅里。一边烹饪，一边用一把狭缝勺搅拌和分解牛肉，直到6 ~ 7分钟后牛肉变得焦黄为止。暂且不要加盐，因为盐会将水分从牛肉中析出，从而妨碍褐变。用狭缝勺将牛肉放入一个大碗中，将熬出的油脂留在锅里。用同样的方式使猪肉褐变。

将洋葱、胡萝卜、芹菜（索夫利特酱的原料）放入同一口锅中，然后用中高火烹饪。锅里应该有差一点儿就能将食材浸没的油脂，因此你可以按需追加至少¾杯橄榄油。一边烹饪一边频繁搅拌，直到25 ~ 30分钟后，蔬菜煮软且索夫利特酱呈现深棕色为止。（可提前一两天用橄榄油先把索夫利特酱做好，将这道食谱中费时的步骤分解开来。索夫利特酱也很适宜在冰箱里冷冻，可以存放最多2个月。）

把肉重新下锅，调至大火，并加入红酒。用木勺将锅底褐变的食物残渣刮入酱料之中。加入高汤或水、牛奶、月桂叶、柠檬皮、橙子皮、肉桂、番茄酱，还可以加入帕玛森干酪皮。用专用研磨机或其他细磨研磨机将肉豆蔻研磨出汁，将10滴鲜榨肉豆蔻汁滴入锅中。边品尝味道边加入盐和现磨黑胡椒。将锅中酱料烧沸，然后调至文火。

让酱料继续在文火上煮炖，并不时加以搅拌。约30 ~ 40分钟之后，牛奶会与酱汁融合，而酱料看上去也让人更有食欲，这时，你可以品尝味道并调整咸度、酸度、甜度、浓度和厚重感。如果酸度不够，那就洒入少许干红葡萄酒。如果味道偏淡，那就添加番茄酱，带来些刺激感和甜度。如果浓度需要提高，那就加入少许牛奶。如果肉酱看起来偏稀，那就往里多洒些高汤。高汤会在文火慢煮的过程中逐渐减少，留下的凝胶则能够促使肉酱变稠。

将火调至最小进行煮炖，不时刮去脂肪并频繁搅拌，直到1个半个时到2个小时后肉质变软且入味。等到你对做好的肉酱满意之后，使用普通勺子或长炳勺将浮至表面的脂肪刮去，将帕玛森干酪皮、月桂叶、柠檬皮、橙子皮和肉桂取出。品尝味道，然后再次调整咸度和胡椒用量。

如果做的是4人份的量，那就将热肉酱和450克煮至弹软的意面和4汤匙黄油搅拌在一起。搭配大量的现磨帕玛森干酪一起上桌。

剩余的肉酱密封后能在冰箱冷藏存放最多1周，亦可冷冻最多3个月。在使用前再次煮沸即可。

其他版本

- 制作禽肉意式肉酱时，可加入 1.8 千克整个的禽腿。在使用整个的禽腿时，只需待肉酱煮好之后将肉和皮剥下，并将骨头和软骨扔掉就行。无论是鸭肉、火鸡肉还是鸡肉，都同样适合这样的处理方法。分批使禽肉褐变——不要在平底锅里把禽肉堆得太满，并按照上述步骤制作索夫利特酱。待索夫利特酱褐变完成后，在锅里加入 4 瓣切片的大蒜，小火烧制约 20 秒，直到大蒜散发香味，但不要让大蒜烧焦。用白葡萄酒代替红酒，在酱料中加入 1 根新鲜的迷迭香小枝和 1 汤匙杜松子制成的香料包，再放入 7 克干牛肝菌。将高汤用量增至 3 杯。不要放牛奶、肉豆蔻、橙子皮和肉桂，但仍然加入月桂叶、柠檬皮、番茄酱、盐、黑胡椒和帕玛森干酪皮。用文火煮 90 分钟，直到食材煮软。按照上一页的方法将油脂刮出，将香料取出。品尝味道，调整咸度和胡椒用量。按照上述方法上菜即可。
- 若是制作香肠意式肉酱，可用 900 克原味或辣味意大利香肠来代替牛肉和猪肉。将香肠烧至褐变，并按照上述方法准备索夫利特酱。待索夫利特酱褐变完成后，在锅里加入 4 瓣切片的大蒜，小火烧制约 20 秒，直到大蒜散发香味，但不要让大蒜烧焦。用白葡萄酒代替红酒，用 2 杯切丁的罐装番茄和罐中的番茄汁代替番茄酱。不要放牛奶、肉豆蔻、橙子皮和肉桂，保留高汤、月桂叶、柠檬皮、盐、黑胡椒和帕玛森干酪皮。加入 1 汤匙干牛至和 1 茶匙薄切甜椒碎。用文火慢煮 1 个小时，直到食材煮软。按照上述方法将油脂刮出，将香料取出。品尝味道，调整咸度和胡椒用量。按照上一页介绍的方法上菜即可。

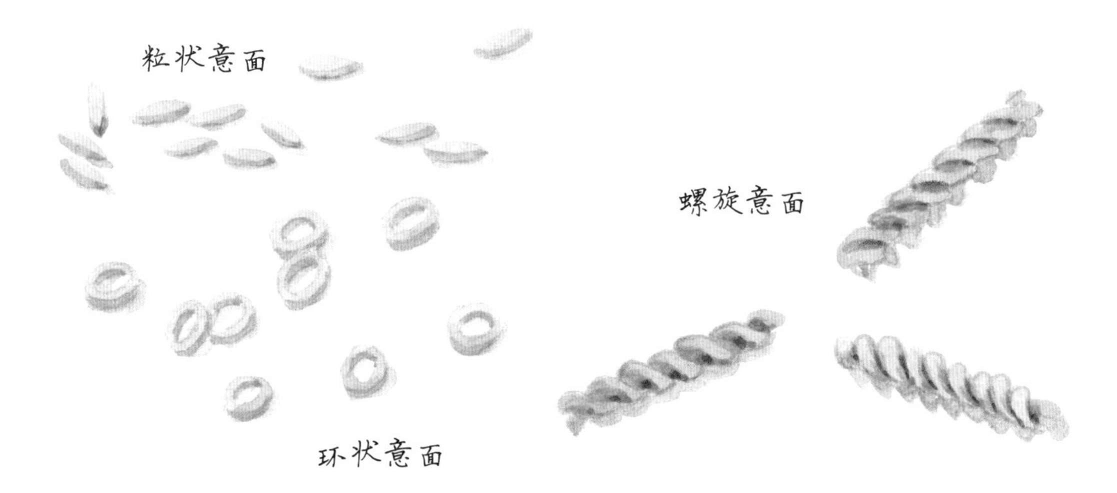

鱼（贝）类意面：蛤蜊意大利面

4 ~ 6 人份

20 岁之前，我从没有吃过蛤蜊或贻贝。直到现在，如果有其他的选择，我也很少会选择拿一碗贝类果腹。但是若说蛤蜊意大利面，那就是另一回事了。蛤蜊意大利面是一种将一系列对其浓郁口感无甚贡献的食材融合在一起，却能像魔术般搭配出惊人美味的美食。蛤蜊意大利面吃到口中给人的感觉就像是享受了一整天美好的冲浪一般——那味道既咸香又浓郁，既新鲜又爽口，给人充分的满足感。要想参考制作这道菜的图解步骤，可以翻回到第 120 页。

在做这道菜时，我喜欢使用的蛤蜊有两种：短颈蛤，因其蛤蜊味较为浓郁；较小的花蛤或小圆蛤，因为坐在桌前从壳中取蛤蜊肉的过程很有趣。如果这两种蛤蜊都买不到也不必慌张，只要将 1.8 千克你能找到的任何品种的蛤蜊当作短颈蛤使用就行。

盐

特级初榨橄榄油

1 个中等大小的黄洋葱，切成细丁，将根部保留下来

2 ~ 3 根欧芹小枝，加上 ¼ 杯切碎的欧芹叶

900 克刷洗干净的短颈蛤

1 杯干白葡萄酒

2 瓣切碎的大蒜

约 1 茶匙薄切甜椒碎

450 克扁意面或细圆意面

900 克刷洗干净的花蛤或小圆蛤

1 个柠檬榨的柠檬汁

4 汤匙黄油

28 克（约 ¼ 杯）细磨帕玛森干酪

将一大锅加了大量盐的水煮沸。

将一口大号煎锅放在中高火上，加入 1 汤匙油。放入洋葱根和欧芹枝，并铺上满满一层短颈蛤，再浇 ¾ 杯干白葡萄酒。

将火调大，盖上锅盖，然后将蛤蜊烹饪 3 ~ 4 分钟直至张口。将锅盖揭开，然后用夹具将张开口的蛤蜊夹入碗中。若遇到怎么也不愿开口的蛤蜊，你可以用夹具轻轻敲击，以促使其开口。将烹饪 6 分钟后仍未开口的蛤蜊扔掉。将剩余的短颈蛤放入平底锅，利用剩下的干白葡萄酒以同样的方法烹饪。

用密网漏勺将煮蛤水滤出并放在一旁备用。待蛤蜊冷却到不烫手时，将肉从壳里取出并粗切。将蛤肉放在一个小碗中，倒入刚刚能够浸没蛤肉的水。把蛤蜊壳扔掉。

将平底锅洗净，然后放在中火上。倒入刚刚足够覆盖锅底的油，然后加入切成丁的洋葱和一撮盐。烹饪约 12 分钟，不时加以搅拌，直到食材变软。洋葱变色并无大碍，只要不烧煳就行。如有需要，可以洒入少许水。

与此同时，将意面烹煮至马上要变得弹口有嚼劲的程度。

往洋葱里加入大蒜和 ½ 茶匙甜椒碎，小火烧制。在大蒜褐变之前，将花蛤或小圆蛤加入锅中并将火开大。洒入适量煮蛤水或干白葡萄酒，然后将锅盖盖上。一旦花蛤张口，就将切碎的短颈蛤也加入进去。把两种蛤蜊一起烹饪几分钟，然后品尝味道，并按需加入柠檬汁或更多干白葡萄酒调节酸度。

将意面滤干，保留 1 杯意面水，然后立即将意面就放入盛着蛤蜊的平底锅里。让意面在煮蛤水中继续烹饪至弹口有嚼劲的程度，以便将卤水的咸鲜味充分吸收。

品尝味道并对咸度、辣度和酸度加以调整。意面应当呈现多汁的状态，如果不然，可以追加几勺煮蛤水、干白葡萄酒或意面水。加入黄油或奶酪并加热至融化，然后充分搅拌，使其黏附在意面上。撒上切碎的欧芹叶，将成品用勺子舀到碗中。

出锅后立即上桌，搭配香脆面包吸收酱汁。

其他版本

- 如果想制作贻贝意面，可用 1.8 千克刷洗干净并去须的贻贝代替蛤蜊，然后按照上面介绍的短颈蛤的蒸煮和取肉方法继续操作。将一大撮藏红花长丝和盐一起加入切碎的洋葱中，不要放帕玛森干酪，其余按照上述方法烹饪和上菜即可。

- 制作蛤蜊香肠意面时，将 227 克辣味或原味的意大利香肠掰成核桃大小的碎块，放入煮熟的洋葱中，将火调大，使食材褐变。加入花蛤并按照上述方法烹饪，之后按照上述步骤上菜即可。
- 制作蛤蜊白酱时，先在平底锅里将大蒜小火烧制约 20 秒，然后在盛放洋葱的平底锅中倒入 1 杯奶油。用文火烹饪 10 分钟后，往锅里放入蛤蜊。按照上一页的方法继续烹饪即可。
- 若是制作蛤蜊红酱，可在小火烧制大蒜后，往盛放洋葱的平底锅里加入 2 杯切碎的新鲜番茄或罐装番茄。用文火烹饪 10 分钟后，在锅里放入蛤蜊。按照上一页的食谱继续烹饪即可。
- 如果想在菜中加入一些绿叶菜，你可以在加入大蒜之前先往烹好的洋葱里加入 1 杯切碎并捏成团状的焯煮绿叶菜（第 258 页）。羽衣甘蓝和球花甘蓝尤为合适。
- 如果想在口感上打造反差，你可以往上述任何一种意面中加入颗粒面包糠（第 237 页），然后上菜。

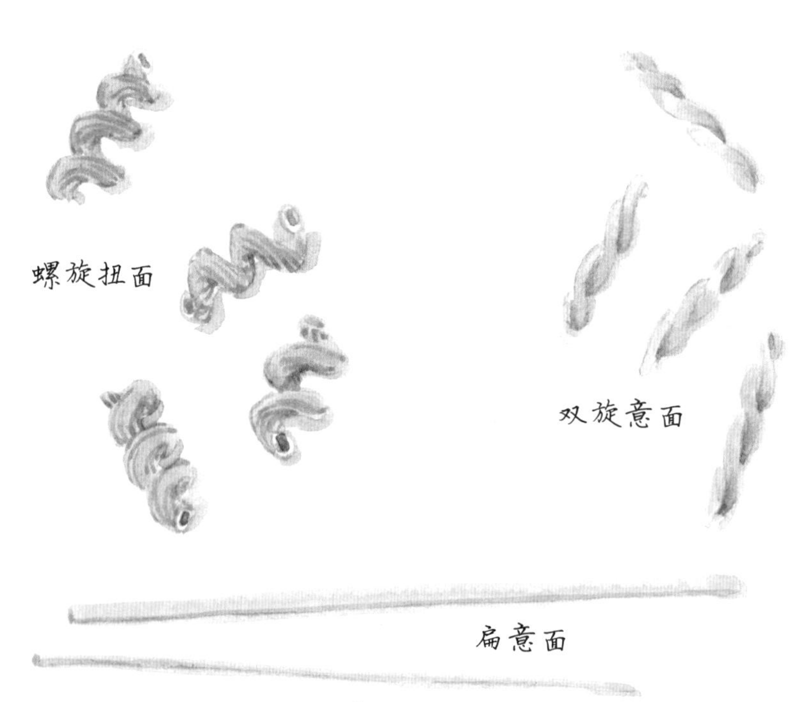

鸡蛋

有了一个鸡蛋和些许勇气的武装，你便能在厨房里随心打造上百种神奇美食了。“视死如归”地往蛋黄里逐滴加入油，你就能做出基础蛋黄酱（第 375 页）来，而由基础蛋黄酱做成的蒜香蛋黄酱和塔塔酱等所有酱料和蘸料，也自然不在话下。至于你能想象出的任意一款甜味或咸味的法式罐子布丁的主料，只需用 1 个鸡蛋、1 个蛋黄和 1 杯奶油的传统配比就能打造。用现磨黑胡椒、香草和帕玛森干酪给奶油调味，打造经典款的咸味蛋奶冻。若想做一款简单而香气四溢的甜点，只需将薰衣草在温热的奶油中腌渍，然后用蜂蜜加甜，并在滤出后搅入鸡蛋即可。将蛋糕模子放在隔水炖锅（第 162 页）里，然后放入 163 摄氏度的烤箱里烤至马上就要成形的状态。

将剩余的蛋白与糖打发，浇上奶油、放上水果，制作成棉花糖般的奶油水果蛋白脆饼（第 421 页）；如果你野心勃勃，那你可以尝试制作一款天使蛋糕。

记住另一个常用的配比，这样一来，你就可以随时制作新鲜鸡蛋意面了。将 1 个鸡蛋、1 个蛋黄和 1 杯面粉缓缓搅拌在一起，然后将食材揉至完全混合。让面团醒一醒，然后擀好并切成面条，与意式肉酱（第 297 页）搅拌即可。

要想做出完美的煎蛋，你可以将一口小号平底锅放在大火上，把锅加热到比平时高一些的温度，倒入足以覆盖锅底的油脂，然后将蛋打进入。放入一小块黄油，用一只手斜握平底锅，另一只手用勺子将融化的黄油摊在蛋白之上。这样的浇盖方法能让蛋白的顶部和底部在蛋黄完全成形之前以同样的速度烹熟。

与糖一起打发的蛋白

将一个完整带壳的鸡蛋丢进

沸水中，在 9 分钟之后将鸡蛋捞出。将蛋放入一个盛有冰水的碗里，待鸡蛋放凉后马上剥壳，这样一来，蛋黄丝滑透亮的完美水煮蛋就做好了。最新鲜的鸡蛋在煮熟后有时很难剥壳，这时，你可以将刚刚煮熟的鸡蛋放在案台上滚动，然后放进一个盛着冰水的碗中。冰水将会穿过蛋壳和蛋白之间那层像纸一样的薄膜，让剥壳变得易如反掌。想要制作用于鸡蛋沙拉的好切的鸡蛋，可以将鸡蛋放在沸水中煮 10 分钟。如果想让蛋黄的质地稍微光滑一些，那么 8 分钟出锅就行。

将一个水波蛋加入一碗米饭、面条或有绿叶菜的高汤中，晚餐就大功告成了。在一口大号长柄锅中加入至少 5 厘米深的水，然后稍微浇入一些白葡萄酒醋，让白葡萄酒醋微微加速蛋白的凝固。使用中火将水快速加热到将沸未沸的状态，小心地将鸡蛋打在一个咖啡杯或是蛋糕模具之中，缓缓倒在锅中冒泡的位置。如果锅的温度下降、泡泡消失，那就将火调大，但是注意不要让水沸腾起来，因为这有可能会破坏蛋白的完整或将蛋黄打散。每做 1 人份便使用 1 个鸡蛋重复上述过程，用 3 分钟将蛋煮到刚好成形的状态。用一把狭缝勺将做好的鸡蛋从水中捞出，在一块干净的厨房布上轻揩之后倒入碗中。

如果水波蛋不在你的神奇美食食谱之列，那就将一个鸡蛋和少许帕玛森干酪搅在一起，以细流状浇入文火煮制的高汤中，制作一碗暖胃的意大利乳酪蛋花汤（第 273 页）。

如果想制作蛋羹质地的细腻美式炒蛋，你可以翻回第 147 页，参考爱丽丝·B. 托克拉斯的建议。无论使用哪种方法，都应用最小的火烹饪鸡蛋，并在感觉鸡蛋做熟前 30 秒关火——让你的勇气带着你和你的鸡蛋冲过终点线吧。

当然，在为伊朗版煎蛋饼库库杂菜鸡蛋饼（第 306 页）翻面时，些许的勇气更是让你渡过难关的利器。

水煮蛋

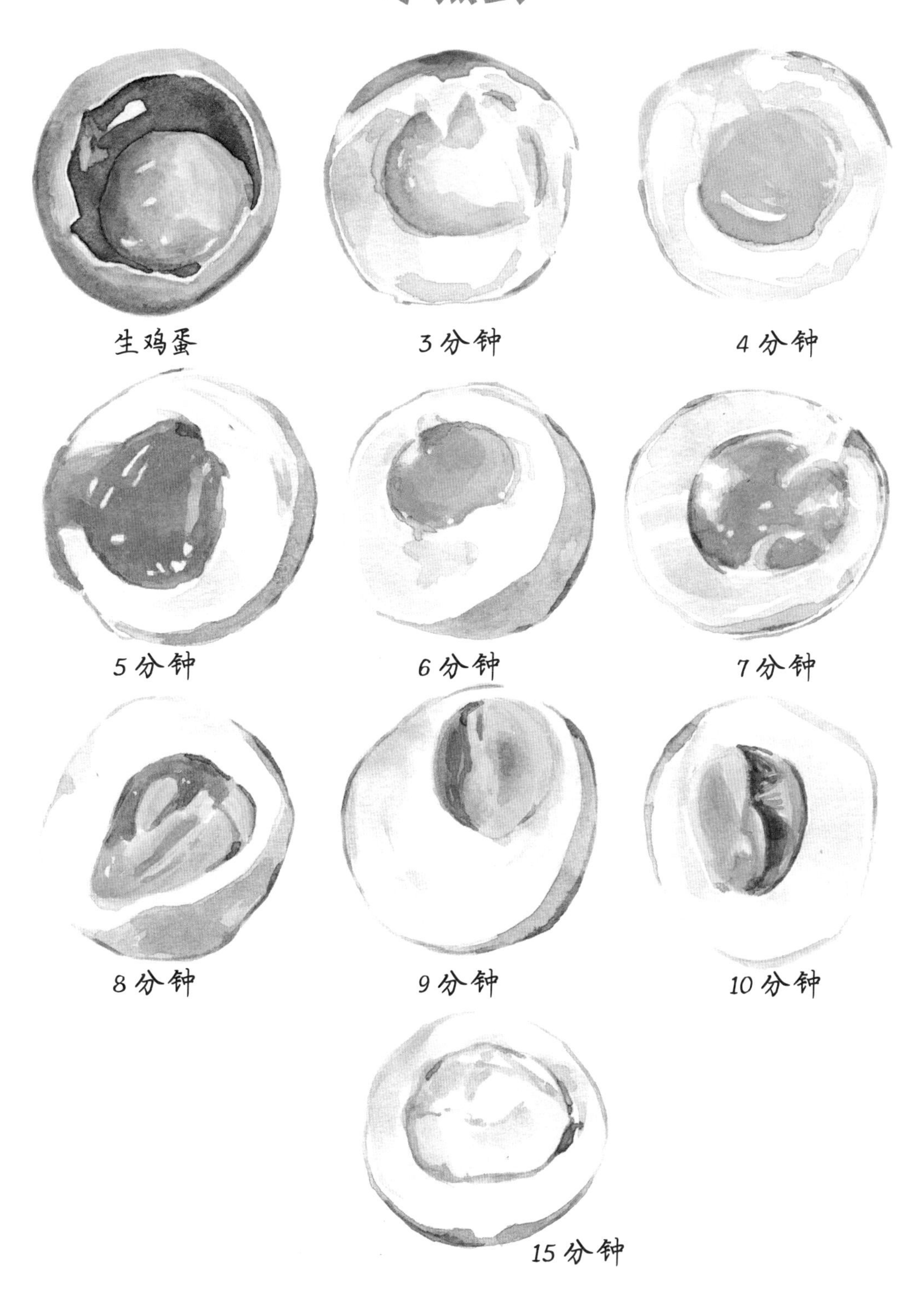

库库杂菜鸡蛋饼：伊朗版香草杂菜鸡蛋饼

6 ~ 8 人份

作为轻食午餐或开胃菜皆宜的库库杂菜鸡蛋饼，与传统鸡蛋饼有两大不同之处。首先，蔬菜与鸡蛋之间的比例要强烈倒向蔬菜，实际上，我只会使用刚刚足够把蔬菜黏合在一起的鸡蛋。另外，如果少了能够在质地和口味上与清淡的蛋奶冻状中心形成反差的焦香脆皮，库库杂菜鸡蛋饼就失去了其特点。库库杂菜鸡蛋饼趁热吃、放凉吃或冷藏后食用皆可，还可以搭配菲达奶酪、酸奶或腌黄瓜，用酸味平衡一下。

如果你不习惯处理成堆的新鲜蔬菜，那么洗、切和制作库库杂菜鸡蛋饼所用的各种蔬菜可能会让你不知从何下手，因此，你可以提前一天将蔬菜准备好。

2 棵洗净的绿色莙荙菜

1 大株韭菜

特级初榨橄榄油

盐

6 汤匙未加盐的黄油

4 杯切碎的芫荽叶及其柔软的茎部

2 杯切碎的莳萝叶及其柔软的茎部

8 ~ 9 个大鸡蛋

如果不想在烹饪过程中为库库饼翻面，那就将烤箱预热到 177 摄氏度。（关于如何为食材翻面，请参考第 307 ~ 308 页。）

将莙荙菜叶摘下。一只手抓住每根菜茎底部，另一只手将茎部握紧，然后向上将菜叶捋掉。用同样的方法处理另一棵莙荙菜，并保留茎部。

将韭菜的根部和顶部 2.5 厘米的部分去掉，然后纵向切成 4 份。将每份切成 0.6 厘米的小片，放入一个大碗中，仔细将泥土清洗干净。尽量将水沥干。将莙荙菜的茎部切成薄片，并将底部所有坚硬的部分扔掉。将莙荙菜与洗净的韭菜放在一边备用。

将一口直径 25 或 30 厘米的铸铁锅或不粘煎锅放在中火上加热，然后加入足够覆盖锅底的橄榄油。将君莛菜叶下锅，加入一大撮盐调味。一边烹饪一边不时搅拌，直到 4 ~ 5 分钟后叶子蔫掉。将君莛菜从锅里盛出，在一边放凉。

将平底锅放回中火上，并在锅里加入 3 汤匙黄油。黄油开始冒泡时，将切片的韭菜和君莛菜茎一起下锅，加一撮盐。烧 15 ~ 20 分钟，直至食材变得软而半透明。不时加以搅拌，如有需要可以洒入少许水并将火调小，也可以用锅盖（或用一张烤盘纸将锅盖住）保留蒸汽并防止食材烤焦。

与此同时，将烹熟的君莛菜叶挤干，倒出水，将君莛菜粗切，与芫荽和莳萝一起放入一个大碗中。等韭菜和君莛菜茎烹熟后，将它们与菜叶盛在一起。稍稍放凉后，用手将菜均匀混合。品尝味道，充分加盐调味，因为你还要往里加好几个鸡蛋呢。

一次一个地加入鸡蛋，直到鸡蛋勉强能将蔬菜黏合在一起。由于菜叶湿度和鸡蛋大小有所不同，你可能不用把 9 个鸡蛋都用上，但是加了鸡蛋的菜量看上去应该大得惊人才对！到这一步，我通常会品尝并调节盐量，但是如果你不愿意尝生鸡蛋，也可以先做一小块库库饼品尝，然后按需调节盐量。

将平底锅擦净，用中高火重新加热，这是预防库库饼粘锅的非常关键的步骤。加入 3 汤匙黄油和 2 汤匙橄榄油，然后充分搅拌。等到油开始冒泡时，小心地将库库饼糊倒入锅中。

要让库库饼煎得均匀，在烹饪的前几分钟，你可以在饼糊成形的过程中使用一把橡胶铲轻轻将饼糊推到锅的中心。约 2 分钟后，将火调至中火，不要翻搅，继续烹饪库库饼。只要油在库库饼的周边轻轻冒泡，就说明锅足够热。

由于库库饼很厚实，因此中心部分需要一定时间才能成形。这一步的关键在于，不要让面糊的边缘在中心成形之前烤煳。用一把橡胶铲将库库饼掀起来查看，如果边缘处很快就变成了暗棕色，那就将火调小。每过 3 ~ 4 分钟就将平底锅旋转 ¼ 圈，以确保库库饼煎得均匀。

约 10 分钟之后，当面糊不再呈液态且底部呈现棕黄色时，鼓起全部的勇气，做好准备为库库饼翻面。首先，尽量将热油全部倒入碗中，以免烫伤自己，然后将库库饼翻面放在比萨烤盘上或曲奇烤盘的背面，也可以放入另一口大号煎锅里。在热锅里加入 2 汤匙橄榄油，然后将库库饼放回锅里，煎制另一面。继续烹饪 10 分钟，每过 3 或 4 分钟就将平底锅旋转一下。

如果你在翻面时出了岔子，千万不要慌张！这只是一顿午餐而已。你要做的只是尽己所能地把库库饼翻过来，在锅里多加少许油，然后将饼完好地放回锅里而已。

如果你不想操作翻面这一步，那就将平底锅塞进烤箱中烤 10 ～ 12 分钟，直至饼的中心完全成形。我喜欢把饼烤到刚刚成形的程度。用一根牙签来检查饼的熟嫩度，也可以前后摇晃平底锅，看看库库饼的表面是否会有些许的震颤。将多余的油脂用纸吸干。出锅趁热食用、在室温下食用或冷藏食用皆可，作为剩菜也很美味！

其他版本

- 如果你想把冰箱里的剩菜用完，那就可以用 680 克任何种类的柔嫩绿叶菜代替君荙菜。野生荨麻和菠菜都是美味的选择，但除此之外，你也可以使用荠菜、生菜、芝麻菜、甜菜叶或任何你能想到的绿叶菜。
- 如果想往库库饼里加入大蒜味，那就往韭菜里加入两棵切细的青蒜。
- 如果想打造地道的波斯风味，那就在烹饪之前先往面糊里加入 1 杯粗切的微微烘烤过的核桃，或是 ¼ 杯伏牛花果。
- 如果你想做的是煎蛋饼而不是库库饼，那就将鸡蛋和蔬菜的占比互换。库库饼中的蔬菜越多越好，煎蛋饼却讲究鸡蛋的丝滑质地。使用 12 ～ 14 个鸡蛋，并在鸡蛋底料中加入 ½ 杯牛奶、奶油、酸奶油或法式酸奶油（第 113 页）来打造蛋羹般的质地。坚持以 6 种原料为上限：鸡蛋、甜味食材、奶香浓郁或口味厚重的食材、某种绿叶菜、盐和油。我们可以从经典法式乳蛋饼或比萨顶料的食材搭配开始尝试，包括蘑菇配香肠、火腿配奶酪、菠菜配里科塔奶酪。或者就像对待所有菜肴一样，你也可以从当季的新鲜食材中寻找制作煎蛋饼的灵感：

春季

芦笋、青葱和薄荷

油封洋蓟（第 172 页）和细香葱

夏季

樱桃番茄、菲达奶酪碎块和罗勒

烤甜椒、球花甘蓝和烹熟的香肠碎块

秋季

煮软的莙荙菜和几块里科塔奶酪

抱子甘蓝和烹熟的培根块

冬季

烤马铃薯、焦糖洋葱和帕玛森干酪

烤菊苣、芳提娜奶酪和欧芹

做完煎蛋饼之后的“一片狼藉”

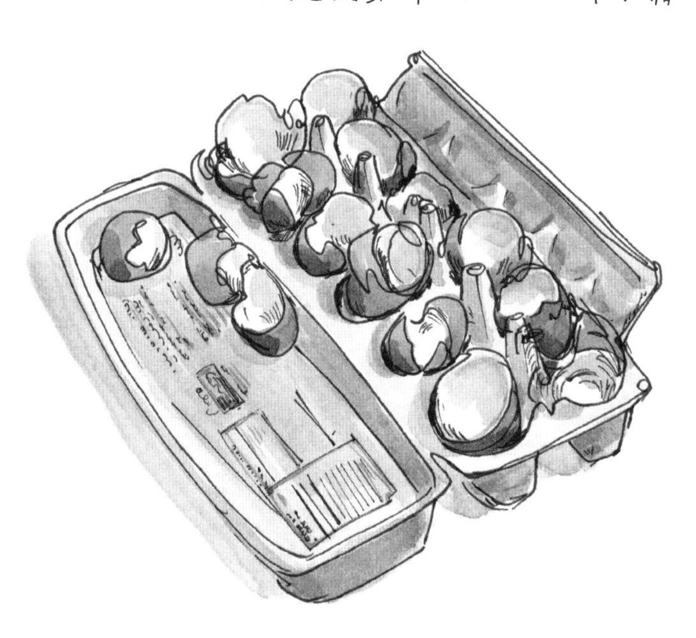

鱼类

慢烤鲑鱼

6 人份

慢火几乎规避了过度烹饪的可能，因此，这是我最喜欢拿来烹饪鲑鱼的方法。含有丰富脂肪的鲑鱼尤其适合这种烹饪方法，但是，你也完全可以用这种方法烹饪其他品种的鱼，包括硬头鳟和阿拉斯加大比目鱼。夏日来临之际，将烤盘用间接加热的方式放在烤架上，并盖上烤架的盖子，这样一来，你的烤架就被改装成了慢烤箱。我感觉，这种方法也会成为你最喜欢的鲑鱼烹饪法的。

1 大把优质香草，比如欧芹、芫荽、莳萝、茴香叶或 3 片无花果叶

1 块 900 克去除鱼皮的鲑鱼排

盐

特级初榨橄榄油

将烤箱预热至 107 摄氏度。将香草在烤盘上铺成一层，如果你用的是无花果叶，那就将无花果叶铺在烤盘的中心。放在一边备用。

鲑鱼的每一侧都有一排细细的刺，约插入鱼排 ⅔ 的部分。使用镊子或尖嘴钳，将鱼排带鱼皮的一面向下放在砧板上。用手指从头到尾轻轻划过鱼排，找到有刺的地方，并将刺从肉里挑出。从鱼的头部一侧开始，用镊子顺着刺在鱼肉中生长的方向一根一根将其拽出。将刺取出之后，把镊子插入一杯冷水中，让刺脱落。完成之后，再次用手指划过鱼排，确保所有的刺都已取出。这就大功告成了！

在鱼的两面都撒上盐，并将鱼排塞入铺好的一层香草之中。在鱼排上淋 1 汤匙橄榄油，用手涂抹均匀，然后将平底锅塞入烤箱内。

烤制 40 ~ 50 分钟，直到鱼排最厚的部分在用刀具或手指戳动时开始剥落。这种烹饪法对鱼排的蛋白质的影响非常小，因此，鱼排在烹熟后也会呈半透明状。

烹熟后，将鲑鱼粗切成大块，任选一种香草萨尔萨酱，用勺子将足量酱料舀在鱼块上。金橘萨尔萨酱（第 363 页）和梅尔柠檬萨尔萨酱（第 366 页）都非常合适。与白豆或马铃薯以及刨丝茴香球茎和樱桃萝卜沙拉（第 228 页）一起上桌。

其他版本

- 如果想做酱烧鲑鱼，那就将 1 杯酱油、2 汤匙烤芝麻、足量 ½ 杯红糖和一撮卡宴辣椒碎在平底锅里用大火熬至枫糖浆的黏稠度。加入 1 瓣捣碎或细磨的大蒜，以及 1 汤匙细磨生姜。省去放香草的步骤，将烤盘纸铺在烤盘底部，在即将烤制之前先在 900 克重的鲑鱼排上涂一层酱汁，在烤制过程中，每过 15 分钟就往上再浇一次汁。
- 如果想要制作清爽的柑橘鲑鱼，那就先往鱼上撒盐调味，然后在表面涂抹 1 汤匙细磨柑橘类果皮和 2 汤匙橄榄油的混合物。省去放香草的步骤，将烤盘纸铺在烤盘中，把鱼排放在一层切成薄片的血橙或梅尔柠檬上，然后按照上述步骤烤制。将鱼排撕成大块，放在牛油果血橙沙拉（第 217 页）上面即可上菜。
- 如果想做印度香料鲑鱼，那就将 2 茶匙孜然、2 茶匙芫荽籽、2 茶匙茴香籽和 3 颗丁香放在一口烧干的煎锅里架在中高火上烤，再用杵和钵或香料研磨器磨碎。将磨碎的粉末放到一个小碗里，加上 ½ 茶匙卡宴辣椒碎和 1 汤匙姜黄粉，再在调料混合物里放一大撮盐，并加入 2 汤匙融化的印度酥油或无味食用油，然后搅拌均匀。给鱼肉加盐调味，并将调味酱涂抹在鱼的两面，密封放入冰箱里冷藏 1 ~ 2 个小时。待鱼排恢复室温后，省却加入香草的步骤，然后按照上述步骤烤制。

啤酒炸鱼

4～6人份

第一次用面糊裹上鱼肉油炸的情景，我还清楚地记得。面糊在油里膨胀起来的样子，真像是奇迹一般。对于一向对油炸心有余悸的我而言，能炸出如此香脆可口的鱼肉，简直是个更大的奇迹。在油炸生涯中摸爬滚打了约10个年头时，我碰巧看到了英国厨师赫斯顿·布鲁门塔尔的炸鱼食谱。由于伏特加的含水量只有60%，因此，通过用伏特加代替面糊中的一部分水分，他减少了导致生成麸质的水，而这样做出的面糊简直柔软得令人难以置信。另外，他还会在面糊里加入气泡丰富的啤酒和泡打粉，并将所有食材的温度控制在冰点上下，如此一来，他不仅让味道朝着更加清爽的方向转移，也让脆皮变得更加酥软。在有些人看来，这美味堪称一个奇迹。

2½杯中筋面粉

1茶匙泡打粉

½茶匙卡宴辣椒碎

盐

680克易撕成小片的白肉鱼，比如大比目鱼、龙利鱼或石斑鱼，去骨并去鳍

6杯用于油炸的葡萄籽油、花生油或菜籽油

1¼杯冰凉的伏特加

约1½杯冰凉的淡啤酒

可选：如果想打造更加松脆的外皮，那就用米粉代替一半中筋面粉

取一个中等大小的碗，将面粉、泡打粉、卡宴辣椒碎和一大撮盐充分混合，然后放在冰柜里。

将鱼斜切成大小均等的8片，每片约为2.5厘米宽、7.5厘米长。加入大量盐调味。在准备好油炸之前，将鱼放在冰上或冰箱里。

取一口宽而深的平底锅，放在中火上。加入3.8厘米深的油，将锅加热到185摄氏度。

待油热之后，制作面糊：一边将伏特加倒入装着面粉的碗里，一边用指尖缓慢搅拌。然后，将足量啤酒慢慢倒入，将面糊稀释到与做薄饼的面糊相似的黏稠度，也就是能从你的指尖顺畅滴下的黏稠度。不要过度搅拌——面糊中的块状物会在油炸后变成又薄又酥的脆皮。

将半份鱼与碗里的面糊拌匀，让鱼片完全裹上面糊，然后小心地将鱼片放入热油。不要把锅装得太满，放在油中的鱼在任何时候都不应超过一层。在油炸鱼片的过程中用夹具轻轻拨动，确保鱼片不粘连在一起。约 2 分钟后，等到鱼片朝下的一面炸至金黄，就翻过来炸另一面。等到另一面也炸得金黄，使用夹具或一把狭缝勺将鱼从油中捞出。加盐调味，并放在铺着厨房纸巾的烤盘中吸油。

用同样的方法将剩下的鱼炸好，在油炸每一批的间隔让油温回升到 185 摄氏度。

搭配柠檬块和塔塔酱（第 378 页），出锅后立即上桌。

其他版本

- 如果想做酥炸杂烩拼盘，可以将纵切成两半的虾、切片鱿鱼和软壳蟹等海鲜一起混装，与芦笋、青豆、切成小块的西蓝花或花椰菜、青葱段、南瓜花和生羽衣甘蓝叶等五颜六色的蔬菜搅拌在一起，用面糊包裹起来一起油炸。搭配柠檬块和蒜香蛋黄酱（第 376 页）一起上桌即可。
- 如果想做香脆的无麸质面糊，你可以使用 1½ 杯米粉、3 汤匙马铃薯淀粉、3 汤匙玉米淀粉、1 茶匙泡打粉、¼ 茶匙卡宴辣椒碎、一撮盐、1 杯伏特加和 1 杯冰苏打水。根据上一页的步骤操作即可。

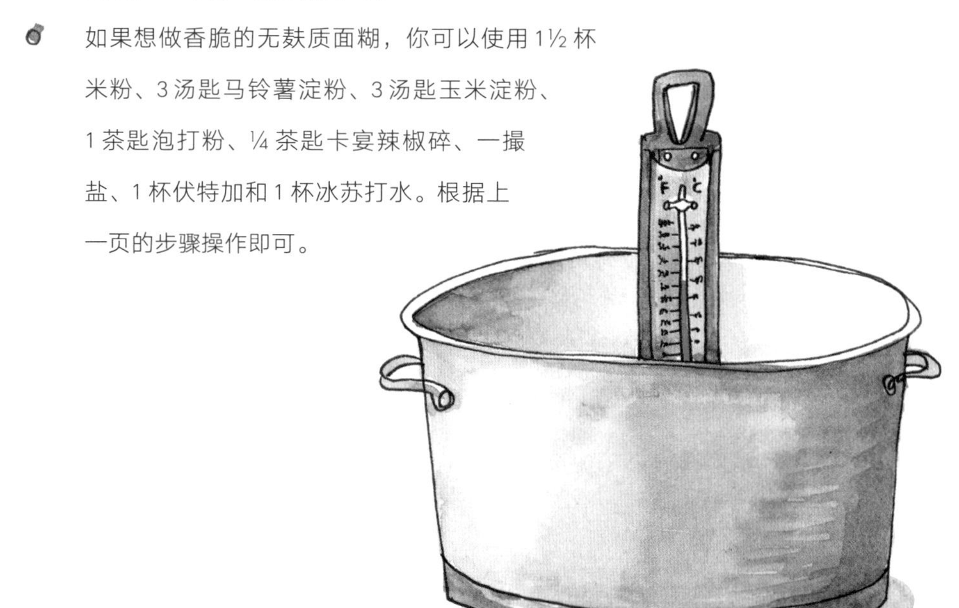

油封金枪鱼

4～6人份

对于那些一辈子都在吃罐装金枪鱼的人来说，这道菜可谓打开了新世界的大门，第一次品尝这道菜时，我的感觉就是如此。在橄榄油中慢煮之后，金枪鱼在几天之内都能保持湿软的状态。你可以参考意大利的经典菜白豆和金枪鱼沙拉，将常温金枪鱼搭配白豆、欧芹和柠檬做成的沙拉一起食用。你也可以等到盛夏时节到来时制作美味多汁的普罗旺斯法式金枪鱼三明治。使用你能找到的最干脆的面包，在一面涂抹厚厚一层蒜香蛋黄酱（第376页），然后将油封金枪鱼碎块、一个切片的10分钟水煮蛋（第304页）、成熟的番茄和黄瓜、罗勒叶、刺山柑和橄榄堆放在上面。用放在顶上的一片面包蘸取金枪鱼油，并将三明治压实。如果你觉得吃这样一款三明治会搞得一片狼藉的话，那就想想为一年一度的Eccolo夏日派对制作700个这样的三明治会是怎样一番场景吧！

680克切成3.8厘米厚的新鲜青花鱼或黄鳍金枪鱼片

盐

2½杯橄榄油

4瓣去皮的大蒜

1个干红椒

2片月桂叶

2条2.5厘米的柠檬皮

1茶匙黑胡椒粒

在准备好烹饪前，提前约30分钟给金枪鱼加盐调味。

制作油封金枪鱼时，将橄榄油、大蒜、红椒、月桂叶、柠檬皮和胡椒粒放入一口荷兰锅或厚重的深口炒锅里。将锅加热到约82摄氏度，用手感觉时，油应是温热而不是滚烫的。烹饪约15分钟，这不仅能让香料融入油，同时也能将所有食材高温杀菌，以便长时间保存。

将金枪鱼缓缓倒入温热的油中，摆成一层。金枪鱼必须全部浸入油中，因此你可以按需加入更多油。如有需要，也可以分成几批来制作。待油温下降到66摄氏度左右，也可以等到金枪鱼每过几秒就会冒出一两个泡泡。具体的温度并不那么重要，何况油温也会在你调节火力大小，以及放入和捞出鱼肉时上下浮动。重要的是，要缓慢地炸金枪鱼，宁愿用小火，也不要让火力太大。约9分钟后，从油里捞出一片鱼肉，检查烹熟的程度。鱼肉应是中心仍明显呈粉红色的三分熟状态，因为余热会继续烹饪鱼肉。如果鱼肉还太生，那就将鱼放回油里，再烹饪1分钟。

将做好的鱼肉从油里捞出来，在盘子里铺成一层放凉，然后将鱼放入一个玻璃容器，将放凉的油倒回鱼肉之上。这款菜在室温下或冷藏后食用皆宜。浸泡在油中的鱼，能在冰箱里保存约2周。

烹饪鸡肉的13种方式

香脆去骨烤全鸡

4人份

这个食谱之所以是我所知的烹饪整鸡的最棒的方法，是因为里面的两个诀窍。第一个诀窍，就是去骨烤法。所谓去骨烤法，就是指去掉鸡的脊骨，然后将鸡身摊开以便放平的方法。在我看来，这种方法一方面增加了烧烤的表面积，另一方面减少了烹饪时间。（这种方法能将烹饪时间几乎减少一半，因此也是我最喜欢的烹饪感恩节火鸡的方法！）

在Eccolo的时候，我的一位厨师因疏忽而把几只加盐调过味的鸡在步入式冷藏间里敞放了一夜，而第二个诀窍，就是我那次偶然发现的。第二天来上班时，我对他的疏忽大意很是恼火。和所有冰箱一样，步入式冷藏间里的气流也处于持续的循环中，这导致鸡皮脱水，让鸡肉变得像化石般可怖。但是我别无选择，只能用这些鸡烹饪。谁知脱了水的鸡皮做出来后金黄油亮，即便在放置了一会儿之后也仍是我所见过的烤鸡皮中最脆的。

如果你没法儿提前加盐，让鸡皮在夜里脱水，那就尽早加入调料调味，并用纸巾将鸡表面的水分拭干再烹饪。这种做法也能帮助你达到类似的效果。

1.8千克整鸡

盐

特级初榨橄榄油

计划烤鸡的前一天，先将鸡去骨（或请肉店的屠夫帮忙）。使用一把大的厨房剪刀，沿着后脊梁骨（也就是鸡的背部）的两侧剪下，并将骨头剔除。你可以按照自己的喜好，从尾部或从颈部下手都可以。将取出的脊骨保留下来，待熬汤时使用。将翅尖切除，同样保留下来熬汤使用。

将鸡肉放在砧板上，将鸡胸一面朝上放。按压鸡胸骨，直到听到软骨发出断裂的声音，鸡身被压扁。在鸡身两面加大量的盐腌制。将鸡胸一面朝上，放置在一个浅口的烤盘之中，然后在冰箱里敞放一夜。在准备烹饪之前 1 个小时的时候把鸡肉从冰箱里取出来，将烤箱预热到 218 摄氏度，并在烤箱顶部 ⅓ 处放一个架子。

将一口直径 25 厘米或 30 厘米的铸铁平底锅或其他煎锅放在中高火上。加入足够盖住锅底的橄榄油。待油冒泡时，将鸡胸一面朝下放在平底锅里，煎制 6 ～ 8 分钟，直到鸡肉褐变。即便鸡没有完全摊平也没关系，只要鸡胸与锅能够接触就行。将鸡身翻面（同样，如果这一面没有完全摊平也没关系），将整口铸铁锅放在烤箱里提前准备好的架子上。将锅推到烤箱最里面，锅把手朝左。

约 20 分钟之后，戴上厨房隔热手套，将平底锅小心地旋转 180 度，让平底锅把手朝向右侧，然后再次将锅推到架子最里面的位置。

烤制约 45 分钟，直到鸡肉完全呈现棕色，切入鸡腿和大腿根之间，流出的汁液应该是清澈的。将鸡放置 10 分钟再切。温热时上桌或在室温下上桌皆可。

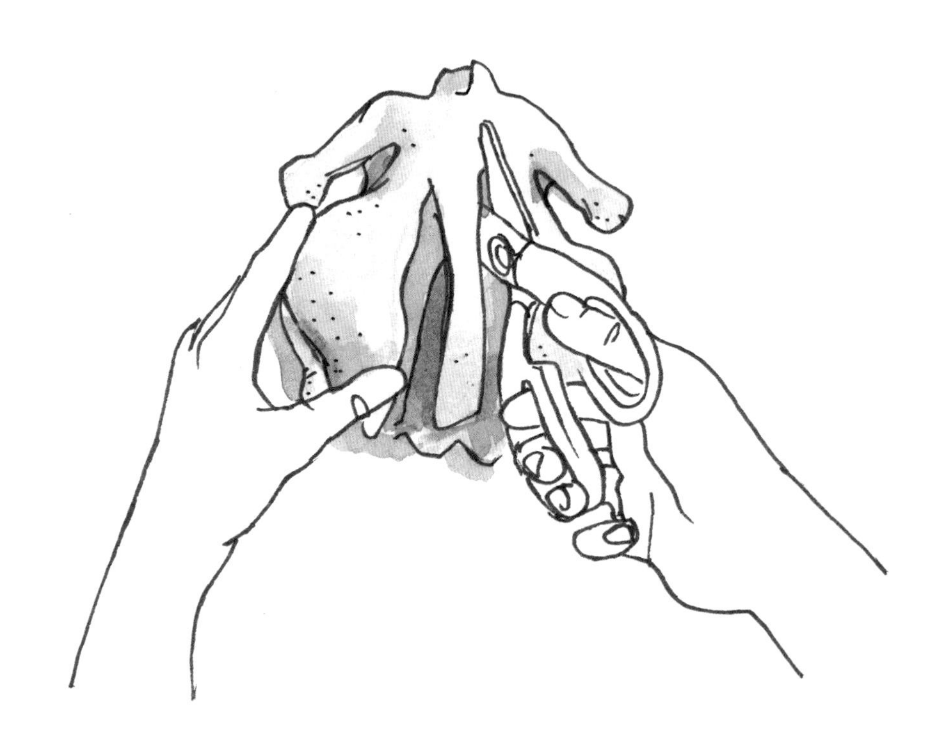

如何通过几个简单步骤
将一整只鸡切割开来

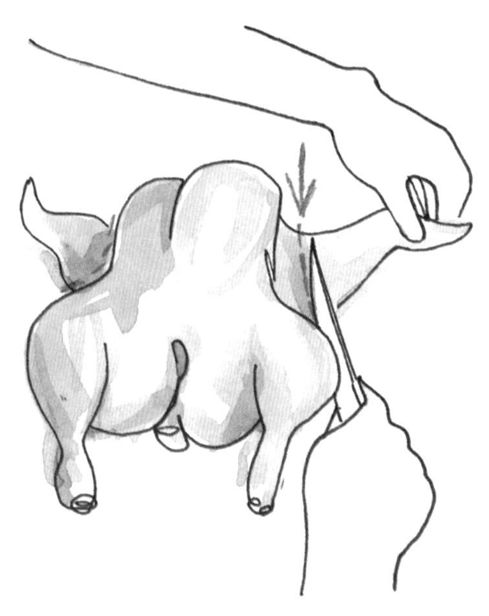

1

首先，将两边鸡翅切下，
放在一边待熬高汤时用

2

接下来，切开鸡身两边的鸡腿和鸡胸之间的鸡皮

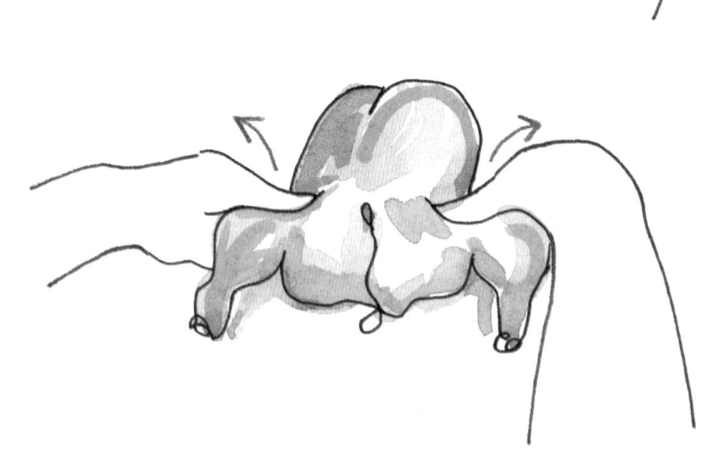

3

然后，将两手大拇指插进切口。握住鸡背和鸡腿，将两手朝外翻，让鸡腿从鸡身上脱位

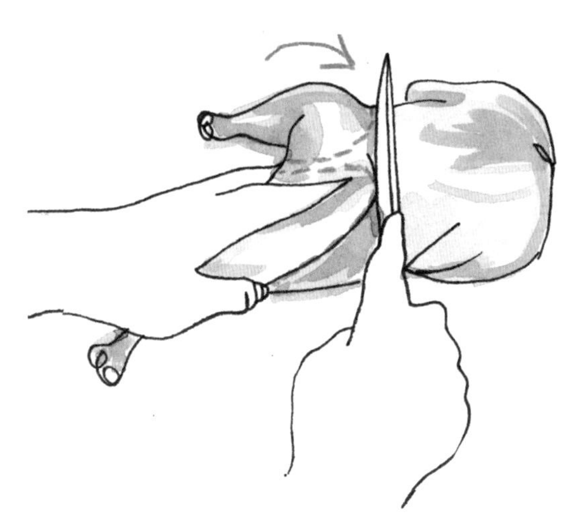

4

接下来，将鸡翻过来，从关节处下刀，将右腿切下，左侧也做同样处理

5

再次将鸡翻面，沿着左右两侧的胸骨来切割

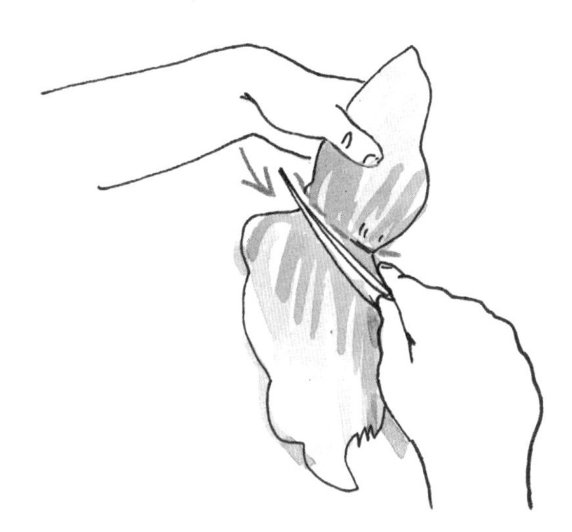

6

将刀沿着鸡肋骨朝下切，然后在翅根部切下，将两侧鸡胸切下

7

这样，你就得到了两块鸡胸和两个鸡腿。按照右图所示的线条，将鸡胸和鸡腿各切成两半

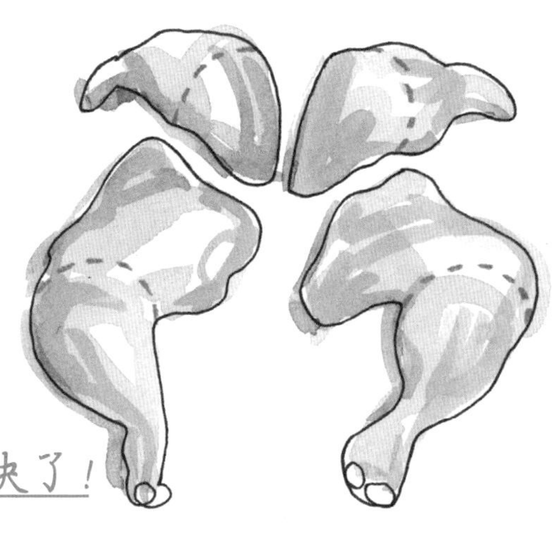

香辣炸鸡

4 ~ 6 人份

孟菲斯市的 Gus's 餐厅制作的炸鸡是我所吃过的最美味的。一次路过孟菲斯市时，我进店坐在一群刚去教堂做过礼拜的信众旁边吃午餐。这家炸鸡香辣脆口，咸淡适中，带给我前所未有的体验。我恳请厨师给我透露一点儿将鸡肉做得如此外焦里嫩的窍门，无奈他们却守口如瓶，因此，我便回家开始自己试验。我在尝试了一大堆炸鸡之后发现，在酪乳中打两个鸡蛋或者裹两次面，都可以让脆皮更好地成形。虽然很确定 Gus's 餐厅的厨师并不使用烟熏红甜椒粉，但现在我很痴迷于先在整只鸡身上涂抹这种又甜又有烟熏味的辣椒油后再端上桌，因此，我真不确定自己还会用任何别的方式烹饪这道菜，除非 Gus's 餐厅哪天真能松口把食谱透露给我。

1.8 千克切成 10 块的鸡肉，或 1.4 千克带骨带皮的鸡腿

盐

2 个大鸡蛋

2 杯酪乳

1 汤匙辣椒酱 [我最喜欢的是瓦伦蒂娜牌（Valentina）的]

3 杯中筋面粉

6 ~ 8 杯油炸用葡萄籽油、花生油或菜籽油，另加 ¼ 杯用来制作辣椒油

2 汤匙卡宴辣椒碎

1 汤匙黑糖

½ 茶匙烟熏红甜椒粉

½ 茶匙研磨成粉的烤孜然

1 瓣加一撮盐细磨或捣碎的大蒜

在烹饪之前先将鸡准备好。如果你使用的是整鸡，那就将鸡切成 10 块——根据第 318 ~ 319 的步骤将鸡切成 8 块，加上鸡翅一共 10 块。将骨架保存下来，留到下次熬制鸡骨高汤（第 271 页）时使用。如果你用的是鸡腿，那就将鸡骨去除，并将鸡腿切为两半。在每一面都撒上大量的盐腌制。我比较喜欢提前一晚腌鸡肉，但如果没有这么充足的时间，那就提前至少1个小时加盐，让盐分在鸡肉中充分扩散后再烹饪。如果提前1个小时以上加盐，那就将鸡肉放进冰箱里；若提前1个小时以下加盐，把鸡肉敞放在案台上就可以了。

将鸡蛋、酪乳和辣椒酱放在一个大碗中搅拌均匀，取另一个碗将面粉和2大撮盐搅拌在一起。将碗放在一边备用。将一口宽大深口的平底锅放在中火上，往里面倒入3.8厘米深的油，并预热到182摄氏度。以每次一到两块的速度为鸡肉裹面。先将鸡肉放在面粉中蘸面，将多余的面粉抖掉，再用鸡肉蘸取酪乳，让多余的酪乳重新滴回碗里。之后，将鸡肉放回面粉中，再裹一次面。将多余的面粉抖掉，然后将鸡肉放在烤盘中。

将鸡肉油炸两轮或三轮，在油炸的过程中，让油温下降并保持在163摄氏度左右。使用金属钳不时翻动鸡肉，等待约12分钟（大块鸡肉约16分钟，小块鸡肉约9分钟），直到鸡皮呈现深棕黄色。如果不确定鸡肉已经彻底炸熟，你可以用一把削皮刀插进脆皮，瞥一眼里面的鸡肉。如果表皮到鸡骨之间的鸡肉已彻底烹熟且鸡肉流出的汁液呈清澈状，那就说明鸡肉做好了。如果肉仍然是生的，或汁液还略带粉红色，那就把鸡肉放回油中，直到完全烹熟。

将鸡肉放在烤盘上的金属架上降温。将卡宴辣椒碎、黑糖、红甜椒粉、孜然和大蒜在一个小碗中均匀混合，并将准备好的¼杯油加进去。将辣椒油刷在鸡肉上，立刻上桌即可。

其他版本

- 要想做出更软嫩的鸡肉，你可以将加盐腌制的鸡肉在酪乳中浸泡一夜，制作酪乳浸烤鸡（第340页）。
- 如果想做经典炸鸡，那就省去辣椒酱和辣椒油。在面粉中加入½茶匙卡宴辣椒碎和1茶匙红甜椒粉，然后按照上述步骤准备。
- 如果想制作印度香料炸鸡，那就省去辣椒酱和辣椒油。提前用4茶匙咖喱粉、2茶匙磨碎的孜然、½茶匙卡宴辣椒碎和适量盐腌制鸡肉。在面粉混合物中加入1汤匙咖喱粉和1茶匙红甜椒粉，并按照上述步骤处理。你可以将1杯杧果酸辣椒酱与3汤匙水、¼茶匙卡宴辣椒碎和一撮盐混合，加热后制成油醋。将油醋刷在烹熟的鸡肉上，立即上桌即可。

美式鸡肉派 6 ~ 8 人份

我完全不是吃着饱肚暖心的传统美式食品长大的。我想，之所以后来会对几乎所有这类食品如此痴迷，原因就在于此。其中，我对美式鸡肉派尤为痴迷。酱料浓郁，鸡肉软糯，外皮酥脆，这道美食真是将质朴与精致融于一身。刚刚开始烹饪生涯时，我就下定决心要将美式鸡肉派的细节精髓全盘掌握。这份食谱就是这样应运而生的。

馅料

1.8 千克整鸡，或 1.4 千克带骨带皮的鸡腿

盐

特级初榨橄榄油

3 汤匙黄油

2 个中等大小的黄洋葱，去皮并切成 1.3 厘米见方的小块

2 根大的胡萝卜，去皮并切成 1.3 厘米见方的小块

2 根大的芹菜茎，切成 1.3 厘米见方的小块

227 克择净且切成 4 等份的克里米尼小褐菇、草菇或鸡油菌

2 片月桂叶

4 根新鲜的百里香小枝

现磨黑胡椒

¾ 杯干白葡萄酒或干雪利酒

½ 杯奶油

3 杯鸡骨高汤（第 271 页）或水

½ 杯面粉

1 杯新鲜或冷冻的豌豆

¼ 杯切碎的欧芹叶

外皮

1份全黄油派皮面团（第386页），冷冻整个面团；或½份松脆酪乳酥饼（第392页）；或1包商店里销售的千层酥皮

1个稍微打散的大鸡蛋

在烹饪之前，准备好鸡肉。如果使用的是整鸡，那就按照第318～319页的步骤将鸡切成8块，并把骨架保留下来用于下次制作鸡骨高汤（第271页）。加入大量盐腌制。我比较喜欢提前一晚给鸡肉放盐腌制，但是如果你没有这么充裕的时间，可以尝试留出至少1个小时，让盐充分扩散之后再烹饪。如果提前1个小时以上加盐，那就将鸡肉放置在冰箱里；若非如此，把鸡肉敞放在案台上就可以了。

将一口大号荷兰锅或类似的锅放在中高火上。待锅烧热后，加入足够覆盖锅底的橄榄油。待油冒泡时，将一半鸡块鸡皮一侧朝下放入锅里，每一面烹饪约4分钟，直到每一面都均匀地褐变。将做好的鸡块盛到一个盘子中，然后按同样步骤处理剩余的鸡块。

小心地将油倒掉，将锅重新放回中火上。将黄油融化，然后加入洋葱、胡萝卜、芹菜、蘑菇、月桂叶和百里香。往锅里加入少许盐和胡椒调味。烹饪约12分钟，在过程中不时加以搅拌，直到菜开始变色变软。在锅里倒入干白葡萄酒或干雪利酒，用一把木勺将粘锅的碎渣铲去。

将焦黄的鸡肉放在蔬菜里。加入奶油和鸡骨高汤或水，然后将火调大。盖上锅盖，待锅里的汤汁沸腾后再将火调小。如果使用鸡胸肉，那就在文火慢煮10分钟后将鸡胸捞出，而鸡身其他部分的肉则要在锅里烹饪30分钟。将火关掉，然后将烹熟的鸡肉装盘，让酱汁冷却。把月桂叶和百里香扔掉。将酱汁放置几分钟，待油脂浮到表面时，使用一把长柄勺或大勺将油脂撇到一个液体量杯或小碗中。

另取一个小碗，用一把叉子将½杯撇出的油脂与面粉搅拌成浓酱。等到所有的面粉都被吸收后，浇入满满一勺煮汁并均匀搅拌。将搅拌好的浓稠汁液重新倒回锅中，把整锅酱汁重

新烧沸，然后调至小火，烹饪5分钟左右，直到酱汁中不再带有生面粉的味道。品尝后用盐和现磨黑胡椒来调整口味，然后将锅从火上取下。

将烤箱预热到204摄氏度。将烤架架在烤箱中间靠上的位置。

等到鸡肉冷却到可以用手触摸时，将鸡肉切碎，并将鸡皮剁碎。将鸡骨留下来熬汤用。把切碎的鸡肉和鸡皮、豌豆、欧芹放入锅里。搅拌均匀后品尝味道，然后按需调整口味，将锅从火上取下。

使用派皮面团时，将面团擀成38厘米长、28厘米宽、约0.3厘米厚的长方形，并在面团里挖出长度大于10厘米的通气道。如果用到饼干，那就切出8块。如果使用的是千层酥皮，那就先将酥皮缓慢解冻，然后揉成团，并在里面挖出至少10厘米长的通气道。

将馅料倒入33厘米长、23厘米宽的玻璃盘，或是大小相似的瓷盘或浅口烤盘。将准备好的派皮面团或千层酥皮铺在馅料上，去掉多余部分，在盘沿处留下1.3厘米的空隙。将面皮向下回折封口。如果面皮不能自己粘在盘底，那就使用一点儿鸡蛋液来帮助粘连。如果你使用的是饼干，那就将饼干放在馅料中，让约¾的部分露在馅料之上。在面团、酥皮或饼干上刷大量的鸡蛋液。

将食材放在烤盘上烤制30～35分钟，直到面团或酥皮变得焦黄，馅料咕嘟冒泡。趁热上桌。

其他版本

- 如果你手边有多余的烤制或水煮禽肉，或只是想在下班回家的路上买一只烤鸡，那么将蔬菜单独烹饪好就行。将5杯切碎的熟鸡肉或熟火鸡肉加入馅料混合物中，使用黄油来制作面糊。
- 如果想做单人份美式鸡肉派，那就使用同样的食谱，将耐热碗或蛋糕模子（容量约473毫升）作为容器，制作6个单独的鸡肉派，并按照上文步骤烤制。

传送带鸡腿

2 个鸡腿为 1 份

虽然这种烹饪方法我已经用了 15 年，但“传送带鸡腿”的名字是我和朋友蒂法妮在一天晚上冲浪后得来的。我们当时都被从海里一上岸便突如其来的饥饿感搞得措手不及。蒂法妮说她的冰箱里还有鸡腿，但我知道，我们才没有工夫做什么烤鸡或炖鸡呢——鸡还没做好，我们就已经饿得直啃自己的胳膊了。我们需要晚饭，刻不容缓。

在她开车带我去她家的路上，我告诉她我们要先给鸡腿去骨，然后放盐调味。之后，我们将带鸡皮的一面朝下，加一点儿橄榄油，用中低火预热好的铸铁平底锅来回滑动着烹饪，并用另一口铸铁平底锅（或锡纸包裹的番茄罐头）把鸡肉压实。文火加施压有利于脂肪熬炼，使鸡皮香脆、鸡肉柔嫩。这样一来，鸡腿肉就能和鸡胸肉一样轻松地快速做好。约 10 分钟之后，我们要给鸡腿翻面，去掉压着的重物，再给鸡肉留 2 分钟彻底烹熟。这样一来，晚餐只用 12 分钟就能做好。

到家之后，我们才发现蒂法妮家只有鸡胸而没有鸡腿。当天晚上，我们将鸡胸烤好之后做了一道沙拉。吃上晚饭，我的血糖恢复了正常，而我也把鸡腿的事情完全抛到了脑后。但蒂法妮没有忘记。第二天晚上，她给我发了一张照片：她去商店买了鸡腿，按照我在“饿晕”状态下给她的含糊描述把鸡腿做好了。鸡腿外皮香脆焦黄，内里柔软，不仅看上去无可挑剔，味道也无懈可击：咬下第一口之后，蒂法妮的丈夫托马斯就表示想要搭一条传送带，把这鸡肉直接传送到他的嘴里。

托马斯是我的至交之一，因此我不惜倾尽全力为他实现梦想。每次一起聚餐时，我都会做传送带鸡腿：有时搭配孜然和辣椒做成墨西哥鸡肉玉米饼，有时搭配藏红花和酸奶做一道波斯风味米饭（第 285 页），有时则简单放些盐和黑胡椒，搭配香草萨尔萨酱（第 359 页）以及任何能够烤制的蔬菜一起端上桌。但我毕竟没有托马斯那么心灵手巧，因此传送带的建设工作还是留给他吧。

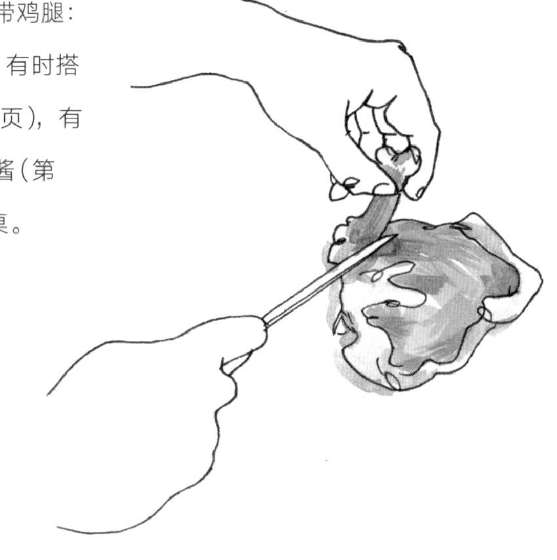

油封鸡

4 人份

从法国农妇烹饪手册中撕下一页，在手边备些油封鸡，以便在晚餐遇到突发情况时救急。油封鸡的制作非常简单，一边看电影或一边完成周日报纸上的填字游戏就能完成，因此你没有什么借口不尝试这款食谱。每过一两个冬天，我都会制作一大批油封鸡。我把油封鸡塞在冰箱里，很快，油封鸡就会被“打入”我几乎不会查看的冰箱底层的“冷宫”。虽然如此，但每当有朋友突然到访，或者我实在没有力气做饭等最需要用油封鸡的时候，我都会在冰箱里找到它的身影。每次遇到这种情况，我都会在心中默默感谢之前那个勤恳而有心的自己。如果提前做好准备，你也会对之前的自己心怀感恩的。

如果你找不到或没法儿熬鸭油的话，使用纯橄榄油也完全没问题。但如果你肯下功夫找鸭油或者自己熬的话，鸭油的美味定会让你大呼值得。(鸭油在厨房里没有太多的用途，但对于烤马铃薯或炸马铃薯来说，其中大量的脂肪会让你入口难忘。)将油封鸡和马铃薯搭配一堆芝麻菜或菊苣一起端上桌，浇上爽口的蜂蜜芥末沙拉调味汁(第 240 页)和几勺香草萨尔萨酱(第 359 页)，通过酸味的反差给这道菜赋予一抹亮色。

4 个鸡腿(含鸡大腿)

盐

现磨黑胡椒

4 根新鲜百里香小枝

4 颗丁香

2 片月桂叶

3 瓣切成两半的大蒜

约 4 杯鸭油、鸡油或橄榄油

提前一天将鸡肉准备好。使用一把锋利的刀将每个鸡小腿根部、踝关节稍微靠上的鸡皮切开。完整切一个圆圈，刀要插至鸡骨部，确保将肌腱切断。放入盐和黑胡椒调味，和百里香、丁香、月桂叶和大蒜一起放在一个盘子里。密封后放入冰箱冷藏一夜。

在烹饪鸡腿时，先将香料拿掉，然后将鸡腿在一口大号荷兰锅或深口锅中铺成一层。如果用到鸭油或鸡油，就将油脂放进一口中等大小的平底锅中微微加热，直到油脂开始融化。将足量油脂倒入荷兰锅或深口锅，将鸡肉浸没，然后用中火加热，直到鸡肉开始冒泡。将火调小，确保油脂丝毫不超过将沸未沸的状态。烹饪约 2 个小时，直到鸡肉完全被煮软。（你也可以将全部食材放在约 93 摄氏度的烤箱里烤制。用炉子烹饪时所参考的信号，同样也能在用烤箱烹饪时作为指导。）

在鸡肉烹熟后把火关掉，让鸡肉在油里稍微冷却一下。使用一把金属夹具，小心将鸡肉从油中取出。夹住踝关节处的鸡骨，以免将鸡皮扯坏。

将鸡肉和油脂放凉，然后将鸡肉放在一个玻璃盘或瓷盘里，将油脂浇在鸡肉上，确保将鸡肉完全浸没。盖上盖子，可在冰箱里存放最多 6 个月。

上菜之前，将鸡肉从油中捞出，将多余油脂刮去。将一口铸铁平底锅放在中火上加热，而后将鸡皮一面朝下放在平底锅中。就像制作传送带鸡腿一样，另取一口铸铁平底锅包上锡纸，利用铁锅的重量来加速熬油，使鸡皮更加香脆。将平底锅压在鸡肉上，用小火加热，在煎脆鸡皮的同时以同样的速度重新加热鸡肉。如果你听到了爆裂声而不是嗞嗞声，那就请密切关注鸡肉的情况，以防烧焦。待鸡皮变得焦黄时立即将鸡肉翻面，不必加重物施压，继续加热鸡腿的另一面。整个过程需要约 15 分钟。

出锅后即可上桌。

其他版本

- 制作油封鸭时，烹饪 2.5 ~ 3 个小时，直到鸭肉变得柔软到从骨头上脱落。
- 制作油封火鸡时，将鸭油用量增加至 9 杯，烹饪 3 ~ 3.5 个小时，直到火鸡肉烹软至从火鸡骨上脱落的程度。
- 制作油封猪肉时，将 227 克猪肩肉按照上述步骤调味，并用猪油或橄榄油代替鸭油。

吮指锅煎鸡肉

可做 6 块鸡胸和 6 块鸡里脊

小的时候，我每周至少会吃一次锅煎鸡排，在潘尼斯之家后厨打工时，一夜炸出 100 块引人吮指的焦黄炸鸡胸肉的经验加深了我对这道传统美食的热爱。花一晚的时间一心一意地烹饪一道菜，这会让你对这道菜的理解加深一千倍。我那天晚上学到的最重要的事情是什么？锅煎鸡肉的精髓全都在烹饪用的澄清黄油中，这种黄油能够为你的鸡肉带来橄榄油无法比拟的十足浓香。提炼澄清黄油很简单：只用将不加盐的黄油放在小火上持续加热使其融化就行。固态的乳清将会浮到清澈的黄色油脂的表面，牛奶蛋白则会沉到底部。取一个密网过滤器将表面的固体滤掉，但不要搅动底部的蛋白质。使用奶酪布或茶隔，将剩余的黄油小心滤出。

再教大家一个小妙招：如果你没有时间自己制作面包糠，那就将日式面包粉放入食物加工机中打几下，以使粉质更加细腻。

6 块无骨去皮的鸡胸

1½ 杯细白面包糠，自制为佳，日式面包粉也可

21 克（约 ¼ 杯）细磨帕玛森干酪

1 杯加了一大撮盐和一撮卡宴辣椒碎的面粉

3 个加入一撮盐并打散搅匀的大鸡蛋

1¾ 杯用 450 克黄油制成的澄清黄油（参考第 68 页的详细方法）

在一个烤盘中铺上烤盘纸，在另一个烤盘中铺上厨房纸巾。

如果鸡里脊仍然和鸡胸有粘连，那就将鸡里脊从鸡胸上撕下来。用一把锋利的刀将每块鸡胸背面顶端的一小块银白色的皮（结缔组织）割除。

将一块鸡胸背面朝上放在砧板上。取一个塑料袋，在其中一面轻抹橄榄油，并将抹橄榄油的一面朝下铺在鸡胸上。用一把厨房用锤（如果没有，使用一个空的玻璃罐也行）捶打鸡胸的背面，直到整块鸡胸均匀变成 1.3 厘米厚。重复用这种方法处理剩余的鸡胸。

给鸡胸和鸡里脊加少许盐腌制，然后搭建一个裹面包粉的工作台。放好3个浅口的大碗或烤盘，分别撒入加了调料的面粉、打散的鸡蛋和面包糠。将帕玛森干酪混合在面包糠中。

像亨利·福特的汽车流水线一样，先将所有鸡胸和鸡里脊裹上面粉，并将多余的面粉抖掉。接下来，将鸡胸和鸡里脊裹在鸡蛋液中，然后让多余的蛋液滴落。最后将鸡胸和鸡里脊裹上面包糠，放在铺着烤盘纸的烤盘上。

将一口直径25厘米或30厘米的铸铁平底锅（或其他的煎锅）放在中高火上，加入0.6厘米深的澄清黄油。等到黄油微微冒泡的时候，加入一点儿面包糠试试油温。一旦黄油开始大量冒泡，将鸡胸在锅中铺满一层。每块鸡胸之间都应留有空间，黄油应该浸没鸡胸至少一半的高度，从而确保裹着的面包糠煎炸得均匀。

将鸡胸用中高火炸至焦黄，这需要3～4分钟，然后将鸡胸肉转向并翻面。继续油炸，直到鸡胸的另一面均匀炸至焦黄，从平底锅中取出鸡胸，然后放在铺着厨房纸巾的烤盘中等油被吸干。（如果不确定鸡胸是否完全烹熟，你可以用一把削皮刀戳进肉中检查。如果看到任何呈粉色的鸡肉，那就将鸡胸放回平底锅里继续烹饪。）如有需要，可以加入更多澄清黄油，用同样的方式烹饪剩余的鸡胸和鸡里脊。稍微撒上一些盐，出锅后立即端上桌即可。

其他版本

- 如果要做炸猪排，你可以将猪里脊锤薄，裹上面包糠，然后按照上述步骤处理即可。将每一面的烹饪时间减少到2～3分钟，以防煎炸过度。
- 如果做的是面包糠炸鱼或炸虾，不要提前放盐。在即将裹面包糠之前加盐，且不要放奶酪。对于虾或者大比目鱼、鳕鱼、小比目鱼这样易碎成片状的白肉鱼，均可以使用同样的方法来裹面包糠。将火调大，虾的每一面煎1～2分钟，鱼肉则每面煎2～3分钟，以防煎煳。你也可以用第174页描述的方法深度油炸。搭配酸味沙拉和塔塔酱（第378页）一起上桌。
- 如果要做酥炸杂烩拼盘，那就不要使用奶酪，按照同样的方法给橄榄、梅尔柠檬片、焯水茴香球茎、焯水洋蓟、蘑菇、茄子或西葫芦裹上面包糠。按上述方法锅煎，亦可按照第174页的方法深度油炸。

鼠尾草蜂蜜熏鸡肉

4 人份

身为一名餐厅厨师，我却偏偏躲过了熏肉这一课。不知为何，每次到潘尼斯之家做熏鱼或是熏鸭时，我总是不在厨房。在 Eccolo 的时候，我们会让附近的一家烟熏风味餐厅帮我们熏烤香肠和肉品。因为我从未学会烟熏法，因此这种方法于我而言一直是个谜。然而开始和迈克尔·波伦一起烹饪时，我却被他对烟熏的迷恋感染。在那段美食环绕的短暂时光，每次与迈克尔和他的家人一起用餐时，餐桌上都会出现烟熏的菜肴。迈克尔至今还不知道，我就是靠观察他学会烟熏的。他比较喜欢烟熏猪肉，我却越来越喜爱用烟熏法来制作鸡肉。这道食谱的精髓就在于鼠尾草和大蒜与柔和的苹果木烟气混合而来的若隐若现的香气，以及蜂蜜涂层带来的香甜味。

1⅓ 杯蜂蜜

1 捆鼠尾草

1 头大蒜，斜切成两半

¾ 杯犹太盐，或 ½ 杯细海盐

1 汤匙黑胡椒粒

1.8 千克鸡

2 杯苹果木屑

准备烹饪鸡肉的前一天，先将卤水做好。取一口大号深口锅，在约 1 升水中加入 1 杯蜂蜜，以及鼠尾草、大蒜、盐和胡椒粒，然后将水烧沸。加入约 2 升冷水，让卤水的温度降到室温。把鸡肉的鸡胸一面朝下浸泡在卤水中，在冰箱里放一夜。

等到要烹饪鸡肉时，将鸡肉从卤水中捞出并将水分拭干。用漏勺将卤水滤出，将盐腌过的大蒜和鼠尾草塞进鸡的体腔内。将鸡翅尖朝上翻，并朝背部方向折叠。将鸡腿绑在一起，等待鸡恢复室温。

将木屑在水中浸泡 1 个小时，然后将水倒出。做好通过间接加热烧烤的准备（若想更多地了解用间接加热烹饪的方法，请见第 178 页）。

用木炭烤架烟熏食物时，将木炭放在烧烤炉炭桶里点燃。等到木炭烧红并被覆上一层灰色的灰烬时，小心地将木炭在烤架的两侧堆成两堆。在烤架的中间放上一个一次性的铝盘。在两堆木炭上各堆 ½ 杯木屑，以便制造出烟。将炉栅架在烤架上，然后将鸡放在油滴盘中，胸部一面朝上。

将烤炉盖起来，通气孔正对着鸡，并将通气孔打开一半。使用数字温度计，让温度保持在 93 ~ 107 摄氏度，按照需要补充木炭和木屑。当插入鸡腿中心的即时读数温度计显示温度为 54 摄氏度时，将剩余的 ⅓ 杯蜂蜜涂在整只鸡的鸡皮上。重新盖上烤炉的盖子，继续烹饪约 35 分钟，直到即时读数温度计在插入鸡腿中心时显示 71 摄氏度。将鸡从烤炉里取出，放置 10 分钟后再切。

如果想在上菜前把鸡皮烤脆，你可以拨动木炭，使其烧旺，也可以将烤炉一侧的火开得很大。将鸡重新放回间接加热的区域，将盖子盖上。烤制 5 ~ 10 分钟，直到鸡皮变脆。

如果想用燃气烤炉做熏肉，你可以在烟盒里装满木屑，并将距离烟盒最近的火开大，直到冒烟为止。如果你的烤炉不带烟盒，那就将木屑放在厚锡纸之中，包成一个小包。在小包上戳几个洞，将炉栅盖在上面，放在一边的燃气烤炉上。用大火加热，直到冒烟为止。一旦木屑开始冒烟，就将火调小，并将盖子放下，重新将烤炉加热到 121 摄氏度。在整个烧烤过程中保持这个温度。

将鸡的鸡胸一面朝上，放在未点火的燃烧器上方（间接加热区域），烧烤 2 ~ 2.5 个小时。插入鸡腿中心的即时读数温度计显示 54 摄氏度时，将剩余的 ⅓ 杯蜂蜜涂在整只鸡的鸡皮上。重新盖上烤炉的盖子，继续烹饪约 35 分钟，直到即时读数温度计插入鸡腿中心时显示 71 摄氏度为止。将鸡从烤炉里取出，放置 10 分钟后再切。

如果想在上菜前将鸡皮烤脆，你可以拨动木炭，使其烧旺，也可以将烤炉一侧的火开得很大。将鸡重新放回间接加热区域，将盖子盖上。烤制 5 ~ 10 分钟，直到鸡皮变脆。

上菜时，将鸡切成 4 份，并搭配炸鼠尾草萨尔萨青酱（第 361 页），也可以将鸡肉撕碎，用手撕鸡肉制作三明治。

鸡肉大蒜汤

约3升(6～8人份)

这款汤能给人带来很强的饱腹感，因此我必须把这个食谱归为鸡肉菜而不是汤品。用整鸡制作这款汤，作为四人晚餐绰绰有余(两个人吃也行，还可以剩下些以后再吃)。若是用自制的鸡骨高汤来制作，便能为这款汤赋予一重额外的浓香。如果手边没有任何高汤，那就从肉店买一些来，而不要使用罐装或盒装的高汤，因为这款汤的质量可是由高汤决定的!

1.8千克切成4份的鸡，或4个大鸡腿(含鸡大腿)

盐

现磨黑胡椒

特级初榨橄榄油

2个中等大小的黄洋葱，切丁(约3杯)

3根大的胡萝卜，去皮并切丁(约1¼杯)

3根大芹菜茎，切丁(约1杯)

2片月桂叶

10杯鸡骨高汤(第271页)

20瓣切成薄片的大蒜

可选：帕玛森干酪皮

在烹饪之前，先将鸡肉处理好。如果使用的是整鸡，请参考第318～319页的步骤将鸡切成8块，并将鸡骨留下，以备下次做鸡骨高汤(第271页)时使用。加入大量盐和现磨黑胡椒调味。我比较喜欢提前一晚腌制鸡肉，但是如果你没有这么充裕的时间，可以尝试提前至少1个小时，让盐充分扩散之后再烹饪。如果提前1个小时以上加盐腌制，那就将鸡肉放置在冰箱里；若非如此，把鸡肉敞放在案台上就可以了。

将一口7.6升的荷兰锅或同等大小的深口锅放在大火上预热，并加入足够覆盖锅底的橄榄油。待油冒泡时，将一半鸡块放入锅中使其充分褐变，每一面用时约4分钟。将鸡肉取出放在一边，然后按同样步骤处理剩余鸡块。

小心地将油倒出，然后将锅重新放回中火上。加入洋葱、胡萝卜、芹菜和月桂叶继续烹饪约 12 分钟，直到蔬菜开始变得焦苦并变软。将鸡肉重新放回锅里，加入 10 杯高汤或水，以及盐、黑胡椒和帕玛森干酪皮。先将锅烧沸，然后将火调小。

将一口小号平底锅放在中火上加热，加入足够覆盖锅底的橄榄油，再加入大蒜。将大蒜在中火上微微烧制约 20 秒，直到散发香味为止，但注意不要让大蒜变色。将大蒜倒入汤中，然后继续用小火煮炖。

如果锅里有鸡胸肉，那就在 12 分钟后将鸡胸从锅里取出，然后继续用小火将整只鸡腿炖软，这个过程一共需要约 50 分钟。将火熄灭，将浮在表面的鸡油撇去。把所有的鸡肉从汤里捞出。等到鸡肉放凉到可以直接用手接触时，将肉从骨头上剥下，并撕碎。可以选择将鸡皮扔掉（但是我喜欢将鸡皮剁碎并利用起来），然后将鸡肉放回锅里。品尝味道，按需调整咸度。趁热端上桌。

汤品密封后能在冰箱最多 5 天，也可冷冻保存最多 2 个月。

其他版本

- 如果想做一道精美的春蒜汤，那就省去蒜瓣。取 6 根切成薄片的青蒜秆，与洋葱、胡萝卜、芹菜和月桂叶放在一起煮炖。
- 若想让汤品更显丰盛，那就往汤里加入烹熟的米、意面、米粉、豆子、大麦或法老小麦。
- 若想将汤品做成一道主菜，那就用长柄勺将汤舀到盛着粗切的嫩菠菜的碗里，往每个碗里加入一个水波蛋即可上菜。
- 如果想做越南鸡肉米粉，那就省却洋葱、胡萝卜、芹菜、月桂叶、黑胡椒和大蒜这些配料。取 2 个去皮的黄洋葱和一块 10 厘米长的生姜，直接放在燃气灶上烧约 5 分钟，或是放在烤箱底部烧烤（烤焦的表皮可是风味十足呢！）。将洋葱和生姜与 ¼ 杯鱼露、1 颗八角、2 汤匙红糖一起加入汤里。按照上述步骤将鸡肉在汤里煮 50 分钟。将洋葱和生姜取出，然后按照上述步骤制作汤品，并将鸡肉撕碎，重新放回锅里。将汤浇在米粉上，在上面点缀新鲜的罗勒叶和豆芽。

鸡肉扁豆米饭

足量 6 人份

小的时候，妈妈一问我晚餐想吃什么，我就会说想吃扁豆米饭。主动提出想吃扁豆米饭，这看起来或许是乖孩子的做法，但实际上，我真正想吃的是妈妈在马上要上菜之前放在黄油里翻炒的葡萄干和椋枣。这二者的清甜与扁豆的泥土香融合在一起，总会让我垂涎三尺。搭配些许配以一大团波斯香草黄瓜酸奶（第 371 页）的风味鸡肉，这款米饭在我的眼中真是美味得无可匹敌。在此，我对食谱做了调整和简化，将原版改成了一道波斯版本的鸡肉盖饭，这可以算是一款全球食客眼中共同的暖心食物了。

1.8 千克鸡肉，或 8 个带骨带皮的鸡大腿

盐

1 茶匙加 1 汤匙孜然粉

特级初榨橄榄油

3 汤匙无盐黄油

2 个中等大小的黄洋葱，切成薄片

2 片月桂叶

一小撮藏红花

2½ 杯未洗的印度香米

1 杯黑葡萄干或黄葡萄干

6 颗以色列椋枣，去核并切成 4 份

4½ 杯鸡骨高汤（第 271 页）或水

1½ 杯烹熟并滤干的棕色或绿色小扁豆（由约 ¾ 杯生扁豆制成）

在烹饪前，先将鸡肉备好。如果使用的是整鸡，请参考第 318 ～ 319 页的步骤将鸡切成 8 块，并将鸡骨留下，以备下次做鸡骨高汤（第 271 页）时使用。将大量的盐和 1 茶匙孜然粉撒在鸡肉的每一面上。我比较喜欢提前一晚腌制鸡肉，但是如果你没有这么充裕的时间，可以尝试提前至少 1 个小时，让盐充分扩散之后再烹饪。如果提前 1 个小时以上

加盐，那就将鸡肉放置在冰箱里；若非如此，把鸡肉敞放在案台上即可。

在一口大号荷兰锅或深口锅的锅盖上蒙上一块茶巾，用橡皮筋固定在锅把手上。这能够吸收蒸汽，防止蒸汽液化后重新滴回鸡肉上，使鸡皮变得湿软。

将荷兰锅放在中高火上，加入足够覆盖锅底的橄榄油。为了避免一次往锅里放太多鸡肉，可将鸡肉分两批煎炸。先将鸡皮一面朝下煎炸，然后将鸡肉翻面并在锅里转动，每面煎炸约 4 分钟，把两面都均匀煎至焦黄。将鸡肉从锅里取出，放在一边备用。将油脂小心倒出。

将锅重新放回中火之上，将黄油融化。加入洋葱、孜然粉、月桂叶、藏红花和一撮盐，一边搅拌一边烹饪约 25 分钟，直到食材变色并变软。

将火调至中高火，将米饭倒入平底锅中烤制，直到米饭呈现淡淡的金黄色。将葡萄干和棕枣下锅煎炸 1 分钟，直到它们开始膨胀。

将高汤和小扁豆倒入平底锅中，调至大火，把锅烧开。加入大量盐，然后品尝味道。如果想确保米饭咸淡适中，那就将汤汁做成咸到稍微过头的状态，要比你尝过的最咸的汤还要咸才对。将火关小，把鸡肉鸡皮一面朝上放入锅中。盖上锅盖，用小火烹饪 40 分钟。

40 分钟过后，将火关掉，不要揭开锅盖，让平底锅继续蒸 10 分钟。揭开锅盖，用一把叉子将米饭搅松。搭配波斯香草黄瓜酸奶（第 371 页），立刻上桌即可。

法式醋鸡

4～6人份

开始在潘尼斯之家做实习生后的第一次晚餐派对上，我做的就是法式醋鸡这道菜。还记得刚开始时，包括我自己在内的所有人都觉得用醋烹饪鸡肉是个很艰巨的挑战。我们本想把制作腌黄瓜的原料拿来加热，却差点儿被热醋散发的刺鼻气体呛到窒息。这样的菜怎么能让人有胃口呢！但我的导师克里斯·李仍然建议我练习烹饪这道经典菜肴，作为一名勤学肯干的学生，我自然下定决心听从师命，一丝不苟地根据他的指导练习。当朋友们在我那简朴的大学公寓中坐下，准备享受一顿由法式醋鸡和蒸白米饭组成的晚餐时，我的勤奋终于让大家大饱口福。醋因烹饪而变得温和，与菜中的法式酸奶油和黄油的馥郁搭配出一种美味的平衡。这道菜为我打开了一扇大门，也让我对酸味调料在浓郁菜肴中所能扮演的角色有了更深的理解。

1.8 千克鸡肉

盐

现磨黑胡椒

½ 杯中筋面粉

特级初榨橄榄油

3 汤匙无盐黄油

2 个中等大小的洋葱，切成薄片

¾ 杯干白葡萄酒

6 汤匙白葡萄酒醋

2 汤匙切碎的龙蒿叶

½ 杯重奶油或法式酸奶油（第 113 页）

在烹饪前，先将鸡肉备好。参考第 318 ～ 319 页的步骤将鸡切成 8 块，并将鸡骨留下，以备下次做鸡骨高汤（第 271 页）时使用。撒上大量的盐和现磨黑胡椒腌制鸡肉。我比较喜欢提前一晚腌制鸡肉，但是如果你没有这么充裕的时间，可以尝试提前至少 1 个小时，让盐在鸡肉中充分扩散之后再烹饪。如果提前 1 个小时以上加盐，那就将鸡肉放置在冰箱里；若非如此，把鸡肉散放在案台上即可。

将面粉倒入一个浅口碗或饼盘中，加入一大撮盐调味。将鸡块放在碗里裹上面粉，把多余的面粉抖掉，在金属架或铺好烤盘纸的烤盘里摆成一层。

将一口大号煎锅或荷兰锅放在中高火上，加入恰好足以覆盖锅底的橄榄油。为了不一次往锅里放太多鸡肉，可将鸡肉分两批煎炸。先将鸡皮一面朝下煎炸，然后将鸡肉翻面并在锅里转动，每面煎炸约 4 分钟，以便两面都均匀煎至焦黄。将做好的鸡肉从锅里盛出，摆在烤盘里，然后小心地将油脂倒出，并将平底锅擦干。

将锅放回中火上，把黄油烧化。加入洋葱，然后加盐调味，并搅拌均匀。将洋葱烹饪约 25 分钟，不时搅拌，直到变得柔软而焦黄。

调至大火，加入酒和酒醋，用一把木勺将锅底粘着的残渣刮去。加入一半龙蒿并加以搅拌。把鸡肉的鸡皮一面朝上重新放回平底锅里，把火调至文火。将平底锅的锅盖半敞着，然后继续用文火慢煮。约 12 分钟后，将鸡胸从锅里盛出，然后继续用小火将鸡腿从肉到骨炖软，这个过程一共需要 35 ～ 40 分钟。

将鸡肉装进盘子里，把火调大，然后加入奶油或法式酸奶油。待酱料达到将沸未沸的状态，逐渐熬浓。尝味后按需加盐和黑胡椒调味，如果想让酱料更爽口，也可以添加少许酒醋。端上桌之前，用勺子将剩余的龙蒿撒在鸡肉上即可。

五香浇汁烤鸡

4人份

我在潘尼斯之家的厨房里做帮厨的第一夜，担任主厨的是戴维·塔尼斯。在我担心自己的刀工不够娴熟的时候，是他指导我在几个小时之内掌握了将黄瓜切成细丁的诀窍。这让我亲身体会到，只要通过足够的练习，厨房里的任何技巧我都能够掌握。几年之后，戴维离开了潘尼斯之家，现在他在为《纽约时报》美食版的“城市厨房”专栏撰稿，这也是我最喜欢的专栏之一。之所以钟爱这个专栏，是因为戴维每周都会专注于一道简单的菜肴，并将他自己优雅的烹饪风格融入其中。

我在“城市厨房”里最喜欢的一个食谱，是一道用中国的五香粉制作的辣味浇汁鸡翅。戴维分享的食谱既简单又美味，我在这些年里足足做了几十次，并依据用肉或用鱼的不同做了调整。我发现，拿这个食谱制作鸡腿，搭配越南黄瓜沙拉（第226页）铺在蒸泰国香米饭（第282页）上，味道尤其美妙。吃不完的剩菜，拿来做午餐的盖饭也很合适。

1.8千克鸡肉，或8个带骨带皮的鸡大腿

盐

¼杯酱油

¼杯黑糖

¼杯味醂（米酒）

1茶匙烤芝麻油

1汤匙细磨生姜

4瓣大蒜，加入一撮盐细磨或捣碎

½茶匙中国五香粉

¼杯茶匙卡宴辣椒碎

¼杯粗切的芫荽叶和嫩茎

4根大葱，将葱绿和葱白剖开切丝

在烹饪前，先将鸡肉备好。如果使用的是整鸡，那就参考第 318 ～ 319 页的步骤，将鸡切成 8 份，并将鸡骨留下，以备下次做鸡骨高汤（第 271 页）时使用。撒上少许盐腌制，将鸡肉放置 30 分钟。切记，卤汁基本上是由酱油做成的，而酱油的盐分含量很高，因此将平时用的盐量减半即可。

与此同时，将酱油、黑糖、味醂、芝麻油、生姜、大蒜、五香粉和卡宴辣椒碎搅拌在一起。将鸡肉放在可重复封口的塑料袋里，然后将卤汁倒进去。把袋子密封，然后将卤汁挤捏到分散在袋子四处，均匀沾在鸡肉表面。放入冰箱冷藏一夜。

准备烹饪鸡肉时，提前几个小时将鸡肉从冰箱里取出，让鸡肉恢复室温。将烤箱预先加热到 204 摄氏度。

烹饪时，将鸡肉的鸡皮一面朝上放在一个 33 厘米长、20 厘米宽的浅口烤盘中，然后将卤汁浇在肉上。卤汁应当覆盖烤盘的底部，如果不够，那就加入 2 汤匙水，确保鸡肉均匀浸泡在卤汁之中，以防烤煳。将烤盘塞进烤箱中，每过 10 ～ 12 分钟旋转一次烤盘。

如果用到鸡胸，那就在约 20 分钟后将鸡胸从烤盘里取出，以防烤煳。用 20 ～ 25 分钟继续烤制鸡身的其他部分，直到鸡肉彻底烤软，这个过程一共需要 45 分钟。

等到鸡身其他部分烤熟之后，将鸡胸重新放回烤盘里，然后将烤箱温度调高至 232 摄氏度并烤制约 12 分钟，让酱汁变浓，鸡皮变得更加焦脆。每过 3 ～ 4 分钟，就把烤盘中的卤汁刷在鸡身上。

搭配芫荽和葱丝，趁热上桌。吃不完的部分密封后能在冰箱保存最多 3 天。

酪乳浸烤鸡

4人份

逐渐熟悉了使用Eccolo餐厅的烤架之后，我每晚都会不厌其烦地用柴火来制作烤鸡。后来，我想到了一个学习美国南方的祖母们将鸡肉在酪乳里浸泡过夜的法子。几年后的一天，我正为一次特殊活动准备十几只酪乳浸鸡，一个邀请了传奇大厨雅克·贝潘当天赴宴的朋友不知所措地打来电话，问我能不能为贝潘准备一个野餐篮子。容不得多加思索的我将一只鸡包好，搭配了一道绿叶菜沙拉，放入一些干脆的面包，然后便把篮子送了出去。那天晚上，我从贝潘先生那里收到了一条信息，他说所有食物都经典得无以复加且美味得无可挑剔。对于这份食谱来说，我真想不出还有什么比这更好的褒奖了。

酪乳和盐的作用就像卤水一样，也能通过数种途径将鸡肉软化：其中所含的水能够增加湿润度，而盐和酸则能够影响蛋白质，防止蛋白质在鸡肉烹软的过程中让水分从鸡肉中析出。另外还有一个好处，那就是酪乳中的糖分会产生焦糖化反应，使鸡皮变得焦脆而美观。虽然烤鸡的好处在于可以在任何时间和场合下享用，但我最喜欢拿来搭配烤鸡的还是四季意大利面包沙拉(第231页)，这道菜把淀粉、沙拉和酱料都涵盖其中了!

1.6 ~ 1.8千克鸡肉

盐

2杯酪乳

准备烹饪鸡肉的前一天，先用禽肉剪刀或锋利的刀切断鸡翅的第一关节，将翅尖去掉，留作熬高汤时用。加入大量盐调味，在旁放置30分钟。

将2汤匙犹太盐或4茶匙细海盐搅入酪乳中，使之溶解。将鸡放进一个容量约为3.8升的可重复封口的塑料袋中，然后倒入酪乳。如果这么大的塑料袋放不下，那就换成两个食品级塑料袋，再用一根麻绳把袋子口系紧，以防渗漏。将袋子封好，挤捏酪乳，使其充分浸没鸡肉，然后将袋子放在一个带边的盘子里，放入冰箱中。如果你愿意，可以在接下来的24个小时内将袋子翻转一下，好让鸡的每个部分腌泡到酪乳，但这一步并不是必需的。

在准备烹饪之前，提前 1 个小时将鸡从冰箱里取出。将烤箱预热到 218 摄氏度，并在中间放一个架子。把鸡肉从塑料袋里取出来，尽量将酪乳刮去，但不用纠结是不是要全部刮干净。用一根屠夫用麻绳将鸡腿紧紧系在一起，然后将鸡放在一口直径为 25 厘米的铸铁煎锅或一个相同大小的浅口烤盘中。

将烤盘放在烤箱中间的架子上，一直推到烤箱最里面。旋转烤盘，让鸡腿指向烤箱后方左侧角落，鸡胸则指向烤箱的中心（烤箱后方的角落一般是烤箱最热的部位，因此，这种摆放的方法能够避免鸡胸在鸡腿烤熟之前烤煳）。很快，你就能听到烤鸡肉发出的嗞嗞声了。约 20 分钟之后，当鸡开始褐变时，将烤箱温度降低到 204 摄氏度，继续烤 10 分钟，然后移动烤盘，使鸡腿指向烤盘后方右侧角落。

继续烹饪 30 分钟左右，直到鸡肉全部烤得焦黄，将刀子插进鸡的大小腿之间的骨头处，流出的汁水应当是清澈的。

鸡肉烤好后，从烤箱里取出，装入盘子中，放置 10 分钟，然后切块上桌。

其他版本

- 如果你没有现成的酪乳，那就用原味酸奶或法式酸奶油（第 113 页）来代替。
- 做波斯烤鸡时，省去酪乳，按照第 287 页的步骤制作藏红花茶，然后将藏红花茶与 2 茶匙细磨柠檬皮、1 汤匙犹太盐或 2 茶匙细海盐一起加入 1½ 杯原味酸奶。将加盐调味的鸡放在可重复封口的塑料袋中，用双手挤捏袋子，使酸奶酱覆盖鸡的内里和外皮。接下来，按上述步骤烹饪即可。

西西里鸡肉沙拉

约 8 人份

在 Eccolo 餐厅的时候，因为每晚都要做架烤鸡肉，我们必须开动脑筋，想出各种方法将没用完的烤鸡利用起来。美式鸡肉派、鸡肉汤和意式鸡肉酱都是菜单上的常客，然而西西里鸡肉沙拉却很快成了我们最喜欢拿来利用剩烤鸡的方法。这道菜里有大量的松子、葡萄干、茴香和芹菜，可谓对传统鸡肉沙拉的地中海式精彩演绎。(如果你时间很紧，那就从店里买一只烤鸡，然后将一两瓣捣碎或细磨的大蒜加在店里买的优质蛋黄酱中，以便节省时间。)

½ 个中等大小的红洋葱，切丁

¼ 杯红酒醋

½ 杯葡萄干

5 杯手撕烤鸡或水煮鸡肉(约为 1 只烤鸡的量)

1 杯浓稠的蒜香蛋黄酱(第 376 页)

1 茶匙细磨柠檬皮

2 汤匙柠檬汁

3 汤匙欧芹叶，切碎

½ 杯微烤松子

2 根小的芹菜茎，切丁

½ 个(约 ½ 杯)茴香球茎，切丁

2 茶匙磨碎的茴香籽

盐

将洋葱和红酒醋放在一个小碗里搅拌，放置 15 分钟腌渍。

另取一个小碗，将葡萄干浸没在沸水中。放置 15 分钟，让葡萄干重新吸收水分并膨胀起来。将水滤出，并将葡萄干放入一个大碗中。

在盛着葡萄干的碗中加入鸡肉、蒜香蛋黄酱、柠檬皮、柠檬汁、欧芹、松子、芹菜、茴香球茎、茴香籽和两大撮盐，搅拌均匀。加入腌渍过的洋葱（但不要把醋也加进去），品尝味道，并按需调整咸度和追加红酒醋。

既可放在香脆的烤面包片上，也可裹在长叶莴苣或小叶莴苣中端上桌。

其他版本

- 制作咖喱鸡肉沙拉时，不要使用松子、柠檬皮、茴香球茎和茴香籽。用芫荽代替欧芹，并在沙拉中加入 3 汤匙黄咖喱粉、¼ 茶匙卡宴辣椒碎、½ 杯微烤杏仁片和 1 个切丁的酸甜苹果。
- 如果想要在沙拉里加入一点儿烟熏味，不要使用烤鸡或水煮鸡肉，把没有吃完的鼠尾草蜂蜜熏鸡肉（第 330 页）利用起来就行。

肉类

站在肉店柜台前考虑该买哪块肉做晚餐时，请记住至少对于肉来说，时间是真正的金钱。这意味着，价钱比较高的肉块，也就是那些本来就柔嫩的肉块，很快就能烹熟，而较为廉价且较硬的肉则需要长时间的细心烹饪。较贵且较软的肉适合用大火烹饪，较硬的肉则会因文火而增色。要查看文火和大火烹饪方法的详细信息，请翻回第156页。

再给大家引一句俗语。大家听过 high on the hog[1] 这句话吗？这句用来形容富足的俗语，其实直接源于屠夫的行话。在意大利对我关照有加的屠夫达里奥·切基尼告诉我，直到20世纪中晚期，一个意大利家庭一整年也只靠寥寥几头猪过活。每年冬天，走街串巷屠夫（被称为 norcino）便会登门杀猪，并把猪切割成大块的肉。这之后，猪腿会被做成意大利薰火腿，五花肉会被做成意大利烟肉，而碎肉则被做成萨拉米（意大利蒜味腊肠）。猪油会被熬出，而猪背部最靠上的猪腰肉则会保留下来，以备特殊场合使用。

回到加利福尼亚几个月后，一个偶然的机会下，我找到了杰出的美国南部主厨埃德娜·路易斯的《乡村烹饪风味》这本书。在书中，她回忆了家里每年一次杀猪时的点点滴滴。每年12月，走街串巷的屠夫都会到访她的家，帮忙处理农场里养的猪，而她和她的兄弟姐妹也很期待屠夫的到来。孩子们看着男人们小心地熏制后腿肉、五花肉和腰肉，以便在接下来的几个月里保存。他们会帮助女人们熬炼制作派的板油，还会帮着制作猪肝布丁，并把碎肉做成香肠。意大利的人们如此，美国南方的人们也如此。这个故事体现了这种物尽其用的烹饪法的共通性，让我颇有感触。

每次在肉店柜台前做决定时，一幅飞天猪的图像就会闪现在我的脑海里。肉块与蹄部或头部的距离越远，其柔软程度和售价就越高。肉排和腰肉是从动物最不活跃的地方切下的，因此也最为柔软。然而，像是大腿肉、胸脯肉、前胸肋骨或肩颈肉等从腿部和肩部

1　猪肉最好的部位是所谓的“上面的部位”，即 high on the hog。因此，这个词组后来被用来比喻大手大脚、奢侈阔绰。——译者注

切下的肉块，则一律更硬也更加廉价。另外，这些肉块的味道往往也更厚重。

这条法则有一个特例，那就是绞肉。大多数屠夫在煮炖肉块时会先将坚硬的肉块绞碎，这种方法破坏了肉块坚硬的长条纤维，使其很快就能煮软。因此，汉堡肉、肉丸、香肠和烤肉串兼具廉价和快速的优点，这也让这些食物成了工作日晚餐的绝佳选择。

提到工作日晚餐，你可以将下文食谱作为基本的指导。首先要掌握技能，再开始尝试不同口味的不同肉块的组合。除了特殊标注的地方，越早给肉加盐越好。记住，提前一晚加盐是最好的方法，但是再短时间的盐腌都聊胜于无。要想让肉烹饪得更均匀，那就在下锅之前先让肉恢复到室温。

在打破传统的美国农场主比尔·尼曼开始养殖火鸡之后的几个月中，他每周都会给Eccolo带来几只火鸡。他想知道，在他的6个传统的火鸡品种中，哪种火鸡的肉质最美味也最柔软。传统品种的火鸡肉虽然味道鲜美，有的肉质却又干又硬。在烹饪了大量的火鸡之后，我发现了自己最爱使用的两种方法：用炖火鸡腿制作意式肉酱，或者用卤水浸泡并用烤架烤制火鸡胸，切片后制作多汁的三明治。一位顾客在点完一份火鸡三明治后告诉我们，她之前从没有把火鸡的味道和火鸡三明治联系在一起！这么多年以后，我仍然常常会在周末用卤水腌制并烤制火鸡胸，而我的午餐三明治则是办公室里其他所有作者歆羡的美味！这里的卤水食谱是我专门为制作火鸡三明治而修改的，如果你想用这份食谱腌制作为热主菜的火鸡或任何肉品，那就将盐量减少到⅔杯犹太盐或7汤匙（约106克）细海盐。

¾杯犹太盐或½杯（约120克）细海盐

⅓杯糖

1头大蒜，斜切成两半

1茶匙黑胡椒粒

2汤匙薄切甜椒碎

½茶匙卡宴辣椒碎

1个柠檬

6片月桂叶

一半无骨带皮的火鸡胸，约1.6千克

特级初榨橄榄油

将盐、糖、大蒜、黑胡椒粒、甜椒碎和卡宴辣椒碎倒入一口装着4杯水的大号深口锅中。用蔬菜削皮器削掉柠檬皮，然后将柠檬切半。再将柠檬汁挤进锅里，放入切半的柠檬和柠檬皮。将锅烧沸，然后把火调至文火，不时加以搅拌。当盐和糖溶解之后，将锅从火上取下，并加入8杯凉水。待卤水降至室温。如果火鸡的里脊部分（火鸡胸背面的长条白肉）还粘连在火鸡身上，那就将这部分扯下来。将火鸡胸和里脊浸泡在卤水中，并放入冰箱冷藏一夜，最多24个小时。在烹饪前的2个小时将火鸡胸和里脊从卤水中捞出，并待其恢复到室温。

将烤炉预热到218摄氏度。取一口大号铸铁锅或其他耐热煎锅放在大火上。锅一旦烧热后，往里加入1汤匙橄榄油，然后将火鸡胸的鸡皮一面朝下放在锅里。将火调至中高火，然后将火鸡胸煎制4 ~ 5分钟，直到鸡皮开始呈现些许焦色。使用夹具将火鸡胸翻面，让鸡皮一面朝上，并将火鸡里脊放在火鸡胸的旁边，把平底锅塞入烤箱中，尽量推到烤箱的后部。这是烤箱里最热的地方，作为热能最集中的地方，火鸡肉定会烤出漂亮的焦黄色。等待约12分钟，将即时读数温度计插入火鸡里脊最厚的部分，当数值显示为66摄氏度时，将里脊从烤盘里取出。在这个过程中，不妨也检查一下火鸡胸不同位置的温度，以便有大致的掌握。继续烹饪12 ~ 18分钟，直到火鸡胸最厚的部位的温度达到66摄氏度为止。(一旦达到54摄氏度，内部温度便会出现蹿升，因此不要离烤箱太远，每过几分钟就要检查一下火鸡胸的情况。)将火鸡胸从烤箱和烤盘里取出，至少放置10分钟再切片。

上菜之前，斜角入刀，逆着火鸡肉的纹理横切即可。

其他版本

- 如果想用一些举措防止火鸡肉变干，你可以用美式培根条或是意大利烟肉条将卤水浸泡过的火鸡胸用包油法缠绕或裹起来，然后烤制。如有需要，你可以用几根屠夫用麻绳将火鸡胸缠住，以防包油的培根或意大利烟肉掉落。
- 这个食谱中的卤水也可以用来制作香辣卤汁猪腰肉。首先将1.8千克无骨猪腰肉的各面烤至焦黄(接近三分熟)，在54摄氏度或57摄氏度(三分熟)的烤箱下烤30 ~ 35分钟，最后，烤箱的温度会变成61 ~ 63摄氏度。将猪腰肉放置15分钟再切片。
- 如果想做一道多汁而可口的去骨感恩节烤火鸡，那就使用3/4杯犹太盐。在锅里加入2根百里香、1大根迷迭香和12片鼠尾草叶，将薄切甜椒碎的用量减至1茶匙，省去卡宴辣椒碎。加入去皮切丁的1个黄洋葱和1根胡萝卜，以及1根切丁的芹菜茎。将整锅食材烧沸。把冷水的用量增至约7升。参照香脆去骨烤全鸡(第316页)，将火鸡去骨并烤制，在凉卤水中放置48小时以充分吸收味道。用204摄氏度烤制，直到插入髋关节的温度计显示71摄氏度。放置25分钟再切。

辣椒焖猪肉　　6 ~ 8 人份

这是本书最“能调众口”的食谱了。我不仅参考这个食谱为北京美国大使馆的外交官们献过艺，也在意大利北部的一座千年古堡里招待过贵宾。但是，我尤其喜欢在每次上完**“热”**的课程后和学生们一起做这道菜。我们将猪肉撕碎，然后制作墨西哥玉米饼，并在里面满满堆上文火煮豆（第 280 页）、爽口卷心菜沙拉（第 224 页）和墨西哥风味香草萨尔萨酱（第 363 页）。最大的好处是什么？我可以把吃不完的菜带回家，享用整整一周。

1.8 千克无骨猪肩肉（在英语里有时叫作“猪屁股”）

盐

1 头蒜

无味食用油

2 个中等大小的黄洋葱，切片

2 杯新鲜或罐装的压碎番茄，带番茄汁

2 汤匙孜然（或 1 汤匙孜然粉）

2 片月桂叶

8 个干辣椒，比如墨西哥瓜希柳辣椒、新墨西哥辣椒、阿纳海姆辣椒或安祖辣椒，去蒂、去籽并洗净

其他选择：如果想加入一点儿烟熏味，你可以在炖汁中加入 1 汤匙烟熏红甜椒粉或 2 汤匙烟熏辣椒粉，比如墨西哥烟熏干辣椒或智利瓦哈卡烟熏干辣椒

2 ~ 3 杯淡啤酒或比尔森啤酒

½ 杯装饰用粗切芫荽

准备烹饪的前一天，在猪肉里加入大量盐腌制。封起后放入冰箱。

做好烹饪的准备后，将烤箱预热到 163 摄氏度。去掉蒜头上的所有根须，然后斜切成两半。（不要担心在炖汁里加蒜皮，因为蒜皮会在最后被过滤掉。如果不相信我的话，那就把整头大蒜的皮都剥掉吧——我只是想让大家省点儿时间和精力而已。）

在中高火上放一口大号耐热荷兰锅或类似的深口锅。待锅变得温热后，加入1汤匙油。在油嗞嗞作响时，将猪肉放进锅里。让猪肉的每一面均匀褐变，每面约用时3～4分钟。等到猪肉褐变完毕，将肉盛出并放在一边备用。小心地将锅里的油脂尽量倒出去，然后将锅重新放回炉子上。将火调至中火，加入1汤匙无味食用油。加入洋葱和大蒜并烹饪约15分钟，不时加以搅拌，直到洋葱变软且微微褐变。

在锅里加入番茄、孜然、月桂叶和干辣椒，也可加入烟熏红甜椒粉或烟熏辣椒粉，并进行搅拌。将猪肉放在香料组成的底料中，加入足以盖过猪肉3.8厘米的啤酒。保证将绝大部分辣椒和月桂叶都浸泡在煮汁中，避免烧煳。将炉火调大，把锅烧开，然后不盖锅盖直接放进烤箱里。30分钟过后检查一下，确保锅里的煮汁处在将沸未沸的状态。每过约30分钟，将猪肉翻面，并检查锅里的汤量。按需添加啤酒，让汤量保持在3.8厘米的高度。煮制3.5～4个小时，让肉软到叉子一碰就分离的程度。将煮熟的猪肉从烤箱里拿出来，小心地将猪肉从平底锅里盛出。将月桂叶捞出，但不必费心去捞大蒜，因为漏勺会过滤大蒜皮。使用食品研磨机、搅拌机或食品加工机将香料打成泥，并用漏勺过滤。把固体残渣扔掉。

将酱料中的脂肪撇掉，然后品尝味道，按情况调整咸度。进行到这一步，你可以将肉撕碎，拌酱做成墨西哥猪肉玉米饼，也可以将肉切片并用勺子将酱料浇到上面，作为主菜端上桌。用切碎的芫荽点缀，搭配墨西哥风味香草萨尔萨酱(第363页)这样的酸味调料，也可简单挤几滴青柠汁。吃不完的部分密封后能在冰箱保存最多5天。只需将肉浸泡煮汁中密封就能冷冻保存最多2个月。上菜前，将炖肉放在炉子上，加水重新煮沸即可。

其他版本

- 下文列表中的任何肉块都能用来做出美味的焖肉或炖肉。将上述食谱中的基本信息记在心里，按喜好烹饪任何肌肉含量较高的部分。要查看这种焖肉的详细制作方法，以及烹饪不同肉块的平均用时，你可以参考“**热**”一章第166～167页的内容。
- 如果你有兴趣制作世界各地的经典焖菜或炖菜，那就稍微做一些调研。比较同一道菜的不同做法，看看这些做法中通用的食材或特殊步骤是哪些。利用世界风味轮和关于油脂和酸味调料的轮盘来帮你找到方向。这些准备工作的好处在于，一旦将这道焖肉的做法熟记于心，另外一百种烹饪方法就也成了你的囊中之物。

变着花样做焖肉所需的全部信息

最适合焖制的肉块

猪肉

肋排

猪肩

猪小腿

香肠

五花肉

鸡肉、鸭肉和兔肉

腿部

大腿

翅膀（只限于禽类）

牛肉

牛尾

牛小排

牛小腿（牛膝）

牛肩

牛前胸

牛后腿

羔羊肉和山羊肉

肩部

颈部

小腿

世界各地的经典焖菜或炖菜

阿斗波卤鸡（菲律宾）

勃艮第红酒炖牛肉（法国）

法式慢炖牛肉（法国）

啤酒烩香肠（德国）

比哥斯猎人炖肉（波兰）

焖五花肉（世界各地）

卡酥来砂锅（法国）

猎人烩鸡（意大利）

墨西哥辣肉酱汤（美国）

法式红酒炖鸡（法国）

乡村风味肋排（美国南部）

鸡肉煲（埃塞俄比亚）

核桃石榴炖鸡（伊朗）

素菜末炖肉（伊朗）

比利亚炖山羊肉（墨西哥）

波兰红烩牛肉（波兰）

羔羊塔吉锅（摩洛哥）

洛克罗炖肉（阿根廷）

日式马铃薯炖肉（日本）

意大利烩牛膝（意大利）

牛奶炖猪肉（意大利）

法式蔬菜炖肉（法国）

美式炖牛肉（美国）

玉米浓汤（墨西哥）

意大利肉酱面（意大利）

羊肉咖喱（克什米尔）

罗马炖牛尾（意大利）

土耳其炖肉（土耳其）

基础焖肉用时

鸡胸肉：无骨鸡胸用时为 5 ~ 8 分钟，带骨鸡胸则为 15 ~ 18 分钟。（如果是焖制整鸡，那就把鸡胸分成 4 份，带骨焖制约 15 ~ 18 分钟，焖好之后从锅里捞出，让鸡腿在锅里继续焖熟。）

鸡腿：35 ~ 40 分钟

鸭腿：1.5 ~ 2 个小时

火鸡腿：2.5 ~ 3 个小时

猪肩：2.5 ~ 3.5 个小时，带骨猪肩用时会更长

牛身的多骨部分（肋排、牛膝、牛尾）：3 ~ 3.5 个小时

牛身的多肉部分（牛肩、牛前胸、牛后腿）：3 ~ 3.5 个小时

带骨羔羊肩肉：2.5 ~ 3 个小时

蛋白质购物指南

平均来说，450 克以下种类的肉品可供：

鱼排：3 人食用

带壳贝类（虾除外）：1 人食用

带壳虾：3 人食用

带骨烤肉：1.5 人食用

牛排：3 人食用

带骨肉和整只动物：1 人食用

汉堡肉或香肠用绞肉：3 人食用

意式肉酱或辣肉酱用绞肉：4 人食用

世界各地的香味底料

法国

蔬菜配料

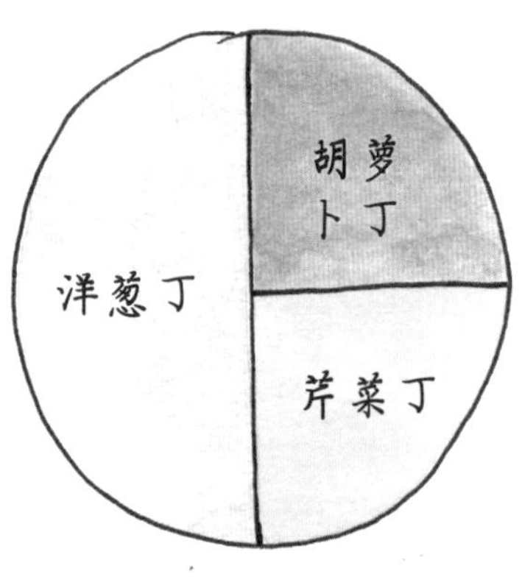

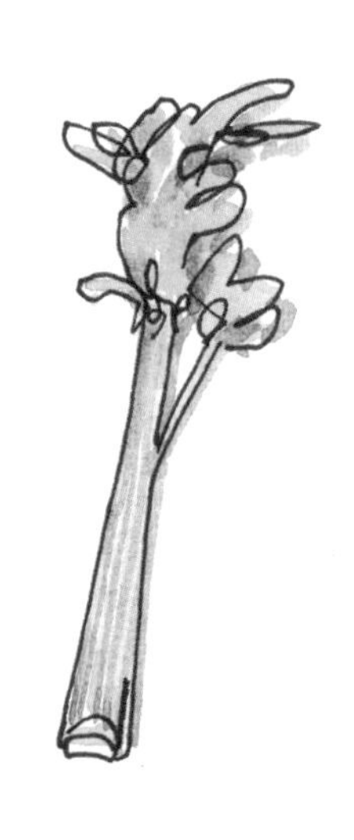

在黄油或橄榄油中烹软，
但要避免褐变

意大利

混炒蔬菜
（索夫利特酱）

剁碎的洋葱

剁碎的胡萝卜

剁碎的芹菜

用大量橄榄油将菜烹至焦软

加泰罗尼亚

油炒洋葱番茄

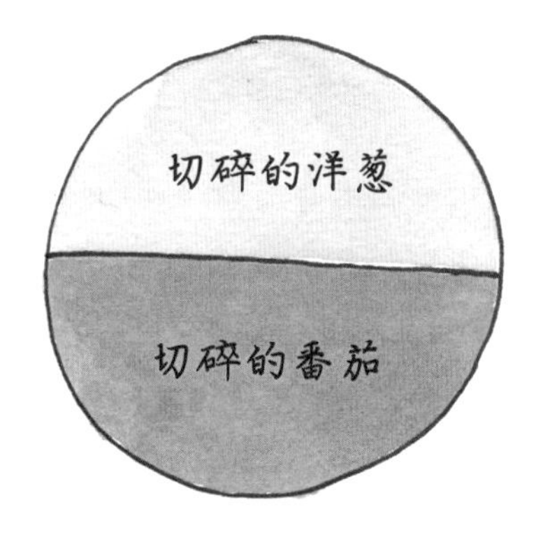

（可选：大蒜或红甜椒）
用大量橄榄油将菜烹至焦软

印度
生姜大蒜酱

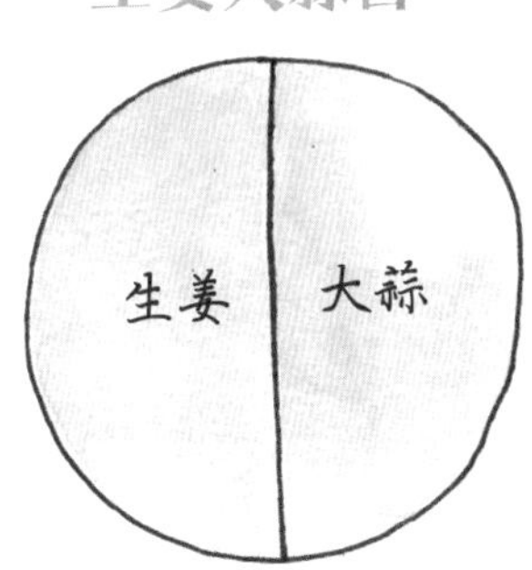

用杵和钵或食品加工机将食材碾碎成泥。涂在肉上进行烹饪，亦可搭配烹软的洋葱在油里烧制

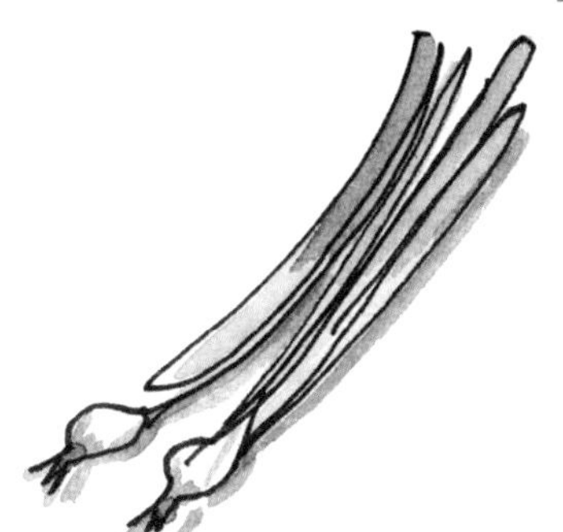

中国广东（粤菜）
粤式调味菜

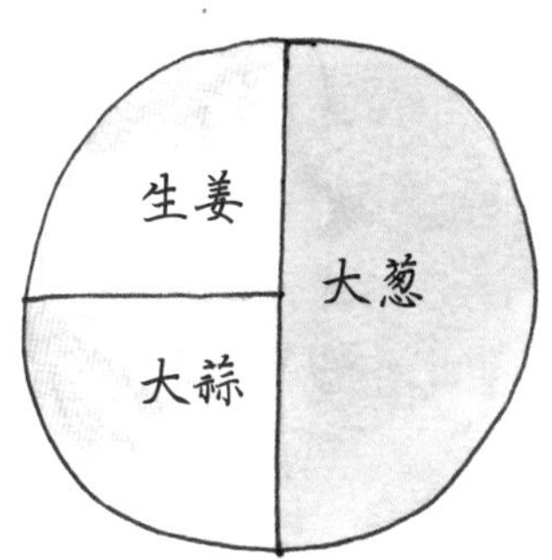

要打造清淡口味，就在开始烹饪时放入大块调味菜。若想打造浓重口味则可以将调味菜剁碎，在翻炒到最后阶段时加入锅里

波多黎各
酸辣酱

在无味食用油中烹软，在马上就要褐变时起锅

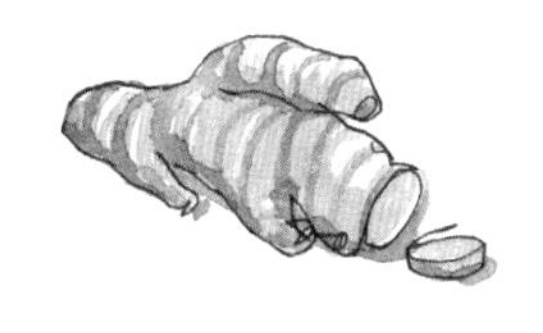

美国南部
“圣三一”香草

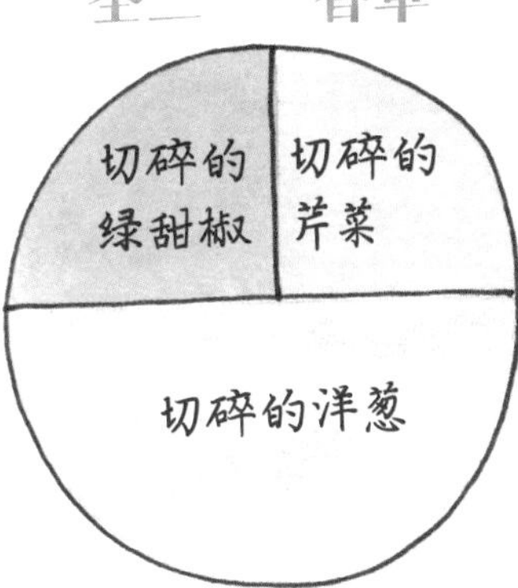

在无味食用油中将食材烹软

西非
番茄辣椒酱

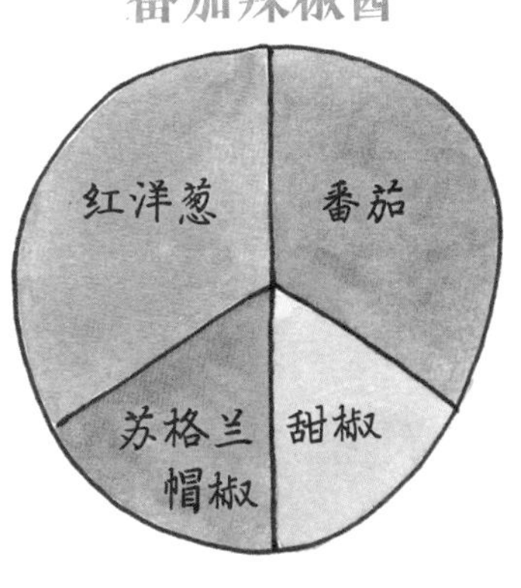

将所有食材打成泥，然后熬成浓稠的酱

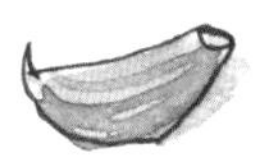

牛排

烹饪任何种类的牛排的关键在于，要在均匀烧制牛排表面的同时将牛肉做到理想的熟度。但是，并非所有牛排都“生来平等”：不同肉块有着不同的脂肪含量和肌纤维结构，因此烹饪的情况也不同。

烹饪牛排时，无论你用的是哪块肉，都有几个不变的通用规则。首先，将银白色的膜、筋腱和多余的脂肪去除。其次，提前为牛排加盐，以便让盐有足够的时间使出软化肉质和提升口味的绝招。无论你使用何种烹饪方法或牛排，在烹饪之前请将牛排放置30 ～ 60 分钟，使其恢复室温。

如果要做烤牛排，那就一定要打造不同的加热区域：用灼烫的热炭打造直接加热区，并在将没有放炭的较凉区域打造成间接加热区。如果你用的是燃气烤炉，那就利用燃气烤炉打造类似的效果。在烹饪过程中，烤肉的脂肪会被熬出并滴落，导致火苗蹿动，因此不要对正在烧烤的肉置之不顾。火焰接触烤肉表面时，会留下难吃的燃气味风味化合物。因此，千万不要直接将食物放在火上烹饪。

如果你没有烤架，或者天气不适宜制作烤肉，那就将牛排放在一口滚烫的铸铁煎锅里烹饪，以此来模拟高温烧烤的效果。将煎锅放在 260 摄氏度的烤箱里预热 20 分钟，然后小心地将煎锅放在一个调至高火的火炉上。按照下面的步骤烹饪，确保平底锅中的每块牛排之间留有足够的空隙，以便让蒸汽释出。在开始烹饪之前，你不妨先打开一扇窗户，把烟雾报警器关闭。只要先将铸铁平底锅放在炉子上预热，然后架在中火之上，你就可以模拟出间接加热的效果了。

侧腹横肌牛排和肋眼牛排是我最喜欢的两种牛排，二者都有着浓郁的味道。侧腹横肌牛排价钱合理，又很便于烹饪，因此便成了我眼中的“工作日晚餐”牛排。肋眼牛排价格不菲，但既多汁又肥瘦均匀，因此是我眼中的“特殊场合”牛排。

将侧腹横肌牛排放在热炭或最大火上烧烤，每面烤制 2 ～ 3 分钟，达到一分熟到三分熟的程度。

将一块约 240 克、约 2.5 厘米厚的肋眼牛排放在大火上烹饪，如果想做三分熟，那么每面约烹饪 4 分钟，如果想做五分熟，那么每面用时则为 5 分钟上下。

烹饪约 900 克、约 6.4 厘米厚的带骨肋眼牛排时，则应以间接加热法，用 12 ～ 15 分钟将每面烹饪到三分熟，将表面的每一寸都烤出一层色泽亮丽的深棕色脆皮。

通过按压牛排来感知熟度。一分熟的牛排非常柔软，三分熟的牛排富有弹性，而全熟的牛排则非常结实。你随时可以将牛排切一个口来查看里面的情况，也可以用即时读数的肉类温度计：46 摄氏度是一分熟，52 摄氏度是三分熟，57 摄氏度是五分熟，63 摄氏度是七分熟，68 摄氏度则是全熟。在温度达到这些节点时，将肉从热源上取下，然后放置 5 ～ 10 分钟。余热将会使牛排的温度继续攀升约 3 摄氏度，让牛排彻底达到理想的熟度。

然而要提醒大家的是，无论你有多饿，也无论你使用何种方法烹饪牛排，一定要把做好的牛排放置 5 ～ 10 分钟！放置的这段时间能为蛋白质提供一个松懈下来的机会，让汁水在肉中均匀扩散。接下来，逆着牛排的纹路切片，这能够确保你每口吃到的牛肉都软嫩入味。

库夫特烤肉丸

约 24 个（4 ~ 6 人份）

"库夫特"、"柯夫特"（kofte）、"柯夫塔"（kefta），随便你怎么叫都行。这是一种椭圆形肉丸，近东、中东和南亚次大陆的每个国家都有各自的版本。当朋友想吃波斯美食时，如果恰逢我不想花心血捣鼓库库杂菜鸡蛋饼（第 306 页）或其他让人熬心费力的菜肴，我便会做这道菜。

1 大撮藏红花

1 个大的黄洋葱，粗磨

680 克绞碎的羔羊肉（最好是羊肩肉）

3 瓣加入一撮盐细磨或捣碎的大蒜

1½ 茶匙磨碎的姜黄

6 汤匙切成末的欧芹、薄荷及（或）芫荽，以任意比例搭配

现磨黑胡椒

盐

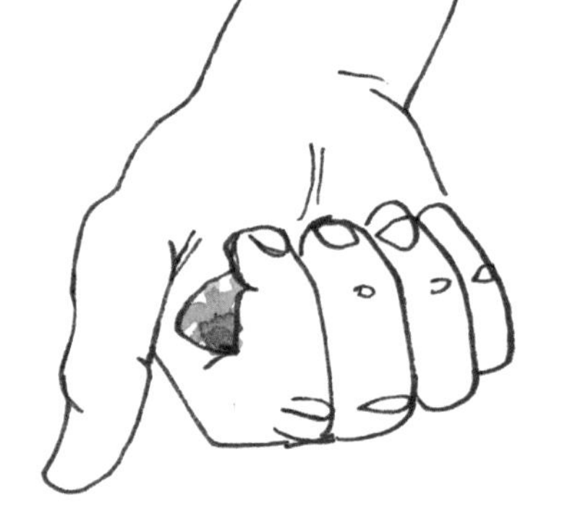

按照第 287 页的步骤，用藏红花制作藏红花茶。将洋葱碾过滤网，尽量将汁水挤出并倒掉。

将藏红花茶、洋葱、羔羊肉、大蒜、姜黄、香草和一撮黑胡椒放进一个大碗里。加入三大撮盐，并用手将混合物揉捏在一起。你的双手是很宝贵的工具，因为你的体温会让油脂稍稍融化，有利于食材粘连在一起，使烤肉丸不那么容易掉渣。将一小块混合物放在煎锅里煎熟，然后尝一尝盐和其他调料的用量是否合适。按需做出调整，如有需要，你可以再煎一块，再尝一次味道。

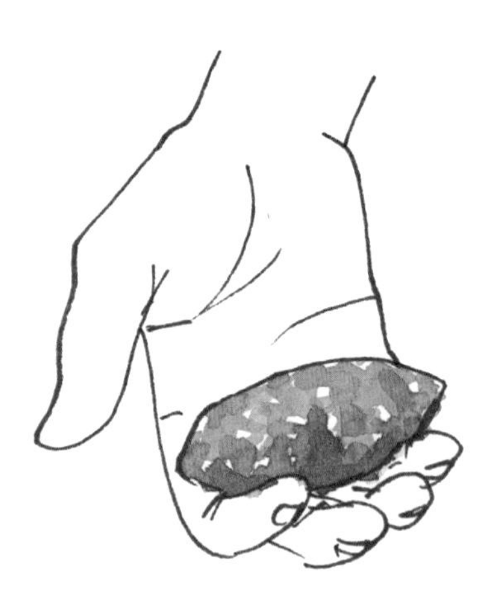

感觉混合物口味适中之后，将双手沾湿，取 2 汤匙混合物，然后用手指轻轻包裹，捏成三面的椭圆形肉丸。将一个个肉丸放在铺着烤盘纸的烤盘里。

烹饪时，把肉丸放在热炭上烧烤 6 ～ 8 分钟，直到外皮烤得令人赏心悦目，而内里还未完全烹熟。一旦开始发生褐变，就频繁转动，以便形成均匀的脆皮。做好之后的烤肉丸摸起来应是硬硬的，但挤压时中间尚带一丝软意。如果不确定是否烹熟，那就切开一个来检查一下，如果内里是一个直径为 10 美分硬币大小的粉红色圆形，外面围绕着一个棕黄色的圆圈，那就说明烤肉丸做好了！

在室内烹饪时，将一口铸铁煎锅放在大火上，加入刚刚足够覆盖锅底的橄榄油，然后烹饪 6 ～ 8 分钟，每面各煎一次。

出锅后立即上桌，或者放凉至室温再上桌，可搭配波斯风味米饭（第 285 页）和波斯香草黄瓜酸奶（第 371 页），或者生姜青柠刨丝胡萝卜沙拉（第 227 页）和北非香蒜酱（第 367 页）。

其他版本

- 如果想做摩洛哥肉丸，那就省去藏红花，用 ¼ 杯切成末的芫荽叶代替上述混合香草，并将姜黄用量减少到 ½ 茶匙。加入 1 茶匙孜然粉、¾ 茶匙红辣椒碎、½ 茶匙细磨生姜，以及一小撮肉桂粉。按照以上步骤继续烹饪即可。
- 如果想做土耳其版库夫特烤肉丸，你可以按照喜好用牛肉代替羊肉。不要使用姜黄、藏红花和香草，替换成 1 汤匙土耳其马拉什胡椒（或 1 茶匙红辣椒碎）、¼ 杯切碎的欧芹和 8 片切碎的薄荷叶。按照以上步骤继续烹饪即可。

酱料

一款好的酱料不但可以为一道美味的菜锦上添花，也能让一道差强人意的菜重整旗鼓。你可以学着将酱料视为盐、脂、酸的可靠来源，因为它总能为菜品的口味添彩。要想最准确地拿捏一款酱料的味道，你可以搭配一口准备搭配酱料的食物，吃吃看两种口味是否合拍。在马上要上桌之前，调整盐、酸和其他调料的用量。

萨尔萨酱数学方程式

切碎的香草

+ 盐
+ 能盖住食材的橄榄油（如果想要制作能够往下滴的酱汁，可以加入较多的橄榄油；如果想做较浓的酱，那就减少油量）
+ 用酸腌渍的大葱

香草萨尔萨酱

香草萨尔萨酱

掌握香草萨尔萨酱的做法吧——方法很简单，只需尝试一次就行。用不了多久你就会发现，你的锦囊里已经有一百种酱料了。养成每次进商店都买一捆欧芹或芫荽的习惯。用各种香草制作萨尔萨酱，然后用勺子浇在豆子、鸡蛋、米饭、肉、鱼或蔬菜上——但凡想象所及的食材，无所不能。这简单的一举能让几乎所有菜品都更加美味，从丝滑甜玉米汤（第 276 页）、油封金枪鱼（第 314 页）到传送带鸡腿（第 325 页），无一不是如此。

使用欧芹时，把长在茎部的叶子摘下来使用，因为有些欧芹茎会很硬。将欧芹茎放在冰柜里，留作下次制作鸡骨高汤（第 271 页）时使用。与此不同的是，芫荽的茎部则是其味道最丰富的部分，而纤维含量也比欧芹少许多，因此可以用在酱料中。

在酱料上，我是个纯粹主义者，因此推荐大家将一切食材都手工切碎，但是如果你无论如何就是做不到，那么使用食品加工机来实践这些食谱也完全没有问题——只是做出的酱料质地会稍显浓稠罢了。不同的食材在机器里分解的速度不同，因此请先用加工机将每种食材单独打碎，然后取另一个碗，用手将所有食材搅拌在一起。

基础萨尔萨青酱

¾ 杯

3 汤匙葱花（约 1 根中等大小的青葱的量）

3 汤匙红酒醋

¼ 杯切成末的欧芹叶

¼ 杯特级初榨橄榄油

盐

取一个小碗，将葱花和红酒醋搅拌在一起，放置 15 分钟腌渍。

另取一个小碗，将欧芹、橄榄油和一大撮盐放进去一起搅拌。

在上菜之前，使用一把狭缝勺将葱花加入欧芹橄榄油中（暂不加醋）。搅拌后品尝味道，然后按需加入红酒醋。品尝后调整咸度，就可以开动了。

吃不完的酱料密封后能在冰箱保存最多 3 天。

搭配建议：这款酱可作为汤品的装饰，可搭配炭烤、水煮、烧烤或焖制的鱼和肉，亦可搭配炭烤、烧烤或焯水的绿叶菜上桌。你可以尝试搭配英式豆汤、慢烤鲑鱼、油封金枪鱼、香脆去骨烤全鸡、吮指锅煎鸡肉、油封鸡、传送带鸡腿、香辣盐卤火鸡胸或库夫特烤肉丸一起食用。

其他版本

- 若想做香脆的面包糠萨尔萨酱，你可以在上菜之前往酱里搅入 3 汤匙颗粒面包糠（第 237 页）。
- 若想丰富萨尔萨酱的质地，那就在欧芹橄榄油里加入 3 汤匙切碎的烤杏仁、核桃或榛子。
- 若想加入一股劲辣味，你可以在欧芹橄榄油里加入 1 茶匙辣椒碎或 1 茶匙切成末的墨西哥辣椒。
- 若想额外增添一股清新的口感，可以在欧芹橄榄油里加入 1 汤匙切碎的芹菜。
- 若想加入些许柑橘味，那就在欧芹橄榄油里加入 ¼ 茶匙细磨柠檬皮。

- 如果想加入一丝大蒜的辛辣味，那就放进 1 瓣磨碎或捣碎的大蒜。
- 想要制作经典意大利萨尔萨青酱，就在欧芹橄榄油里加入 6 块切碎的凤尾鱼排和 1 汤匙洗净粗切的刺山柑。
- 想要制作薄荷萨尔萨青酱，那就用 2 汤匙切碎的薄荷代替一半欧芹。

炸鼠尾草萨尔萨青酱　　不足 1 杯

基础萨尔萨青酱（第 360 页）

24 片鼠尾草叶

约 2 杯用于油炸的无味食用油

根据第 233 页的步骤对鼠尾草进行油炸。

在将要上桌之前，将鼠尾草捏碎撒进萨尔萨酱中。品尝味道，然后调整咸度和酸度。

吃不完的部分密封后能在冰箱存放最多 3 天。

搭配建议：可用在感恩节晚餐中；可作为汤品的装饰；可搭配炭烤、水煮、烧烤或焖制的鱼和肉；可搭配炭烤、烧烤或焯水的绿叶菜；可搭配文火煮豆、香脆去骨烤全鸡、传送带鸡腿、香辣盐卤火鸡胸、烤侧腹横肌牛排或肋眼牛排。

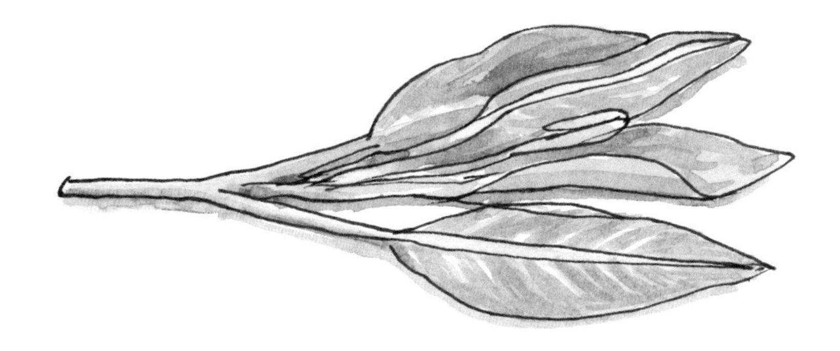

经典法式香草萨尔萨酱

¾ 杯

3 汤匙葱花（约 1 根中等大小的青葱的量）

3 汤匙白葡萄酒醋

2 汤匙切成末的欧芹叶

1 汤匙切成末的车窝草

1 汤匙切成末的细香葱

1 汤匙切成末的罗勒

1 茶匙切成末的龙蒿

5 汤匙特级初榨橄榄油

盐

取一个小碗，将葱花和白葡萄酒醋一起搅拌，腌渍 15 分钟。另取一个小碗，将欧芹、车窝草、细香葱、罗勒、龙蒿、橄榄油和一大撮盐混合搅拌。

在马上要端上桌之前，用一把狭缝勺将葱花加入香草橄榄油中（暂不加醋）。搅拌，品尝，然后按需加入白葡萄酒醋。再次品尝，然后调整咸度。

吃不完的部分密封后能在冰箱保存最多 3 天。

搭配建议：可用来装饰汤品；可搭配炭烤、水煮、烧烤或焖制的鱼和肉；可搭配炭烤、烧烤或焯水的绿叶菜；可搭配文火煮豆、慢烤鲑鱼、油封金枪鱼、吮指锅煎鸡肉或油封鸡。

其他版本

- 如果喜欢腌菜的酸爽，你可以加入 1 汤匙切碎的法式醋渍小黄瓜。
- 若想让萨尔萨酱的口味变得更加清爽，你可以用柠檬汁代替白葡萄酒醋，并加入 ½ 茶匙细磨柠檬皮。

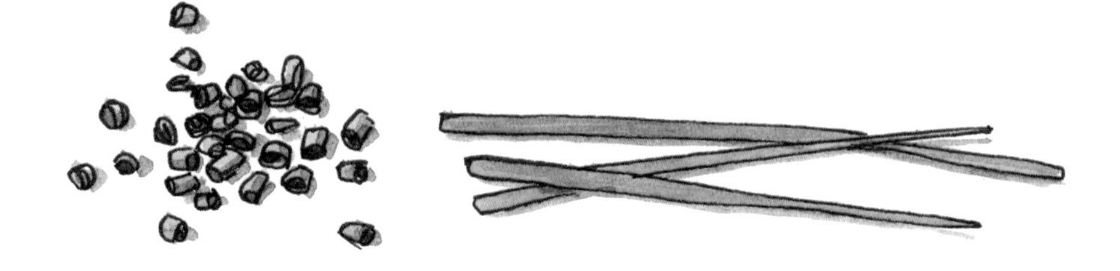

3 汤匙葱花（约 1 根中等大小的青葱的量）

3 汤匙青柠汁

¼ 杯切成末的芫荽叶及其柔软的茎部

1 汤匙剁碎的墨西哥辣椒

2 汤匙切成末的大葱（葱白和葱绿都要用上）

¼ 杯无味食用油

盐

取一个小碗，将小葱和青柠汁混合搅拌，腌渍 15 分钟。

另取一个小碗，将芫荽、墨西哥辣椒、大葱、油和一大撮盐搅拌在一起。

在上菜前，用一把狭缝勺将葱花加入香草橄榄油中（暂不加醋）。搅拌，品尝，然后按需加入青柠汁。再次品尝，然后调整咸度。

吃不完的部分密封后能在冰箱保存最多 3 天。

搭配建议：可用来装饰汤品；可搭配炭烤、水煮、烧烤或焖制的鱼和肉；可搭配炭烤、烧烤或焯水的绿叶菜；可搭配丝滑甜玉米汤、文火煮豆、慢烤鲑鱼、用啤酒炸鱼做的墨西哥鱼肉玉米饼、油封金枪鱼、香脆去骨烤全鸡、传送带鸡腿或辣椒焖猪肉。

其他版本

- 如果想加入爽脆的口感，那就加入 3 汤匙石榴，或者切碎的黄瓜、生菜或豆薯。
- 如果想加入一丝甜味，那就加入 3 汤匙切成细丁的杧果或金橘。
- 如果想加入一丝浓郁的口感，那就加入 3 汤匙切成细丁的成熟牛油果。
- 如果想制作南瓜子萨尔萨酱，那就加入 3 汤匙切碎的烤南瓜子。

东南亚风味香草萨尔萨酱 约 1¼ 杯

3 汤匙葱花（约 1 根中等大小的青葱的量）

3 汤匙青柠汁

¼ 杯切成末的芫荽叶及其柔软的茎部

1 汤匙剁碎的墨西哥辣椒

2 汤匙切成末的大葱（葱白和葱绿都要用上）

2 汤匙细磨生姜

5 汤匙无味食用油

盐

取一个小碗，将葱花和青柠汁混合搅拌，腌渍 15 分钟。

另取一个小碗，将芫荽、墨西哥辣椒、大葱、生姜、油和一大撮盐搅拌在一起。

在马上要上菜前，用一把狭缝勺将葱花加入香草橄榄油中（暂不加醋）。搅拌，品尝，然后按需加入青柠汁。再次品尝，然后调整咸度。

吃不完的部分密封后能在冰箱保存最多 3 天。

搭配建议：可用来装饰汤品或作为肉品的卤汁；可搭配炭烤、水煮、烧烤或焖制的鱼和肉；可搭配炭烤、烧烤或焯水的绿叶菜；可搭配慢烤鲑鱼、油封金枪鱼、香脆去骨烤全鸡、传送带鸡腿、五香浇汁烤鸡、香辣卤汁猪腰肉、烤侧腹横肌牛排或肋眼牛排。

日式香草萨尔萨酱 约1杯

2汤匙切成末的欧芹叶

2汤匙切成末的芫荽叶及其柔软的茎部

2汤匙切成末的大葱（葱白和葱绿都要用上）

1茶匙细磨生姜

¼杯无味食用油

1汤匙酱油

3汤匙调过味的米酒醋

盐

取一个小碗，将欧芹、芫荽、大葱、生姜、油、酱油混合搅拌。在马上要上菜前加入米酒醋，搅拌，品尝，然后按需调整咸度和酸度。

吃不完的部分密封后能在冰箱保存最多3天。

搭配建议：可用来装饰汤品；可搭配炭烤、水煮、烧烤或焖制的鱼和肉；可搭配炭烤、烧烤或焯水的绿叶菜；可搭配慢烤鲑鱼、油封金枪鱼、香脆去骨烤全鸡、传送带鸡腿、五香浇汁烤鸡、香辣卤汁猪腰肉、烤侧腹横肌牛排或肋眼牛排。

梅尔柠檬萨尔萨酱

约 1¼ 杯

1 个小的梅尔柠檬

3 汤匙葱花（约为 1 根中等大小的青葱的量）

3 汤匙白葡萄酒醋

¼ 杯切成末的欧芹叶

¼ 杯特级初榨橄榄油

盐

将柠檬纵向切成 4 块，将中间的膜和柠檬籽去除。把处理好的柠檬切成丁，包括表皮和髓。取一个小碗，将柠檬丁、所有保留下来的柠檬汁和葱花、白葡萄酒醋搅拌在一起，腌渍 15 分钟。

另取一个小碗，将欧芹、橄榄油和一大撮盐混合搅拌。

在上菜前，用一把狭缝勺将梅尔柠檬和葱花的混合物加入香草橄榄油（暂不加醋）。品尝后，按需调整咸度和酸度。

密封后能在冰箱保存最多 3 天。

搭配建议：可用来装饰汤品；可搭配炭烤、水煮、烧烤或焖制的鱼和肉；可搭配炭烤、烧烤或焯水的绿叶菜；可搭配文火煮豆、慢烤鲑鱼、油封金枪鱼、香脆去骨烤全鸡、油封鸡或传送带鸡腿。

其他版本

- 如果想做梅尔柠檬橄榄调味酱，那就减少盐量并加入 3 汤匙切碎去核的皮肖利橄榄。
- 如果想做梅尔柠檬菲达奶酪调味酱，那就减少盐量并加入 3 汤匙羊乳菲达奶酪碎块。

北非香蒜酱

约 1 杯

½ 茶匙孜然

½ 杯特级初榨橄榄油

1 杯粗切芫荽叶和柔软的茎部

1 瓣大蒜

2.5 厘米长的生姜块，去皮并切片

½ 个去蒂的小墨西哥辣椒

4 茶匙青柠汁

盐

将孜然放在一口擦干的小号煎锅里，将锅放在中火上。频繁转动煎锅，确保孜然得到均匀的烘烤。烤制约 3 分钟，直到几颗孜然爆开并散发一股咸香味。将锅从火上拿下来，马上将孜然倒入研钵或香料研磨器中。加入一撮盐，将孜然磨成粉。

将橄榄油、烤孜然粉、芫荽、大蒜、生姜、墨西哥辣椒、青柠汁和 2 大撮盐放入搅拌机或食品加工机中。搅拌到所有块状物和叶子都被打散为止。品尝味道，调整咸度和酸度。按需加水，将酱料稀释到理想浓度。密封放入冰箱，直到享用。

吃不完的部分密封后可在冰箱存放最多 3 天。

搭配建议：搅入基础蛋黄酱（第 375 页），制成完美的火鸡三明治作料；将油减少到 ¼ 杯，用作鱼肉或鸡肉的卤汁；可搭配米饭、鹰嘴豆、古斯米、焖羊肉或鸡肉、烤肉或烤鱼；可以淋在牛油果沙拉或胡萝卜汤里；可搭配波斯风味米饭、慢烤鲑鱼、油封金枪鱼、香脆去骨烤全鸡、传送带鸡腿或库夫特烤肉丸一起享用。

印度椰子芫荽甜酸酱 约 1 杯

1 茶匙孜然

2 汤匙青柠汁

½ 杯新鲜或冷冻的椰蓉

1 ~ 2 瓣大蒜

1 杯芫荽叶及其柔软的茎部（摘自约 1 捆芫荽）

12 片新鲜薄荷叶

½ 个去蒂的墨西哥辣椒

¾ 茶匙糖

盐

将孜然放在一把干燥的小号煎锅中，将锅放在中火上。频繁转动煎锅，确保孜然得到均匀的烘烤。烤制约 3 分钟，直到有几粒孜然爆开并散发一股咸香味。将煎锅从火上拿下来，立即将孜然倒入研钵或香料研磨器中。加入一撮盐，将孜然磨成粉。

将青柠汁、椰蓉和大蒜在搅拌机或食品加工机中搅拌 2 分钟，直到所有的大块食材都被打散。加入烤孜然粉、芫荽、薄荷叶、墨西哥辣椒、糖和一大撮盐，继续搅拌 2 ~ 3 分钟，直到所有块状物和叶子都被打散。品尝味道，调整咸度和酸度。如果需要，就加水将调料稀释到可以滴淋的浓度。密封存入冰箱，直到开始享用。

吃不完的部分密封后可在冰箱存放最多 3 天。

搭配建议：可搭配文火煮小扁豆，也可以作为鱼肉或鸡肉的卤汁。可以搭配印度香料鲑鱼、油封金枪鱼、香脆去骨烤全鸡、印度香料炸鸡、传送带鸡腿、香辣盐卤火鸡胸或库夫特烤肉丸。

其他版本

- 如果找不到新鲜或冷冻的椰蓉，那就将 1 杯沸水倒在 ½ 杯干椰肉里，放置 15 分钟，让椰肉再次吸水。将水滤出，然后按上述步骤继续操作。

西西里风味香酸牛至酱

约 ½ 杯

¼ 杯切成末的欧芹

2 汤匙切成末的新鲜牛至或墨角兰，或 1 汤匙干牛至

1 瓣加入一撮盐细磨或捣碎的大蒜

¼ 杯特级初榨橄榄油

2 汤匙柠檬汁

盐

取一个小碗，将欧芹、牛至、大蒜、橄榄油和一大撮盐混合搅拌。在马上要端上桌之前淋入柠檬汁。搅拌，品尝，然后按需调整咸度和酸度。做好后立即端上桌。密封后能在冰箱保存最多 3 天。

搭配建议：可搭配炭烤或烧烤的鱼或肉；可搭配炭烤、烧烤或焯水的绿叶菜；可搭配慢烤鲑鱼、油封金枪鱼或香脆去骨烤全鸡。

其他版本

- 如果想制作可以用勺子舀在烤肉上的阿根廷香辣酱，你可以边品尝边加入 1 茶匙辣椒碎和 1 ～ 2 汤匙红酒醋。

酸奶酱

小的时候，我吃任何东西都要淋上酸奶——说来还挺难为情的，我甚至会往意面上放酸奶！要说这么做是因为酸奶美味，不如说这是一种我为迫不及待地想吃的滚烫美食降温的快捷方法。最终，我逐渐爱上了酸奶的奶香和酸味，也爱上了酸奶与或腻或干的菜肴搭配皆相宜的神通。

以下各种酸奶酱可以搭配印度香料鲑鱼、鸡肉扁豆米饭、炭烤洋蓟、波斯烤鸡或波斯风味米饭。你也可以将酸奶酱端到桌上，作为清脆的新鲜蔬菜或温热的面包干的蘸酱。刚开始尝试做酸奶酱时，我比较喜欢用中东浓缩酸奶或希腊酸奶等经过过滤的浓郁酸奶，但其实任何原味酸奶都可以胜任。

香草酸奶酱

约 1¾ 杯

1½ 杯原味酸奶

1 瓣加入一撮盐细磨或捣碎的大蒜

2 汤匙切碎的欧芹

2 汤匙切碎的芫荽叶及其柔软的茎部

8 片切碎的薄荷叶

2 汤匙特级初榨橄榄油

盐

取一个中等大小的碗，将酸奶、大蒜、欧芹、芫荽、薄荷叶、橄榄油和一大撮盐混合搅拌。搅拌，品尝，然后按需调整咸度。盖上盖子冷藏起来，直到开始享用。

吃不完的部分密封后能在冰箱保存最多 3 天。

其他版本

- 如果想做印度胡萝卜酸奶酱，那就省去橄榄油。在酸奶里加入 ½ 杯粗磨的胡萝卜和

2 茶匙细磨的新鲜生姜。在中高火上放一口小号煎锅，将 2 汤匙印度酥油融化或加入 2 汤匙无味食用油。将 1 茶匙孜然、1 茶匙黑芥籽和 1 茶匙芫荽籽在锅里煎制约 30 秒，或者直到几粒种子爆开。立即将它们倒入酸奶混合物中，并搅拌均匀。品尝味道，调整盐量。盖上盖子冷藏，直至开始享用。

波斯香草黄瓜酸奶

2 杯

¼ 杯黑葡萄干或黄葡萄干

1½ 杯原味酸奶

1 根去皮并切成细丁的波斯黄瓜

¼ 杯切碎的新鲜薄荷叶、莳萝、欧芹和芫荽，任意搭配

1 瓣加入一撮盐细磨或捣碎的大蒜

¼ 杯粗切的烤核桃

2 汤匙特级初榨橄榄油

一大撮盐

可选：可用干玫瑰花瓣作为装饰

取一个小碗，将葡萄干浸泡在沸水中。放置 15 分钟，待葡萄干重新吸水并膨胀。将水滤出，然后将葡萄干放在一个中等大小的碗中。加入酸奶、黄瓜、香草、大蒜、核桃、橄榄油和盐。搅拌，品尝，然后按需调整咸度。冷藏起来，直到开始享用。亦可按喜好在上菜前撒上掰碎的干玫瑰花瓣作为装饰。

吃不完的部分密封后能在冰柜保存最多 3 天。

波斯菠菜酸奶酱　　2¼ 杯

4 汤匙特级初榨橄榄油

2 捆择净且洗过的菠菜，或 680 克洗过的嫩菠菜

¼ 杯切碎的芫荽叶及其柔软的茎部

1 ~ 2 瓣加入一撮盐细磨或捣碎的大蒜

1½ 杯原味酸奶

盐

½ 茶匙柠檬汁

将一口大号煎锅放在大火上，加入 2 汤匙橄榄油，在油咕嘟冒泡的同时加入菠菜并翻炒约 2 分钟，直到菜叶刚刚开始变蔫。根据煎锅的尺寸，你可能需要分两批翻炒。将烹熟的菠菜立即从锅里取出，在铺着烤盘纸的曲奇烤盘上摆成一层。这能够防止菠菜烹饪过度并变色。

等菠菜放凉到可以用手接触时，用双手将水分全部挤出，然后切碎。

取一个中等大小的碗，将菠菜、芫荽、大蒜、酸奶和剩余的 2 汤匙橄榄油混合搅拌。加入盐和柠檬汁调味。搅拌，品尝味道，然后按需调整咸度和酸度。冷藏起来，直到开始享用。

吃不完的部分密封后能在冰箱保存最多 3 天。

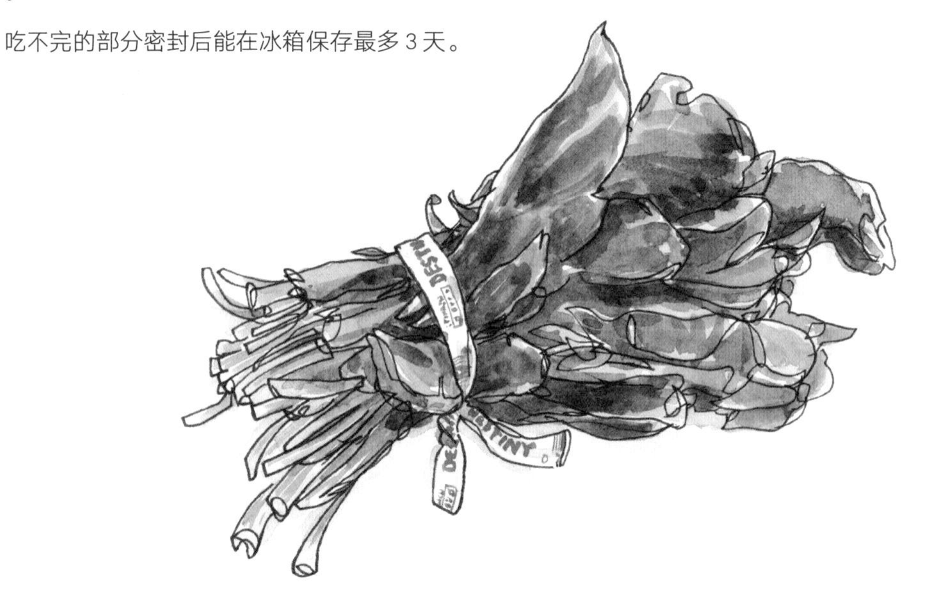

波斯甜菜酸奶酱

2 杯

3 ~ 4 棵择净的中等大小的红色或金色甜菜

1½ 杯原味酸奶

2 汤匙切碎的新鲜薄荷

可选：1 茶匙切碎的新鲜龙蒿

2 汤匙特级初榨橄榄油

盐

1 ~ 2 茶匙红酒醋

可选：用于点缀的黑种草籽

按照第 218 页的方法烤制甜菜并将皮剥掉。让甜菜冷却。

粗磨甜菜，搅入酸奶中。加入薄荷、龙蒿（如果用的话）、橄榄油、盐和 1 茶匙红酒醋。搅拌后品尝味道，按需调整咸度和酸度。在开始享用前冷藏一下。如果喜欢，可在上菜时用黑种草籽点缀。

吃不完的部分密封后能在冰箱保存最多 3 天。

蛋黄酱

可能没有哪种酱比蛋黄酱更让人爱恨交加了，但是，我仍然坚决站在虔诚捍卫蛋黄酱的阵营之中。和学生们一起制作蛋黄酱、打散蛋黄酱并修复蛋黄酱，作为一位老师，我想不出还有哪种方法比这更能让我们一睹厨房的魔法了。每一次尝试，都像是一场小小魔法秀。重新翻回第 86 ～ 87 页的内容，复习一下制作和修复蛋黄酱的所有细节吧。

在将蛋黄酱作为塔塔酱或凯撒沙拉酱的基础酱料时，由于还要往里加入各种食材调味和稀释，因此先不要往里放盐，并尽量保持其浓稠。而在往蛋黄涂抹酱中加调料时，则要将盐放在几汤匙水或准备加入的柠檬汁或醋等酸味调料中溶解。如果不等盐溶解就直接加入蛋黄酱，就得先等蛋黄酱全部吸收盐分后才能准确判断咸度。如果你选择这样操作，那就逐步加盐，并在过程中不断暂停尝味并调整咸度。

如果想要往搭配意大利、法国或西班牙美食的蒜香蛋黄酱、香草蛋黄酱或蒜香辣椒蛋黄酱中添加一股地中海风味，那就使用橄榄油。如果想制作美式基础蛋黄酱用于经典三明治蛋黄酱或塔塔酱中，那就使用葡萄籽油或压榨机榨取的菜籽油等无味食用油。

基础蛋黄酱

约 ¾ 杯

1 个常温的蛋黄

¾ 杯油（参考第 374 页的内容，来帮助你判断使用哪种类型的油）

将蛋黄放入一个中等大小的金属或陶瓷深口碗中。将茶巾沾湿，卷成一个长筒状，然后在案台上摆成一个圈。将碗放在圈里，这可以在你打蛋黄时将碗固定住。（如果你不考虑动手搅拌，那也完全可以使用打浆机、台式搅拌机或食品加工机。）使用一把长柄勺或一个带喷嘴的瓶子，一边搅拌，一边将油逐滴滴在蛋黄中。动作要非常非常慢，别停止搅拌。将约一半的油加进去之后，你就可以一次多加些了。如果蛋黄酱浓稠得搅拌不开，那就加入一汤匙左右的水或任何准备稍后加进去的酸味调料，以便稀释蛋黄酱。如果蛋黄酱出现了分离的状况，那就参考第 87 页的建议，看看如何修复。

吃不完的部分密封后能在冰箱保存最多 3 天。

经典三明治蛋黄酱

约 ¾ 杯

1½ 茶匙苹果醋

1 茶匙柠檬汁

¾ 茶匙黄芥末粉

½ 茶匙糖

盐

¾ 杯浓稠的基础蛋黄酱

取一个小碗，将果酒醋和柠檬汁混合，通过搅拌让芥末粉、糖和一大撮盐溶解。将混合液搅入蛋黄酱中。品尝味道，按需调整咸度和酸度。在开始享用前盖上冷藏。吃不完的部分密封后能在冰箱保存最多 3 天。搭配建议：用来涂抹培根、生菜、番茄三明治或俱乐部三明治，或加入经典南方卷心菜沙拉，亦可涂抹在用香辣盐卤火鸡胸做成的三明治上。

蒜香蛋黄酱

约 ¾ 杯

盐

4 茶匙柠檬汁

¾ 杯浓稠的基础蛋黄酱

1 瓣加入一撮盐细磨或捣碎的大蒜

将一大撮盐放入柠檬汁中溶解，搅入蛋黄酱中，并加入大蒜。品尝味道，然后按需调整咸度和酸度。在享用前盖起来冷藏。吃不完的部分密封后能在冰箱保存最多 3 天。搭配建议：可配水煮、炭烤或烧烤的蔬菜，尤其适合搭配小马铃薯、芦笋或洋蓟；可配烤鱼或烤肉；可搭配炭烤洋蓟、慢烤鲑鱼、啤酒炸鱼、酥炸杂烩拼盘、油封金枪鱼、吮指锅煎鸡肉，以及用香辣盐卤火鸡胸、烤侧腹横肌牛排或肋眼牛排制成的三明治。

香草蛋黄酱

约 1 杯

盐

¾ 杯浓稠的基础蛋黄酱

1 汤匙柠檬汁

4 汤匙切成末的欧芹、细香葱、车窝草、罗勒和龙蒿，任意组合

1 瓣加入一撮盐细磨或捣碎的大蒜

将一大撮盐放入柠檬汁中溶解，搅入蛋黄酱中，并加入香草与大蒜。品尝味道，然后按需调整咸度和酸度。在享用前盖起来冷藏。吃不完的部分密封后能在冰箱保存最多 3 天。搭配建议：可配水煮、炭烤或烧烤的蔬菜，尤其适合搭配小马铃薯、芦笋或洋蓟；可配烤鱼或烤肉。也可搭配炭烤洋蓟、慢烤鲑鱼、啤酒炸鱼、酥炸杂烩拼盘、油封金枪鱼、吮指锅煎鸡肉，以及用香辣盐卤火鸡胸、烤侧腹横肌牛排或肋眼牛排制成的三明治。

盐

3 ~ 4 茶匙红酒醋

¾ 杯浓稠的基础蛋黄酱

⅓ 杯基础辣椒酱（第 379 页）

1 瓣加入一撮盐细磨或捣碎的大蒜

将一大撮盐放进红酒醋里溶解，搅入蛋黄酱中，并加入辣椒酱和大蒜。刚开始的时候，辣椒酱和醋像是把蛋黄酱稀释了，但放进冰箱几个小时之后，蛋黄酱就会变得浓稠起来。在享用前，将蛋黄酱盖起来冷藏。

其他版本

- 如果想做墨西哥干红辣椒（chipotle，又称启波特雷辣椒）蛋黄酱，就用 ⅓ 杯罐装墨西哥干红辣椒泥代替辣椒酱。

吃不完的部分密封后能在冰箱保存最多 3 天。

搭配建议：可配水煮、炭烤或烧烤的蔬菜，尤其适合搭配小马铃薯、芦笋或洋蓟；可配烤鱼或烤肉；可搭配炭烤洋蓟、用啤酒炸鱼做成的墨西哥鱼肉卷饼、油封金枪鱼，以及用香辣盐卤火鸡胸、烤侧腹横肌牛排或肋眼牛排制成的三明治。

塔塔酱

约 1¼ 杯

2 茶匙葱花（青葱）

1 汤匙柠檬汁

½ 杯浓稠的基础蛋黄酱（第 375 页）

3 汤匙切碎的酸黄瓜

1 汤匙浸泡、洗净、切碎的盐腌刺山柑

2 茶匙切碎的欧芹

2 茶匙切碎的车窝草

1 茶匙切碎的细香葱

1 茶匙切碎的龙蒿

1 个粗切或磨碎的 10 分钟水煮蛋（第 304 页）

½ 茶匙白葡萄酒醋

盐

取一个小碗，将葱花放在柠檬汁里腌渍至少 15 分钟。

取一个中等大小的碗，将蛋黄酱、酸黄瓜、刺山柑、欧芹、车窝草、细香葱、龙蒿、鸡蛋和白葡萄酒醋搅拌在一起，加盐调味。加入葱花，但不要将柠檬汁也倒进去。搅拌均匀，然后品尝味道。按需加入柠檬汁，然后品尝味道并调整咸度和酸度。在享用前盖起来冷藏。

吃不完的部分密封后能在冰箱保存最多 3 天。

可搭配啤酒炸鱼或啤酒炸虾和酥炸杂烩拼盘。

辣椒酱

辣椒酱作为作料、蘸酱和三明治涂抹酱都很不错。世界上的许多菜系都会用到以辣椒酱为底料的作料，但也有例外。并非每款辣椒酱都特别辣。你可以将辣椒酱搅拌在一锅豆子、米饭、汤品或炖菜中，以提升风味。你也可以在干热烧烤或明火烧烤时给肉抹上辣椒酱，或者在炖肉里添加一些佐味。往蛋黄酱中加入一些辣椒酱，你就做出了法式蒜香辣椒蛋黄酱，这款酱料与用油封金枪鱼（第 314 页）做成的三明治相得益彰。北非哈里萨辣椒酱则可以搭配库夫特烤肉丸（第 356 页）、烤鱼、烤肉、烤蔬菜或水波蛋一起上桌。浓稠的红椒杏仁酱是一款加泰罗尼亚辣椒坚果酱，很适合作为蔬菜和饼干的蘸酱。只需加入一点儿水稀释，你就制成了一款与烧烤或炭烤的蔬菜、鱼和肉搭配绝妙的作料。而由石榴、核桃及辣椒制成的黎巴嫩辣椒核桃涂抹酱，则应用来搭配温热的面包干和生蔬菜。

基础辣椒酱

约 1 杯

85 克（约 10 ~ 15 段）干辣椒，如瓜希柳辣椒、新墨西哥辣椒、阿纳海姆辣椒或安祖辣椒

4 杯沸水

¾ 杯特级初榨橄榄油

盐

如果你的皮肤很敏感，那就戴上橡胶手套保护好手指。去蒂和去籽的时候，摘除辣椒蒂，然后把每个辣椒纵向剥开，把籽倒出来扔掉。将辣椒洗干净放入一个耐热的碗中，倒入浸没辣椒的沸水，并在辣椒上放一个盘子，使之沉在水面下。放置 30 ~ 60 分钟让辣椒重新吸水，然后将水滤出，保留 ¼ 杯水。将辣椒、油和盐放在搅拌机或食品加工机中，搅拌 3 分钟以上，直到完全打匀。如果混合物太浓稠而难以用搅拌机处理，那就从保留下来的水中取刚好够稀释辣椒酱的量兑入。品尝味道，按需调味。如果你的酱料在搅拌了 5 分钟之后还没有完全打匀，那就用一把橡胶铲铲起酱料，用一面细网筛过滤，将辣椒皮滤出清除。倒入盖过辣椒酱的油，密封存放，冷藏可储存最多 10 天，冷冻则可保存最多 3 个月。

北非哈里萨辣椒酱

约 1 杯

1 茶匙孜然

½ 茶匙芫荽籽

½ 茶匙葛缕子籽

1 杯基础辣椒酱（第 379 页）

¼ 杯粗切的晒干番茄

1 瓣大蒜

盐

将孜然、芫荽籽和葛缕子籽放在一口擦干的小号煎锅中，架在中火上。频繁转动煎锅，确保烤制均匀。烤制约 3 分钟，直到这些香料爆开并散发一股咸香味。将锅从火上拿下来，马上将香料倒入研钵或香料研磨器中。加入一撮盐，然后充分研磨。

将辣椒酱、番茄和大蒜一起放入食品加工机或搅拌机中，将食材打匀。将烤过的孜然、芫荽籽和葛缕子籽加进去。加盐调味，品尝味道并按需调整盐量。

吃不完的部分密封后能在冰箱保存最多 5 天。

其他版本

- 如果想要制作红椒杏仁酱（一款加泰罗尼亚辣椒酱），那就不要使用孜然、芫荽籽和葛缕子籽，而是将 ½ 杯烤杏仁和 ½ 杯烤榛子放进一台食品加工机中打碎，或是用杵和钵捣碎。将坚果糊放在一个中等大小的碗中，按照上文的步骤将辣椒酱、番茄和大蒜打成泥状加入坚果糊之中，再搅入 2 汤匙红酒醋、1 杯烤过的颗粒面包糠（第 237 页）和适量盐。搅拌均匀，然后品尝味道并按需调整咸度和酸度。制成的酱料质地浓稠，因此可以加水稀释到理想的浓度。

黎巴嫩辣椒核桃涂抹酱　约 2½ 杯

1 茶匙孜然

1½ 杯核桃

1 杯基础辣椒酱（第 379 页）

1 瓣大蒜

1 杯烤过的颗粒面包糠（第 237 页）

2 汤匙加 1 茶匙石榴糖浆

2 汤匙加 1 茶匙柠檬汁

盐

将烤箱预热到 177 摄氏度。

将孜然放在一口擦干的小号煎锅中，架在中火上。频繁转动煎锅，确保烤制均匀。烤制约 3 分钟，直到几颗孜然爆开并散发一股咸香味。将锅从火上拿下来，马上将孜然倒入研钵或香料研磨器中。加入一撮盐，然后充分研磨。

将核桃在烤盘里铺成一层，放进烤箱里。将定时器调到 4 分钟，铃响后查看一下核桃的情况，搅拌一下，确保烤制均匀。继续烤制 2 ～ 4 分钟，直到核桃的外表呈现微微的棕色，尝起来温热喷香为止。将烤盘从烤箱中取出，并将核桃从烤盘中拿出来放凉。

将辣椒酱、放凉的核桃和大蒜放在一台食品加工机中，搅拌均匀。

加入石榴糖浆、柠檬汁和孜然，搅拌均匀。品尝味道并调整咸度和酸度。

吃不完的部分密封后可在冰箱存放最多 5 天。

意大利香蒜酱

我之前效力的一位主厨有一套大理石做成的钵和杵，大小（和重量）与一个小孩差不多。这套工具非常笨重且用起来大费周章，即便如此，他也仍然坚持每次在制作香蒜酱时都用这套工具来捣碎所有的食材，“这样才能和我们烹饪界的先祖们心心相通”。（在意大利语中，表示香蒜酱的 pesto 一词就是“捣碎”的意思。）这个要求引出的不满和抱怨，我且让大家自己想象。但我不得不坦白，我们会轮流分散这位主厨的注意力，好拿搅拌机完成任务交差。

虽然不愿承认，但我必须说，捣出来的香蒜酱总比搅拌机做的更美味。现在，为了节省时间和精力，我会使用一种“折中方法”，先用杵和钵将坚果和大蒜分开捣成丝滑的泥状，再将罗勒叶用搅拌机打碎，然后用手将所有食材放入一个大碗中搅拌。

要想做出最美味的意大利香蒜酱，那就不要吝惜坚果和奶酪。如果将香蒜酱作为意面配料，那就先将香蒜酱用勺子舀到一个大碗里，然后倒入刚出锅并滤干水的意面。按需用意面水稀释酱料，然后用帕玛森干酪装点（你猜得没错）。香蒜酱是少数不用加热的意面酱料中的一种，这是为了保持其青绿的色泽。

在罗勒香蒜酱的诞生地意大利利古里亚区，人们经常会在最后一刻将水煮的小马铃薯、青豆、切半的樱桃番茄或甜美的红番茄切块倒入香蒜酱意面中。用球花甘蓝或羽衣甘蓝制成的香蒜酱味道较苦，在意面中加入香蒜酱之后，你可以倒入几团新鲜的里科塔奶酪来抵消苦味。

意大利香蒜酱用途繁多，因此我并没有让这种酱料囿于意面板块之下，而是把它和其他酱料一起列在这里。这里是一些供大家刚开始尝试时参考的点子：在烤制香脆去骨烤全鸡之前，先在鸡皮下塞入意大利香蒜酱；稍加一点儿水加以稀释，然后淋在炭烤或烧烤的鱼或蔬菜上；也可以将香蒜酱搅拌进里科塔奶酪中，用来做里科塔奶酪和番茄沙拉烤面包片。

意大利罗勒香蒜酱　　1½ 杯

¾ 杯特级初榨橄榄油

满满 2 杯（约 2 大捆）新鲜罗勒叶

1 ~ 2 瓣加入一撮盐细磨或捣碎的大蒜

½ 杯微烤且捣碎的松子

100 克细磨帕玛森干酪，另备一些上菜时搭配用（约满满 1 杯）

盐

用机器搅拌罗勒叶的关键在于不要搅拌过头，这是因为由发动机释放的热加上打得太细所导致的氧化会使罗勒叶变棕。因此，你可以用刀将罗勒切碎，让自己“先人一步”。另外，你也可以将一半橄榄油倒入搅拌机或食品加工机的底部，促使罗勒叶尽快被打成液体。然后有节奏地搅拌，每分钟停下几次，用橡胶铲将叶子往下压，直到罗勒橄榄油变成一个芬芳的翡翠色旋涡。

要想避免将罗勒搅拌过度，你可以在一个碗里完成香蒜酱的制作。将罗勒橄榄油倒入一个中等大小的碗里，然后加入适量大蒜、松子和帕玛森干酪。搅拌均匀后品尝味道。该不该加更多大蒜、更多盐或更多奶酪？是不是太浓稠了？如果真的如此，那就追加些许橄榄油，或者计划好搭配意面时往里加一些意面水。调整之后再次品尝，切记，稍微放置一会儿后，香蒜酱的味道会越来越香，大蒜的味道会更加凸显，而盐也会溶解得更充分。

放置几分钟，然后再次品尝并做调整。加入足够将酱料覆盖的橄榄油，以防发生氧化。

密封后，可在冰箱里冷藏最多 3 天或冷冻最多 3 个月。

其他版本

- 香蒜酱很适合用不同配料制作。坚持上面食谱的比例，根据你晚餐想吃的口味或手边的食材替换蔬菜、坚果和奶酪：

换种蔬菜

烹熟的蔬菜：球花甘蓝、羽衣甘蓝、野生荨麻、莙荙菜

软嫩的生蔬菜：芝麻菜、豌豆苗、菠菜、嫩莙荙菜

香草香蒜酱：欧芹、鼠尾草、墨角兰、薄荷

葱香香蒜酱：野韭或蒜薹

十字花科蔬菜香蒜酱：西蓝花、花椰菜、罗马花椰菜

换种坚果

从最传统到最新奇的坚果都可使用。可以用生坚果，也可以把坚果稍微烤一下：

松子

核桃

榛子

杏仁

开心果

美洲山核桃

夏威夷果

换种奶酪

奶酪是香蒜酱中盐、脂、酸的优质来源，在奶酪上变变花样吧。实际上，对于最正宗的罗勒香蒜酱而言，奶酪要数酸的唯一来源呢！几乎任何种类的硬质研磨奶酪都可以在此使用。帕玛森干酪和佩克利诺罗马羊奶酪是常用的传统品种，但阿齐亚戈奶酪、帕达诺奶酪甚至陈年的曼彻格奶酪也都足以胜任。

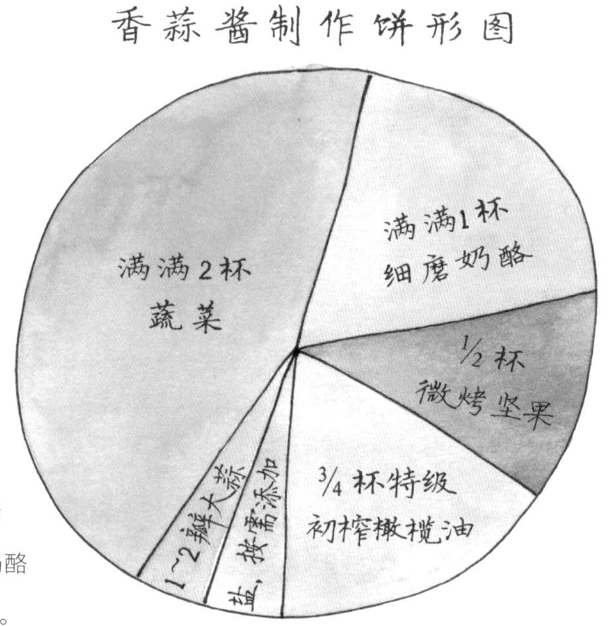

黄油面粉面团

对于烘焙这项厨房活动而言，精准拿捏事关重大。烘焙食谱中的每一个因素都有其存在的意义，从温度到精准测量出的用量再到由特定食材引发的化学反应，都是如此。不要改变烘焙食谱的重要基本信息，而是通过不同的香料、香草或口味来打上你个人风格的烙印。

在烘焙时，要尽可能准确地遵守食谱的指引。一般而言，我并不是一个钟爱使用厨房工具的人，但是在这里，我强烈建议大家购买一台厨房数码秤来助阵。在刚开始烘焙时，关注重量而不是体积，如此一来，你马上就会发现自己在烘焙上不仅技艺见长，而且发挥稳定。如果你偏好通过体积来测量干食材，那就使用“舀一舀，扫一扫”的方法吧。只需用一把普通勺子或球形勺将量杯装满，然后将刀平直的边缘轻轻扫过量杯的杯沿，让面粉表面变平整就行了。

在烘焙中，测量很关键，温度也如此。在制作黄油面粉面团时，保持所有食材处于低温非常重要，如果你不理解，那就想一想做出了我吃过的最酥松的香脆点心的头脑冷静的大厨(可翻至第 88 页回顾)。她明白，要打造酥松质地，延缓大量麸质的产生是关键，如果任黄油融化，其中所含的水分便会与面粉结合生成麸质，使甜点变得硬邦邦而难以嚼烂。其中的道理，只需看看布丁派就了然了。

金黄油派皮面团

2 个约 283 克重的面团，
足够做成 2 个 9 寸（直径约 23 厘米）的单层酥皮派、
1 个 9 寸的双层酥皮派
或 1 个美式鸡肉派

无论你梦想中的派是经典苹果派、象棋派、美式鸡肉派还是巧克力布丁派，这种面团都可以胜任。由于黄油涉及这款面团制作的方方面面，因此准备工作需要一些细心的规划——将所有食材完全冷却，动作要快，特别注意不要加入太多黄油，更要注意不要把面团揉过了头。黄油虽然不好伺候，却能做出口味无可比拟的脆皮。

给大家提个醒：如果没有台式搅拌机，你可以使用食品加工机或者用面粉搅拌器来手动制作这款面团。无论你选择使用什么工具，只要确保把所有工具冷冻起来就行。

2¼ 杯（340 克）中筋面粉

1 大汤匙糖

1 大撮盐

16 汤匙（227 克）切成 1.3 厘米见方的冷却的无盐黄油

约 ½ 杯冰水

1 茶匙白醋

将面粉、糖和盐放进台式搅拌机附有搅拌棒的搅拌缸中，然后将所有东西冷冻 20 分钟（如果无法将搅拌缸放进冷冻室里，那就只冷冻食材）。另外，将黄油和冰水也冷冻起来。

将搅拌缸装回搅拌机，调至最低速。加入切成立方体的黄油，每次放几块，然后将黄油搅拌成打碎的核桃块状。明显的黄油碎块能够让面团呈现漂亮的酥皮，因此不要搅拌过度。

将醋以一股细流倒入。不要过量加水，也尽量少搅拌，到面团刚刚能够成形的程度就行——你可能需要把那 ½ 杯水差不多都用完。如果有些未搅匀的碎块，也不必在意。

如果不确定面团需要加更多水，那就关掉搅拌机，用手抓起一团面。先使劲挤捏，然后轻轻试着将面团掰碎。如果面团很容易就碎成了小块且让人感觉非常干，那就加入更多水。如果面团仍是完整的一块或碎成了很少的几块，那就说明面团做好了。

从保鲜膜卷上扯出较长的一段铺在案台上，但先不要剪断。用轻快而果决的动作将碗倒扣在保鲜膜上。将碗取下，避免碗接触面团。将保鲜膜从卷芯上切下来，抬起两端，将整个面团包裹成一个球形。如果有些地方有些干燥也没关系，因为面粉会随着时间的推移均匀吸收水分。用一把锋利的刀透过保鲜膜将面团切成两半，分别再次紧紧裹上保鲜膜，然后压成饼状。冷藏至少 2 个小时或一整夜。

塑好形但尚未包裹的面团可冷冻保存最多 2 个月，先用保鲜膜包裹两层，然后用铝箔包裹一层，避免面团因冷冻而脱水变硬。使用之前，先在冷藏室解冻一晚。

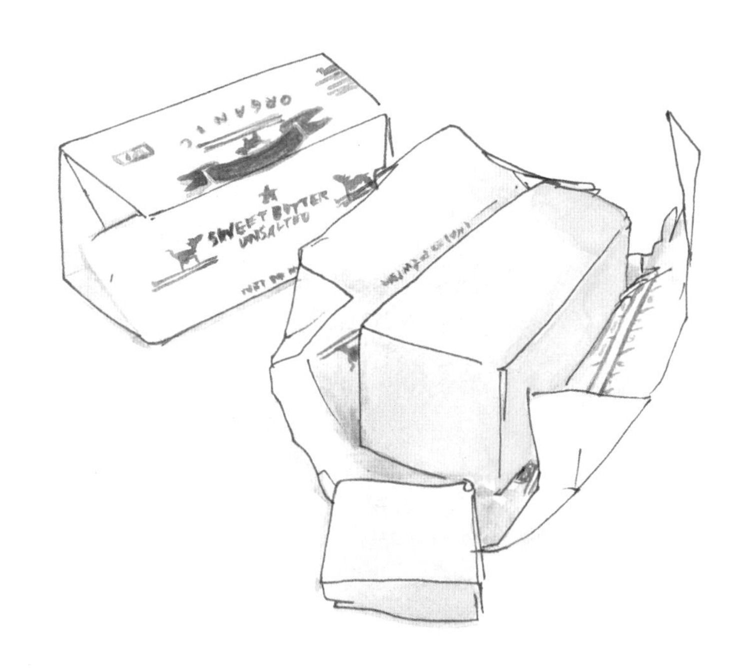

经典苹果派

1 个 9 寸的派

1 份（2 个面饼）冷却的全黄油派皮面团（第 386 页）

1.1 千克酸甜品种的苹果，比如蜜脆、红富士或塞拉美人（约 5 个大苹果）

½ 茶匙肉桂粉

¼ 茶匙多香果粉

½ 茶匙犹太盐或 ¼ 茶匙细海盐

½ 杯加 1 汤匙黑糖

3 汤匙中筋面粉，另备更多作擀面用

1 汤匙苹果醋

2 汤匙重奶油

撒在派上的白砂糖或金砂糖

将烤箱预热到 218 摄氏度，将烤盘放在中间位置。

取出一张冷却的面饼，放在一块撒上足量面粉的案板上，擀成厚度约为 0.3 厘米的 12 寸（直径约为 30 厘米）的面皮。用一根撒了薄薄一层面粉的擀面杖将面皮卷起来，并从案板上拿起。将面皮放在一个 9 寸的烙饼盘中铺开，然后轻轻将面皮压至紧贴烙饼盘内缘。用一把剪刀将多余的面皮剪去，留下约 2.5 厘米的垂边，然后冷冻 10 分钟。将剪下来的边角保留下来，也进行冷冻。将第二张面饼也按同样的规格擀开，在中间部分挖一个通气口，然后放入冰箱冷冻。

与此同时，将苹果削皮去核，并切成 2 厘米的片。将苹果、肉桂粉、多香果粉、盐、糖、面粉和苹果醋放进一个大碗中，搅拌均匀。将馅料放入铺好面皮的烙饼盘中。取一根擀面杖，用处理第一张面皮的方法将第二张面皮拿起，然后轻轻铺在馅料上。用剪刀同时修剪两层面皮，留下 1.3 厘米的垂边。

取 0.6 厘米的垂边翻折起来，这样，你的烙饼盘边缘就形成了一圈卷起的圆柱。一只手放在卷边内侧，另一只手则放在卷边外侧。用放在内侧的手的食指将面皮从外侧手的大拇指和食指之间往外推，形成一个 V 形。继续对一整圈外皮塑形，每个 V 形之间留出约

2.5 厘米的间距。苹果派的派皮会在烘焙过程中回缩，因此你应在塑形的同时将面团扯到刚刚超过烙饼盘边缘的位置。用面团修补工具将修剪和塑形过程中形成的所有的孔洞填充起来。

将整个苹果派冷冻 20 分钟。从冰箱里取出后，将派放在一个铺着烤盘纸的烤盘里。在上面一层面皮上涂抹厚厚一层重奶油，然后撒上糖。将烤箱调到 218 摄氏度，放在中间的烤架上烘焙 15 分钟，然后将温度调低至 204 摄氏度继续烘焙 15 ～ 20 分钟，直到派呈现淡淡的金黄色。将温度调低到 177 摄氏度，再烘焙 45 分钟，直到派完全烤熟。将派放在一个金属架上晾 2 个小时再切块。搭配香草奶油、肉桂奶油或焦糖奶油（第 423 ～ 425 页）一起上桌。

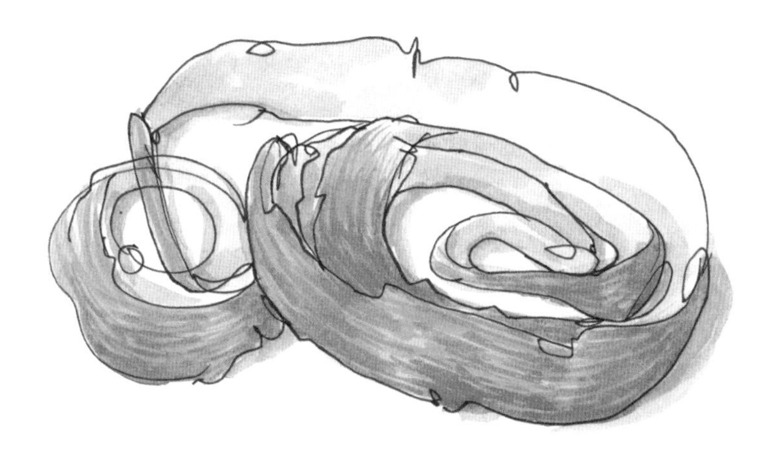

经典南瓜派

1个9寸的派

1份（2个面饼）冷却的全黄油派皮面团（第386页）

擀面用的面粉

2个大鸡蛋

1½杯重奶油

425克南瓜泥

¾杯（149克）糖

1茶匙犹太盐或½茶匙细海盐

1½茶匙肉桂粉

1茶匙生姜粉

½茶匙丁香粉

将烤箱预热到218摄氏度，将烤盘放在中间位置。

取出一张冷却的面饼，放在一块撒着足量面粉的案板上，擀成厚度约为0.3厘米的12寸面皮。用一根撒了薄薄一层面粉的擀面杖将面皮卷起来，并从案板上拿起。将面皮放在一个9寸的烙饼盘中铺开，然后轻轻将面皮压至紧贴烙饼盘内缘。用一把剪刀将多余的面皮剪去，留下约1.9厘米的垂边。将剪下来的边角保留下来。

将面皮的边缘向下翻折并卷起，这样，你的烙饼盘边缘就形成了一圈卷起的圆柱。一只手放在卷边内侧，另一只手放在卷边外侧。用放在内侧的手的食指将面皮从外侧手的大拇指和食指之间推出，形成一个V形。继续对一整圈外皮塑形，每个V形之间留出约2.5厘米的间距。派皮会在烘焙过程中回缩，因此在塑形的同时应将面团扯到刚刚超过烙饼盘边缘的位置。用面团修补工具将修剪和塑形过程中形成的所有的孔洞填充起来。用一把叉子在整个面皮上扎孔，然后冷冻15分钟。

将鸡蛋打入一个中等大小的碗中，然后用浸入式搅拌器打散。在碗中倒入奶油、南瓜泥、糖、盐和香料，通过搅拌使食材充分混合。将蛋奶冻状的混合物倒入冰冻过的派皮中。

在218摄氏度的烤箱中烘焙15分钟，然后将温度调低至163摄氏度，继续烘焙约40分钟，直到南瓜派的中心刚刚成形。将派放在一个金属架上晾1个小时再切块。搭配香草奶油、肉桂奶油或焦糖奶油（第423 ~ 425页）一起上桌。

其他版本

- 如果想做一个巧克力布丁派，你可以按照上一页的说明擀出一张9寸的派皮，并进行塑形和冷冻。对派皮进行空烤：在派皮内侧铺上烤盘纸，然后放上压派石或干豆子。先用218摄氏度烘焙15分钟，然后将温度调低至204摄氏度烘焙10 ~ 15分钟，直到派皮呈现淡淡的金黄色。

  将派皮从烤箱中取出，将压派石或干豆子取出并揭下烤盘纸，然后将温度调低至191摄氏度。将派皮放回烤箱中，继续烘焙5 ~ 10分钟，直至派皮底部呈现淡淡的金黄色，而靠外的部分马上要烤成褐色为止。在进行最后这道烘焙工序时要仔细观察派皮的状态，因为烘焙的时间会因烤箱的不同而有差异。

  将派皮放凉，然后将约57克甜苦巧克力融化，全部涂抹在派皮表面。待巧克力变硬。

  按食谱制作一份甜苦巧克力布丁（第416页），但要将玉米淀粉的用量增至⅓杯。将保鲜膜压在布丁上以防布丁表面结出一层皮，然后放凉至室温。用勺子将放凉了的布丁舀入准备好的派皮中，盖上保鲜膜冷藏一夜。端上桌前，在派上搭配大团大团的香草奶油、巧克力奶油、咖啡奶油或焦糖奶油（第423 ~ 425页）。

这个新奇的烘焙法是我从汤姆·珀蒂尔（Tom Purtill）那里学到的，汤姆是我最爱的一家奥克兰面包店的年轻面包师。第一次吃到他做的饼干后，我便恳求他从厨房里出来给我讲解一下制作方法。我很庆幸做了这样的决定，因为他所说的每一个字都与我所知的饼干做法全然相悖。我一直以为制作饼干的关键在于尽量少揉面团，但他告诉我，他先将一半黄油加入面团中，让面团变得柔软，然后将做好的面团擀开并折叠数次，以便打造层层酥皮。说实话，他的方法与我的理解如此大相径庭，如果不是因为我所见过的最湿润酥松的饼干就摆在眼前，我是绝不会相信他的。

但我还是相信了他的方法，径直赶回家去尝试。我将他所说的每一个字都当作福音来信奉，而他的方法也果然见效！就像他说的一样，这种方法的关键在于将所有食材保持在冰点，这样一来，黄油才不会融化，也不会与面粉结合形成让饼干变硬的麸质。如果没有台式搅拌机，用食品加工机也可以。或者，你也可以用甜点刀手动将所有食材搅拌在一起——只是这种方法会稍微费时一些。

3½ 杯（525 克）中筋面粉

4 茶匙泡打粉

1 茶匙犹太盐或 ½ 茶匙细海盐

16 汤匙（227 克）冷却的无盐黄油，切成 1.3 厘米见方的小块

1 杯冷却的酪乳

1 杯冷却的重奶油，另备 ¼ 杯刷在饼干上

将烤箱预热到 232 摄氏度。取两个烤盘，铺好烤盘纸。

将切成块的黄油和酪乳冷冻 15 分钟。

将面粉、泡打粉和盐放在台式搅拌机的搅拌缸里，低速搅拌 30 秒，直到食材充分混合。

几块几块地将一半黄油加入搅拌缸，继续以低速搅拌 8 分钟，直到混合物看上去呈现沙状且看不到明显的黄油块。

将剩余黄油加入，继续搅拌约 4 分钟，直到黄油块被搅拌成大颗豌豆的大小。

将混合物转移到一个宽口大碗里，用手指快速压扁里面最大的黄油块：在手上施一些面粉，将大拇指从小指指尖划过其他几根手指直到食指的指尖，就像在做“嘿嘿，有钞票了！”的手势。

在混合物的中心挖出一个小洞，将酪乳和 1 杯奶油倒在小洞里。取一把橡胶铲，沿又宽又大的圆圈轨迹进行搅动。面糊看上去或许仍然坑坑洼洼，但不必在意。

在案台上稍微撒些面粉，将面团从碗中取出，轻轻拍打成一个 2 厘米厚、33 厘米长、23 厘米宽的长方体。将面团对半折叠，再次对半折叠，再折叠第三次，用擀面杖轻轻将面团重新擀成 2 厘米厚、33 厘米长、23 厘米宽的长方体。如果面团的表面尚不光滑，那就将这个折叠和擀平的方法重复一到两次，直到面团表面变得光滑。

在案台上再次撒些面粉，将面团的厚度擀到约 3 厘米。用一把 6.4 厘米饼干切割器竖直切下，每次下刀后，都要将切割器擦干净并撒上面粉。这一招可以确保饼干能够直立起来，而不会歪斜倒下。将面团碎块重新擀在一起，并切成饼干。

将饼干以约 1.3 厘米的间距摆放在准备好的烤盘上，在饼干顶部刷上大量奶油。以 232 摄氏度烘焙 8 分钟，然后转动烤盘，交换两个烤盘的位置。继续烘焙 8 ～ 10 分钟，直到饼干呈现棕黄色，并且在被拿起时让人感觉质地轻盈。

将饼干在金属架上放置 5 分钟。等到温热时端上桌。

饼干能冷冻保存最多 6 周，先将切好的饼干在烤盘上摆成一层并加以冷冻，变硬后再装进塑料冷冻袋里重新放入冷冻室。如果要烘焙饼干，不要事先解冻。在冷冻的饼干上刷一层奶油，然后以 232 摄氏度烘焙 10 分钟，再用 191 摄氏度烘焙 10 ～ 12 分钟即可。

其他版本

- 如果要做水果奶油酥饼，那就在干食材中加入 ½ 杯（99 克）糖。切好饼干之后，给饼干涂上重奶油并撒上糖。烘焙过后，将酥饼放 5 分钟降温，然后在盘子上码放好。将酥饼分成两半，一半搭配香草奶油（第 423 页），另一半搭配糖渍草莓（第 407 页）。
- 如果要做酥皮水果馅饼，先将烤箱预热到 204 摄氏度。准备半份水果奶油酥饼食谱量的面团，切好后放入冰箱冷藏。取 7 杯（1.1 千克）新鲜的去核樱桃、切成片的桃子或油桃，或 10 杯黑莓、波森莓或覆盆子，与 ¾ 杯（149 克）糖、2 汤匙（28 克）玉米淀粉、1 茶匙细磨柠檬皮、3 汤匙柠檬汁和一大撮盐在一个大碗中混合。（如果使用冷冻水果，那就将玉米淀粉的用量增加到 3 汤匙。）

将水果混合物倒入一个长宽均为 23 厘米（9 寸）的烤盘中。将冷却的饼干摆放在水果上。在烤盘下面再垫一个烤盘，以便接住可能溢出来的果汁。在饼干上涂一层重奶油，撒上大量糖，然后烘烤 40 ~ 45 分钟，直到饼干烤透且呈现金黄色。在上桌前先将酥皮水果馅饼稍稍放凉，可按喜好搭配香草冰激凌。

阿伦挞皮面团

一个 454 克的挞皮面团，足以制成一个 12 寸的挞

在跟我一样对口味挑剔至极的好友阿伦经过多年尝试写出这份食谱之前，我一直对做挞这件事感到非常害怕。这个食谱既适合多种场合又对厨艺没有过多要求，可以用来制作任何水果挞或咸味挞。一旦做出一个美味的挞之后，你就可以练习在美观上下功夫了。铺设顶料时，在外观上花些心思。将不同颜色的李子、苹果、番茄或甜椒间隔摆成条纹状的图案，或者直接在芦笋挞上点缀一团团调奶味的里科塔奶酪作为反衬。你的食物能调动的感官越多，带给你的享受也就越多。

温馨提示：如果没有台式搅拌机，你可以使用食品加工机或面粉搅拌器来制作这款面团。无论你选择使用哪些工具，都要确保把所有工具冷冻起来。

1⅔ 杯（241 克）中筋面粉

2 汤匙（28 克）糖

¼ 茶匙泡打粉

1 茶匙犹太盐或 ½ 茶匙细海盐

8 汤匙冷却的无盐黄油，切成 1.3 厘米见方的小块

6 汤匙冷却的法式酸奶油（第 113 页）或重奶油

2 ~ 4 汤匙冰水

将面粉、泡打粉和盐放在台式搅拌机的搅拌缸里打匀，与黄油和附带的搅拌棒一起冷冻 20 分钟，将法式酸奶油和奶油也放入冰箱冷藏。

将盛着干食材的搅拌缸重新安回台式搅拌机上，将搅拌棒也重新安装回去。调低速度，缓慢加入黄油块。之后，你就可以将速度调至中低了。

将黄油搅拌至碎核桃大小（不要搅拌过度——黄油块是好东西）。用台式搅拌机搅拌需要约 1 ~ 2 分钟，手动搅拌会稍微费时一些。

加入法式酸奶油。有的时候，只需稍加搅拌，面团就会黏合在一起。有的时候，你可能得加入 1 勺或 2 勺冰水才行。控制住不要加入太多水，也不要搅拌太长时间，这会让

面团完全黏合成形。如果有些未搅匀的碎块，也不必在意。如果不确定面团需要加更多水，那就关掉搅拌机，用手抓起一团面，先使劲挤捏，再试着轻轻将面团掰碎。如果面团很容易就碎成了小块且让人感觉非常干，那就加入更多水。如果面团仍是完整的一块或碎成了很少的几块，那就说明面团做好了。

从保鲜膜卷上扯出较长的一段铺在案台上，但先不要剪断。用轻快果决的动作将碗倒扣在保鲜膜上。将碗拿走，不要让碗触到面团。将保鲜膜从卷芯上切下来，抬起两端，将整个面团包成一个球形。如果有些地方稍显干燥也不要担心，因为面粉会随着时间的推移均匀吸收水分。用一把锋利的刀透过保鲜膜将面团切成两半，分别再次紧紧裹上保鲜膜，然后压成饼状。冷藏至少 2 个小时或一整夜。

面团可冷冻保存最多 2 个月，先用保鲜膜包裹两层，然后用铝箔包裹一层，避免面团因冷冻而脱水变硬。使用之前，先在冷藏室解冻一晚。

人字形挞

（挞中“终结者”）

苹果杏仁奶油挞

一个 14 寸（直径约 36 厘米）的挞

杏仁奶油的配料

¾ 杯（113 克）烤杏仁

3 汤匙糖

2 汤匙（28 克）杏仁酱

4 汤匙常温无盐黄油

1 个大鸡蛋

1 茶匙犹太盐或 ½ 茶匙细海盐

½ 茶匙香草提取物

½ 茶匙杏仁提取物

挞的配料

1 份食谱用量的冷却阿伦挞皮面团（第 395 页）

擀面用的面粉

6 个酸甜品种的苹果，如蜜脆、塞拉美人。或红粉佳人

重奶油

撒在挞上的糖

制作杏仁奶油时，将杏仁和糖放进食品加工机中研磨成粉。加入杏仁酱、黄油、鸡蛋、盐、香草和杏仁提取物，搅拌成丝滑的酱。将带边缘的烤盘倒置，在上面放一张烤盘纸（没有烤盘壁的影响，挞的塑形和折叠都会更加方便），放在一旁待用。

在打开保鲜膜取出面团之前，先将饼状面团的边缘擀开，形成一个均匀的圆形。打开保鲜膜，在案台上、擀面杖上和面团上撒面粉以防粘连。动作敏捷地将面团擀成一个 14 寸的圆形，厚度约为 0.3 厘米。

要想更容易地将面团擀成圆形，你可以每擀一下就将面饼移动 ¼ 圈。如果面饼开始粘连，那就小心地将面饼从案板上揭起，然后按需撒上更多面粉。

用擀面杖将面饼卷起来，并从案板上拿起。小心地将面饼在铺着烤盘纸的倒扣烤盘上摊开，在冰箱里冷藏 20 分钟。

与此同时，你可以对水果做预处理。将苹果削皮去核，并切成 0.6 厘米厚的苹果片。取一片尝尝味道，如果苹果非常酸，那就放入一个大碗中，然后撒上 1 ～ 2 汤匙糖，通过摇晃让糖附在苹果表面。

取一把橡胶铲或奶油刮平刀，将杏仁奶油在冷却的整块面饼表面涂抹成 0.3 厘米厚的一层，将边缘的 5 厘米空出。

将苹果摆放在杏仁奶油上，注意将每片紧紧堆叠在一起。水果在烹饪过程中会出现缩水，挞上露出空白部分可不美观。要想打造人字形设计，那就先将苹果片以 45 度角摆放成两排(注意保持每一片苹果的朝向一致)，然后将接下来两排反过来按 135 度角摆放。继续这样摆放，直到整个面饼都被水果覆盖。如果想打造视觉冲击力强的挞，那就使用两种不同颜色的水果；在这个例子中，我们使用的是一种叫作宝石红的苹果，并交替放上塞拉美人苹果。另外，果肉如棉花糖一般的粉红珍珠苹果也很惊艳。绿色和紫色的李子、煮熟的榅桲或用红白葡萄酒煮过的梨子也能提供亮色让你发挥。(如果你用到的颜色不止一种，那么纹理应为“颜色 A 呈 45 度角，颜色 B 呈 45 度角，颜色 B 呈 135 度角，颜色 A 呈 135 度角”，如此打造条纹。)

想要打造有褶皱的脆边，那就一边旋转挞，一边每隔三四厘米就将外圈面皮向上翻折。每折一个褶时，将面皮紧紧压出褶皱并向外圈的水果推。如果想打造更有乡村风情的外观，只用留出距离相等的间隔将面皮翻折盖过水果即可。将挞留在烤盘纸上，放回摆正的烤盘里，在冰箱里冷藏 20 分钟。

将烤箱预热到 218 摄氏度，将烤架放在烤箱的中间位置。马上就要烘焙之前，给挞皮刷上大量重奶油并撒上大量糖，并给水果也撒上些许糖。(在咸味挞上涂抹稍微打散搅匀的鸡蛋，省去撒糖一步。如果使用的是大黄或杏子这样非常多汁的水果，那就先将挞烘焙 15 分钟，再在水果上撒糖。撒糖会促进渗透作用的发生，使水果渗出水来，因此，要提前烤制挞皮，才能经受住水果渗水的考验。)

将烤箱调到 218 摄氏度，把挞皮放在中间的烤架上烘焙 20 分钟。将温度调低至 204 摄氏度，继续烘焙 15 ～ 20 分钟。然后(依照挞皮颜色的深浅)将温度调低到 177 ～ 191

摄氏度，再烘焙约 20 分钟，直到挞烤熟。在烘焙过程中转动挞以确保均匀褐变，如果挞皮褐变得太快，那就在挞上轻放一张烤盘纸，然后继续烘焙。

当水果烤软、挞皮呈现深金棕色时，挞就烤好了，这时你可以在挞的下面插入一把削皮刀，轻松地将挞从烤盘里撬起来。挞的底部也应该呈现金黄的色泽。

将挞从烤箱中取出，在金属架上放 45 分钟再切块。温热状态下或冷藏后上桌皆可，可以搭配冰激凌、芬芳奶油（第 422 页）或法式酸奶油（第 113 页）。

未使用的杏仁奶油密封后可在冰箱里存放最多 1 周。没有吃完的挞包起来之后可在室温下存放最多 1 天。

其他版本

- 使用杏、大黄、莓果、桃子、李子等非常多汁的水果时，可在杏仁奶油上撒少许“魔法粉末”来吸收果汁，避免挞皮变得又湿又软。制作“魔法粉末”时，只需将 2 汤匙烤杏仁、2 汤匙糖和 2 汤匙面粉放进食品加工机中打成细粉即可。每个多汁水果挞的“魔法粉末”用量为 4 ～ 6 汤匙。
- 在做咸味挞时，在擀好的面皮撒上 2 汤匙左右的面粉，然后铺一层晾干并放凉的焦糖洋葱（第 254 页）或帕玛森干酪（亦可同时加入这两种食材），打造一个与上文所述类似的保护层。
- 如果用到烤马铃薯、烤菊苣或烤奶油南瓜这些预先烹饪过的食材，那就对烘焙时间做些调整，先在 218 摄氏度下烘焙 20 分钟，再在 204 摄氏度下烘焙 15 分钟。查看一下挞的情况，如果有必要，在 177 摄氏度下继续烘焙，烤好的挞皮应呈现金棕色，在挞下插入削皮刀后，挞应当很容易就能从烤盘中被撬起来。

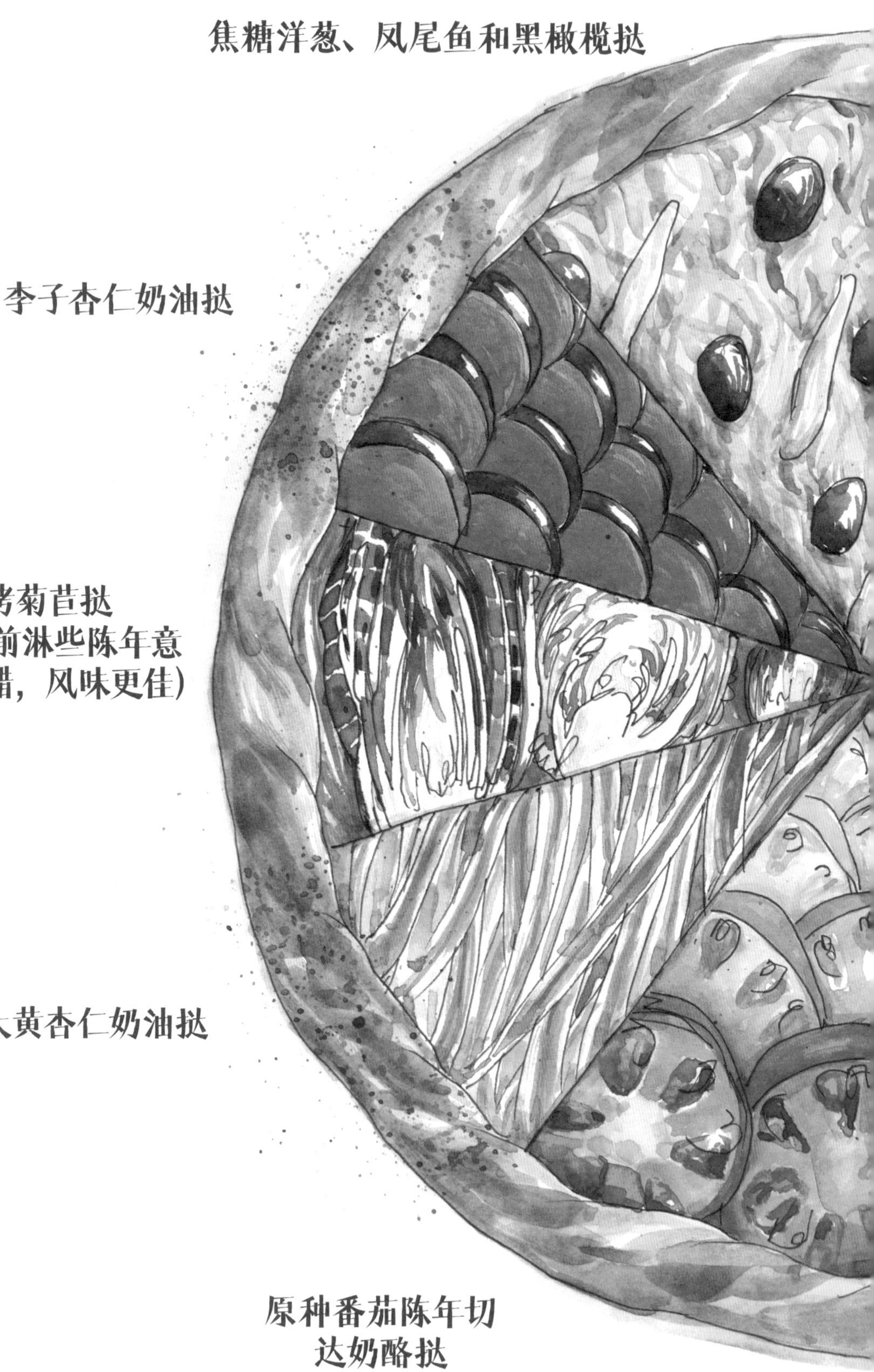
焦糖洋葱、凤尾鱼和黑橄榄挞
李子杏仁奶油挞
烤菊苣挞
（上菜前淋些陈年意
式香醋，风味更佳）
大黄杏仁奶油挞
原种番茄陈年切
达奶酪挞

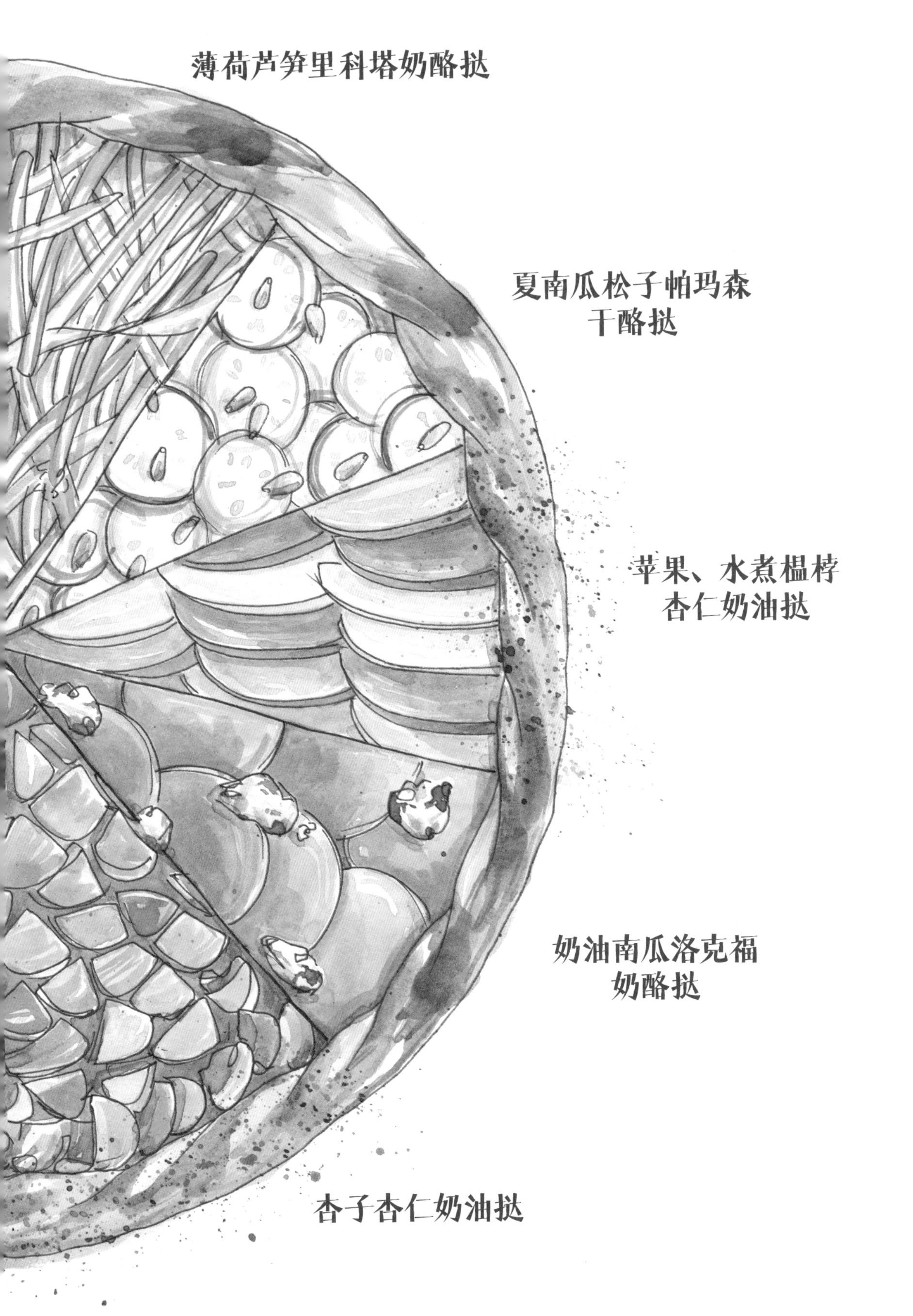
薄荷芦笋里科塔奶酪挞
夏南瓜松子帕玛森
干酪挞
苹果、水煮榲桲
杏仁奶油挞
奶油南瓜洛克福
奶酪挞
杏子杏仁奶油挞

甜品

早安小鸟格兰诺拉麦片

约 8 杯

就在不久之前，我都不是一个自愿拿格兰诺拉麦片当早餐的人。有的格兰诺拉麦片太甜腻，有的味道平淡，有的没有烤到火候，反正总是能挑出毛病。但是后来，一位朋友给我寄了一袋早安小鸟食品创始人尼基西娅·戴维斯（Nekisia Davis）的“早安小鸟格兰诺拉麦片”，还告诉我这款麦片会颠覆我的看法。一撕开包装袋，吃到这坚果味浓厚、烤得焦黄、咸度恰到好处的麦片，我对格兰诺拉麦片的看法便永远改变了。

我决心学习这款麦片的制作方法，因此，我找到了尼基西娅，恳求她透露食谱。不消说，答案自然是：盐，脂，酸，热。首先是盐。不用她解释，我本来就知道大量片状盐能对麦片产生的影响。其次，尼基西娅用特级初榨橄榄油代替了绝大多数格兰诺拉麦片中使用的无味食用油，将浓厚的口味融入食材。口味十足的深色 A 级枫糖浆通常在枫糖季末制作，饱含淡淡的酸味，通过使用这种糖浆，尼基西娅为格兰诺拉麦片的甜味提供了一种恰到好处的平衡。除此之外，深色的慢烤麦片则是精心低温烘焙的结果，这不仅提供了另一种酸味反差，也将焦糖化和美拉德反应带来的其他复杂口味融入麦片之中。

烘焙之后，在麦片中拌入一点儿果干，或是将一把麦片撒入一碗酸奶中，从而再打造一波酸味的冲击。这样一来，你的早餐便从此脱胎换骨。

3 杯传统麦片

1 杯去壳的南瓜子

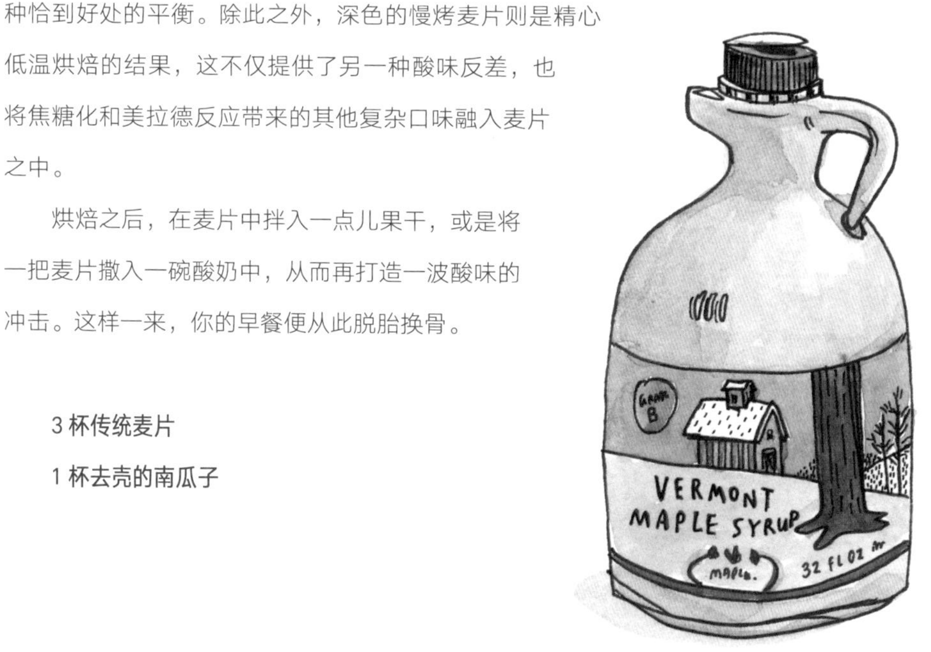

佛蒙特枫糖浆

1 杯去壳的葵花子

1 杯无糖椰子片

1½ 杯切半的美国山核桃

⅔ 杯纯枫糖浆，最好是味道浓厚的深色 A 级糖浆

½ 杯特级初榨橄榄油

⅓ 杯压实的红糖

灰盐或马尔登海盐

可选：1 杯酸樱桃干或切成 4 等份的杏干

将烤箱预热到 149 摄氏度。在带边缘的烤盘里铺一张烤盘纸，放在一边备用。

将麦片、南瓜子、葵花子、椰子片、山核桃、枫糖浆、橄榄油、红糖和 1 茶匙盐放入一个大碗中，彻底搅拌均匀。将格兰诺拉麦片混合物在准备好的烤盘里铺成厚薄均匀的一层。

将烤盘塞入烤箱中，烘焙约 45 ～ 50 分钟，每过 10 ～ 15 分钟就用一把金属铲搅拌一下，直到麦片烤熟且变得酥松香脆。

将格兰诺拉麦片从烤箱中取出，按口味追加盐。

将格兰诺拉麦片彻底放凉。根据喜好，可以往里搅入樱桃干或杏干。

装入密封容器，可存放最多 1 个月。

水果的四种处理方法

一般情况下，处理水果最好的方法就是找到成熟得恰到好处的果实，直接拿来享用。我的每件衬衣的前面都沾染着莓果、油桃、桃子、李子、瓜和所有我能找到的水果滴上的斑斑点点，这些斑点就是我对以上理念倾力实践的最好证据。就像厨房科学家哈罗德·麦基所说的一样："所有熟食都要看水果的脸色。"我认为，要提升水果的风味几乎是白费工夫，因此不如退而求其次，干脆尽量少加工。除了做挞和派之外，以下是我在凸显成熟水果的丰美时常用的四种方法。

这些食谱非常简单，正因如此，才要求你使用能找到的最美味的水果。选用那些最应季的成熟水果（在做意式冰沙时，可选用在最应季时冻起来的冷冻水果）。这些多花的心血，是不会让你后悔的。

榨汁打造意式冰沙

意式冰沙就是粗制西西里式刨冰，也是我最喜欢的清爽甜点，其中一个原因就是其制作简便。由于这款冰沙在冰冻过程中只需偶尔搅拌，因此形成的冰晶比一般冰激凌或意式冰激凌中的冰晶大很多也脆很多。遇到舌尖后，一些冰晶会融化，一些则发出脆响。

你可以自己榨柑橘类果汁（如果想走捷径，你也可以在食品店找一款由"技艺精湛"的榨汁机榨出来的新鲜果汁。）你也可以将任何一款成熟或冷冻的水果（我的最爱是樱桃、草莓、覆盆子和甜瓜）放入食品加工机或搅拌机里，掺点儿水再榨汁，然后将果渣滤出。用一把橡胶铲或利用长柄勺的凸面使劲挤压，确保将最后一滴果汁挤出。如果手边没有水果，用杏仁奶、椰奶、根汁汽水、咖啡、意式浓缩咖啡或红酒也能做成美味的意式冰沙。

榨好果汁之后，往里加糖，然后从柠檬汁或青柠汁中选择较为搭配的一款来平衡甜味。记住：所有食材的甜度在冷冻后都会打折扣，因此，加入的糖应该比你认为所需的量稍多一些。

为了方便大家做尝试，这里是两款基本的食谱，两款食谱都能做出足量 4 人份的意式冰沙。

橙子意式冰沙

2 杯橙汁

¼ 杯（约 50 克）糖

6 汤匙柠檬汁

一撮盐

咖啡意式冰沙

2 杯煮制浓咖啡

½ 杯（约 100 克）糖

一撮盐

将上述两款配料（或你自己设计的搭配）倒入一个非反应性（不锈钢、玻璃或陶瓷）的碗中，倒入的混合物至少应有 2.5 厘米的深度。将碗放入冰柜，约 1 个小时后，视时间情况用叉子不时搅拌。在搅拌时，注意要将冻得较结实的边缘和顶部与泥状的中心部分充分混合。搅拌得越勤快，做好的冰沙的质地就越丝滑和均匀（冰碴儿就越少）。将意式冰沙冷冻约 8 个小时，直到彻底冻成形。在冷冻过程中至少要搅拌 3 次，在马上要端上桌前对冰沙做最后一次彻底刮铲，直到制出刨冰质地为止。根据喜好，可以搭配冰激凌或一团芬芳奶油（第 422 页）。密封后可在冰柜保存最多 1 周。

葡萄酒煮水果

将桃子、油桃、杏、李子、苹果、梨或榅桲削皮、切半、去核或去籽，放在葡萄酒里煮软（不同的水果烹熟的速度不同，因此不要放在锅里一起煮炖）。按照菜单和口味的不同，你可以使用红酒或白葡萄酒，可以用甜型或干型葡萄酒。搭配约 900 克水果，将 4 杯葡萄酒、1⅓ 杯糖、1 条 7.6 厘米长 2.5 厘米宽的柠檬皮、半根香草豆荚及其中的香草籽、一大撮盐一起倒入一口厚重的非反应性深口锅里。煮沸后，将火调小。在水果上铺一张圆形烤盘纸，提前在纸中心挖一个直径 5 厘米的圆孔。煮到水果用削皮刀插入时让人感觉质地柔软为止——杏只需短短 3 分钟，而榅桲则要煮炖 2.5 个小时之久。水果煮软之后，将其从酒里捞出，在盘子里放凉。如果水果的煮汁太稀，不像糖浆那样黏稠，那就用高火熬煮，直到质地与糖浆相似。将糖浆状煮汁放凉至室温，然后重新把水果放进去。水果在温热状态或室温下上桌皆宜，搭配马斯卡彭奶酪、法式酸奶油（第 113 页）、稍微加糖的里科塔奶酪、希腊酸奶、香草冰激凌或芬芳奶油（第 422 页）皆可。

要想做出有视觉冲击力的甜点，可将一半梨或榅桲放入红酒煮炖，另一半则放入白葡萄酒煮炖，并在盘子上将两种颜色的水果相间摆放。在冬日里，可在葡萄酒里加入半根肉桂条、两颗丁香和几滴肉豆蔻汁，让一股暖香扑面而来。

无花果叶烧烤

在一个小号陶瓷烤盘或玻璃烤盘上铺些无花果叶，这会让水果沾染上一股美妙的坚果味（使用几片月桂叶或是几根百里香小枝也可以）。在烤盘里将拳头大小的一串葡萄铺成一层，也可以铺一层切半的杏、油桃、桃子或李子，将切开的一面朝上放。撒上大量糖，然后在 218 摄氏度的烤箱里烘烤，直到水果内里柔嫩而外皮焦黄，较小的水果用时约为 15 分钟，而较大的水果则约为 30 分钟。在温热状态或室温下上桌皆宜，搭配芬芳奶油（第 422 页）或香草冰激凌，也可搭配酪乳意式奶冻（第 418 页）。

糖渍水果

在做糖渍水果时，要使用新鲜成熟的水果。所谓糖渍水果，就是将水果与少量糖拌匀，腌渍一段时间。如果太甜，可以加入几滴柠檬汁、葡萄酒或醋。如果你确定加糖调味会调成什么样，那就先随性撒一次糖，待水果吸收糖分后品尝，如果不够就再继续加。如果想做一款简单的甜点，你可以用糖渍水果搭配曲奇，或搭配芬芳奶油(第 422 页)、香草冰激凌、马斯卡彭奶酪、加糖里科塔奶酪、希腊酸奶或法式酸奶油(第 113 页)。糖渍水果也可以用来装饰酪乳意式奶冻(第 418 页)、洛里午夜巧克力蛋糕(第 410 页)、新鲜生姜糖蜜蛋糕(第 412 页)、杏仁小豆蔻茶蛋糕(第 414 页)或奶油水果蛋白脆饼(第 421 页)。使用下面的任意水果，单选或搭配皆可，按口味加入糖和鲜榨柠檬汁，然后腌渍约 30 分钟:

切片的草莓

切片的杏、油桃、桃子或李子

蓝莓、覆盆子、黑莓或波森莓

切片的杧果

切片的菠萝

去核切半的樱桃

分瓣的橙子、橘子或葡萄柚

切成薄片并去籽的金橘

石榴果粒

其他版本

- 如果想做糖渍桃子和香草豆，那就用从 ½ 根香草豆荚中刮出的香草籽和适量糖来搭配每 6 个桃子，加入柠檬汁平衡甜味。
- 如果想做糖渍杏配杏仁，那就用 ½ 茶匙杏仁提取物、¼ 杯烤杏仁片和适量糖搭配每 900 克杏子。加入柠檬汁平衡甜味。
- 如果想做糖渍玫瑰香莓，就在 1 小篮莓果中加入 2 茶匙玫瑰水和适量糖，用柠檬汁平衡甜味。

水果：处理方法和时令

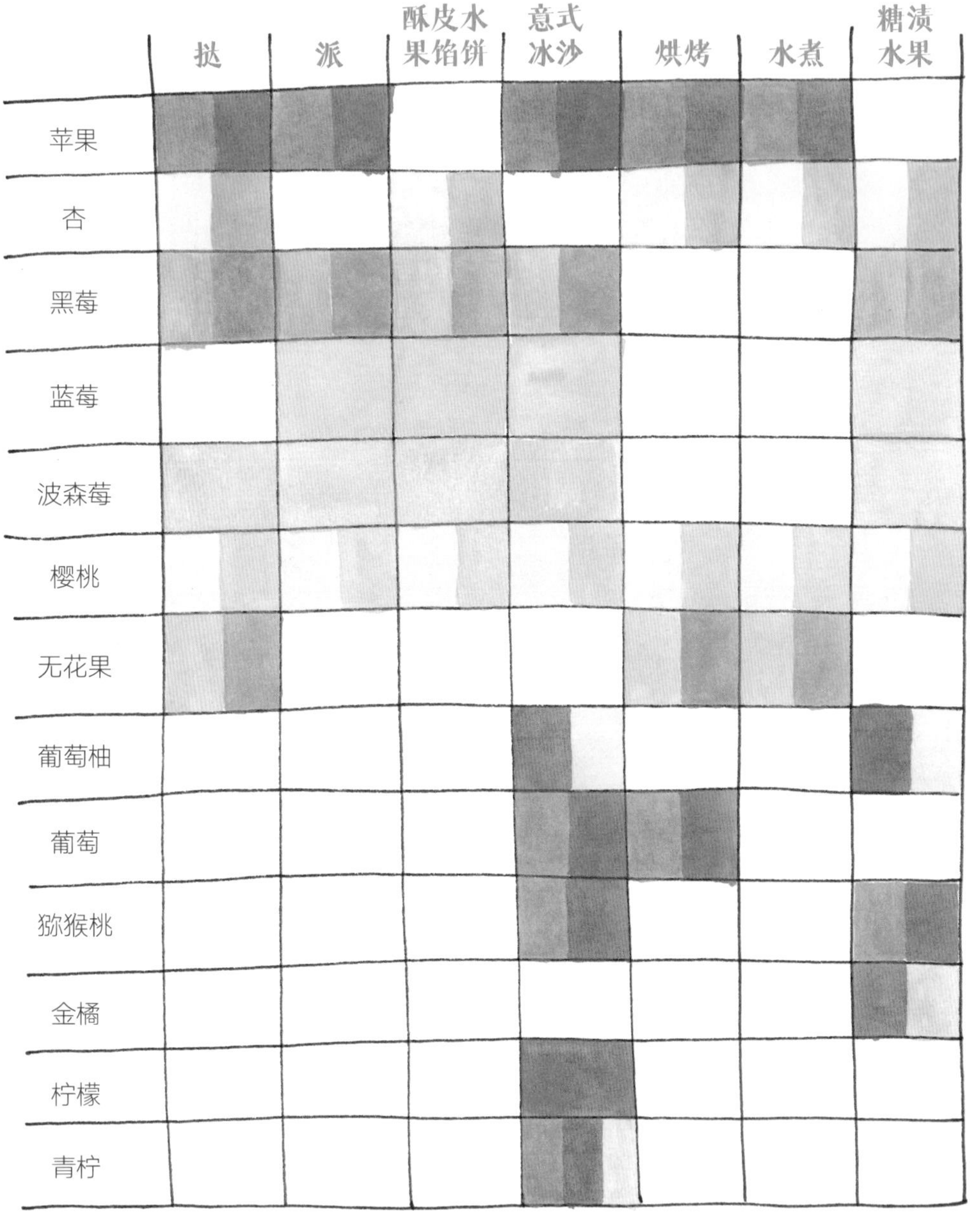

	挞	派	酥皮水果馅饼	意式冰沙	烘烤	水煮	糖渍水果
苹果							
杏							
黑莓							
蓝莓							
波森莓							
樱桃							
无花果							
葡萄柚							
葡萄							
猕猴桃							
金橘							
柠檬							
青柠							

	挞	派	酥皮水果馅饼	意式冰沙	烘烤	水煮	糖渍水果
橘子							
瓜							
油桃							
橙子							
桃子							
梨							
柿子							
李子							
石榴							
榅桲							
覆盆子							
大黄							
草莓							

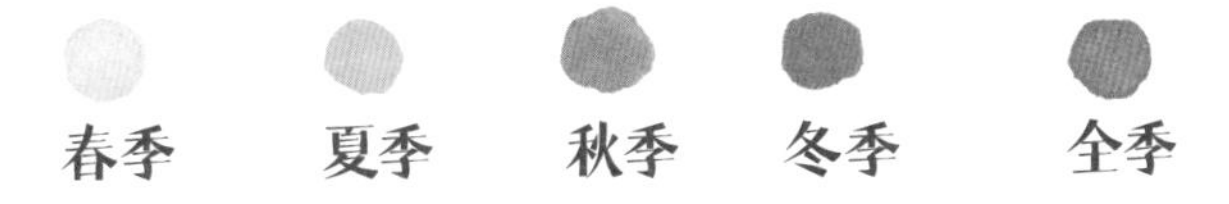

两款最受喜爱的油蛋糕

洛里午夜巧克力蛋糕

2个8寸蛋糕

我曾在“**脂**”一章提到过这款蛋糕的食谱，这是一款将我的观点全然颠覆的蛋糕。20岁的时候，我已然放弃了希望，觉得再也遇不到一份能够让我做出梦寐以求的美味巧克力蛋糕的食谱了。毕竟，我是在20世纪90年代长大成人的人，而那个年代可谓无面粉巧克力蛋糕的鼎盛时代呀。可我想要的，仅仅是一份与用蛋糕预拌粉制作的蛋糕一样水润，但具有高档烘焙坊蛋糕风味的蛋糕的食谱。在潘尼斯之家打了几个月的杂之后，我的朋友洛里·波德拉萨带来一个涂抹着香草奶油的午夜蛋糕，庆祝另一位厨师的生日。对找到梦想中的蛋糕已然不抱希望的我，还是拿了一块。毕竟，我怎么会对巧克力蛋糕说不呢？只咬下一口，我便完全沦陷了。我搞不明白为什么这块蛋糕比我吃过的所有蛋糕都美味一万倍，但也顾不上费心调查。几个月后我才明白，这块蛋糕之所以如此湿润，是因为它和我一直深爱的用预拌粉做成的蛋糕一样，是用油而不是黄油做成的！

½杯（约57克）碱化可可粉，最好用法芙娜牌可可粉

1½杯糖

2茶匙犹太盐或1茶匙细海盐

1¾杯中筋面粉

1茶匙小苏打

2茶匙香草提取物

½杯无味食用油

1½杯沸水或现煮浓咖啡

2个常温大鸡蛋，稍微打散

2杯香草奶油（第423页）

将烤箱预热到177摄氏度，将一个烤架放在烤箱顶部⅓处。

在两个 8 寸蛋糕烤盘上涂油，再铺上烤盘纸。再次涂油并撒上大量面粉，将多余面粉抖掉，然后放在一旁备用。

取一个中等大小的碗，将可可粉、糖、盐、面粉和小苏打搅拌在一起，然后筛入一个大碗中。

将香草和油在一个中等大小的碗中搅拌均匀。将水烧沸或将咖啡煮开，加入油与香草的混合物中。

在干食材的中间挖一个小洞，将水油混合物逐渐搅入，直到完全混合均匀。将鸡蛋逐渐搅入，搅拌成液态。搅拌出来的面糊会呈现比较稀的状态。

将面糊平均倒入两个备好的烤盘中。将烤盘从案台上方七八厘米处往下扔几次，将可能产生的气泡释放。

放在烤箱顶部 ⅓ 处，烤制 25 ~ 30 分钟，直到蛋糕被轻按后会回弹并从烤盘边缘回缩为止。往里插进一根牙签，抽出的牙签应该是干净的。

让蛋糕在金属架上彻底放凉，再从烤盘中取出，将烤盘纸揭下。端上桌前，在蛋糕盘上铺一层蛋糕，在蛋糕中间部分涂抹 1 杯香草奶油，再将第二层蛋糕轻轻放上去。将剩余奶油涂抹在上层蛋糕的中央，冷藏 2 个小时后再端上桌。

你也可以在蛋糕上涂抹奶油乳酪糖霜，搭配冰激凌端上桌，或者直接在蛋糕上撒可可粉或糖粉。你还能用这款面糊制作美味的纸杯蛋糕呢！

将蛋糕包裹紧实，在室温下可以存放 4 天，在冰柜里可以存放 2 个月。

新鲜生姜糖蜜蛋糕

2个9寸蛋糕

作为潘尼斯之家的“食物看守”，我早上6点就要上班。我从小就不是个习惯早起的人，为了按时上班，我付出了极大努力，每天连早餐都吃不上。甜点师在8点上班时会把放了一天的蛋糕和曲奇拿出来让大家当零食吃，到了8点15分，让我对这些糕点视而不见的意志力便已经烟消云散。我会拿一块生姜蛋糕，给自己做一大杯奶茶，戴上我的羊毛帽，然后回到步入式冷藏间。我一边嚼着湿润而辛辣的蛋糕，大口喝着热气腾腾的茶，一边重新整理肉品和生鲜食品，为一整天的供货做准备。这些穿插在餐厅繁忙工作中的安静间隙，要数我在潘尼斯之家最美好的回忆了。在此，我对原版食谱做了修改，使其更加适合居家烘焙的读者实践。在修改的过程中，我忍不住把这款蛋糕设计得更咸也更辛辣了一些。大家可以和我一样搭配一杯热茶，在一天中的任何时段享用美味。

1 杯削皮并切成薄片的新鲜生姜（未削皮时约为142克）

1 杯糖

1 杯无味食用油

1 杯糖蜜

2⅓ 杯中筋面粉

1 茶匙肉桂粉

1 茶匙生姜粉

½ 茶匙丁香粉

¼ 茶匙现磨黑胡椒

2 茶匙犹太盐或1茶匙细海盐

2 茶匙小苏打

1 杯沸水

2 个常温大鸡蛋

2 杯香草奶油（第423页）

将烤箱预热到177摄氏度，将一个烤架放在烤箱顶部⅓处。在两个9寸蛋糕烤盘上涂油，然后铺上烤盘纸。再次涂油并撒上大量面粉，将多余的面粉抖掉，然后放在一旁备用。

用约4分钟，将新鲜生姜和糖放在食品加工机或搅拌机中打成均匀的泥状。将混合物倒入一个中等大小的碗里，加入油和糖蜜。搅拌均匀，放在一旁备用。

取一个中等大小的碗，将面粉、肉桂、生姜、丁香、黑胡椒、盐和小苏打搅拌在一起打匀，然后筛入一个大碗中，放在一旁备用。

将沸水搅入糖油混合物中，直到充分混合。

在干食材的中间挖一个小洞，将水油混合物逐渐搅入，直到完全混合均匀。将鸡蛋缓慢搅入，打成液态。搅拌成的面糊会呈现比较稀的状态。

将面糊平均分成两份，倒入备好的烤盘中。将烤盘从案台上方七八厘米处往下扔几次，将可能产生的气泡释放。

放在烤箱顶部⅓处，烤制38 ~ 40分钟，直到蛋糕被轻按时回弹并从烤盘边缘回缩为止。往蛋糕里插进一根牙签，抽出的牙签应该是干净的。

让蛋糕在金属架上彻底放凉，然后从烤盘中取出来，将烤盘纸揭下。

在端上桌前，先在蛋糕盘上放一层蛋糕，在蛋糕中间涂抹1杯香草奶油，再将第二层蛋糕轻轻放上去。将剩余的奶油涂抹在上层蛋糕的中央，冷藏2个小时之后再端上桌。

你也可以在蛋糕上涂抹奶油乳酪糖霜，搭配冰激凌端上桌，或者直接在蛋糕上撒些糖粉。你还能用这款面糊制作美味的纸杯蛋糕呢！

将蛋糕包裹紧实，在室温下可存放4天，在冰柜里可以存放2个月。

杏仁小豆蔻茶蛋糕

1 个 9 寸蛋糕

与湿润而柔软的油蛋糕不同，用黄油做成的蛋糕口味浓郁且质地丝滑。而这款食谱中的杏仁酱则可以确保做出的蛋糕将这二者集于一身。成品不仅有着甜咸味的焦糖化杏仁脆边，也有紧实而口味丰富的蛋糕坯，与一杯热气腾腾的午后热茶堪称绝配。

杏仁顶料

4 汤匙（约 57 克）黄油

3 汤匙糖

不满 1 杯（约 85 克）杏仁切片

一撮片状盐，如马尔登海盐

蛋糕

1 杯低筋面粉

1 茶匙泡打粉

1 茶匙犹太盐或 ½ 茶匙细海盐

1 茶匙香草提取物

2½ 茶匙小豆蔻粉

4 个常温大鸡蛋

1 杯常温杏仁酱

1 杯糖

16 汤匙常温黄油，切成小块

将烤箱预热到 177 摄氏度，将一个烤架放在烤箱顶部 ⅓ 处。在一个深 5 厘米的 9 寸圆形蛋糕盘里涂上黄油并撒上面粉，然后铺上烤盘纸。

首先来制作杏仁顶料。取一口小号深口平底锅放在中高火上，将黄油和糖熬制约 3 分钟，直到糖完全融化，黄油冒泡并起沫为止。将锅从火上撤下，将杏仁片和片状盐搅拌进去。把混合物倒入蛋糕盘，用一把橡胶铲将混合物在整个蛋糕盘的底部匀开。

在制作蛋糕时，将面粉、泡打粉和盐筛在一张烤盘纸上，均匀混合，将块状物全部去除。放在一边备用。

取一个小碗，将香草提取物、小豆蔻粉和鸡蛋搅拌均匀，放在一边备用。

将杏仁酱倒入食品加工机的搅拌缸中，有节奏地搅拌几下，将酱打散。加入 1 杯糖，搅拌 90 秒，或直到混合物的质地和沙子一样细腻。如果没有食品加工机，你也可以用台式搅拌机完成这一步，只是用时会长一些，约 5 分钟。

加入黄油，持续搅拌至少 2 分钟，直到把混合物打得轻盈而膨松。关掉机器，将搅拌缸内壁上粘着的食材刮下来，确保所有食材完全混合。

打开搅拌机，一勺一勺将鸡蛋混合物慢慢加进来，就像是在做蛋黄酱一样（这也确实是一种乳化过程）。待每一次加入的鸡蛋完全搅匀，混合物重新恢复均匀丝滑的质地之后，加入更多鸡蛋。所有鸡蛋都加进去之后，关掉机器，用一把橡胶铲将搅拌缸内壁刮净，然后继续搅拌，直到完全混合均匀。将面糊刮下来，装入一个大碗中。

拿起烤盘纸，将面粉分成三批撒在面糊上，在每两次撒面粉的间隙轻轻将面粉涂抹进面糊，让面粉和面糊稍微融合。不要过度搅拌，因为这会让蛋糕变硬。

将面糊倒入准备好的烤盘里，在提前放好的烤架上烘焙 55 ～ 60 分钟，或直到往里插入的牙签在抽出后不带粘连物。烤好的蛋糕会从烤盘的边缘稍微有些回缩。让蛋糕在金属架上放凉，用一把刀沿着烤盘壁滑过，然后将烤盘底直接放在炉子上加热几秒钟，方便蛋糕脱模。将烤盘纸取下，把蛋糕放在蛋糕盘上等待上桌。

这款蛋糕可以单独拿来享用，也可以搭配莓果或带核水果制成的糖渍水果（第 407 页）和香草奶油或小豆蔻奶油（第 423 页）。

包裹紧实后，这款蛋糕可以在室温下存放 4 天，亦可在冰柜存放 2 个月。

甜苦巧克力布丁

6人份

几年来，我会定期和旧金山的Tartine面包房的面包师们一起烹饪系列主题晚餐。我们把它起名为“Tartine的闭店烘焙系列”——在面包店关门之后，我们会将所有的桌子推到一起，然后烹饪自己最爱的美食，并盛在美观而大件的家庭式餐具中让大家享用。虽然形式稍显简陋，大家却不遗余力、倾其所有。到了午夜大家打扫的时候，我有时会突然意识到自己从早餐开始还没有正经吃上饭。放眼四周，身边环绕的全是甜点。一天的工作下来，我难免热得大汗淋漓，因此在我看来，唯一让我提得起食欲的就是那一小碗从冷藏柜玻璃门的另一侧向我召唤的巧克力布丁了。于是，我找到一把勺子，取出一小碗布丁，然后舀一勺放在嘴里品尝。这浓郁又沁凉的布丁，总能让我大呼过瘾。大家看到我，也会拿着自己的勺子一个接一个地走过来，我们一起默不作声地把一碗布丁吃完，然后继续打扫卫生。一直以来，我们总是会一起分吃一碗布丁。但不知为何，这竟然成了我整晚最美好的回忆之一。在这个食谱中，我对Tartine面包房的食谱做了一些小小的改动——稍微减少了布丁的甜度，并稍微增加了咸度。但是，和Tartine的版本一样，我同样会使用法芙娜牌巧克力粉，这种巧克力粉便是精髓所在。

113克粗切的苦甜巧克力

3个大鸡蛋

3杯半脂奶油

3汤匙玉米淀粉

½杯加2汤匙糖

3汤匙（略多于140克）可可粉

1¼茶匙犹太盐或满满½茶匙细海盐

将巧克力放在一个耐热的大碗里，在碗上放一张细孔筛，放在一边备用。

将鸡蛋打进一个中等大小的碗中，稍微打散，放在一边备用。

将半脂奶油（一半鲜奶油和一半全脂牛奶混合）倒入一个中等大小的炖锅里，把锅放在小火上。等锅开始冒出蒸汽，奶油将沸未沸时，把锅从火上移下来。不要让奶油沸腾，乳制品煮沸的时候，其中的乳化物质会分解，蛋白质会凝结。用煮沸的牛奶制成的蛋奶冻的质地是绝不能达到完全丝滑的。

取一个搅拌碗，将玉米淀粉、糖、可可粉和盐搅拌在一起。将温热的半脂奶油也搅进去。把混合物倒回锅里，放在中低火上加热。

边煮边用一把橡胶铲频繁搅动约 6 分钟，直到混合物明显变得浓稠。将锅从火上移下。如果想检验混合物够不够浓稠，就用手指在铲子背后粘着的布丁混合物上抹出一条线，这条线应该能长久维持才对。

一边将 2 杯热布丁混合物慢慢倒入鸡蛋中，一边不停地搅拌，然后将混合物全部倒回锅里，将锅放在小火上。继续不断地搅动，烹饪 1 分钟左右，直到混合物再次明显变稠，或者用温度计测量时显示为 98 摄氏度为止。将布丁混合物从火上端下来，通过细孔筛倒出，并用一把小勺子或橡胶铲将混合物赶过细孔筛。

让余热将巧克力融化。使用搅拌机（如果有的话，也可以使用浸入式搅拌器）将混合物搅拌均匀，直到质地如缎子般光滑。品尝味道，按需调整咸度。

立即将混合物倒入 6 个单独的杯子里。将每个杯子的底部在案台上轻轻敲击，释放气泡。将布丁放凉，搭配芬芳奶油（第 422 页），在室温下端上桌。

密封后，能在冰箱保存最多 4 天。

其他版本

- 如果想做墨西哥巧克力布丁，那就在牛奶中加入 ¾ 茶匙肉桂粉。然后按上述步骤继续操作即可。
- 如果想做巧克力小豆蔻布丁，可在牛奶中加入 ½ 茶匙小豆蔻粉。然后按上述步骤继续操作即可。
- 如果想做巧克力布丁派（第 391 页），那就将玉米淀粉用量增加到 ⅓ 杯，然后按照上述步骤制作布丁。关于派的制作和塑形的完整步骤，请翻回第 390 页。

十几年来，这款清甜的奶冻一直是潘尼斯之家招牌菜的重要组成部分。我一直都以为这是一个原创的食谱。离开潘尼斯之家几年之后，一个朋友将他珍藏的《最后一道菜》这本书借给了我，这本由传奇甜点大师克劳迪娅·弗莱明所著的经典食谱书，现在已经绝版了。谁知道，酪乳意式奶冻的食谱赫然出现在这本书的第14页！很明显，这款甜点就是从克劳迪娅在纽约的格拉梅西酒馆的菜单上流传到西海岸的。几年之后，我在克劳迪娅的一篇有趣的采访中读到，她曾说，世上没有什么东西是原创的，而这个食谱竟是她本人从一本澳大利亚版的《时尚生活》杂志上直接撕下来的！这个食谱如此经典，已经绕地球流传了一圈（我觉得说不定还不止一圈呢）。

无味食用油

1¼ 杯重奶油

7 汤匙糖

½ 茶匙犹太盐或 ¼ 茶匙细海盐

1½ 茶匙无味明胶粉

½ 根香草豆荚，纵向剖开

1¾ 杯酪乳

用一把糕点刷或手指蘸上油，然后在6个170毫升容积的蛋糕模子、小碗或杯子里涂上薄薄一层。

将奶油、糖和盐放在一口小号炖锅里。将香草籽从香草豆荚中刮进烤盘里，把香草豆荚也放进去。

将1汤匙冷水倒入一个小碗中，然后轻轻撒入明胶粉。放置5分钟，让明胶粉溶化。

用中火将奶油加热约4分钟，搅拌至糖溶化，奶油开始冒出热气（不要把奶油加热到小沸，因为太热的奶油会导致明胶失效。将火调到最小，加入明胶，然后均匀搅拌约1分钟，直到所有的明胶都溶解为止。将炖锅从火上端下来，加入酪乳。通过一面细孔筛，将混合物过滤到一个带嘴量杯中。

将混合物倒入准备好的蛋糕模子里，裹上保鲜膜，在冰箱里存放至少 4 个小时或一整夜，直到奶冻完全成形。

脱模时，将模子在一碗热水中稍浸一下，然后将奶冻倒扣在盘子上。用柑橘类水果、莓果或带核水果做成的糖渍水果（第 407 页）搭配。

这款甜品至多可以提前 2 天制作。

其他版本

- 制作小豆蔻意式奶冻时，先在奶油里加入 ¾ 茶匙小豆蔻粉，再加热。按上一页的步骤继续操作即可。
- 如果想制作一款美味的柑橘意式奶冻，那就在奶油里加入 ½ 茶匙细磨柠檬皮或细磨橙子皮再加热。按上一页的步骤继续操作即可。

棉花糖蛋白脆饼

约 30 块蛋白脆饼

我的朋友秀琴可谓一位“蛋白魔术师”。将制作蛋白脆饼的蛋白缓慢打散的重要性，还是我从她那里学到的。因为这样做能够打出大小均等的气泡，好让脆饼在烘焙过程中膨胀得更大也更加稳定。最关键的一点就是确保蛋白保持纯粹，不要受到污染。无论是来自蛋黄、你的双手过是没有完全清洗干净的碗的任何脂肪，都会妨碍脆饼膨胀到最大。我之所以如此喜爱这个食谱，是因为按照它做出的蛋白脆饼不但非常绵软，而且又有嚼劲，无论是拿来当小点心，还是用大一些的杯子烤成单块奶油水果蛋白脆饼（pavlova，见下一页的其他版本），都是同样美味的选择。

4½ 茶匙玉米淀粉

1½ 杯糖

¾ 杯常温蛋白（取自约 6 个大鸡蛋）

½ 茶匙塔塔粉

一撮盐

1½ 茶匙香草提取物

将烤箱预热到 121 摄氏度，在两个烤盘里铺上烤盘纸。

取一个小碗，将玉米淀粉和糖搅拌在一起。

往台式搅拌机附有搅拌棒的搅拌缸（如果没有台式搅拌机，也可以使用安装有搅拌棒的电动浸入式搅拌器）中倒入蛋白、塔塔粉和盐，搅拌在一起。开始时用低速搅拌，渐渐将速度调至中速，搅拌 2 ～ 3 分钟，直到开始出现明显的搅拌痕迹，蛋白的气泡变得非常小而均匀。这个步骤要不惜时间慢慢进行。

将速度调到中高档，缓慢地逐步将糖和玉米淀粉的混合物撒进去。加完糖几分钟之后，

将香草提取物缓慢倒入。稍微加速搅拌 3 ~ 4 分钟，直到混合物变得细滑，且在拿起搅拌棒时出现硬质的尖顶。

用勺子舀起高尔夫球大小的蛋白脆饼原料摆在烤盘纸上，并用另一把勺子将其刮下。抖动手腕，在每一个蛋白脆饼顶部做出一个不规则的尖峰。

将烤盘塞入烤箱中，将温度降低到 107 摄氏度。

25 分钟之后，将烤盘旋转 180 度，并调换两个烤盘在架子上的位置。如果蛋白脆饼开始变色或出现裂痕，那就将温度调低至 93 摄氏度。

继续烘焙 20 ~ 25 分钟，直到蛋白脆饼能够从烤盘纸上被轻松拿起，表皮摸起来干脆而内里仍然保持着棉花糖的质地。拿一块尝尝看吧！

轻轻将蛋白脆饼从烤盘里拿起，在一个金属架子上放凉。

如果家里不潮湿的话，将脆饼密封或单独包装后可存放最多 1 周。

其他版本

- 将蛋白脆饼做成小块的奶油水果蛋白脆饼。用勺子将蛋白脆饼原料以长 8 厘米、宽 5 厘米的椭圆形摆放在烤盘纸上，然后用勺背轻轻在每块脆饼上制造一个凹痕。按上述步骤烘焙 65 分钟，完全放凉后，搭配芬芳奶油（第 422 页）、以莓果为顶料的冰激凌或糖渍柑橘（第 407 页）上桌。
- 如果想做波斯风味奶油水果蛋白脆饼，可在蛋白里加入 ½ 茶匙小豆蔻粉和 1 汤匙冷却的藏红花茶（第 287 页）。按照上述步骤继续操作。搭配糖渍玫瑰香莓（第 407 页）、小豆蔻奶油（第 423 页）、烤开心果以及碎玫瑰花瓣上桌。
- 想做水果蛋白脆饼奶油杯的话，将掰碎的蛋白脆饼与糖渍莓果（第 407 页）或柠檬凝乳和香草奶油（第 423 页）分层装入玻璃瓶中。
- 如果想做巧克力焦糖蛋白脆饼奶油杯，在马上就要烘焙前，将 57 克融化并冷却的甜苦巧克力浇在蛋白脆饼上。按上述步骤继续操作。将掰碎的蛋白脆饼与巧克力冰激凌、加盐焦糖酱（第 426 页）和焦糖奶油（第 425 页）分层装入玻璃瓶中。

芬芳奶油

约 2 杯

生奶油既轻盈又浓郁，可谓最美味的矛盾体。奶油有一种独特的能力，可以包裹空气并由液态转化为膨胀的固态（想了解更多，请见第 423 页）。

在购物时，找一找不掺杂质的重奶油——许多品牌的重奶油都加入了卡拉胶等稳定剂，或者经过超高温瞬时灭菌（UHT）消毒，这将会对奶油的气泡造成影响。要想做出最鲜美绵软的生奶油，那就在有条件时购买最纯粹的奶油。

用下面列举的任意口味为奶油增加“性格”，按喜好制作自定义版本。用焦糖奶油搭配苹果派，用勺子将月桂叶奶油舀在烤桃子上，或者将烤椰子奶油和甜苦巧克力布丁（第 416 页）组合起来。若是急着做糖霜，那就将芬芳奶油打到刚过湿性发泡、未到硬性发泡的阶段，然后涂抹在整块烘焙好且放凉了的蛋糕上。你会看到，几乎没有什么问题是芬芳奶油解决不了的。

1 杯冷却的重奶油

1½ 茶匙砂糖

下一页列举的任何一种香料

搅拌均匀

图 1

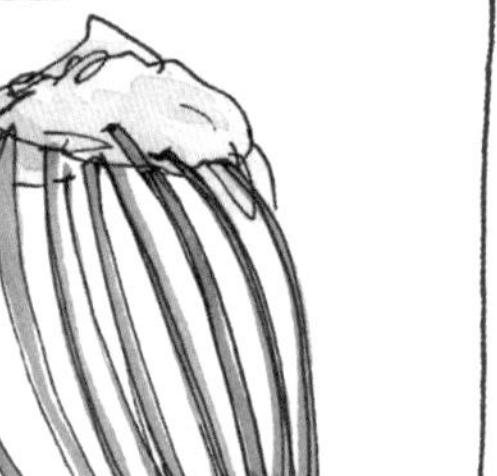

丝滑

图 2

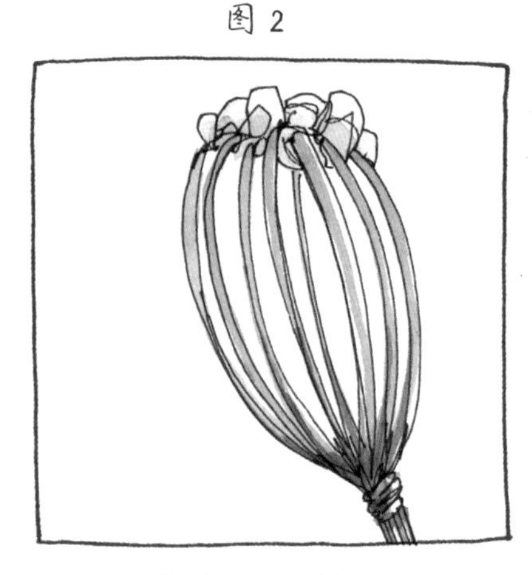

将黄油搅拌 3 秒

图 3

将一个大号深口金属碗（或台式搅拌机的搅拌缸）和浸入式搅拌器（或缸上附带的搅拌棒）在冰柜里冷冻至少 20 分钟，然后开始操作。碗冻好之后，按照下文步骤用你所选的香料制作奶油，然后加糖。

我比较喜欢手动搅拌奶油，因为手动更好控制，不太会搅拌过度、打出黄油来。如果你喜欢使用搅拌机，那就将速度调低。搅拌至奶油开始出现柔软的尖顶。如果你用机器搅拌，那就在所有液态奶油都被搅拌均匀，奶油的质地变得均匀、柔软且膨松后转用浸入式搅拌器。品尝味道，按喜好调整甜度和口味。在端上桌前让奶油保持冷却状态。

吃不完的部分密封后可在冰箱里存放最多 2 天。按需用浸入式搅拌器将瘪下来的奶油重新打出尖顶。

香料选择

在马上要搅拌奶油之前加入：

- 制作香料奶油时，加入 ¼ 茶匙小豆蔻粉、肉桂粉或肉豆蔻粉。
- 制作香草奶油时，加入从 ¼ 根香草豆荚上刮下的香草籽或 1 茶匙香草提取物。
- 制作柠檬奶油时，加入 ½ 茶匙细磨柠檬皮，也可按喜好加入 1 汤匙意大利柠檬甜酒。
- 制作香橙奶油时，加入 ½ 茶匙细磨橙子皮或橘子皮，也可按喜好加入 1 汤匙柑曼怡。
- 制作玫瑰奶油时，加入 1 茶匙玫瑰水。
- 制作橙花奶油时，加入 ½ 茶匙橙花纯露。
- 制作酒味奶油时，加入 1 汤匙柑曼怡、苦杏酒、波旁威士忌、木莓白兰地酒、咖啡酒、白兰地或朗姆酒。
- 制作杏仁奶油时，加入 ½ 茶匙杏仁提取物。
- 制作咖啡奶油时，加入 1 汤匙速溶意式浓缩咖啡粉，也可按喜好加入 1 汤匙咖啡酒。

将一半奶油加入下面任意一种叶子，煮到将沸未沸的状态（但不要再加温）。按照提示的时长浸泡。过滤和冷却后，加入剩下的奶油，然后按照上一页的步骤将奶油打发。

- 制作桃树叶奶油（桃树叶有一股像杏仁一样的美味！）时，将 12 片轻轻撕碎的桃树叶浸泡 15 分钟。
- 制作格雷伯爵茶奶油时，将 2 汤匙格雷伯爵茶叶浸泡 10 分钟。
- 制作月桂叶奶油时，将 6 片轻轻撕碎的月桂叶浸泡 15 分钟。

将以下食材在冷却的奶油里浸泡 2 个小时到一整夜，然后按上一页的步骤将奶油打发。

- 制作果仁酒（杏仁）奶油时，将 12 颗微烤杏仁放在奶油中浸泡。
- 制作烤杏仁奶油或烤榛子奶油时，将 ¼ 杯粗切的坚果放在奶油中浸泡。
- 制作烤椰子奶油时，将 ⅓ 杯未加糖的烤椰子肉放在奶油中浸泡。椰子肉会将部分奶油吸收，因此在过滤时请将其中的奶油尽量挤出。
- 制作巧克力奶油时，将 ½ 杯重奶油和 1 汤匙糖在中低火加热的小号炖锅里加热一下，直到开始冒蒸汽为止，然后倒入一个盛有 57 克切碎的甜苦巧克力的碗里。搅拌巧克力，使之融化并和奶油混合。在冰箱里冷藏至冰凉，然后与 ½ 杯冷却的重奶油搅拌在一起，打出柔软的尖顶。搭配洛里午夜巧克力蛋糕（第 410 页）、棉花糖蛋白脆饼（第 420 页）、咖啡意式冰沙（第 405 页）或香草冰激凌一起端上桌。

- 制作焦糖奶油时，将 ¼ 杯糖和 3 汤匙水一起熬成深琥珀色，起锅时加入 ½ 杯重奶油（遵照第 423 页所描述的方法）。加入一撮盐，放入冰箱里冷藏至冰凉，然后搅入 ½ 杯冷却的重奶油，按上述方式搅拌。搭配苹果杏仁奶油挞（第 397 页）、经典苹果派（第 388 页）、咖啡意式冰沙（第 405 页）、洛里午夜巧克力蛋糕（第 410 页）或冰激凌上桌。
- 制作酸香鲜奶油时，将 ½ 杯冷却的重奶油和 3 汤匙糖与 ¼ 杯酸奶油、希腊全脂酸奶或法式酸奶油（第 113 页）混合，然后按上述步骤搅拌。搭配苹果杏仁奶油挞（第 397 页）、新鲜生姜糖蜜蛋糕（第 412 页）或经典南瓜派（第 390 页）一起端上桌。
- 制作不含牛乳的椰子奶油时，从两罐椰奶中将固态脂肪舀出来，按照上述步骤冷却并搅拌。将椰奶留下，用来蒸泰国香米饭（第 282 页）。搭配洛里午夜巧克力蛋糕（第 410 页）、甜苦巧克力布丁（第 416 页）、巧克力布丁派（第 391 页）或冰激凌一起端上桌。

加盐焦糖酱

可做约 1½ 杯

本书从盐的大显神通开始，因此以此收尾也是理所应当的。对于焦糖酱而言，大显神通的食材就是盐。少许盐就能减少焦糖酱的苦味，并打造与甜味的美妙反差，将焦糖酱从一款美味酱料升级为令人垂涎三尺而回味无穷的臻品。要知道该加多少盐，唯一的方法就是循序渐进地加入，让盐充分溶解后再尝味，并一次次地重复。如果你不确定是否该追加更多盐，那就从整份焦糖酱料中舀一勺出来，在上面撒一点儿盐，然后品尝味道即可。如果过甜，那么你便知道用糖量已经达到上限。如果味道有所改善，那就往整份酱料里大胆多加一些盐吧。这样一来，遇到拿不准的情况，你就再也不会把一锅酱料都毁了。

6 汤匙无盐黄油

¾ 杯糖

½ 杯重奶油

½ 茶匙香草提取物

盐

将一口深口重型炖锅放在中火上，把黄油放在里面烧化。搅入糖，调至大火。如果混合物分离开来，看上去一副支离破碎的样子，那也不必担心。坚持你的信心，分离开来的物质还是能够重新融合在一起的。将混合物搅拌至煮沸，然后停下。在焦糖刚刚开始变色的同时，小心旋转平底锅，好让焦糖均匀上色。烹饪 10 ～ 12 分钟，直到焦糖呈现深棕色，且刚刚出现冒烟迹象为止。

将锅从火上撤下，立刻将奶油搅拌进去。多加注意，因为滚烫的混合物会剧烈冒泡，并有飞溅的可能。如果锅里还剩下任何焦糖块，那就在小火上缓慢搅拌，直到块状物溶解。

将焦糖放凉到温热状态，然后放入香草提取物和一大撮盐调味。搅拌，品尝，按需调整咸度。焦糖会随着降温而变得浓稠，我喜欢等焦糖酱接近室温后再端上桌，而不是一出炉就端出来，因为接近室温的焦糖酱容易附着在冰激凌和你想要搭配的任何美食上。但我必须实话实说：刚从冰箱里取出来的焦糖酱也让人垂涎欲滴呢。

吃不完的部分密封后可在冰箱存放最多 2 周。可在微波炉里稍微重新加热，也可以将平底锅放在很小的火上，将焦糖酱倒进锅里搅拌加热。

建议搭配经典苹果派、经典南瓜派、苹果杏仁奶油挞、洛里午夜巧克力蛋糕、新鲜生姜糖蜜蛋糕，加入巧克力焦糖蛋白脆饼奶油杯中，或者淋在冰激凌上面。

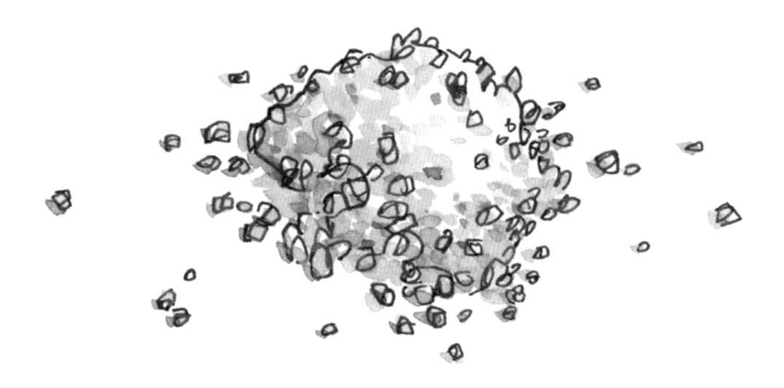

烹饪秘籍

是时候将盐、脂、酸、热的课程融入日常练习了。如果你不是很确定该从哪里下手，那就选一款将第一部分中让你感兴趣的一个秘决付诸实践的食谱来尝试。

盐的秘籍

由内而外调味

文火煮豆（第 280 页）

任何一款意面食谱（第 288 ～ 302 页）

鼠尾草蜂蜜熏鸡肉（第 330 页）

酪乳浸烤鸡（第 340 页）

香辣盐卤火鸡胸（第 346 页）

多重加盐法

希腊沙拉（第 230 页）

凯撒沙拉酱（第 247 页）

烟花女意大利面（第 294 页）

番茄猪肉干酪意面（第 294 页）

五香浇汁烤鸡（第 338 页）

脂的秘籍

乳化

芝麻酱沙拉酱（第 251 页）

奶酪胡椒意面（第 290 页）

白酱意面（第 291 页）

法式醋鸡（第 336 页）

蛋黄酱及其所有美味的版本（第 374 ～ 378 页）

杏仁小豆蔻茶蛋糕（第 414 页）

多重加油法

蓝纹奶酪沙拉酱（第 249 页）

啤酒炸鱼（第 312 页）配塔塔酱（第 378 页）

甜苦巧克力布丁（第 416 页）配芬芳奶油（第 422 页）

酸的秘籍

多重加酸法

爽口卷心菜沙拉（第 224 页）

意式香醋沙拉调味汁（第 241 页）

随性柑橘沙拉调味汁（第 244 页）

凯撒沙拉酱（第 247 页）

蓝纹奶酪沙拉酱（第 249 页）

蛤蜊意大利面（第 300 页）

法式醋鸡（第 336 页）

酪乳意式奶冻（第 418 页）配葡萄酒煮水果（第 406 页）

热的秘籍

多重加热法

炭烤洋蓟（第 266 页）

波斯风味米饭（第 285 页）

鸡肉扁豆米饭（第 334 页）

酸甜酱烤奶油南瓜与抱子甘蓝（第 262 页）

褐变

使用烤架：香脆去骨烤全鸡（第 316 页）、薄块或厚块肋眼牛排（第 354 页）

使用火炉：吮指锅煎鸡肉（第 328 页）、鸡肉扁豆米饭（第 334 页）、辣椒焖猪肉（第 348 页）

使用烤箱：酸甜酱烤奶油南瓜与抱子甘蓝（第 262 页）、五香浇汁烤鸡（第 338 页）

维持柔软质地

美式炒蛋（第 147 页）

慢烤鲑鱼（第 310 页）

油封金枪鱼（第 314 页）

吮指锅煎鸡肉（第 328 页）

由硬烹软

香辣球花甘蓝（第 264 页）

文火煮豆（第 280 页）

油封鸡（第 326 页）

辣椒焖猪肉（第 348 页）

另外几条秘诀

精准用时

水煮蛋（第 304 页）

美式炒蛋（第 147 页）

油封金枪鱼（第 314 页）

烤侧腹横肌牛排和肋眼牛排（第 354 页）

棉花糖蛋白脆饼（第 420 页）

加盐焦糖酱（第 426 页）

不精准用时

焦糖洋葱（第 254 页）

鸡骨高汤（第 271 页）

文火煮豆（第 280 页）

意大利肉酱面（第 297 页）

辣椒焖猪肉（第 348 页）

刀工

焦糖洋葱（第 254 页），切片

托斯卡纳豆子和羽衣甘蓝汤（第 274 页），切片和切丁

西西里鸡肉沙拉（第 342 页），切丁

库库杂菜鸡蛋饼（第 306 页），切蔬菜和香草

香脆去骨烤全鸡（第 316 页），基本屠宰技巧

传送带鸡腿（第 325 页），基本屠宰技巧

香草萨尔萨酱（第 359 页），切碎香草和切细丁

利用剩菜即兴发挥

各色牛油果沙拉（第 217 页）

焯煮绿叶菜（第 258 页）配日式芝麻酱沙拉酱（第 251 页）

西蓝花面包糠意面（第 295 页）

库库杂菜鸡蛋饼（第 306 页）

你能想到的任何一款挞（第 395 页）

推荐食谱

波斯风味轻午餐：

菲达奶酪碎块、黄瓜片和温热皮塔饼

刨丝茴香球茎和樱桃萝卜沙拉（第 228 页）

库库杂菜鸡蛋饼（第 306 页）配波斯甜菜酸奶酱（第 373 页）

炎夏午餐：

夏日番茄香草沙拉（第 229 页）

油封金枪鱼（第 314 页）配文火煮豆（第 280 页）

三明治和沙拉的经典搭配：

长叶莴苣配浓郁香草沙拉酱（第 248 页）

三明治配香辣盐卤火鸡胸（第 346 页）和蒜香蛋黄酱（第 376 页）

河内的魔法：

越南黄瓜沙拉（第 226 页）

越南鸡肉米粉（第 333 页）

提前备好的野餐：

羽衣甘蓝沙拉配帕玛森干酪沙拉调味汁（第 241 页）

西西里鸡肉沙拉（第 342 页）做的三明治

杏仁小豆蔻茶蛋糕（第 414 页）

“艳压”照烧的美味：

亚洲卷心菜沙拉（第 225 页）

五香浇汁烤鸡（第 338 页）

蒸泰国香米饭（第 282 页）

提神“星期三”：

小叶莴苣配蜂蜜芥末沙拉调味汁（第 240 页）

美式鸡肉派（第 322 页）

蒜香青豆（第 261 页）

暖人心扉的冬日晚餐派对：

冬日意大利面包沙拉（第 234 页）

香辣卤汁猪腰肉（第 347 页）

烤欧防风和胡萝卜（使用第 263 页的烧烤技巧）

梅尔柠檬萨尔萨酱（第 366 页）

酪乳意式奶冻（第 418 页）

葡萄酒煮榅桲（第 406 页）

恰如其分印度菜：

印度香料鲑鱼（第 311 页）

印度香米饭（第 282 页）

印度胡萝卜酸奶酱（第 370 页）

印度风味蒜香青豆（第 261 页）

夏日晚餐：

芝麻菜配柠檬沙拉调味汁（第 242 页）

传送带鸡腿（第 325 页），试试用烤架制作！

油封樱桃番茄（第 256 页）

烤玉米棒（使用第 266 ～ 267 页的烧烤方法，不必预先煮到半熟）

草莓奶油酥饼（第 393 页）

蠢蠢欲动法国菜：

多彩生菜配红酒沙拉调味汁（第 240 页）

吮指锅煎鸡肉（第 328 页）

翻炒芦笋（使用第 260 页的翻炒技巧）

经典法式香草萨尔萨酱（第 362 页）

大黄杏仁奶油挞（第 400 页）配香草奶油（第 423 页）

美味摩洛哥大餐：

生姜青柠刨丝胡萝卜沙拉（第 227 页）

文火煮鹰嘴豆（第 280 页）配北非综合香料（第 194 页的**“世界风味轮”**）

摩洛哥烤肉丸（第 357 页）

北非哈里萨辣椒酱（第 380 页）、北非香蒜酱（第 367 页）和香草酸奶酱（第 370 页）

居酒屋风料理：

焯煮菠菜（第 259 页）搭配日式芝麻酱沙拉酱（第 251 页）

香脆去骨烤全鸡（第 316 页）

日式香草萨尔萨酱（第 365 页）

赢家鸡肉晚餐：

爽口卷心菜沙拉（第 224 页）

香辣炸鸡（第 320 页）

松脆酪乳酥饼（第 392 页）

文火煮豆（第 280 页）

慢烹羽衣甘蓝配培根（使用第 264 页的慢烹法）

甜苦巧克力布丁（第 416 页）

搭配均衡的感恩节大餐：

去骨烤感恩节火鸡（第 347 页）

蒜香青豆（第 261 页）

冬日菊苣配意式香醋沙拉调味汁（第 241 页）

酸甜酱烤奶油南瓜与抱子甘蓝（第 262 页）

炸鼠尾草萨尔萨青酱（第 361 页）

苹果杏仁奶油挞（第 397 页）配加盐焦糖酱（第 426 页）

经典南瓜派（第 390 页）搭配酸香鲜奶油（第 425 页）

自制墨西哥卷饼派对：

牛油果血橙沙拉（第 217 页）配腌渍洋葱和芫荽

辣椒焖猪肉（第 348 页）配热墨西哥卷饼

墨西哥风味香草萨尔萨酱（第 363 页）配意式咖啡克丽玛泡沫

文火煮豆（第 280 页）

关于甜点的几个建议

- 苹果杏仁奶油挞（第 397 页）配法式酸奶油（第 113 页）
- 经典南瓜派（第 390 页）配酸香鲜奶油（第 425 页）
- 经典苹果派（第 388 页）配焦糖奶油（第 425 页）
- 杏仁奶意式冰沙（第 404 页）配烤杏仁奶油（第 424 页）
- 咖啡意式冰沙（第 405 页）配巧克力奶油（第 424 页）
- 血橙意式冰沙（第 404 页）配格雷伯爵茶奶油（第 424 页）
- 烤杏（第 406 页）配果仁酒奶油（第 424 页）

- 葡萄酒煮梨（第 406 页）配加盐焦糖酱（第 426 页）
- 糖渍桃子（第 407 页）配桃树叶奶油（第 424 页）
- 洛里午夜巧克力蛋糕（第 410 页）配咖啡奶油（第 423 页）
- 新鲜生姜糖蜜蛋糕（第 412 页）配酸香鲜奶油（第 425 页）
- 杏仁小豆蔻茶蛋糕（第 414 页）配糖渍油桃（第 407 页）
- 墨西哥巧克力布丁（第 417 页）配香料奶油（第 423 页）
- 酪乳意式奶冻（第 418 页）配糖渍桃子和香草豆（第 407 页）
- 小豆蔻意式奶冻（第 419 页）配糖渍玫瑰香莓（第 407 页）
- 柑橘意式奶冻（第 419 页）配糖渍金橘（第 407 页）

推荐延伸阅读

一旦你熟悉了某位作家或主厨且知道其食谱的确名副其实，那就把此人加入你的“靠谱数据库”中。在网上或书中寻找新食谱时，我会搜索以下主厨和作家。

关于世界各地美食，可搜索：中餐，江孙芸（Cecilia Chiang）和扶霞·邓洛普（Fuschia Dunlop）；法国料理，朱莉娅·查尔德（Julia Child）和理查德·奥尔尼（Richard Olney）；南亚次大陆料理，马德赫·贾弗里（Madhur Jaffrey）和尼洛夫·伊查普利亚·金（Niloufer Ichaporia King）；伊朗料理，纳吉米埃·巴特曼里（Najmieh Batmanglij）；意大利料理，埃达·波尼（Ada Boni）和玛塞拉·哈赞；日本料理，南希·辛格尔顿·八久（Nancy Singleton Hachisu）和辻静雄（Shizuo Tsuji）；地中海料理，尤塔·奥托伦吉、克劳迪娅·罗登（Claudia Roden）和葆拉·沃尔菲特；墨西哥料理，黛安娜·肯尼迪（Diana Kennedy）和玛丽塞尔·普利希拉（Maricel Presilla）；泰国料理，安迪·里克（Andy Ricker）和戴维·汤普森（David Thompson）；越南料理，安德烈娅·阮（Andrea Nguyen）和查尔斯·潘（Charles Phan）。

关于一般烹饪信息，可搜索：詹姆斯·比尔德（James Beard）、阿普丽尔·布卢姆菲尔德、马里昂·康宁汉姆（Marion Cunningham）、苏珊娜·戈因（Suzanne Goin）、埃德娜·路易斯（Edna Lewis）、德博拉·麦迪逊、卡尔·彼得内尔、戴维·塔尼斯（David Tanis）、爱丽丝·沃特斯、“运河之家”餐厅（The Cand House）以及《烹饪的乐趣》。如果你想找给人灵感的关于美食和烹饪的文章，请搜索：塔玛尔·阿德勒（Tamar Adler）、伊丽莎白·戴维、玛丽·弗朗西斯·肯尼迪·费舍（MFK Fisher）、佩兴丝·格雷（Patience Gray）、简·格里格森以及奈杰尔·斯雷特（Nigel Slater）。关于烘焙，可搜索：乔西·贝克（Josey Baker）、弗洛·布雷克（Flo Braker）、多里·格林斯潘（Dorie Greenspan）、戴维·勒波维茨（David Lebovitz）、爱丽丝·梅德里奇（Alice Medrich）、伊丽莎白·普鲁厄特（Elisabeth Prueitt）、克莱尔·普塔克（Claire Ptak）、查德·罗伯逊（Chad Robertson）和林赛·希尔（Lindsey Shere）。若想更多地了解烹饪背后的科学，可搜索：雪莉·科里赫（Shirley Corriher）、哈罗德·麦基（Harold McGee）、J. 健治·洛佩兹－奥特（J. Kenji Lopez-Alt）、赫维·提斯（Herveé This）和《烹饪画报》的各位作家。

致谢

这本书是15年的烹饪实践和思考，以及6年的研究和写作的结晶。在这段旅途中，许许多多的人都提供了或大或小的帮助。在此，我希望表达真诚的感谢。

爱丽丝·沃特斯，感谢你创建了一个给人如此灵感和启发的社区，感谢你将还是个年轻人的我迎接进这个社区。感谢你向我灌输的关于美感和感官的价值观，这些价值观在我迈出每一步时为我指引了方向。感谢你让我看到，一位怀揣愿景而意志坚强的女性能够斩获怎样的成就。

迈克尔·波伦和朱迪思·贝尔泽（Judith Belzer），感谢你们的友谊和指点，以及多年以来通过数不清的形式给予我的支持。是你们最早鼓励我将那些关于烹饪的不切实际的想法发展成一套正式的思想体系，进而又开发成一本书。

感谢克里斯托弗·李，你就是终极版的百科参考全书，感谢你教我尊重烹饪界的前辈，感谢你让我看到如何在自己的烹饪中有所突破，也感谢你教会我如何品尝菜品的美味。

感谢洛里·波德拉萨和马克·戈登（Mark Gordon），谢谢你们耐心准许我将每一个理论在你们的身上做试验。

感谢托马斯·W.多尔曼（Thomas W. Dorman）教我认识到真正的高品质与一般的高品质之间的区别。

感谢我的每一位老师：斯蒂芬·布思（Stephen Booth）、西尔万·布拉克特（Sylvan Brackett）、玛丽·卡纳莱斯（Mary Canales）、达里奥·切基尼、秀琴·金（Siew-Chin Chinn）、雷纳尔·德古兹曼（Rayneil de Guzman）、艾米·登克勒（Amy Dencler）、萨曼莎·格林伍德（Samantha Greenwood）、查理·哈洛维尔（Charlie Hallowell）、罗伯特·哈斯（Robert Hass）、凯尔西·克尔（Kelsie Kerr）、尼洛夫·伊查普利亚·金、莎琳·尼科尔森（Charlene Nicholson）、卡尔·彼得内尔、多米妮卡·赖斯（Dominica Rice）、克里斯蒂娜·罗希（Cristina Roschi）、林赛·希尔、阿伦·汤格伦（Alan Tangren）、戴维·塔尼斯，以及贝妮黛塔·维塔利。

萨姆·莫哈那姆（Sam Moghannam）、罗西·布兰森·吉尔（Rosie Branson Gill）、“18个理由”非营利烹饪机构的米歇尔·麦肯齐（Michelle McKenzie），以及“灵魂食物农场”的亚历克西斯·克弗德（Alexis Koefoed）和埃里克·克弗德（Eric Koefoed），感谢你们为我提供了第一次传授“盐、脂、酸、热”知识和打磨其内容的机会。感谢萨沙·洛佩兹（Sasha Lopez），你是我的第一位学生，也是我最棒的学生。

感谢我的写作团体给予我的极大支持，包括克里斯·柯林（Chris Colin）、杰克·希特（Jack Hitt）、道格·麦格雷（Doug McGray）、卡罗琳·保罗（Caroline Paul）、凯文·韦斯特（Kevin West），以及曾经和现在任职于the Notto的各位：罗克西·巴哈尔（Roxy Bahar）、朱莉·凯恩（Julie Caine）、诺维拉·卡彭特（Novella Carpenter）、布里吉特·休伯（Bridget Huber）、卡西·迈纳（Casey Miner）、萨拉·C. 里奇（Sarah C. Rich）、玛丽·罗奇（Mary Roach）、亚历克·斯科特（Alec Scott）、戈迪·斯莱克（Gordy Slack），以及玛丽亚·沃兰（Malia Wollan）。

萨拉·阿德尔曼（Sarah Adelman）、劳雷尔·布赖特曼（Laurel Braitman）和珍妮·瓦普纳（Jenny Wapner），感谢你们在本书写作早期的重要回馈，也感谢你们始终如一的友情。

特怀莱特·格里纳韦（Twilight Greenaway），感谢你送的藜麦，也感谢有你这么一个好姐妹。贾斯汀·利摩日（Justin Limoges）和马洛·柯尔特·格里纳韦–利摩日（Marlow Colt Greenaway-Limoges），谢谢你们加入我的“吃货三胞胎”。

阿伦·海曼，感谢你坚定不移地和我顺着每一根好奇的绳索一起摸索，也谢谢你从不允许我做出妥协。

感谢克丽丝滕·拉斯玛森（Kristen Rasmussen），你就是我在科学和营养方面的女英雄。哈罗德·麦基，感谢你在食物科学方面给我提供的帮助。还有盖伊·克罗斯比（Guy Crosby）、米歇尔·哈里斯（Michelle Harris）、劳拉·卡茨（Laura Katz），谢谢你们帮助我做周密的事实调研。

安妮特·弗洛尔斯（Annette Flores）、米歇尔·弗尔斯特（Michelle Fuerst）、艾米·哈特韦格（Amy Hatwig）、卡丽·路易斯（Carrie Lewis）、阿玛利亚·马里尼奥（Amalia Mariño）、洛里·小山田（Lori Oyamada）、劳丽·艾伦·佩利卡诺（Laurie Ellen Pellicano）、汤姆·珀蒂尔、吉尔·圣彼得罗（Jill Santopietro），以及杰西卡·沃什伯恩（Jessica Washburn），感谢你们在食谱编写中的付出，也感谢你们对食谱写作和试验所给予的帮助和建议。

感谢千百位居家主厨对食谱耐心、诚恳而勤奋的不断尝试！

托马斯·坎贝尔（Thomas Campbell）和蒂法尼·坎贝尔（Tiffany Campbell）夫妇、格蕾塔·卡鲁索（Greta Caruso）、芭芭拉·丹顿（Barbara Denton）、莱克斯·丹顿（Lex Denton）、菲利普·德韦尔（Philip Dwelle），以及亚历克斯·霍利（Alex Holey），感谢你们的好胃口和友情，也感谢你们让我了解到了居家主厨的思维模式。

塔玛尔·阿德勒和朱莉娅·图尔森（Julia Turshen），感谢你们跟我并肩走过文学与美食的道路。

戴维·里兰（David Riland），感谢你的坚定不移和热心体恤。

萨拉·瑞恩南（Sarah Ryhanen）和埃里克·法米桑（Eric Famisan），感谢你们为我提供农场的写作室。

彼得·贝克（Peter Becker）、克里斯廷·贝克（Kristin Becker）、波蒂·贝克（Bodhi Becker）和碧·贝克（Bea Becker），感谢你们在我每次到访时都将我天衣无缝地塞进你们繁忙的日程中。

感谢维林·克里肯伯格（Verlyn Klikenborg）的《关于写作的几个短句》一书对我的帮助。

麦克道威尔文艺营服务机构、岬艺术中心和梅萨避难所艺术家静养中心，感谢你们提供的空间、时间和宝贵的灵感。

阿尔瓦洛·维拉努埃瓦（Alvaro Villanueva），感谢你在设计这本打破常理的书时的锲而不舍、风趣幽默，还有你天马行空的创意。

感谢艾米丽·格拉夫（Emily Graff），是你对细节的敏锐眼光、在组织统筹上的禀赋和任劳任怨的支持，让这本书大放异彩。感谢安·切里（Ann Cherry）、莫琳·科尔（Maureen Cole）、凯莉·霍夫曼（Kayley Hoffman）、萨拉·里迪（Sarah Reidy）、玛丽苏·鲁奇（Marysue Rucci）、斯塔西·萨卡尔（Stacey Sakal），以及达娜·特罗克（Dana Trocker），你们在西蒙与舒斯特出版社的辛勤劳动不仅让这本书得以诞生，也让它在问世后拥有自己的生命。

珍妮·罗德（Jenny Lord），感谢世界另一端的你在合适的时间赠予我的金玉良言。

感谢麦克·什切尔班（Mike Szczerban），你的智慧和热情帮助这本书找到了正确的方向，但更重要的是，我们之间神奇的友谊就是从对这本书共同的热爱中生发的。

温迪·麦克诺顿，感谢你的风趣幽默和敢于探索，感谢你乐于对一切事物做尝试，感谢你的鼓励，当然，还要感谢你的辛勤付出。能让我最喜欢的艺术家来为本书创作插画，并在这一过程中与其成为至交，真是三生有幸。毫无疑问，你是我能找到的最佳合作伙伴。

我的好朋友、对万事都不知疲倦的“超人”卡里·斯图尔特（Kari Stuart），没有你，这本书就不会有问世的机会。也感谢阿曼达·厄本（Amanda Urban）将卡里带到我的身边。感谢帕特里克·莫利（Patrick Morley），你是最棒的。

最后要感谢的是教会我如何品鉴美食的家人：沙赫拉·诺斯拉特（Shahla Nosrat）、帕夏·诺斯拉特（Pasha Nosrat），以及巴哈多尔·诺斯拉特（Bahador Nosrat）；我的姨妈和舅舅们，莱拉·卡扎伊（Leyla Khazai）、沙哈布·卡扎伊（Shahab Khazai）、沙赫拉姆·卡扎伊（Shahram Khazai）、莎莉娅·卡扎伊（Shahriar Khazai），以及齐巴·卡扎伊（Ziba Khazai）；我的外祖母和祖母：帕尔文·卡扎伊（Parvin Khazai）和帕丽瓦什·诺斯拉特（Parivash Nosrat）。祝大家胃口好！

——萨明·诺斯拉特

感谢一直给我鼓励的伟大的爸爸妈妈：罗宾·麦克诺顿（Robin MacNaughton）和坎迪·麦克诺顿（Candy MacNaughton）。（妈妈，您是我人生中第一位了不起的大厨。）

感谢所有来到我们的烹饪和绘画盛宴大快朵颐的朋友和家人，感谢你们在一路上一直为我们加油鼓劲，感谢你们给予的创意、智慧、支持和爱。你们的鼓励就是我们的动力。

为我的画室经纪人和私人空中交通管制员特里什·里奇曼（Trish Richman）起立鼓掌。你是这本书不可或缺的一分子，如果没有你，我和我的画作会是一团糟。

阿尔瓦洛·维拉诺瓦，你精彩的设计、别出心裁的创意、清晰的思路和充分的耐心都让我惊叹！你让几百幅画作的落地显得如此轻而易举，感谢你。

感谢卡里·斯图尔特把我和萨明照顾得如此周到，你就是个超人。

感谢我的经纪人和我的榜样夏洛特·希迪（Charlotte Sheedy）。哪怕送你一百箱最棒的波旁威士忌，也不足以感谢你做的一切，不管是从工作还是其他任何视角来说，你所做的远超你的义务范围。

感谢卡罗琳·保罗，你是我的一切。每顿晚餐、每次打扫、每次会谈、每次讨论，都有你的身影。没有你，这一切就无从谈起。感谢你让我们打开了家门和心门来迎接这段体验。能为你做饭，我感到很开心。

还有萨明。当你刚开始找我和你合作时，我几乎连煎蛋都做不好。只有你才能用幽默、耐心、善良和真诚的热情让我看到烹饪是一件多么有趣而迷人的事情。你改变了我的生活，谢谢你。能和你一起工作，和你一起创造艺术，成为你的朋友，我感到荣幸而喜悦。谨将此吻献给你。

——温迪·麦克诺顿

参考书目

Batali, Mario. Crispy Black Bass with Endive Marmellata and Saffron Vinaigrette, in *The Babbo Cookbook*. New York: Clarkson Potter, 2002.

Beard, James. *James Beard's Simple Foods*. New York: Macmillan, 1993.

———. *Theory and Practice of Good Cooking*.

Braker, Flo. *The Simple Art of Perfect Baking.* San Francisco: Chronicle Books, 2003.

Breslin, Paul A. S. "An Evolutionary Perspective on Food and Human Taste." *Current Biology*, Elsevier, May 6, 2013.

Corriher, Shirley. *BakeWise: The Hows and Whys of Successful Baking with Over 200 Magnificent Recipes.* New York: Scribner, 2008.

Crosby, Guy. *The Science of Good Cooking: Master 50 Simple Concepts to Enjoy a Lifetime of Success in the Kitchen*. Brookline, MA: America's Test Kitchen, 2012.

David, Elizabeth. *Spices, Salt and Aromatics in the English Kitchen*. Harmondsworth: Penguin, 1970.

Frankel, E. N., R. J. Mailer, C. F. Shoemaker, S. C. Wang, and J. D. Flynn. "Tests Indicate That Imported 'extra-Virgin' Olive Oil Often Fails International and USDA Standards." *UC Davis Olive Center*. UC Regents, June 2010.

Frankel, E. N., R. J. Mailer, S. C. Wang, C. F. Shoemaker, J. X. Guinard, J. D. Flynn, and N. D. Sturzenberger. "Evaluation of Extra-Virgin Olive Oil Sold in California." *UC Davis Olive Center*. UC Regents, April 2011.

Heaney, Seamus. *Death of a Naturalist*. London: Faber and Faber, 1969.

Holland, Mina. *The Edible Atlas: Around the World in Thirty-Nine Cuisines*. London: Canongate, 2014.

Hyde, Robert J., and Steven A. Witherly. "Dynamic Contrast: A Sensory Contribution to Palatability." *Appetite* 21.1 (1993): 1-16.

King, Niloufer Ichaporia. *My Bombay Kitchen: Traditional and Modern Parsi Home Cooking*. Berkeley: University of California, 2007.

Kurlansky, Mark. *Salt: A World History*. New York: Walker, 2002.

Lewis, Edna. *The Taste of Country Cooking*. New York: A. A. Knopf, 2006.

McGee, Harold. "Harold McGee on When to Put Oil in a Pan." *Diners Journal Harold McGee on When to Put Oil in a Pan Comments. New York Times*, August 6, 2008.

———. *Keys to Good Cooking: A Guide to Making the Best of Foods and Recipes*. New York: Penguin Press, 2010.

———. *On Food and Cooking: The Science and Lore of Cooking.* New York: Scribner, 1984; 2nd ed. 2004.

Mcguire, S. "Institute of Medicine. 2010. Strategies to Reduce Sodium Intake in the United States." Washington, DC. The National Academies Press. *Advances in Nutrition: An International Review Journal* 1.1 (2010): 49-50.

McLaghan, Jennifer. *Fat: An Appreciation of a Misunderstood Ingredient, with Recipes.* Berkeley: Ten Speed Press, 2008.

McPhee, John. *Oranges*. New York: Farrar, Straus and Giroux, 1967.

Montmayeur, Jean-Pierre, and Johannes Le Coutre. *Fat Detection: Taste, Texture, and Post Ingestive Effects*. Boca Raton: CRC/Taylor & Francis, 2010.

Page, Karen, and Andrew Dornenburg. *The Flavor Bible: The Essential Guide to Culinary Creativity, Based on the Wisdom of America's Most Imaginative Chefs*. New York: Little, Brown, 2008.

Pollan, Michael. *Cooked: A Natural History of Transformation*. New York: Penguin, 2014.

Powers of Ten—A Film Dealing with the Relative Size of Things in the Universe and the Effect of Adding Another Zero. By Charles Eames, Ray Eames, Elmer Bernstein, and Philip Morrison. Pyramid Films, 1978.

Rodgers, Judy. *The Zuni Cafe Cookbook*. New York: W. W. Norton, 2002.

Rozin, Elisabeth. *Ethnic Cuisine: The Flavor-Principle Cookbook*. Lexington, MA: S. Greene, 1985.

Ruhlman, Michael. *The Elements of Cooking: Translating the Chef's Craft for Every Kitchen*. New York: Scribner, 2007.

Segnit, Niki. *The Flavor Thesaurus: A Compendium of Pairings, Recipes, and Ideas for the Creative Cook*. New York: Bloomsbury, 2010.

"Smoke: Why We Love It, for Cooking and Eating." *Washington Post*, May 5, 2015.

Stevens, Wallace. *Harmonium*. New York: A. A. Knopf, 1947.

Strand, Mark. *Selected Poems*. New York: Knopf, 1990.

Stuckey, Barb. *Taste What You're Missing: The Passionate Eater's Guide to Why Good Food Tastes Good*. New York: Free, 2012.

Talavera, Karel, Keiko Yasumatsu, Thomas Voets, Guy Droogmans, Noriatsu Shigemura, Yuzo Ninomiya, Robert F. Margolskee, and Bernd Nilius. "Heat Activation of TRPM5 Underlies Thermal Sensitivity of Sweet Taste." *Nature*, 2005.

This, Hervé. *Kitchen Mysteries: Revealing the Science of Cooking=Les Secrets De La Casserole*. New York: Columbia UP, 2007.

———. *Molecular Gastronomy: Exploring the Science of Flavor*. New York: Columbia UP, 2006.

———. *The Science of the Oven*. New York: Columbia UP, 2009.

Waters, Alice, Alan Tangren, and Fritz Streiff. *Chez Panisse Fruit*. New York: HarperCollins, 2002.

Waters, Alice, Patricia Curtan, Kelsie Kerr, and Fritz Streiff. *The Art of Simple Food: Notes, Lessons, and Recipes from a Delicious Revolution*. New York: Clarkson Potter, 2007.

Witherly, Steven A. "Why Humans Like Junk Food." Bloomington: iUniverse Inc., 2007.

Wrangham, Richard W. *Catching Fire: How Cooking Made Us Human*. New York: Basic, 2009.